高等职业教育土建专业系列教材

钢结构识图与结构选型

主　编　刘　娟　赵美霞
副主编　曾范永　孙　韬
参　编　杨海平　赵　峥　季炜超
主　审　戚　豹

南京大学出版社

图书在版编目(CIP)数据

钢结构识图与结构选型 / 刘娟，赵美霞主编. -- 南京：南京大学出版社，2021.6
ISBN 978-7-305-24156-7

Ⅰ. ①钢… Ⅱ. ①刘… ②赵… Ⅲ. ①钢结构—教材
Ⅳ. ①TU391

中国版本图书馆 CIP 数据核字(2020)第 265571 号

出版发行 南京大学出版社
社　　址 南京市汉口路 22 号　　邮　编 210093
出 版 人 金鑫荣

书　　名 钢结构识图与结构选型
主　　编 刘　娟　赵美霞
责任编辑 朱彦霖　　编辑热线 025-83597482

照　　排 南京南琳图文制作有限公司
印　　刷 广东虎彩云印刷有限公司
开　　本 787×1092　1/16　印张 18　字数 479 千
版　　次 2021 年 6 月第 1 版　2021 年 6 月第 1 次印刷
ISBN 978-7-305-24156-7
定　　价 49.80 元

网址：http://www.njupco.com
官方微博：http://weibo.com/njupco
官方微信号：njutumu
销售咨询热线：(025) 83594756

前　言

钢结构由于具有结构自重轻、抗震性能优越、绿色环保、施工周期短、易于实现产业化生产等优点，多年来已被广泛应用在大型公共建筑、桥梁及工业厂房建筑中。为贯彻国家节能减排、环境保护的总体方针，作为绿色建筑的领头军，钢结构必将迎来历史空前的发展好机遇。伴随着新材料、新工艺、新技术的不断研发与革新，钢结构除了继续向高层、超高层、大跨度方向深入发展之外，钢结构住宅、装配式钢结构等新型结构体系将不断涌现，成为装配式建筑的重要结构形式。

本教材主要依据《钢结构设计标准》《门式刚架轻型房屋钢结构技术规范》《高层民用建筑钢结构技术规程》《空间网格结构技术规程》《装配式钢结构建筑技术标准》等钢结构规范，以常见钢结构体系的施工图纸为载体，较全面系统地阐述了常见钢结构体系的理论知识、结构选型原则及施工图纸识读。结合实际工程图片或三维效果图直观介绍抽象的钢结构节点构造，并将课程主要知识点精心录制微课附于教材上，构建了适应“工学结合、教学做合一”的课程内容体系。同时，教材编写团队同步建设在线开放课程，并依托已立项建设的钢结构国家教学资源库平台，其丰富的网络在线资源除了传统的多媒体课件外，还有大量的教学视频、现场录像讲解、现场图片讲解、实际工程案例分析等。这些丰富的线上资源很好地与教材呼应，形成有效链接，辅助学习者在线学习，帮助理解教材。

本教材内容覆盖面广且有一定深度，除了重点阐述常用钢结构体系的结构构造及施工图识读之外，对一些异型钢结构及装配式钢结构建筑的发展、特点、构造及工法等方面进行了分析，能较大程度开拓学生的视野。

通过本教材的学习，能够培养学习者初步建立起钢结构的概念，并能掌握常见钢结构体系的选用、常见钢结构节点形式、能够正确快速的识读钢结构工程设计图，使学习者具备从事本专业岗位需求的识图技能，可以作为大中专院校土木类、建筑钢结构等专业的教材，也可以作为有关工程技术人员的参考用书。

本教材由江苏建筑职业技术学院刘娟、赵美霞主编，江苏建筑职业技术学院曾范永、孙韬任副主编，浙江同济科技职业学院杨海平、江苏建筑职业技术学院赵峥、徐州万安工程管理有限公司季炜超等参编，江苏建筑职业技术学院戚豹教授主审。

由于编者水平所限，书中难免有错漏与不当之处，敬请读者批评指正，以便再版修订。

《钢结构识图与结构选型》教材编写组

2020 年 11 月

目　录

单元 1 钢结构概述

1.1 钢结构发展的历史与趋势

1.1.1 钢结构发展的历史

1. 我国钢结构发展的历史

我国钢结构发展有着悠久的历史，在古代就有铁链悬桥、铁塔等建筑，如汉明帝时代已成功地用锻铁为铁环，环环相扣成链，建成了世界上最早的铁链悬桥—霁虹桥（又名兰津桥），宋代的湖北荆州十三层玉泉寺铁塔（图 1－1），还有清代的贵州盘江桥、四川泸定大渡河桥（图 1－2）等。

图 1－1 玉泉寺铁塔

图 1－2 四川泸定大渡河桥

20 世纪 50 年代至 60 年代初，我国成立了一大批设计院，同时也成立了一批钢结构制造厂和安装公司，也培养出一批钢结构技术人才。在民用建筑方面，我国建成了一批钢结构房屋，如 1954 年建成的 57 m 跨度的两铰拱结构的北京体育馆，1956 年建成的 52 m 跨度的圆柱面联方网壳的天津体育馆，1959 年建成的北京人民大会堂部分钢结构等。20 世纪 50 年代中期，我国又开始研究预应力钢结构。20 世纪 60 年代中后期至 70 年代的低潮时期，因为钢的生产总量少，再加上国家提出在建筑业节约钢材的政策，钢结构工程减少了，设计、制造、安装队伍也逐步萎缩，但仍然建成了几幢有意义的大型建筑和桥梁。在此期间，还研究开发了由圆钢和小角钢组成的轻钢屋架、用于小跨度的厂房。20 世纪 80 年代至 90 年代的发展时期，随着改革开放政策的实施，以经济建设为中心的工作步入正轨，钢结构的应用逐渐增长。1996 年以后，在钢产量超过 1 亿吨后，我国政府及时提出在建筑业中提倡使用钢结构，我国钢结构建筑迎来了发展的春天。

2. 国外钢结构发展的历史

欧美等国家中，英国是最早将铁作为建筑材料的国家，但在 1840 年以前，还只能采用铸铁来建造拱桥。1840 年以后，随着铆钉连接和锻铁技术的发展，铸铁结构逐渐被锻铁结构取代，1846—1850 年间在英国威尔士修建的布里塔尼亚桥是这方面的典型代表。在 1855 年英国人发明贝氏转炉炼钢法，1865 年法国人发明平炉炼钢法，以及 1870 年成功轧制出工字钢之后，西方国家形成了工业化大批量生产钢材的能力，强度高且韧性好的钢材才开始在建筑领域柱间取代锻铁材料，自 1890 年以后成为金属结构的主要材料。20 世纪初焊接技术的出现，以及 1934 年高强度螺栓连接的出现，极大地促进了钢结构的发展。

1.1.2 钢结构发展的趋势

1. 高强度钢材的研制开发

目前，我国普遍采用的钢材有 Q235、Q345、Q390 和 Q420。Q235 是普通碳素结构钢，其余是低合金高强度结构钢。若采用高强度钢材，则可用较少的材料做成高效的结构，对特大跨度结构、超高层建筑和高耸结构极为有利。

2. 结构和构件计算的研究改进

现代钢结构已广泛应用新的计算技术和测试技术，对结构和构件进行深入计算和测试，为了解结构和构件的实际工作提供了有利条件。先进的计算和测试技术确定了材料的合理使用，从而保证了结构的安全性，也增强了经济效益。

3. 结构形式的革新和应用

高强度钢材和新结构形式的应用是提高钢结构成效的重要因素，新结构形式有薄壁型钢结构、悬索结构、悬挂结构、网壳结构和预应力钢结构等。这些结构均适用于轻型、大跨度屋架结构、高层建筑，对降低用钢量有重要意义。

4. 钢和混凝土组合构件的应用

钢和混凝土组合构件是一种各取所长的结合，钢的强度高、宜受拉，而混凝土则宜受压，两种材料结合，能充分发挥各自的优势，是一种合理的结构。

1.2　钢结构的特点

用钢材建造的工业与民用建筑设施统称为钢结构，与其他结构形式相比，钢结构具有以下特点。

1.2.1　钢结构的优点

(1) 轻质高强

钢材强度高，与混凝土、木材相比，虽然密度较大，但其强度较混凝土和木材要高得多，其密度与强度的比值(即密强比)一般比混凝土和木材小，因此在承受同样荷载的情况下，钢结构与钢筋混凝土结构、木结构相比，构件较小，自重较轻，便于运输和安装，适用于建造跨度大、高度高、承载重的结构。

(2) 材质均匀，各向同性，材料弹性范围大

钢材的内部组织比较均匀，非常接近匀质和各向同性体，在一定的应力幅度内几乎是完全弹性的，可视为理想的弹—塑性体材料。这与材料力学基本假设相符，故其结构计算与实际情况吻合较好，计算结果比较可靠。

(3) 钢材的塑性和韧性好

钢材塑性好，使结构一般不会因为偶然超载或局部超载而突然断裂破坏；韧性好，则使钢结构对动力荷载的适应性较强。钢材的这些性能为钢结构性能的安全、可靠提供了充分的保证。钢结构对超载、动力荷载、冲击荷载、地震作用、台风的抵抗和适应性强，结构可靠度高。

(4) 工业化程度高，施工周期短

钢结构大多构件都在专业化的金属结构制造厂制造，精确度高。制成的构件运到现场拼装，采用焊接或螺栓连接，且构件较轻，安装方便，施工机械化程度高，工期短。

(5) 密封性好

钢结构采用焊接连接后可以做到安全密封不渗漏，能够满足一些要求气密性和液密性好的高压容器、大型油库、气柜油罐和管道等的要求。

(6) 抗震性能好

钢结构由于自重轻和结构体系相对较柔，钢材又具有较高的抗拉和抗压强度以及较好的塑性和韧性，因此在国内外的历次地震中，钢结构是损坏最小的结构，钢材已被公认为是抗震设防地区特别是强震区的最合适的结构材料。

(7) 耐热性好

温度在200 ℃以内，钢材性质变化很小，当温度达到300 ℃以上时，强度逐渐下降，达到600 ℃时，强度几乎为零。因此，钢结构可用于温度不高于200 ℃的场合，而在有特殊防火要求的建筑中，钢结构必须采取保护措施。

(8) 钢材的可重复使用性

钢结构加工制造过程中产生的余料和碎屑，已经废弃和破坏了的钢结构或构件，均可

回炉重新冶炼成钢材重复使用,且已建成的钢结构也易于拆卸、加固或改造。因此钢材被称为绿色建筑材料或可持续发展的材料。

1.2.2 钢结构的缺点

(1) 耐腐蚀性差

钢材在潮湿环境中,特别是在处于有腐蚀性介质的环境中容易锈蚀。因此,新建造的钢结构应定期喷刷防腐涂料加以保护,维护费用高。目前国内外正在发展各种高性能的涂料和不易锈蚀的耐候钢,钢结构耐锈蚀性差的问题有望得到解决。

(2) 耐火性差

钢结构耐火性较差,在火灾中,未加防护的钢结构一般只能维持 20 分钟左右。因此在需要防火时,应采取防火措施,如在钢结构外面包敷混凝土或其他防火材料,或在构件表面喷涂防火涂料等。

(3) 低温脆断性

钢结构在低温和某些条件下,可能发生脆性断裂,还有厚板的层状撕裂等,都应引起设计者的特别注意。

1.3 钢结构的应用

随着我国国民经济的迅速发展,以及钢结构自身的特点和结构形式的多样性,钢结构应用范围越来越广,主要用于重型车间的承重骨架、受动力荷载作用的厂房结构、板壳结构、高耸电视塔和桅杆结构、桥梁和库房等大跨结构、高层和超高层建筑、高压容器等。其应用大致可分为以下几类。

1. 大跨结构

高铁车站、机场航站楼、体育馆、会议展览中心等公共建筑要求有较大的内部自由空间,故屋架结构的跨度很大,减轻屋架结构自重成为此类结构设计的主要问题,因而采用材料强度高而质量轻的钢结构,能更好地满足大跨度结构之需。大跨度结构形式主要有空间桁架、网架、网壳、悬索(包括斜拉体系)、张弦梁、实腹或格构式拱架和框架等。如图 1-3~图 1-6 所示。

图 1-3 福州火车站

图 1-4 国家体育场(鸟巢)

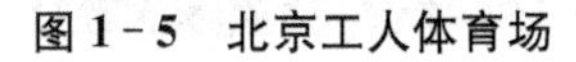

图1-5　北京工人体育场

图1-6　某重型厂房车间屋盖

2. 轻型钢结构

轻型钢结构包括采用冷弯薄壁型钢、小角钢、圆钢等焊接而成的轻型门式刚架房屋结构，可用于荷载及跨度较小，屋面较轻的工业和商业用房。轻型钢结构因具有用钢量省、造价低、安装方便、外形轻巧美观、内部空旷等优点，近年来得到迅速发展，是目前应用最普遍的钢结构，一般用于工业厂房、大型车间、仓库、物流库房、农业暖棚等结构的承重骨架。如图1-7～图1-8所示。

图1-7　轻钢门式刚架厂房

图1-8　某物流仓库

3. 多、高层结构

钢结构在国内外多、高层民用建筑中得到了广泛的应用，如各地的标志性建筑、旅馆、公寓等，其结构形式主要有多层框架、框架—支撑结构、框架—核心筒结构、悬挂、矩形框架等。如图1-9～图1-10所示。

图 1-9　中央电视台新楼

图 1-10　某高层钢框架结构

4. 高耸结构

高耸结构包括塔架和桅杆，如高压输电线路塔架、广播、通信和电视信号发射用的塔架和桅杆等，见图 1-11～1-12 所示。这类结构的特点是高度大，主要承受风荷载，采用钢结构可以减轻自重，方便架设和安装，并因构件截面面积小而使风荷载大大减小，从而取得更大的经济效益。

图 1-11　广州塔

图 1-12　某通信铁塔

5. 板壳结构或密闭高压容器

工业生产中大量采用钢板做成的容器结构，包括大型储油罐、煤气罐、热风炉等，要求能承受很大的内力。如图 1-13 所示。

6. 可拆卸或移动结构

钢结构不仅质量轻，可用螺栓或其他便于拆装的方式来连接，因此适用于需要搬迁的结构，如流动式展览馆、活动房屋等。建筑施工中，钢筋混凝土结构施工用的模板和支架，以及建筑施工用的脚手架等也大量采用钢材制作。图1-14所示为施工现场常用的活动房屋。

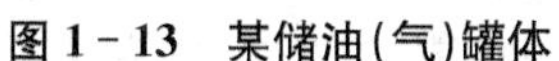

图1-13 某储油(气)罐体

图1-14 活动房屋

7. 桥梁结构

钢结构广泛应用于中等跨度和大跨度的桥梁结构中，如美国旧金山的金门大桥、南京长江大桥等均为钢结构。如图1-15和图1-16所示。

图1-15 金门大桥

图1-16 南京长江大桥

8. 受动力荷载影响的结构

由于钢材具有良好的韧性和塑性，因此钢结构建筑的抗震性能好，承受动荷载能力强，适宜设有大型吊车的重型车间、发电厂等，如图1-17所示。

9. 住宅钢结构

钢结构住宅是由钢结构的骨架，配合多种复合材料的轻型墙体拼装而成，所有材料均为工厂标准化、系列化、批量化生产，改变了传统住宅的现场作业模式。发展钢结构住宅，扩大钢结构住宅的市场占有率，符合国家的产业发展战略，符合以人为本，建造更舒适、更健康、更安全和更节能的居住环境的发展理念，因为钢结构建筑是绿色建筑产品的最佳体现者。目前，北京、上海、天津等地已建成一批钢结构住宅示范试点工程，如位于北京金融街的12层板式钢结构住宅—金宸国际公寓(图1－18所示)。

图1－17　某重型厂房

图1－18　北京金宸国际公寓

10. 建筑小品、装饰性结构

建筑小品、装饰性结构是一类建筑体量小巧、功能简明、造型别致、富有情趣、选址恰当的精美建筑，在建筑群中起点缀环境、活跃景色、烘托气氛、加深意境的作用，如图1－19和图1－20所示。

图1－19　钢结构小品(1)

图1－20　钢结构小品(2)

习　　题

1－1　简述钢结构建筑的优、缺点。

1－2　在工程应用中，常见的钢结构体系有哪些？

1－3　阐述钢结构的应用领域。

单元 2 钢结构的材料

2.1 钢材的主要性能及影响因素

2.1.1 钢材的主要性能

钢材的主要性能有强度、塑性、冲击韧性、冷弯性能、焊接性能。

1. 强度和塑性

建筑钢材的强度和塑性可由常温静载下单向拉伸试验获得。标准试件 $l_0/d=5$ 或 10，表面光滑，常温(20 ℃)下缓慢加载，一次完成。拉伸试验机和标准试件示意图如图 2-1和图 2-2 所示。

图 2-1 拉伸试验机

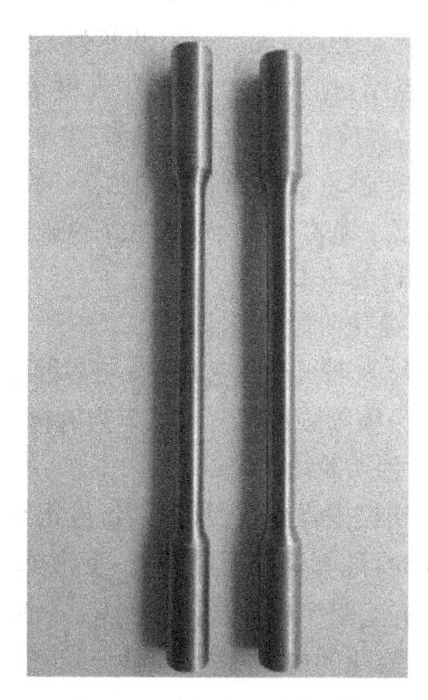

图 2-2 标准试件示意图

通过常温静载单向拉伸试验，有屈服点钢材和无明显屈服点钢材的应力-应变曲线如图 2-3 所示。

(1) 有屈服点钢材的 $\sigma—\varepsilon$ 曲线

有屈服点钢材的 $\sigma—\varepsilon$ 曲线可以分为五个阶段，如图 2-3(a)所示。

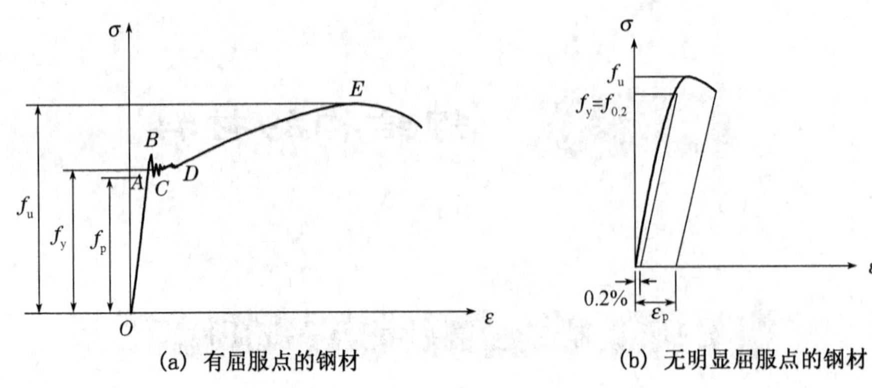

(a) 有屈服点的钢材　　(b) 无明显屈服点的钢材

图 2-3　钢材单向拉伸应力—应变曲线

① 弹性阶段(OB 段)

钢材处于弹性阶段，若在此阶段卸载，则拉伸变形可以完全恢复。钢材在 OA 段材料处于线弹性，即 $\sigma=E\varepsilon$，$E=2.06\times10^5$ N/mm²(适用于各种钢材)；AB 段有一定的非线性变形，但整个 OB 段卸载时，$\varepsilon=0$。

A 点所对应的应力为比例极限 f_p，而 B 点所对应的应力为弹性极限 f_e；Q235 钢的比例极限 $f_p\approx200$ N/mm，对应的应变 $\varepsilon_p\approx0.1\%$。

② 弹塑性阶段(BC 段)

该段很短，表现出钢材的非弹性性质，此时应力与应变呈非线性关系，存在残余变形。

C 点所对应的应力为屈服强度 f_y(应力波动的最低值)；Q235 钢的屈服强度 $f_y\approx235$ N/mm²，对应的应变 $\varepsilon_p\approx0.15\%$。

③ 塑性阶段或屈服阶段(CD 段)

该段 σ 基本保持不变(水平)，ε 急剧增大，称为屈服台阶或流幅段。Q235 钢的流幅约为 0.15%～2.5%。

④ 强化阶段(DE 段)

钢材内部组织经过调整，能够继续承担外部荷载，应力-应变曲线上升。E 点所对应的应力为极限强度 f_u。Q235 钢的极限强度 $f_u=375\sim460$ N/mm²。

⑤ 颈缩阶段

达到极限强度(E 点)后，试件出现局部截面横向收缩，塑性变形迅速增大，即颈缩现象。此时，随着荷载不断降低，变形能继续发展，直至试件断裂。

(2) 无明显屈服点钢材的 σ—ε 曲线。

① 简化的应力-应变曲线

在钢结构的强度设计中，可以假定钢材为理想的弹塑性体。因 f_y 与 f_P 相差很小，为计算方便，可将钢材应力一应变曲线进行简化，简化后的曲线如图 2-4 所示，$\varepsilon=0.15\%\sim2.5\%$，为塑性应变范围。

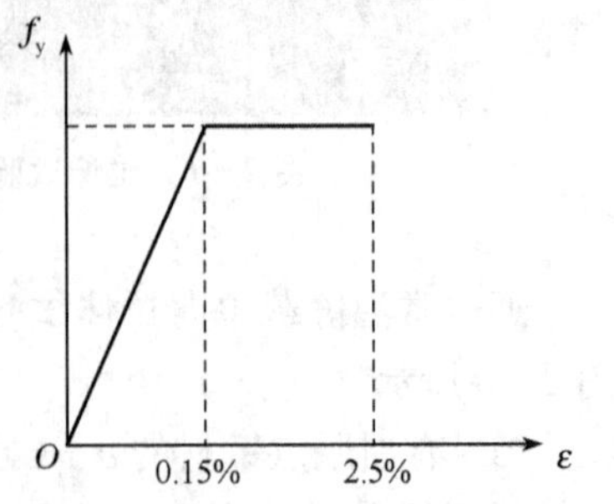

图 2-4　简化的钢材应力-应变曲线

② 以 f_y 作为强度标准值

以 f_y 作为强度标准值的原因有两点：虽然 f_u 远大

于 f_y，但对应的变形非常大；以 f_y 作为设计强度的依据，具有较大的强度储备和安全储备，若出现偶然因素，使人们有机会抢救和逃生。

③ 强度性能指标

屈服强度 f_y：指应力-应变曲线开始产生塑性流动时对应的应力，它是衡量钢材的承载能力和确定钢材强度设计值的重要指标。

抗拉强度 f_u：指应力-应变曲线最高点对应的应力，它是钢材最大的抗拉强度。

④ 塑性性能指标

伸长率为：

$$\delta=\frac{l-l_0}{l_0}\times 100\%$$

当 $l_0/d=5$，用 δ_5 表示；当 $l_0/d=10$，用 δ_{10} 表示。δ 值愈大，表明钢材的塑性愈好。试件拉伸前后示意图如图 2－5 所示。

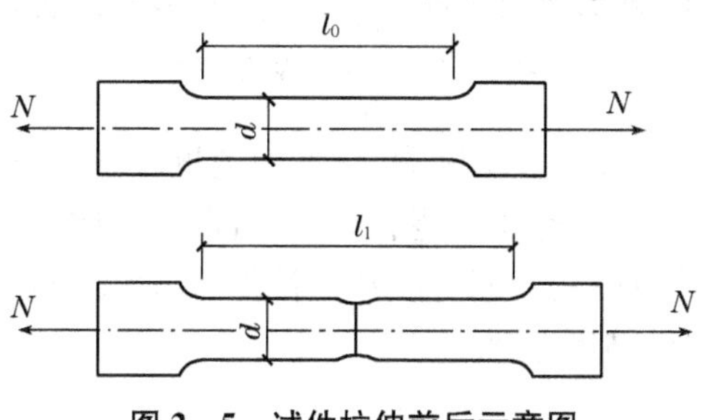

图 2－5　试件拉伸前后示意图

2. 冲击韧性

钢材在冲击荷载下的断裂过程中吸收机械能量的能力，称为冲击韧性。

冲击韧性试验：指采用有特定缺口的标准试件在材料试验机上进行击断试验，以击断试件所消耗的功 A_k 表示冲击韧性，如图 2－6 所示。

A_k 值随温度变化很大，为此相关规范对钢材的冲击韧性 A_k 规定有常温（20 ℃）、负温（0 ℃、－20 ℃、－40 ℃）的指标。

A_k 值越大，表明钢材的冲击韧性越好。它是衡量钢材抵抗动力荷载能力的指标，是衡量钢材抵抗因低温、应力集中、冲击荷载等作用而导致脆性断裂能力的一项机械性能指标。

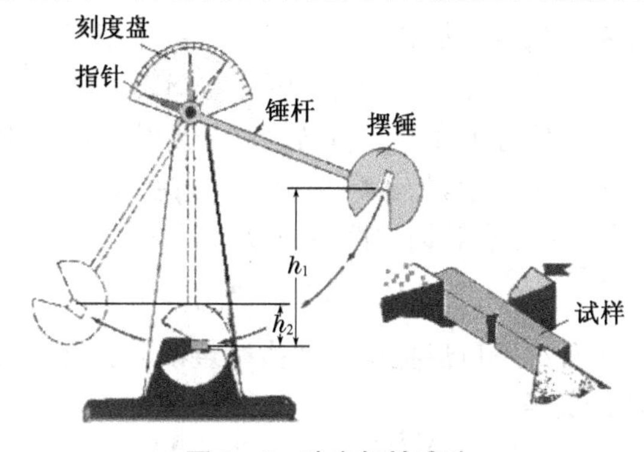

图 2－6　冲击韧性试验

3. 冷弯性能

冷弯性能是指钢材在常温下承受弯曲的能力。

冷弯试验：指在材料试验机上，通过冷弯冲头加压，将厚度为 a、宽度为 b 的钢材按规定的弯心直径 d 弯曲 180°，以弯曲处无裂纹、不起层为合格。冷弯试验示意图如图2-7所示。

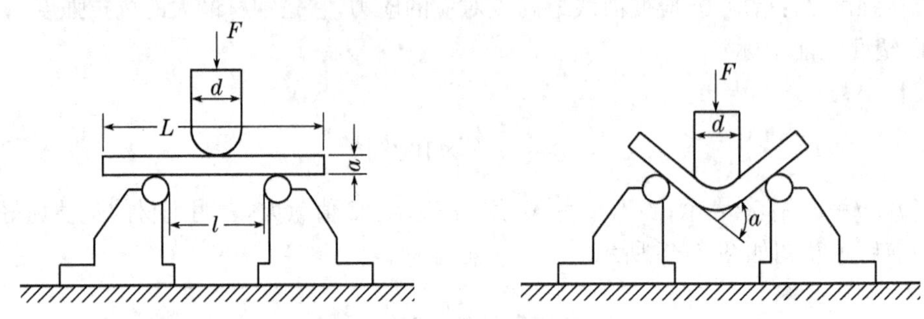

图 2-7　冷弯试验示意图

当钢材的弯曲外侧无裂纹、起层、断裂时，弯曲角度 α 越大，比值 d/a 越小，钢材的冷弯性能越好，塑性越好。钢材的冷弯性能和伸长率都是其塑性变形能力的反映。冷弯试验不仅能直接检验钢材的弯曲变形能力或塑性性能，还能暴露出钢材的内部缺陷。冷弯性能是衡量钢材力学性能的综合指标。

4. 焊接性能

焊接性能是指钢材在焊接后，其接头连接的牢固程度和硬脆倾向大小的一种性能。可焊性好的钢，焊后接头牢固，硬脆倾向小，能保持与母材基本相同的性质。

钢材的焊接性能受含碳量和合金元素含量的影响。当含碳量为 0.12%～0.20%时，钢材的焊接性能最好；当含碳量超过上述范围时，焊缝及热影响区容易变脆。

2.1.2　钢材性能的影响因素

影响钢材性能的因素有化学成分、冶金缺陷、钢材硬化、复杂应力、应力集中、温度影响及反复荷载作用等。

1. 化学成分

钢结构主要采用碳素结构钢和低合金结构钢。钢的主要成分是铁(Fe)，碳素结构钢中，铁占 99%，碳(C)和其他元素[硅(Si)、锰(Mn)、硫(S)、磷(P)、氧(O)、氮(N)等]仅占1%，但对钢材的性能有着决定性的影响。低合金高强度结构钢中，除上述元素外，还加入了能改善钢的某些性能的合金元素，如钒(V)、钛(Ti)、铌(Nb)等。

表 2-1 所示为各种主要元素对钢材性能的影响。

2. 冶金缺陷

钢材在冶炼及浇铸过程中不可避免地会产生冶金缺陷。常见的冶金缺陷有偏析、非金属夹杂、气孔、裂纹及分层等。

(1) 偏析是指在钢中化学成分分布不均匀，特别是硫、磷偏析会严重恶化钢材的性能，使塑性、韧性和可焊性变差。

(2) 非金属夹杂是指钢中含有硫化物、氧化物等杂质，对钢材性能有极为不利的影响。硫化物使钢材热脆，氧化物则严重地降低钢材的机械性能。

(3) 气孔是由于氧化铁与碳作用生成的一氧化碳不能充分逸出而形成的。

(4) 裂纹是在加工和使用过程中出现的，会使钢材的冷弯性能、冲击韧性及疲劳强度大大降低。

(5) 分层是指钢材在厚度方向不密合、分成多层的现象，会使钢材沿厚度方向受拉的性能和冷弯性能大大降低。

3. 钢材硬化

钢材硬化有时效硬化和冷作硬化两种。

(1) 时效硬化

冶炼时留在纯铁体中的少量氮和碳的固溶体，随着时间的增长将逐渐析出，并形成氮化物和碳化物，从而使钢材的强度(屈服点和抗拉强度)提高，塑性和韧性降低的现象，称为时效硬化。

时效硬化的过程一般很长。为了测定钢材时效后的冲击韧性，常采用人工快速时效方法，即先使钢材产生10%左右的塑性变形，再加热至250 ℃左右并保温1 h，然后在空气中冷却。

(2) 冷作硬化

钢材在弹性阶段卸载后，不产生残余变形，也不影响工作性能。但是，在弹塑性阶段或塑性阶段卸载后再重复加载时，钢材的屈服点将提高，而塑性和韧性降低的现象，称为冷作硬化。

冷作硬化常在冷加工时产生，降低了钢材的塑性和冲击韧性，增加了出现脆性破坏的可能性。

表2-1 化学成分对钢材性能的影响

名称	在钢材中的作用	对钢材性能的影响
碳(C)	钢材强度的主要来源。结构用钢的含碳量一般不应超过0.22%，焊接结构应低于0.2%	随着含碳量的增加，钢材强度提高，而塑性和韧性，尤其是低温冲击韧性下降，同时可焊性、抗腐蚀性、冷弯性能明显降低
硅(Si)	硅是一种强脱氧剂。硅在碳素结构钢中的含量为0.12%～0.3%，在低合金钢中的含量一般为0.2%～0.55%	适量的硅可提高钢材的强度，而对塑性、韧性、冷弯性能和可焊性无明显不良影响；硅含量过大(达1%左右)时，会降低钢材的塑性、韧性、抗锈蚀性和可焊性
锰(Mn)	锰是一种弱脱氧剂。锰在碳素结构钢中的含量为0.3%～0.8%，在低合金钢中的含量一般为1.0%～1.7%	适量的锰含量可以有效地提高钢材的强度，又能消除硫、氧对钢材的热脆性影响，而不显著降低钢材的塑性和韧性。但锰含量过高将使钢材变脆，降低钢材的抗锈蚀性和可焊性

（续表）

名称	在钢材中的作用	对钢材性能的影响
硫(S)	硫是一种有害元素。钢材中硫的含量不得超过0.05%，在焊接结构中不超过0.045%	随着硫含量的增加，钢材的塑性、韧性、可焊性、抗锈蚀性等降低，在高温时使钢材变脆(即热脆)
磷(P)	磷是一种有害元素。钢材中磷的含量一般不得超过0.045%	随着磷含量的增加，钢材的强度和抗锈蚀性提高，但塑性、韧性、可焊性、冷弯性能等严重降低，特别是在低温时使钢材变脆(即冷脆)
氧、氮(O、N)	氮和氧都是有害元素。一般氧含量应低于0.05%，氮含量应低于0.008%	氧的作用与硫类似，使钢材产生热脆；氮的作用与磷类似，使钢材产生冷脆
钒、铌(V、Nb)	钒和铌为脱氧剂和除气剂，在低合金钢中的含量应小于0.5%	钒和铌使钢材脱氧除气，显著提高强度，少量可提高低温韧性，改善可焊性；含量多时，会降低焊接性能
钛(Ti)	钛为强脱氧剂和除气剂，在低合金钢中的含量为0.06%～0.12%	钛使钢材脱氧除气，显著提高强度，少量可改善塑性、韧性和焊接性能，降低热敏感性

4. 复杂应力

钢材在单向应力作用下，当应力达到屈服点时，即进入塑性状态。但在复杂应力(二向或三向应力)作用下，钢材的屈服不能以某个方向的应力达到屈服点来判别。

复杂应力对钢材性能的影响是：钢材受同号复杂应力作用时，强度提高，塑性降低，性能变脆；钢材受异号复杂应力作用时，强度降低，塑性增加。

5. 应力集中

钢结构构件中不可避免地存在着孔洞、槽口、凹角、形状变化和内部缺陷等，致使应力不均匀，应力曲线变曲折。在缺陷处，局部出现应力高峰，其余部分则应力较低，这种现象称为应力集中，如图2-8所示。

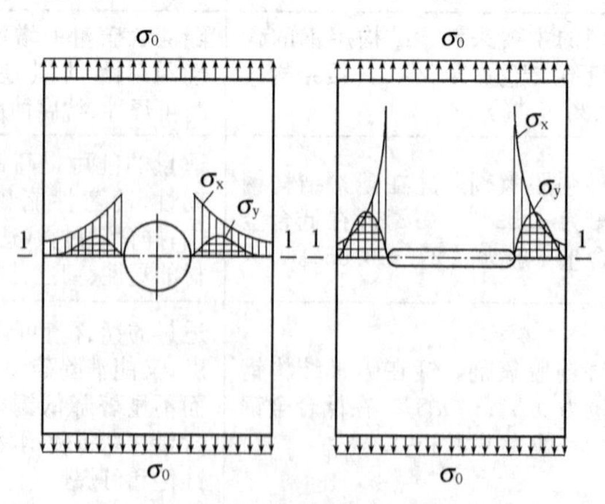

图2-8　构件孔洞处的应力集中现象

需要强调的是，由于钢材具有明显的屈服台阶，常温下受静荷载时，钢材对应力集中现象并不敏感，只要符合设计和施工规范要求，计算时可不考虑应力集中的影响，而受动力荷载的钢结构，尤其是低温下受动力荷载的结构，应力集中引起钢材变脆的倾向更为显著。这类结构在设计时注意构件形状合理，避免构件截面急剧变化，以降低应力集中程度，从构造措施上来防止钢材脆性破坏。

6. 温度影响

(1) 0 ℃以上

当温度在 0 ℃以上时，总的趋势是温度升高，钢材强度、弹性模量降低，塑性增大，如图 2－9 所示。

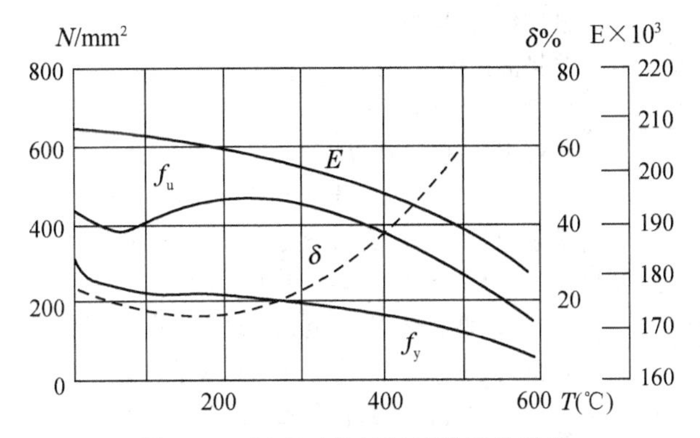

图 2－9 温度对钢材机械性能的影响

① 100 ℃以内时，钢材性能基本不变。

② 在 200 ℃以内性能没有很大变化。

③ 在 250 ℃附近有蓝脆现象。蓝脆现象是指钢材在 250 ℃附近，强度局部提高，塑性相应降低，钢材性能转脆，钢材表面氧化膜呈蓝色的现象。

④ 260～320 ℃时有徐变现象。徐变现象是指在应力持续不变的情况下，钢材以很缓慢的速度继续变形的现象。

⑤ 430～540 ℃时强度急剧下降。

⑥ 600 ℃时强度很低，不能承担荷载。

(2) 0 ℃以下

当温度在 0 ℃以下时，总的趋势是随着温度降低，钢材强度略有提高，塑性、韧性降低而变脆。

7. 反复荷载作用

在直接的连续反复的动力荷载作用下，钢材的强度将降低，低于一次静力荷载作用下拉伸试验的极限强度，这种现象称为钢材的疲劳。疲劳破坏表现为突然发生的脆性断裂。

当钢材的反复应力小于 f_y 时，反复应力作用下钢材的性能无变化，也不存在残余变形；当钢材的反复应力大于 f_y 时，明显的屈服台阶消失，完全卸载后有残余应变，残余应变值随卸载时的应变增大而增大，但最大应力值基本不变，而对应的应变和极限延伸率都减小。

2.2 钢材的分类与选用

2.2.1 钢材的分类

钢材的分类方法很多，通常有以下几种，如图 2-10 所示。

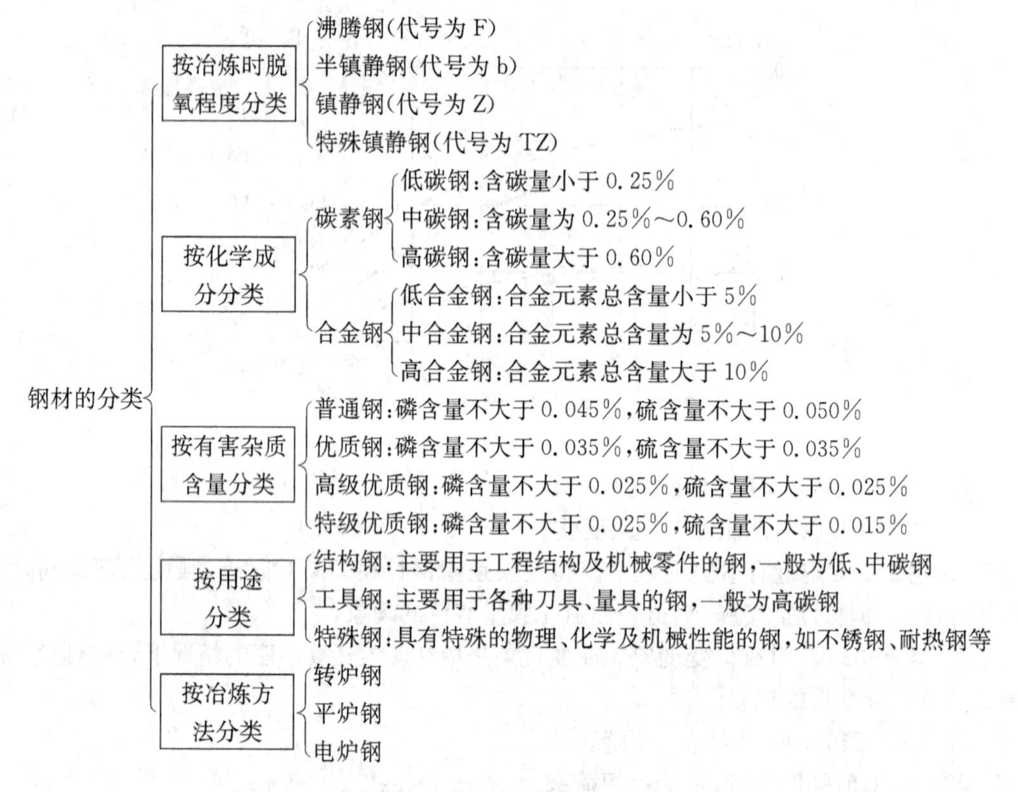

图 2-10 钢材的分类方法

2.2.2 建筑结构用钢的分类

钢结构用的钢材主要有碳素结构钢、低合金高强度结构钢、优质碳素结构钢和其他建筑用钢。

1. 碳素结构钢

按现行国家标准《碳素结构钢》(GB/T 700—2006)规定，碳素结构钢的牌号由四个部分组成，即：Q(钢材屈服点的字母)＋数字(屈服点的大小)＋质量等级符号(A、B、C、D 四种)＋脱氧方法(F、b、Z、TZ)，其中脱氧方法为镇静钢和特殊镇静钢时可省略标注。碳素结构钢分为4个牌号，分别为Q195、Q215、Q235、Q275。牌号数值越大，含碳量越高，强度、硬度越高，但塑性、韧性降低。

建筑结构用钢具体分类

2. 低合金高强度结构钢

低合金高强度结构钢是指在炼钢过程中添加少量的几种合金元素(含碳量均不大于0.02%，合金元素总量不超过5%)，使钢材强度明显提高，同时提高钢材的耐腐蚀性、耐磨性和耐低温性。低合金高强度结构钢是综合性能理想的建筑钢材，尤其在大跨度或重负载结构中优点更为突出，一般可比碳素结构钢节约20%左右的用钢量。

低合金高强度结构钢主要用于轧制各种型钢、钢板、钢管及钢筋，广泛用于钢结构和钢筋混凝土结构中，特别适用于各种重型结构、高层结构、大跨度结构及桥梁钢结构等。

3. 优质碳素结构钢

优质碳素结构钢与碳素结构钢的主要区别在于钢中含杂质元素较少，磷、硫等有害元素的含量均不大于0.035%，其他缺陷的限制也较严格，具有较好的综合性能。

优质碳素结构钢分为普通含锰钢(锰含量为0.25%～0.80%)和较高含锰钢(锰含量为0.70%～1.20%)两种。

4. 其他建筑用钢

在某些情况下，要采用一些有别于上述牌号的钢材时，其材质应符合国家的相关标准。当焊接承重结构，为防止钢材的层状撕裂而采用Z向钢时，应符合《厚度方向性能钢板》(GB/T 5313—2010)的规定；处于外露环境、对耐腐蚀性有特殊要求，或在腐蚀性气、固态介质作用下的承重结构采用耐候钢时，应满足《耐候结构钢》(GB/T 4171—2008)的规定；当在钢结构中采用铸钢件时，应满足《一般工程用铸造碳钢件》(GB/T 11352—2009)的规定。

2.2.3 钢材的选用

1. 钢材选用的原则

钢材选用的原则是既能使结构安全、可靠且满足使用要求，又要最大可能节约钢材和降低造价。为保证承重结构的承载力和防止在一定条件下可能出现的脆性破坏，在选用钢材牌号和材性时应遵循以下主要原则。

(1) 结构的重要性

结构或构件按其用途、部位和破坏后果的严重性可以分为重要、一般和次要三类，不同类别的结构或构件应选用不同的钢材。例如，民用大跨度屋架、重级工作制吊车梁等属于重要的结构，应选用质量好的钢材；一般屋架、梁和柱等属于一般的结构；楼梯、栏杆、平台等则是次要的结构，可采用质量等级较低的钢材。

(2) 荷载性质

结构承受的荷载可分为静力荷载和动力荷载两种。承受动力荷载的结构，应选用塑性、冲击韧性好的质量高的钢材，如Q345C或Q235C；承受静力荷载的结构，可选用一般质量的钢材，如 Q235bF。

(3) 连接方法

钢结构的连接有焊接和非焊接之分。焊接结构由于在焊接过程中不可避免地会产生焊接应力、焊接变形和焊接缺陷，因此应选择碳、硫、磷含量较低，塑性、韧性和可焊性都较好的钢材。对于非焊接结构，如高强度螺栓连接的结构，这些要求可放宽。

(4) 结构的工作环境

结构所处的环境(如温度变化、腐蚀作用等)对钢材的影响很大。在低温下工作的结构，尤其是焊接结构，应选用具有良好抗低温脆断性能的镇静钢，结构可能出现的最低温度应高于钢材的冷脆转变温度。当周围有腐蚀性介质时，应对钢材的抗锈蚀性做相应要求。

(5) 钢材厚度

厚度大的钢材不但强度低，而且塑性、冲击韧性和可焊性也较差，因此厚度大的焊接结构应采用材质较好的钢材。

2. 钢材选用的建议

(1) 承重结构的钢材宜采用 Q235 钢、Q345 钢、Q390 钢和 Q420 钢，其质量应分别符合国家标准《碳素结构钢》(GB/T700—2006)和《低合金高强度结构钢》(GB/T1591—2008)的规定。当采用其他牌号的钢材时，尚符合相应有关标准的规定和要求。

(2) Q235 钢宜选用镇静钢和半镇静钢，下列情况的承重结构和构件不应采用 Q235 沸腾钢。

① 焊接结构

a. 直接承受动力荷载或振动荷载且需要验算疲劳的结构。

b. 工作温度低于－20 ℃的直接承受动力荷载或振动荷载但可不验算疲劳的结构，以及承受静力荷载的受弯及受拉的重要承重结构。

c. 工作温度不高于－30 ℃的所有承重结构。

② 工作温度不高于－20 ℃的直接承受动力荷载且需要验算疲劳的非焊接结构。

(3) 承重结构的钢材应具有抗拉强度、伸长率、屈服强度和硫、磷含量的合格保证，对焊接结构尚应具有含碳量的合格保证。焊接承重结构以及重要的非焊接承重结构的钢材还应具有冷弯试验的合格保证。

(4) 对于需要验算疲劳的焊接结构，应具有常温冲击韧性的合格保证；当结构工作温度等于或低于 0 ℃但高于－20 ℃时，Q235 钢和 Q345 钢应具有 0 ℃冲击韧性合格的保证；对于 Q390 钢和 Q420 钢应具有－20 ℃冲击韧性的合格保证。当结构工作温度等于或低于－20 ℃时，对 Q235 钢和 Q345 钢应具有－20 ℃冲击韧性的合格保证；对 Q390 和 Q420 钢应具有－40 ℃冲击韧性的合格保证。

(5) 对于需要验算疲劳的非焊接结构的钢材亦应具有常温冲击韧性的合格保证，当结构工作温度等于或低于－20 ℃时，对 Q235 钢和 Q345 钢应具有 0 ℃冲击韧性合格的保证；对 Q390 钢和 Q420 钢应具有－20 ℃冲击韧性的合格保证。

(6) 重要的受拉或受弯的焊接构件中，厚度大于等于 36 mm 的钢材应具有常温冲击韧性合格的保证。吊车起重量不小于 50 t 的中级工作制吊车梁，对钢材冲击韧性的要求应与需要验算疲劳的构件相同。

2.3 钢材的品种与规格

钢结构所用的钢材主要为热轧成型的钢板、型钢及冷弯成型的薄壁型钢。钢结构构件一般宜直接选用型钢，这样可以减少制作工作量和降低造价。型钢尺寸不符合或构件很大时用钢板制作。

1. 钢板

钢板有厚钢板、薄钢板、扁钢(或钢带)之分。厚钢板常用作大型梁、柱等实腹式构件的翼缘和腹板，以及节点板等；薄钢板主要用来制造冷弯薄壁型钢；扁钢可用作焊接组合梁、柱的翼缘板、各种连接板、加劲肋等。

钢板的供应规格如下：薄钢板，厚度为 0.35～4 mm；厚钢板，厚度为 4.5～60 mm；特厚板，板厚大于 60 mm；扁钢，厚度为 3～60 mm，宽度为 10～150 mm，等等。

钢板用“—宽×厚×长”或“宽×厚”表示，单位为 mm，如“—450×8×3100”“—450×8”。

2. 角钢

角钢有等边角钢和不等边角钢两种。角钢的长度通常是 4～19 m。

(1) 等边角钢

等边角钢也叫等肢角钢(如图 2-11 所示)，以肢宽和厚度表示，例如“∟ 100×10”表示肢宽 100 mm、厚 10 mm 的角钢。

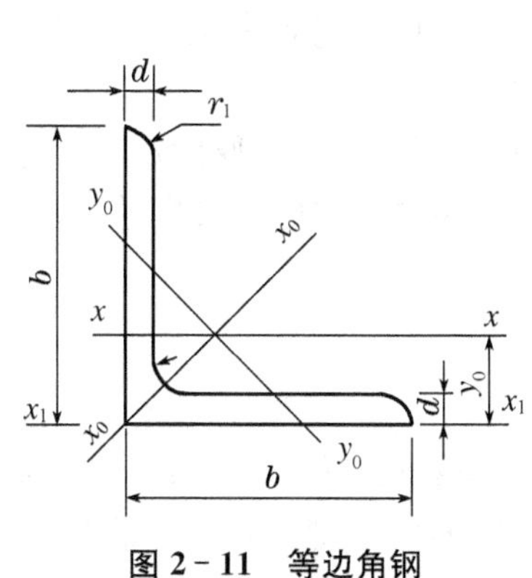

图 2-11 等边角钢

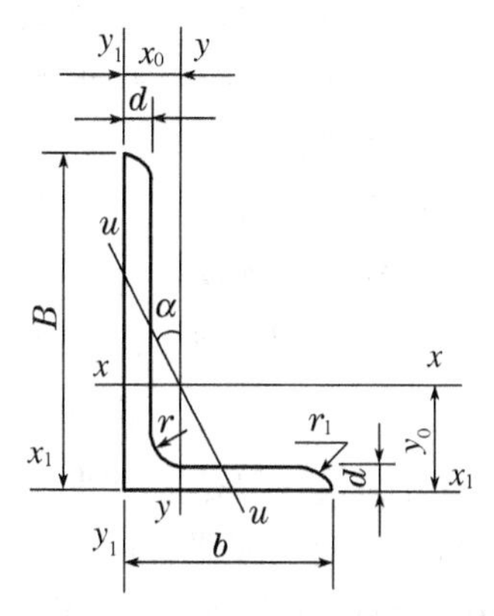

图 2-12 不等肢角钢相拼

(2) 不等边角钢

不等边角钢也叫不等肢角钢(如图 2-12 所示)，以两边宽度和厚度表示，如“∟ 100×80×8”表示长肢宽 100 mm、短肢宽 80 mm、厚 10 mm 的角钢。

3. 工字钢

工字钢(如图 2-13 所示)有普通工字钢和轻型工字钢两种。

普通工字钢用“截面高度的厘米数”表示，高度在 20 cm 以上的工字钢，同一高度有三种腹板厚度，分别记为 a、b、c，a 类腹板最薄、翼缘最窄，b 类较厚较宽，c 类最厚最宽，如 I20a。轻型工字钢以工字钢符号前面加注“Q”和截面高度（单位为 cm）表示，如 QI50（轻型）和 I50a（普通）。

两种工字钢的高度相同时，其宽度大体相当，而轻型工字钢的翼缘和腹板稍薄。我国生产的普通工字钢规格有 I10～63a，20 或 32 号以上时同一型号中又分为 a、b 或 a、b、c 规格，其中每级的腹板和相应翼缘宽度递增 2 mm。轻型工字钢规格有 QI10～70b，18～30 号和 70 号有翼缘宽度和厚度或腹板厚度略微增大的 a 或 a、b 规格。

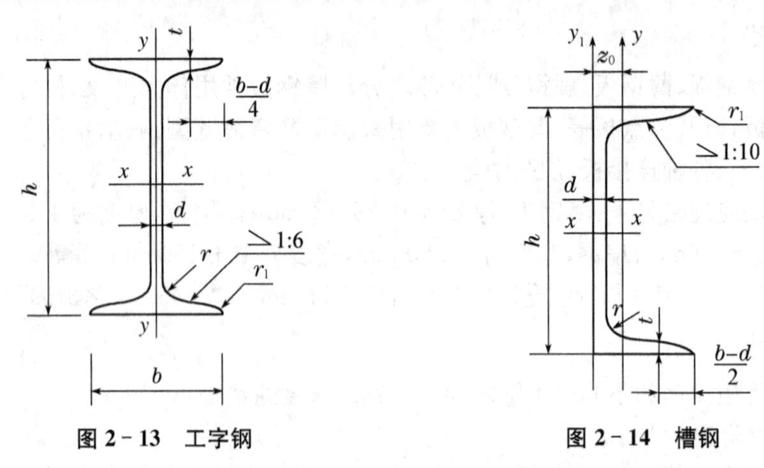

图 2 - 13　工字钢　　　图 2 - 14　槽钢

4. 槽钢

热轧普通槽钢（如图 2 - 14 所示）的表示方法：如⊏ 25Q，表示外廓高度为 25 cm，Q 是“轻”的拼音首字母。同样号数时，轻型槽钢由于腹板及翼缘宽而薄，因而截面面积小但回转半径大，能节约钢材，减少自重。

从⊏ 14 开始，就有 a、b 或 a、b、c 规格的区分，其不同的是腹板厚度和翼缘宽度。⊏ 14 以下多用于建筑工程做檩条，⊏ 30 以上可用于桥梁结构做受拉杆件，也可用作工业厂房的梁、柱等构件。槽钢还常和工字钢配合使用。

5. H 型钢和剖分 T 型钢

H 型钢分为热轧和焊接两种（如图 2 - 15 所示）。

热轧 H 型钢有宽翼缘（HW）、中翼缘（HM）、窄翼缘（HN）三类。H 型钢的表示方法是先用 H（或 HW、HM 和 HN）表示型钢的类别，后面加“高度×宽度×腹板厚度×翼缘厚度”，单位为 mm，例如“H300×300×10×16”表示截面高度和翼缘宽度为 300 mm，腹板和翼缘厚度分别为 10 mm 和 15 mm 的宽翼缘 H 型钢。

焊接 H 型钢是由钢板用高频焊接组合而成的，也用型钢类别加“高度×宽度×腹板厚度×翼缘厚度”表示，单位为 mm，如“HW250×250×10×16”“HW294×200×8×12”等。

剖分 T 型钢（图 2 - 16 所示）也分为三类，即宽翼缘剖分 T 型钢（TW）、中翼缘剖分 T 型钢（TM）和窄翼缘剖分 T 型钢（TN）。剖分 T 型钢由对应的 H 型钢沿腹板中部对称剖分而成。其表示方法与 H 型钢类同，如“TN225×200×8×12”即表示截面高度为

225 mm，翼缘宽度为 200 mm，腹板和翼缘厚度分别为 8 mm 和 12 mm 的窄翼缘剖分 T 型钢。

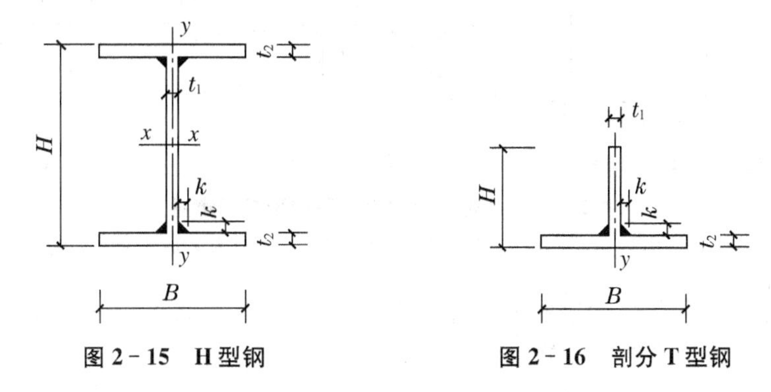

图 2-15　H 型钢　　　　图 2-16　剖分 T 型钢

6. 钢管

钢管（如图 2-17 所示）有无缝钢管和焊接钢管两种。

无缝钢管的外径为 32～630 mm，壁厚为 2.5～75 mm；直缝电焊钢管的外径为 32～152 mm，壁厚为 2.0～5.5 mm。钢管用"Φ 外径×壁厚"来表示，单位为 mm，如"Φ273×5"表示外径为 273 mm、壁厚为 5 mm 的钢管。

图 2-17　钢管

7. 冷弯薄壁型钢

冷弯薄壁型钢采用薄钢板冷轧制成。其壁厚一般为 1.5～12 mm，但承重结构受力构件的壁厚不宜小于 2 mm。薄壁型钢能充分利用钢材的强度，以节约钢材，在轻钢结构中得到广泛应用。常用冷弯薄壁型钢截面形式有等边角钢、卷边等边角钢、槽钢、卷边槽钢、Z 形钢、卷边 Z 形钢、钢管、压型钢板等，如图 2-18 所示。冷弯薄壁型钢用字母 B、截面形状符号和长边宽度×短边宽度×卷边宽度×壁厚按顺序表示，单位为 mm，当长、短边相等时只标一个边宽，无卷边时不标卷边宽度，如"BC160×60×20×3"，表示冷弯薄壁卷边槽钢的长边宽度为 160 mm，短边宽度为 60 mm，卷边宽度为 20 mm，壁厚为 3 mm。

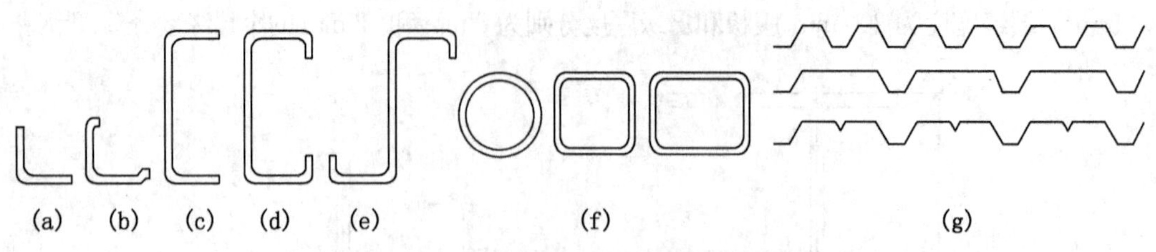

图 2-18　各种常用的冷弯薄壁型钢示意图

(a) 等边角钢；(b) 卷边等边角钢；(c) 槽钢；(d) 卷边槽钢；(e) 卷边 Z 形钢；(f) 钢管；(g) 压型钢板

压型钢板是冷弯薄壁型钢的另一种形式，它是用厚度为 0.4～2 mm 的钢板、镀锌钢板或彩色涂层钢板经冷轧形成的波形板。

常用型钢的标注方法见表 2-2。

表 2-2　常用型钢的标注方法汇总表

序号	名称	截面	标注	说明
1	等边角钢	b ∟	∟ $b\times t$	b 为肢宽 t 为肢厚
2	不等边角钢	B ∟	∟ $B\times b\times t$	B 为长肢宽 b 为短肢宽 t 为肢厚
3	工字钢	h I b	I N　Q I N	轻型工字钢加注 Q 字
4	槽钢	h [	[N　Q[N	轻型槽钢加注 Q 字
5	方钢	b	□b	—
6	扁钢	b	—$b\times t$	—
7	钢板	——	—$b\times t\times L$	宽×厚×板长
8	圆钢	ϕd	ϕd	—
9	钢管	ϕd	$\phi d\times t$	d 为外径 t 为壁厚

(续表)

序号	名称	截面	标注	说明
10	薄壁方钢管	□	B□ $b\times t$	薄壁型钢加注 B 字 t 为壁厚
11	薄壁等肢角钢	∟	B∟ $b\times t$	
12	薄壁等肢卷边角钢	a	B $b\times a\times t$	
13	薄壁槽钢	h	B[$h\times b\times t$	
14	薄壁卷边槽钢	a	B $h\times b\times a\times t$	
15	薄壁卷边 Z 型钢	h a b	B $h\times b\times a\times t$	
16	T 型钢	T	TW ×× WM ×× TN ××	TW 为宽翼缘 T 型钢 TM 为中翼缘 T 型钢 TN 为窄翼缘 T 型钢
17	H 型钢	H	HW ×× HM ×× HN ××	HW 为宽翼缘 H 型钢 HM 为中翼缘 H 型钢 HN 为窄翼缘 H 型钢
18	起重机钢轨		QU××	详细说明产品规格型号
19	轻轨及钢轨		××kg/m 钢轨	

习　题

2-1　钢材的力学性能主要指什么?

2-2　钢材的硬化会对其力学性能产生什么影响?

2-3　低碳钢的含碳量应如何控制?

2-4　钢材在选用时应遵循什么原则?

2-5　简述型钢图示符号“∟ 90×80×6”的含义。

2-6　简述型钢图示符号“工 22a”的含义。

2-7　简述型钢图示符号“H 450～550×400×10×16”的含义。

2-8　简述型钢图示符号“Φ48×3.5”的含义。

单元 3 钢结构的连接

3.1 钢结构连接概述

钢结构是由各种钢板、型钢，在工厂里通过必要的连接加工成构件(如梁、柱、桁架等)，各构件再通过一定的安装连接而形成的整体结构。构件与构件之间的连接节点是形成钢结构并保证结构安全正常工作的重要组成部分。连接部位应有足够的强度、刚度及延性，连接构件间应保持正确的相互位置，以满足传力和使用要求。连接的加工和安装比较复杂、费工，连接设计不合理会影响结构的造价、安全和寿命。

1. 钢结构连接的种类

微课3.1

钢结构的连接方法

钢结构连接的种类可分为焊缝连接、螺栓连接、铆钉连接和射钉、自攻螺钉连接等(如图 3－1 所示)。

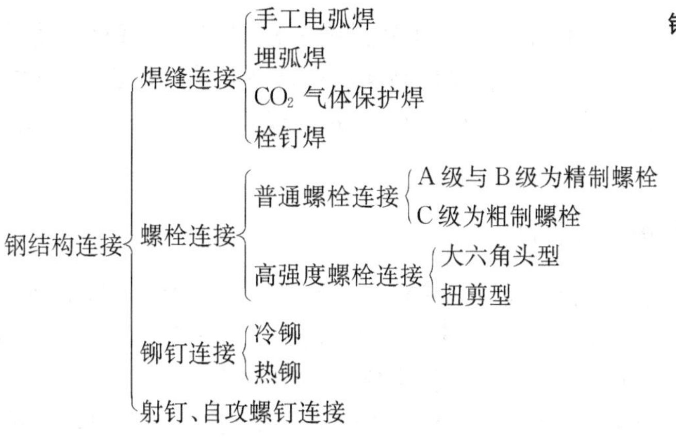

图 3－1 钢结构连接的种类

2. 钢结构常用连接方式的对比

钢结构常用连接方式优缺点对比见表 3－1。

表 3-1　钢结构常用连接方式对比

连接方法	优点	缺点
焊接	对焊件几何形体适应性强，构造简单、省材省工，工效高，连接连续性强，可达到气密和水密要求，节点刚度大	对材质要求高，焊接程序严格，质量检验工作量大，要求高；存在有焊接缺陷的可能，产生焊接应力和焊接变形，导致材料脆化，对构件的疲劳强度和稳定性产生影响；一旦开裂则裂纹开展较快，对焊工技术等级要求较高
普通螺栓连接	装拆便利，设备简单	粗制螺栓不宜受剪，精制螺栓加工和安装难度较大，开孔对构件截面有一定削弱
高强螺栓连接	加工方便，可拆换，能承受动力荷载，耐疲劳，塑性、韧性好	摩擦面处理及安装工艺略为复杂，造价略高，对构件截面削弱相对较小，质量检验要求高
铆接	传力可靠，韧性和塑性好，质量易于检查，抗动力性能好	费钢、费工，开孔对构件截面有一定削弱
射钉、自攻螺钉连接	灵活，安装方便，构件无须预先处理，适用于轻钢、薄板结构	不能承受较大集中力

3.2　螺栓连接

螺栓连接可分为普通螺栓连接和高强度螺栓连接。普通螺栓通常采用 Q235 钢制成，用普通扳手拧紧；高强度螺栓则用高强度钢材制成并经热处理，用特制的、能控制扭矩或螺栓拉力的扳手，拧紧到使螺栓有较高的规定预拉力值，从而把被连接的构件高度加紧。

3.2.1　普通螺栓连接

钢结构普通螺栓连接是将普通螺栓、螺母、垫圈机械地和连接件连接在一起形成的一种连接形式（如图 3-2～图 3-3 所示）。从连接的工作机理看，荷载是通过螺栓杆受剪、连接板孔壁承压来传递的。这种连接螺栓和连接板孔壁之间有间隙，接头受力后会产生较大的滑移变形，因此一般受力较大的结构或承受动荷载的结构，当采用普通螺栓连接时，螺栓应采用精制螺栓以减小接头的变形量。

普通螺栓连接一般采用 C 级螺栓，习称粗制螺栓；较少情况下可采用质量要求较高的 A、B 级螺栓，习称精制螺栓。精制螺栓连接是一种紧配合连接，即螺栓孔径和螺栓直径差一般在 0.2～0.5 mm，有的要求螺栓孔径与螺栓直径相等，施工时需要强行打入。精制螺栓连接加工费用高、施工难度大，工程上已极少使用，现已逐渐被高强度螺栓连接所替代。

图 3-2 螺栓连接

图 3-3 普通螺栓图片

1. C级螺栓连接

C级螺栓用未经加工的圆钢制成，杆身表面粗糙，尺寸不太准确，螺栓孔是在单个零件上一次冲成或不用钻模钻成(称为Ⅱ类孔)，孔径比螺栓直径大 1～2 mm。C级螺栓连接的优点是装拆方便，操作不需复杂的设备，比较适用于承受拉力，其受剪性能较差。因此，它常用于承受拉力的安装螺栓连接(同时有较大剪力时常另加承托承受)、次要结构和可拆卸结构的受剪连接以及安装时的临时连接。

由于孔径大于杆径较多，当连接所受剪力超过被连接板件间的摩擦力(普通螺栓用普通扳手拧紧，拧紧力和摩擦力较小)时，板件间将发生较大的相对滑移变形，直至螺栓杆与板件孔壁一侧接触；也由于螺栓孔中心距不准，致使个别螺栓先与孔壁接触以及接触面质量较差，使各个螺栓受力较不均匀。

2. A、B级螺栓连接

A、B级螺栓杆身经车床加工制成，表面光滑，尺寸准确，按尺寸规格和加工要求又分为A、B两级，A级的精度要求更高。螺栓孔可在装配好的构件上钻成或扩钻成(相应先在单个零件上钻或冲成较小孔径)，也可在单个零件或构件上分别用钻模钻成(统称为Ⅰ类孔)。孔壁光滑，对孔准确，孔径与螺栓杆径相等，但分别允许正、负公差，安装时需将螺栓轻击入孔。

A、B级螺栓连接由于加工精度高、尺寸准确，和杆壁接触紧密，可用于承受较大剪力、拉力的安装连接，受力和抗疲劳性能较好，连接变形小；但其制造和安装都较费工，价格昂贵，故在钢结构中较少采用，主要用于直接承受较大动力荷载的重要结构的受剪安装。A、B级螺栓与C级螺栓的比较见表3-2。

表3-2 A、B、C级螺栓的比较

分类	钢材	强度等级	孔径 d_0 与栓径 d 之差(mm)	加工	受力特点	安装	应用
C级粗制螺栓	普通碳素钢 Q235	4.6 4.8	1.0～1.5	粗糙 尺寸不准 成本低	抗剪差 抗拉好	方便	承拉 应用多 临时固定
A级 B级 精制螺栓	优质碳素钢 45号钢 35号钢	8.8	0.3～0.5	精度高 尺寸准确 成本高	抗剪 抗拉 均好	精度要求高	目前应用较少

A级、B级区别：仅尺寸不同，A级 $d \leqslant 24$，$L \leqslant 150$ mm；B级 $d > 24$，$L > 150$ mm。

Ⅰ类孔：孔壁粗糙度小，孔径偏差允许+0.25 mm，对应A、B级螺栓。

Ⅱ类孔：孔壁粗糙度大，孔径偏差允许+1 mm，对应C级螺栓。

3. 普通螺栓种类

(1) 普通螺栓的材性

螺栓按照性能等级分3.6、4.6、4.8、5.6、5.8、6.8、8.8、9.8、10.8、12.9十个等级，其中8.8级以上螺栓材质为经热处理(淬火、回火)的低碳合金钢或中碳钢，通称为高强度螺栓，8.8级以下(不含8.8级)通称为普通螺栓。

螺栓性能等级标号由两部分数字组成，分别表示螺栓的公称抗拉强度和材质的屈强比。例如性能等级4.6级的螺栓其含义为：第1部分数字(4.6级中的“4”)为螺栓材质公称抗拉强度(N/mm^2)的1/100，第2部分数字(4.6中的“6”)为螺栓材质屈强比的10倍，两部分数字的乘积($4\times6=24$)为螺栓材质公称屈服点(N/mm^2)的1/10。普通螺栓各性能等级材性见表3-3。

表3-3 普通螺栓各性能等级材性表

性能等级		3.6	4.6	4.8	5.6	5.8	6.8
材料		低碳钢	低碳钢或中碳钢	低碳钢或中碳钢	低碳钢或中碳钢	低碳钢或中碳钢	低碳钢或中碳钢
化学成分	C	≤0.2	≤0.55	≤0.55	≤0.55	≤0.55	≤0.55
	P	≤0.05	≤0.05	≤0.05	≤0.05	≤0.05	≤0.05
	S	≤0.06	≤0.06	≤0.06	≤0.06	≤0.06	≤0.06
抗拉强度(N/mm^2)	公称	300	400	400	500	500	600
	min	330	400	420	500	520	600
维氏硬度HV30	min	95	115	121	148	154	178
	max	206	206	206	206	206	227

(2) 普通螺栓的规格

普通螺栓按照形式可分为六角头螺栓、双头螺栓、沉头螺栓等;按制作精度可分为 A、B、C 三个等级,A、B 级为精制螺栓,C 级为粗制螺栓,钢结构用连接螺栓,除特殊注明外,一般即为普通粗制 C 级螺栓。

(3) 螺母

钢结构常用的螺母(如图 3-4 所示),其公称高度 h 大于或等于 $0.8D$(D 为与其相匹配的螺栓直径),螺母强度设计应选用与之相匹配螺栓中最高性能等级的螺栓强度。当螺母拧紧到螺栓保证荷载时,必须不发生螺纹脱扣。螺母性能等级分 4、5、6、8、9、10、12 等,其中 8 级(含 8 级)以上螺母与高强度螺栓匹配,8 级以下螺母与普通螺栓匹配。

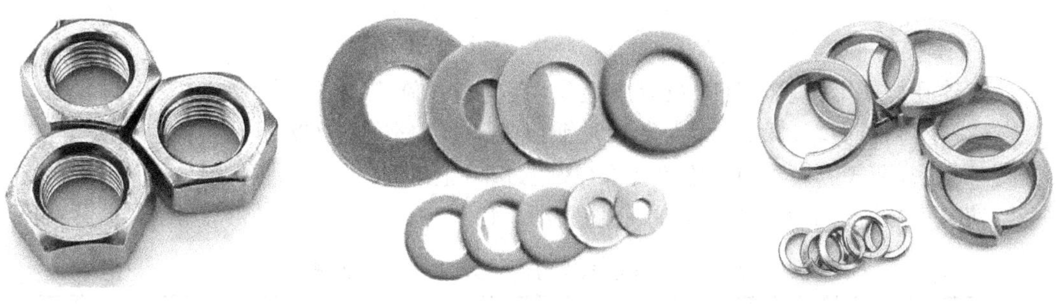

图 3-4　螺母　　**图 3-5　垫圈**　　**图 3-6　弹簧垫圈**

(4) 垫圈

常用钢结构螺栓连接的垫圈(如图 3-5 所示),按形状及其使用功能可以分成以下几类。

圆平垫圈:一般放置于紧固螺栓头及螺母的支承面下面,用以增加螺栓头及螺母的支承面,同时防止被连接件表面损伤。

方形垫圈:一般置于地脚螺栓头及螺母支承面下,用以增加支承面并遮盖较大螺栓孔眼。

斜垫圈:主要用于工字钢、槽钢翼缘倾斜面的垫平,使螺母支承面垂直于螺杆,避免紧固时造成螺母支承面和被连接的倾斜面局部接触。

弹簧垫圈(如图 3-6 所示):螺栓拧紧后在动荷载作用下容易振动和松动,依靠弹簧垫圈的弹性功能及斜口摩擦面防止螺栓的松动。这种垫圈一般用于有动荷载(振动)或经常拆卸的结构连接处。

(5) 普通螺栓的构造要求

① 螺栓的排列

螺栓在构件上排列应简单、统一,整齐而紧凑,通常分为并列和错列两种形式(如图 3-7 所示)。并列比较简单整齐,所用连接板尺寸小,但由于螺栓孔的存在,对构件截面削弱较大。错列可以减小螺栓孔对截面的削弱,但螺栓孔排列不如并列紧凑,连接板尺寸较大。

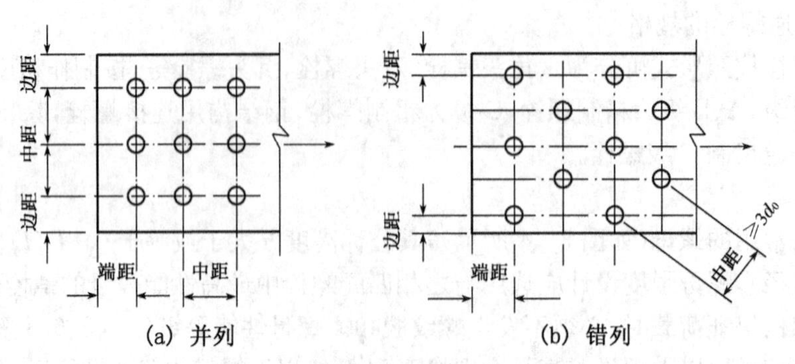

图 3-7　钢板上的螺栓(铆钉)排列

② 螺栓的布置

螺栓在构件上布置时其间距应满足受力、构造和施工要求：受力要求（螺距过小：钢板剪坏；螺距过大：受压时钢板张开）；构造要求（螺距过大：连接不紧密，潮气侵入腐蚀）；施工要求（螺距过小：施工时转动扳手困难）。通常情况下螺栓的最大、最小容许距离见表3-4。

螺栓的其他构造要求

表 3-4　螺栓或铆钉的最大、最小容许距离

<table>
<tr><th>名称</th><th colspan="3">位置和方向</th><th>最大容许距离
(取两者的较小值)</th><th>最小容许距离</th></tr>
<tr><td rowspan="4">中心间距</td><td colspan="3">外排(垂直内力方向或顺内力方向)</td><td>$8d_0$ 或 $12t$</td><td rowspan="5">$3d_0$</td></tr>
<tr><td rowspan="3">中间排</td><td colspan="2">垂直内力方向</td><td>$16d_0$ 或 $24t$</td></tr>
<tr><td rowspan="2">顺内力方向</td><td>构件受压力</td><td>$12d_0$ 或 $18t$</td></tr>
<tr><td>构件受拉力</td><td>$16d_0$ 或 $24t$</td></tr>
<tr><td></td><td colspan="3">沿对角线方向</td><td>—</td></tr>
<tr><td rowspan="4">中心至构件边缘距离</td><td colspan="3">顺内力方向</td><td rowspan="4">$4d_0$ 或 $8t$</td><td>$2d_0$</td></tr>
<tr><td rowspan="3">垂直内力方向</td><td colspan="2">剪切边或手工气割边</td><td rowspan="2">$1.5d_0$</td></tr>
<tr><td rowspan="2">轧制边、自动气割或锯割边</td><td>高强度螺栓</td></tr>
<tr><td>其他螺栓或铆钉</td><td>$1.2d_0$</td></tr>
</table>

注：1. d_0 为螺栓或铆钉的孔径，t 为外层较薄板件的厚度。

2. 钢板边缘与刚性构件(如角钢、槽钢等)相连的螺栓或铆钉的最大间距，可按中间排的数值采用。

3.2.2　高强度螺栓连接

高强度螺栓连接是 20 世纪 70 年代以来迅速发展和应用的螺栓连接新形式（如图 3-8 所示）。高强度螺栓连接已经发展成为与焊接并举的钢结构主要连接形式之一，螺栓杆内很大的拧紧预拉力把被连接的板件夹得很紧，足以产生很大的摩擦力。它具有受力性能好、耐疲劳、抗震性能好、连接刚度高、施工简便等优点，被广泛地应用在建筑钢结构和桥梁钢结构的现场连接中，成为钢结构安装的主要手段之一。

1. 高强度螺栓连接的分类

高强度螺栓从外形上可分为大六角头和扭剪型两种，按性能等级可分为 8.8 级、10.9 级、12.9 级等。目前我国使用的大六角头高强度螺栓有 8.8 级和 10.9 级两种，扭剪型高强度螺栓只有 10.9 级一种。

(1) 摩擦型高强度螺栓连接

对于这种连接，受剪设计时以外剪力达到板件接触面间由螺栓拧紧力(使板件压紧)所提供的可能最大摩擦力为极限状态，即应保证连接在整个使用期间外剪力不超过最大摩擦力，能由摩擦力完全承受。板件间不会发生相对滑移变形(螺栓杆和孔壁间始终保持原有空隙量)，被连接板件按弹性整体受力。

高强度螺栓在连接接头中不受剪只受拉，并由此给连接件之间施加了接触压力，这种连接应力传递圆滑，接头刚性好，通常所指的高强度螺栓连接就是这种摩擦型连接，其极限破坏状态即为连接接头滑移。

(2) 承压型高强度螺栓连接

对于这种连接，受剪设计时应保证在正常使用荷载下，外剪力不会超过最大摩擦力，其受力性能和摩擦型相同。但如荷载超过标准值(即正常使用情况下的荷载值)，则剪力就可能超过最大摩擦力，被连接板件间将发生相对滑移变形，直到螺栓杆与孔壁一侧接触，此后连接就靠螺栓杆身剪切和孔壁承压以及板件接触面间摩擦力共同传力，最后以杆身剪切或孔壁承压破坏，即达到连接的最大承载力，也是连接受剪的极限状态。

高强度螺栓连接的特点

该种连接承载力高，可以利用螺栓和连接板的极限破坏强度，经济性能好，但连接变形大，可应用在非重要的构件连接中。

2. 高强度螺栓的组成

(1) 大六角头高强度螺栓连接副。

大六角头高强度螺栓连接副含一个螺栓、一个螺母、两个垫圈(螺头和螺母两侧各一个垫圈)，如图 3-8 所示，但用于钢网架螺栓球节点时螺栓无需设垫圈直接跟套筒相连。螺栓、螺母、垫圈在组成一个连接副时，其性能等级要匹配，表 3-5 列出了钢结构用大六角头高强度螺栓连接副匹配组合。

图 3-8　高强度螺栓

表 3-5　大六角头高强度螺栓连接副匹配表

螺栓	螺母	垫圈
8.8 级	8H	HRC35～45
10.9 级	10H	HRC35～45

(2) 扭剪型高强度螺栓连接副(如图 3-9 所示)。

扭剪型高强度螺栓连接副含一个螺栓、一个螺母、一个垫圈。目前国内只有 10.9 级一个性能等级。

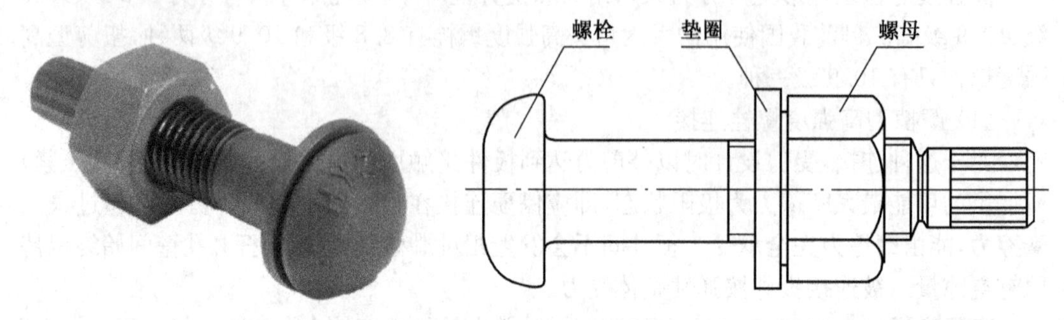

图 3-9　扭剪型高强度螺栓

高强度螺栓摩擦面抗滑移系数

表 3-6 和表 3-7 示出了高强度螺栓的主要性能指标。

各种规格高强度螺栓预拉力的取值见表 3-8 和表 3-9。

表 3-6　高强度螺栓的等级和材料选用表

螺栓种类	螺栓等级	螺栓材料	螺母	垫圈	适用规格(mm)
扭剪型	10.9 s	20M nTiB	35 号钢 10H	45 号钢 HRC35～45	d=16,20, (22),24
大六角头型	10.9 s	35VB	45 号钢 35 号钢 15MnVTi 10H	45 号钢 35 号钢 HRC35～45	d=12,16,20,(22), 24,(27),30
		20MnTiB			d≤24
		40B			d≤24
	8.8 s	45 号钢	35 号 8H	45 号钢 35 号钢 HRC35～45	d≤22
		35 号钢			d≤16

表 3-7　高强度螺栓的性能、等级与所采用的钢号

螺栓种类	性能等级	所采用的钢号	抗拉强度 f_u (N/mm²)	屈服强度 f_y (N/mm²)	伸长率 δ(%)	断面收缩率 ψ(%)	冲击韧性值 A_k(J/cm²)	硬度
			不小于					
大六角头高强螺栓	8.8	45 号钢 35 号钢	830～ 1 030	660	12	45	78(8)	HRC24～31
	10.9	20MnTiB B40 35VB	1 040～ 1 240	940	10	42	59(6)	HRC33～39

表 3－8　高强度螺栓的设计预拉力值(kN)(GB 50017—2017)

螺栓的性能等级	螺栓公称直径(mm)					
	M16	M20	M22	M24	M27	M30
8.8 级	80	125	150	175	230	280
10.9 级	100	155	190	225	290	355

表 3－9　高强度螺栓的预拉力 P 值(kN)(GB 50018—2014)

螺栓的性能等级	螺栓公称直径(mm)							
	M12	M14	M16	M20	M22	M24	M27	M30
8.8 级	45	60	80	125	150	175	230	280
10.9 级	55	75	100	155	190	225	290	355

螺栓、孔、电焊铆钉的表示方法应符合表 3－10 中的规定。

表 3－10　螺栓、孔、电焊铆钉的表示方法

序号	名称	图例	说明
1	永久螺栓	M ϕ	1. 细“＋”线表示定位线 2. M 表示螺栓型号 3. Φ 表示螺栓孔直径 4. d 表示膨胀螺栓，电焊铆钉直径 5. 采用引出线标注螺栓时，横线上标注螺栓规格，横线下标注螺栓孔直径。
2	高强螺栓	M ϕ	
3	安装螺栓	M ϕ	
4	膨胀螺栓	d	
5	圆形螺栓孔	ϕ	

（续表）

序号	名称	图例	说明
6	长圆形螺栓孔	ϕ b	
7	电焊铆钉	d	

3.3 焊缝连接

焊缝连接（如图 3－10 所示）是现代钢结构最主要的连接方法。在钢结构中主要采用电弧焊、特殊情况可采用电渣焊和电阻焊等。

图 3－10　焊接连接

3.3.1 焊缝连接形式及焊缝形式

1. 连接形式

焊缝连接形式按被连接构件间的相对位置分为平接、搭接、T 形连接和角接四种。这些连接所采用的焊缝形式主要有对接焊缝和角焊缝。

图 3－11(a)所示为用对接焊缝的平接连接，它的特点是用料经济，传力均匀平缓，没有明显的应力集中，承受动力荷载的性能较好。但是焊件边缘需要加工，对接连接两板的间隙和坡口尺寸有严格的要求。

图 3－11(b)所示为用拼接板和角焊缝的平接连接，这种连接传力不均匀、费料，但施工简便，所接两板的间隙大小无需严格控制。

图 3－11(c)所示为用角焊缝的搭接连接，这种连接传力不均匀，材料较费，但构造简单，施工方便，目前被广泛应用。

图 3－11(d)所示为用角焊缝的 T 形连接，构造简单，受力性能较差，应用也颇广泛。

图 3－11(e)所示为焊透的 T 形连接，其性能与对接焊缝相同。在重要的结构中用它代替图 3－11(d)的连接。长期实践证明：这种要求焊透的 T 形连接焊缝，即使有未焊透现象，但因腹板边缘经过加工，焊缝收缩后使翼缘和腹板顶得十分紧密，焊缝受力情况大为改善，一般能保证使用要求。

图 3－11(f)、(g)所示为用角焊缝的角接连接。

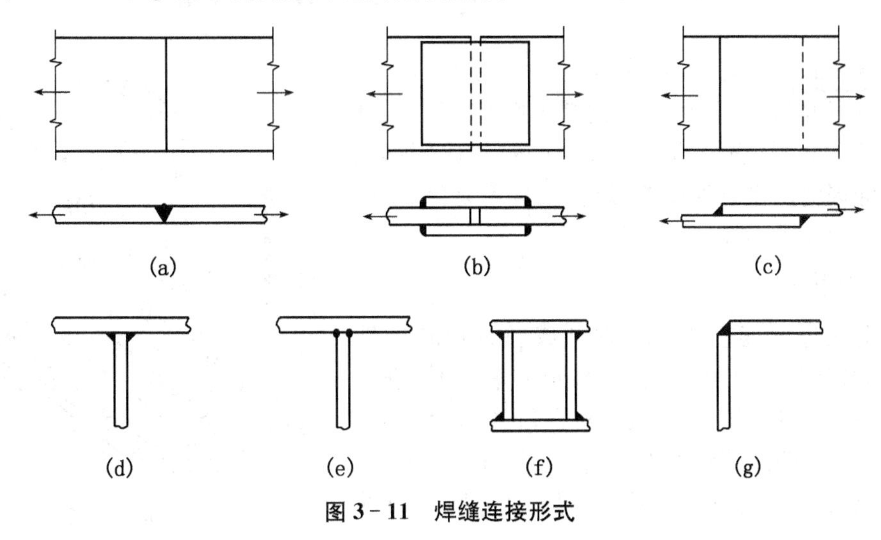

图 3－11 焊缝连接形式

2. 焊缝形式

对接焊缝按所受力的方向可分为正对接焊缝和斜对接焊缝[如图 3－12(a)、(b)所示]。角焊缝长度方向垂直于力作用方向的称为正面角焊缝，平行于力作用方向的称为侧面角焊缝，如图 3－12(c)所示。

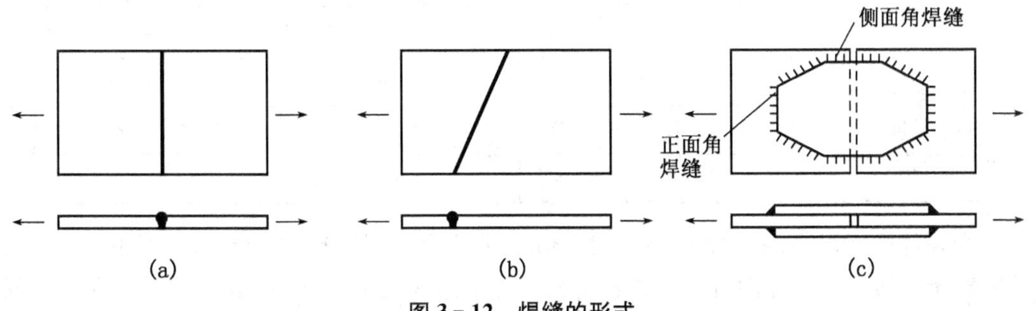

图 3－12 焊缝的形式

焊缝按沿长度方向的分布情况来分，有连续焊缝(图 3－13 所示)和间断焊缝(图 3－14 所示)两种形式。连续焊缝受力性能较好，为主要的焊缝形式。间断焊缝容易引起应力集中，重要结构中应避免采用，它只用于一些次要构件的连接或次要焊缝中，间断焊缝的间断距离不宜太长，以免因距离过大使连接不够紧密，潮气易侵入而引起锈蚀。

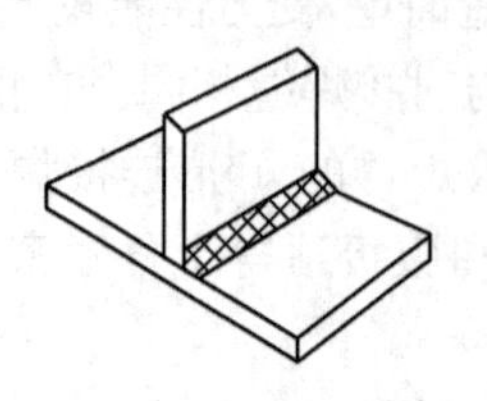

图 3－13　连续焊缝

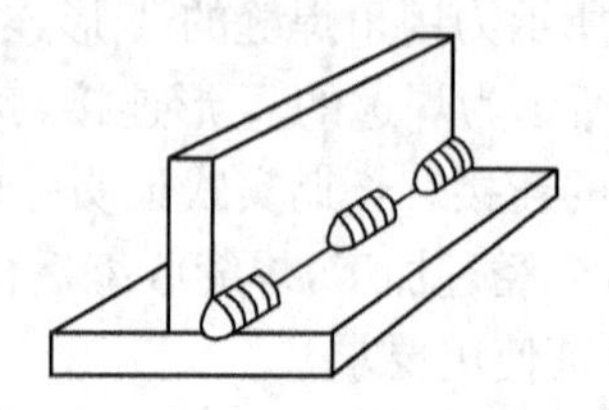

图 3－14　间断焊缝

焊缝按施焊位置分，有俯焊(平焊)、立焊、横焊、仰焊几种(如图 3－15 所示)。俯焊时操作方便，质量最易保证。立焊、横焊的质量及生产效率比俯焊差一些。仰焊的操作条件最差，焊缝质量不易保证，因此应尽量避免采用仰焊焊缝。

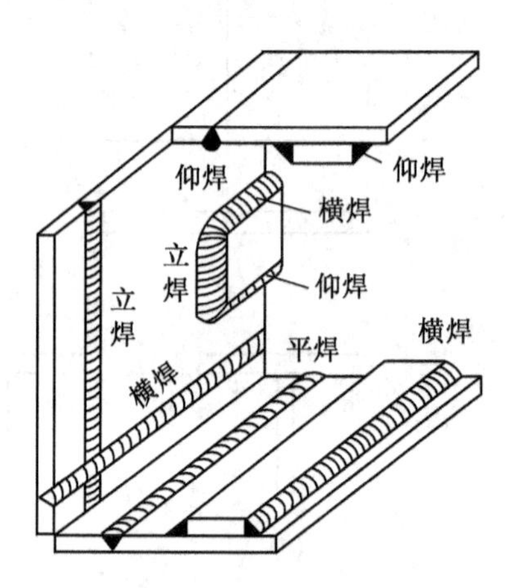

图 3－15　焊缝施焊位置

3. 对接焊缝的构造要求

用对接焊缝连接的板件常开成各种形式的坡口，焊缝金属填充在坡口内，坡口形式有 I 形(垂直坡口)、单边 V 形、V 形、U 形、K 形和 X 形等，详见表 3－11。应按照保证焊缝质量、便于施焊和减少焊缝截面面积的原则，根据焊件厚度选用坡口的形式。

表 3－11　对接焊缝连接的板件常开成各种形式

I 形(垂直坡口)	单边 V 形不带钝边	单边 V 形带钝边	V 形
C=0.5~2 mm	α C=2~3 mm	α p C=2~3 mm	α p C=2~3 mm
α—坡口角度 P—钝边长度 C—根部间隙	U 形	X 形	K 形
	p C=3~4 mm	p C=3~4 mm	p C=3~4 mm

当焊件厚度很小(手工焊时不超过 6 mm，埋弧焊时不超过 10 mm)时，可用 I 形直边缝。对于一般厚度的焊件可采用具有斜坡口的单边 V 形或 V 形焊缝。斜坡口和根部间隙 C 共同组成一个焊条能够运转的施焊空间，使焊缝易于焊透；钝边 P 有托住熔化金属的作用。对于较厚的焊件(t>20 mm)，则采用 U 形、K 形和 X 形坡口。

在对接焊缝的拼接处，当焊件的宽度不同或厚度相差 4 mm 以上时，应分别在宽度方向或厚度方向从一侧或两侧做成坡度不大于1∶2.5的斜角(如图3-16所示),以使截面和缓过渡,减小应力集中。

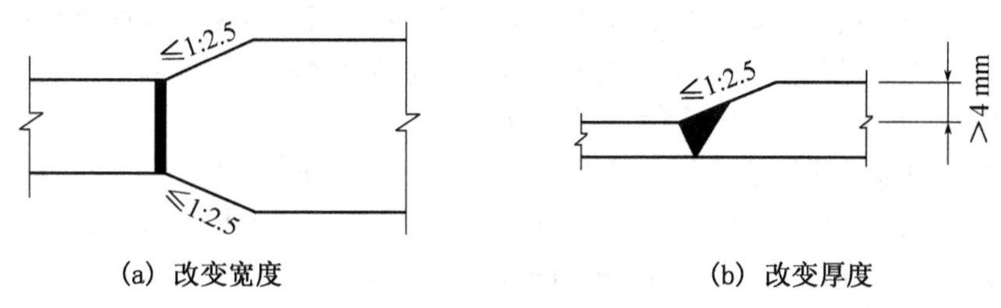

图3-16　钢板拼接

在焊缝的起灭弧处,常会出现弧坑等缺陷,这些缺陷对承载力影响极大,故焊接时一般应设置引弧(出)板(如图3-17所示),焊后将它割除。对受静力荷载的结构设置引弧(出)板有困难时,允许不设置引弧(出)板,此时,可令焊缝计算长度等于实际长度减$2t$(此处t为较薄焊件厚度)。

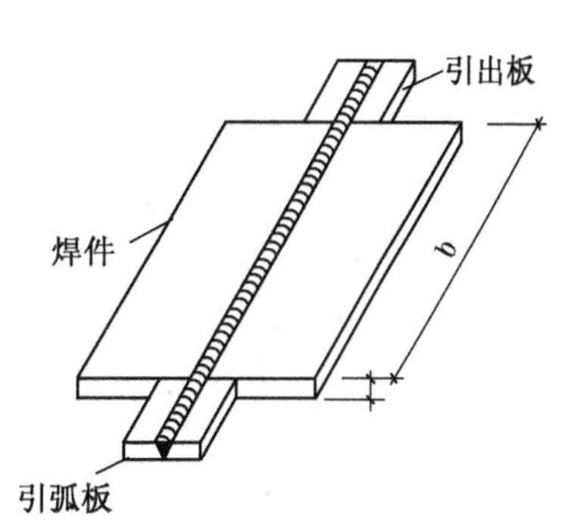

图3-17　用引弧板焊接

4. 不焊透的对接焊缝

在钢结构设计中,有时遇到板件较厚,而板件间连接受力较小时,可以采用不焊透的对接焊缝(如图3-18所示)。例如当用四块较厚的钢板焊成的箱形截面轴心受压柱时,由于焊缝主要起联系作用,就可以用不焊透的坡口焊缝。在此情况下,用焊透的坡口焊缝并非必要,而采用角焊缝则外形不能平整,故采用不焊透的坡口焊缝更适宜。

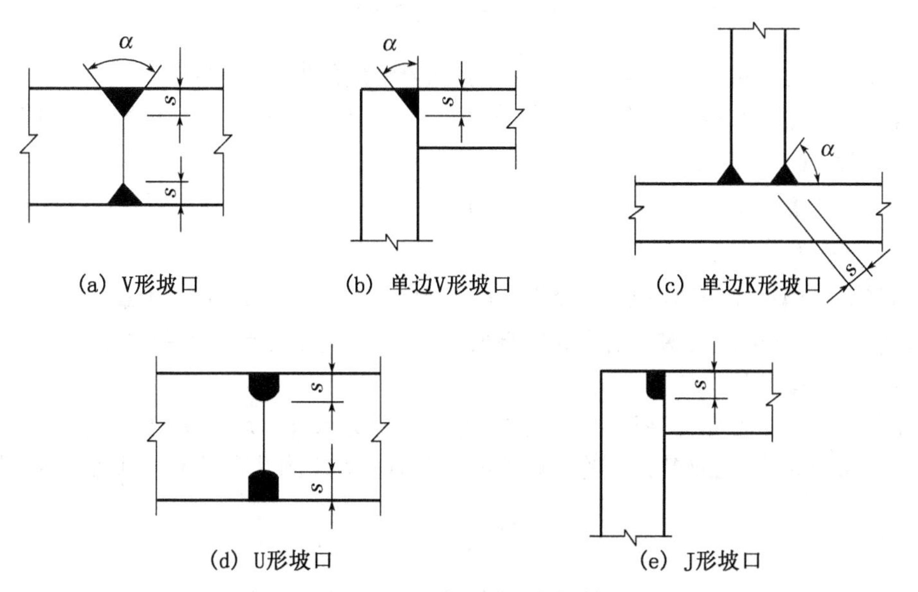

图3-18　不焊透的对接焊缝

3.3.2 角焊缝的截面形式

角焊缝是最常用的焊缝。角焊缝按其与作用力的关系可分为焊缝长度方向与作用力垂直的正面角焊缝、焊缝长度方向与作用力平行的侧面角焊缝以及斜焊缝[如图3－12(c)所示]。按其截面形式可分为直角角焊缝和斜角角焊缝。

直角角焊缝通常做成表面微凸的等腰直角三角形截面[如图 3－19(a)所示]。在直接承受动力荷载的结构中，正面角焊缝的截面常采用图 3－19(b)所示的坦式，侧面角焊缝的截面则作成凹面式[如图 3－19(c)所示]。图中的 h_f 为焊角尺寸。

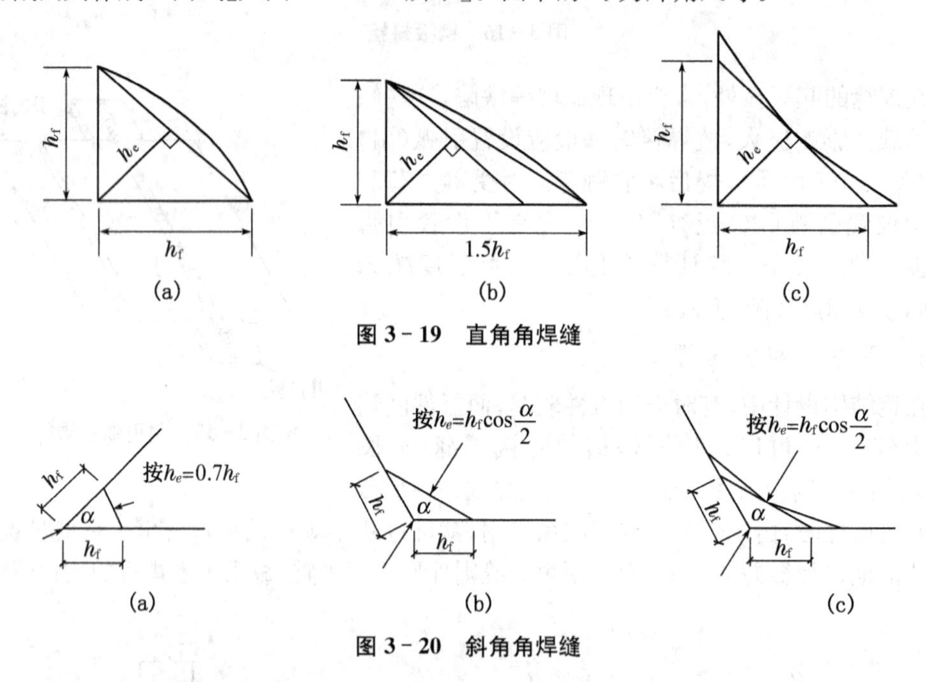

图 3－19 直角角焊缝

图 3－20 斜角角焊缝

两焊脚边的夹角 $\alpha>90°$或 $\alpha<90°$的焊缝称为斜角角焊缝(如图 3－20 所示)。斜角角焊缝常用于钢漏斗和钢管结构中。对于夹角 $\alpha>135°$或 $\alpha<60°$的斜角角焊缝，除钢管结构外，不宜用作受力焊缝。

1. 角焊缝的构造要求(如图 3－21 所示)

(1) 最大焊脚尺寸

为了避免烧穿较薄的焊件，减少焊接应力和焊接变形，角焊缝的焊脚尺寸不宜太大。规范规定：除了直接焊接钢管结构的焊脚尺寸 h_f 不宜大于支管壁厚的 2 倍之外，h_f 不宜大于较薄焊件厚度的 1.2 倍。

在板件边缘的角焊缝，当板件厚度 $t\leqslant 6$ mm 时，$h_f\leqslant t$；当 $t>6$ mm 时，$h_f\leqslant t$ (1～2)mm。圆孔或槽孔内的角焊缝尺寸尚不宜大于圆孔直径或槽孔短径的 1/3。

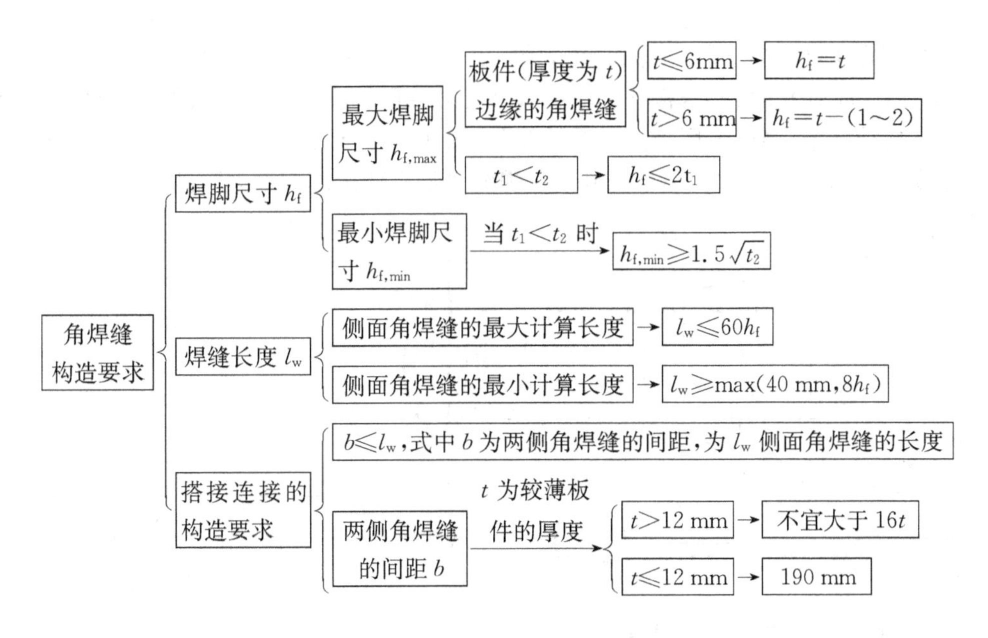

图 3 - 21　角焊缝的构造要求

(2) 最小焊脚尺寸

焊脚尺寸不宜太小,以保证焊缝的最小承载能力,并防止焊缝因冷却过快而产生裂纹。规范规定:角焊缝的焊脚尺寸 h_f 不得小于 $1.5\sqrt{t}$,t 为较厚焊件厚度(单位为 mm);自动焊熔深大,最小焊脚尺寸可减少 1 mm;对 T 形连接的单面角焊缝,应增加 1 mm。当焊件厚度等于或小于 4 mm 时,则最小焊脚尺寸应与焊件厚度相同。

(3) 侧面角焊缝的最大计算长度

侧面角焊缝的计算长度不宜大于 $60h_f$,当大于上述数值时,其超过部分在计算中不予考虑。这是因为侧焊缝应力沿长度分布不均匀,两端较中间大,且焊缝越长差别越大。当焊缝太长时,虽然仍有因塑性变形产生的内力重分布,但两端应力可首先达到强度极限而破坏。若内力沿侧面角焊缝全长分布时,比如焊接梁翼缘板与腹板的连接焊缝,计算长度可不受上述限制。

(4) 角焊缝的最小计算长度

角焊缝的焊脚尺寸大而长度较小时,焊件的局部加热严重,焊缝起灭弧所引起的缺陷相距太近,以及焊缝中可能产生的其他缺陷,使焊缝不够可靠。对搭接连接的侧面角焊缝而言,如果焊缝长度过小,由于力线弯折大,也会造成严重应力集中。因此,为了使焊缝能够有有一定的承载能力,根据使用经验,侧面角焊缝或正面角焊缝的计算长度均不得小于 $8h_f$ 和 40 mm,其实际焊接长度应较前述数值还要大 $2h_f$(单位为 mm)。

(5) 搭接连接的构造要求

当板件端部仅有两条侧面角焊缝连接时(如图 3 - 22 所示),试验结果表明,连接的承载力与 b/l_w 有关。b 为两侧焊缝的距离,l_w 为侧焊缝长度。当 $b/l_w > 1$ 时,连接的承载力随着 b/l_w 比值的增大而明显下降。这主要是因应力传递的过分弯折使构件中应力分布不均匀造成的。为使连接强度不致过分降低,应使每条侧焊缝的长度不宜小于两侧面角焊缝之间的距离，即 $b/l_w \leqslant 1$. 两侧面角焊缝之间的距离 b 也不宜大于 $16t(t>12\text{ mm})$ 或 $200\text{ mm}(t\leqslant 12\text{ mm})$，$t$ 为较薄板件的厚度，以免因焊缝横向收缩，引起板件发生较大拱曲。

在搭接连接中，当仅采用正面角焊缝时（如图 3－23 所示），其搭接长度不得小于焊件较小厚度的 5 倍，也不得小于 25 mm，以免焊缝受偏心弯矩影响太大而破坏。

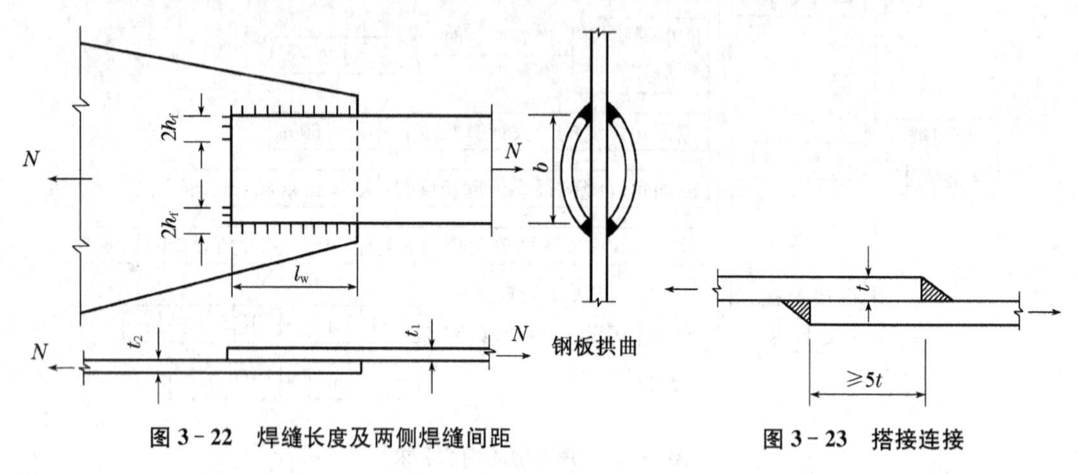

图 3－22 焊缝长度及两侧焊缝间距　　图 3－23 搭接连接

杆件端部搭接采用三面围焊时，在转角处截面突变，会产生应力集中，如在此处起灭弧，可能出现弧坑或咬肉等缺陷，从而加大应力集中的影响。故所有围焊的转角处必须连续施焊。对于非围焊情况，当角焊缝的端部在构件转角处时，可连续地作长度为 $2h_f$ 的绕角焊（如图 3－22 所示）。

杆件与节点板的连接焊缝宜采用两面侧焊[如图 3－24(a)所示]，也可用三面围焊[如图 3－24(b)所示]，对角钢杆件可采用 L 形围焊[如图 3－24(c)所示]，所有围焊的转角处也必须连续施焊。

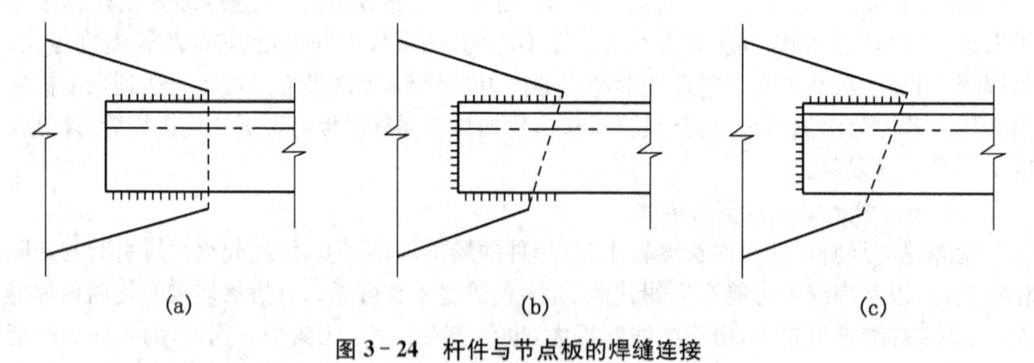

图 3－24 杆件与节点板的焊缝连接

焊缝质量等级的规定

3.3.3 焊接材料与表示方法

1. 电焊条的组成

手工电弧焊所采用的焊接材料为药皮焊条。药皮焊条是由药皮包裹的金属棒(如图3-25所示),金属作为可熔化成焊缝金属的消耗性电极,在电弧热作用下以熔滴形式过渡到被焊金属。而药皮经电弧热熔化为熔渣完成冶金反应,同时产生的气体对熔池起到隔离保护作用。药皮由作为造气剂、造渣剂的矿物质,作为脱氧剂的铁合金、金属粉,作为稳弧剂的易电离物质及制造工艺所需的黏结剂组成。

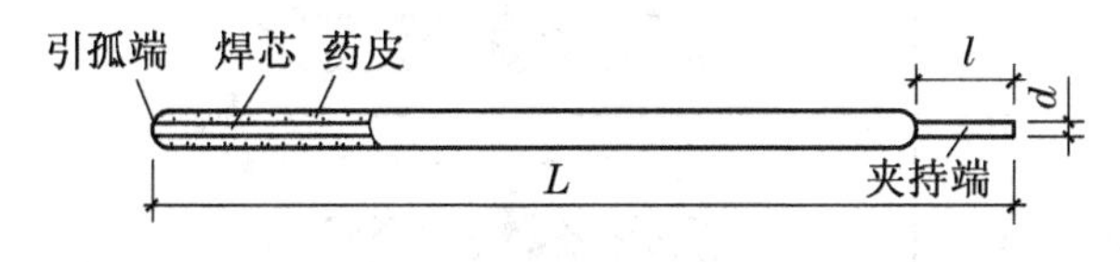

图3-25 电焊条的组成

(1) 焊芯

焊芯是一根实芯金属棒,焊接时作为电极,传导焊接电流,使之与焊件之间产生电弧,在电弧热作用下自身熔化过渡到焊件的熔池内,成为焊缝中的填充金属。作为电极,焊芯必须具有良好的导电性能,否则电阻热会损害药皮的效能;作为焊缝的填充金属,焊芯的化学成分对焊缝金属的质量和性能有直接影响,必须严格控制。

(2) 药皮

涂敷在焊芯表面的有效成分称为药皮,也称涂料。它是由矿物、铁合金、纯金属、化工物料和有机物的粉末按照一定的配方比例混合均匀后黏结到焊芯上的。

焊条的分类、型号、选用原则

2. 焊条的分类、型号、选用原则(参见二维码)

3.3.4 焊缝连接的表示方法

根据《焊缝符号表示法》(GB/T 324—2008)规定,焊缝符号由基本符号、补充符号、焊缝尺寸符号和指引线组成。为了简化,在图样上标注焊缝时通常只采用基本符号和指引线。

(1) 基本符号。焊缝的基本符号是表示焊缝横截面的基本形式或特征的符号,常用焊缝的基本符号见表3-12。

(2) 辅助符号。焊缝的辅助符号是表示焊缝表面形状特征的符号,见表3-13,焊缝的辅助符号的应用见表3-14。不需要确切地说明焊缝的表面形状时,可以不用辅助符号。

(3) 补充符号。焊缝的补充符号是为了补充说明焊缝的某些特征而采用的符号,见表3-15。

(4) 焊缝尺寸符号。基本符号必要时可附带有尺寸符号及数据,这些尺寸符号见表3-16。

表 3-12 焊缝的基本符号

序号	名称	示意图	符号
1	卷边焊缝（卷边完全熔化）	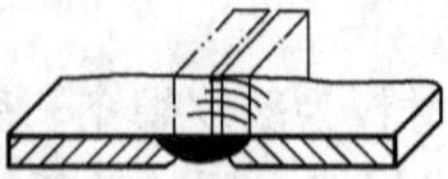	
2	I形焊缝		
3	V形焊缝		
4	单边V形焊缝		
5	带钝边V形焊缝		
6	带钝边单边V形焊缝		
7	带钝边U形焊缝		
8	带钝边J形焊缝		
9	封底焊缝		
10	角焊缝	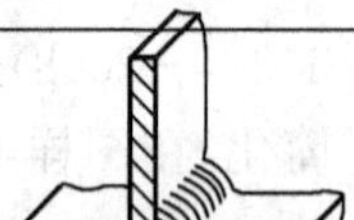	
11	塞焊缝或槽焊缝	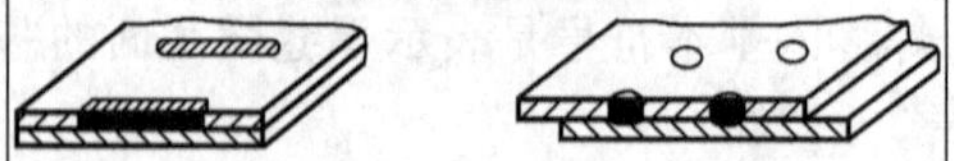	
12	点焊缝	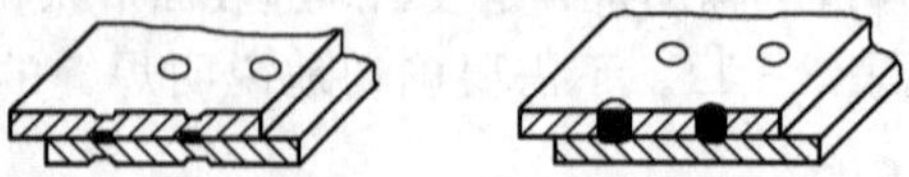	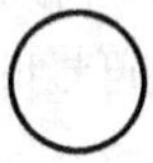
13	缝焊缝	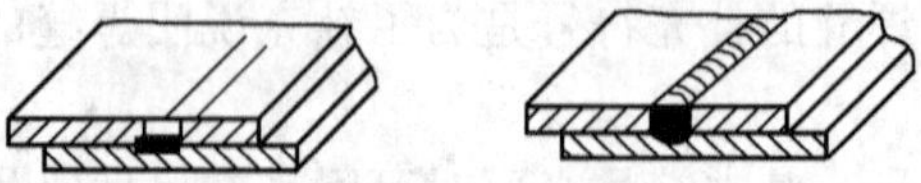	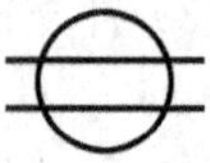

注：不完全熔化的焊缝用I形焊缝表示，并加注焊缝有效厚度 S。

表 3-13　焊缝的辅助符号

名称	示意图	符号	说明
平面符号		—	焊缝表面齐平（一般通过加工）
凹面符号	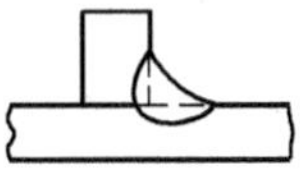	◡	焊缝表面凹陷
凸面符号		◠	焊缝表面凸起

表 3-14　焊缝辅助符号的应用

名称	示意图	符号
平面 V 形对接焊缝		
凸面 X 形对接焊缝	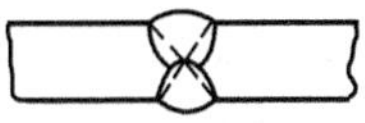	
凹面角焊缝	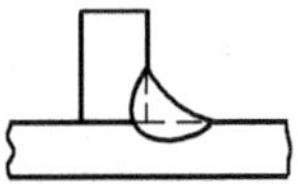	
平面封底 V 形焊缝		

表 3-15　焊缝的补充符号

序号	名称	示意图	符号	说明
1	带垫板符号	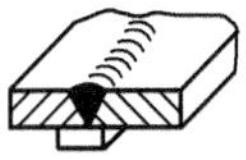	▭	表示焊缝底部有垫板
2	三面焊缝符号	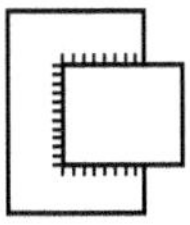	⊏	表示三面有焊缝
3	周围焊缝符号	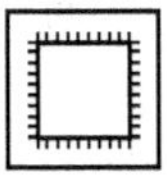	 ○	表示环绕工件周围焊缝
4	现场符号			表示在现场或工地上进行焊接
5	尾部符号		 <	可以参照 GB/T5185—2005 标注焊接工艺方法等内容

表 3-16 焊缝尺寸符号

符号	名称	示意图	符号	名称	示意图
δ	工件厚度	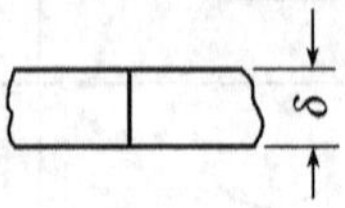 δ	e	焊缝间距	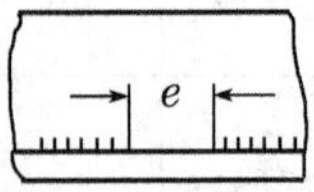 e
α	坡口角度	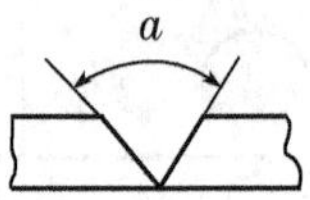 α	K	焊角尺寸	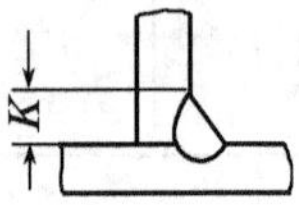 K
b	根部间隙	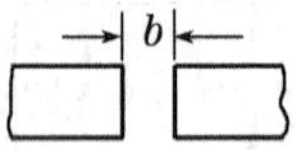 b	d	熔核直径	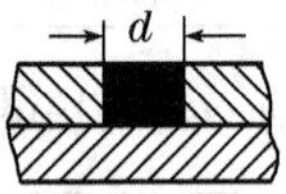 d
p	钝边高度	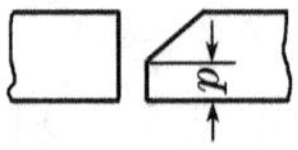 p	S	焊缝有效厚度	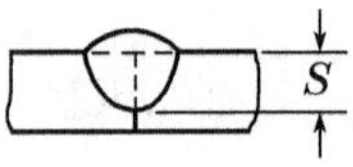 S
c	焊缝宽度	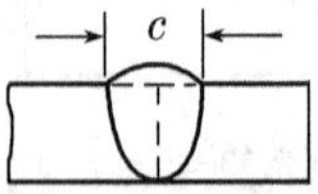 c	N	相同焊缝数量	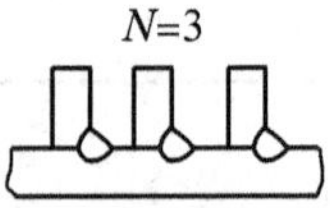 $N=3$
R	根部半径	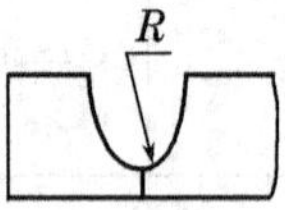 R	H	坡口深度	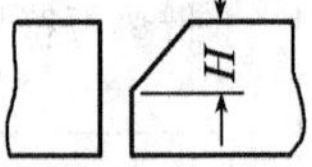 H
l	焊缝长度	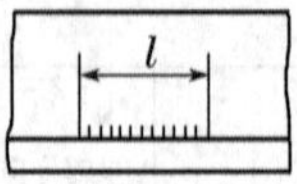 l	h	余高	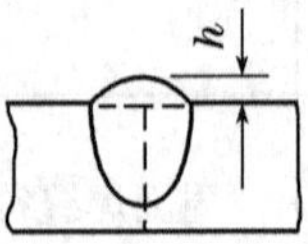 h
n	焊缝段数	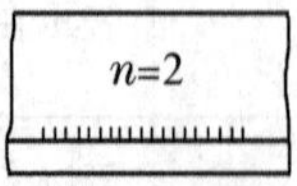 $n=2$	β	坡口面角度	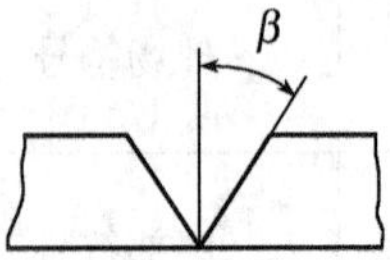 β

注意:对焊缝尺寸符号,ISO2553 标准未做规定

(5) 指引线及说明:见表3-17。

表3-17 指引线及说明

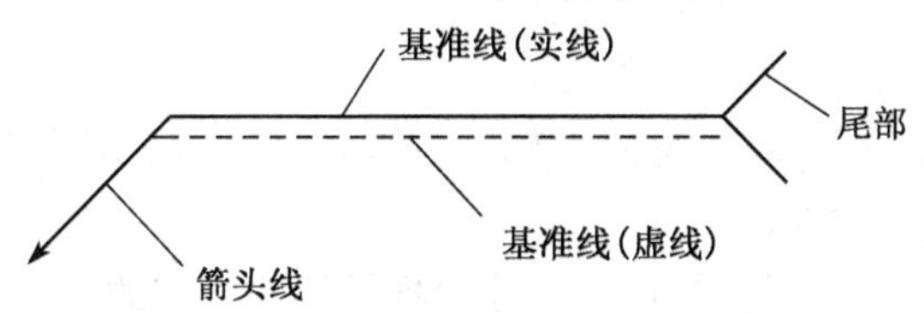

基准线	有一条实线和一条虚线,均应与图样底边平行,特殊情况允许与底边垂直。虚线可画在实线上侧或下侧。如焊缝在接头的箭头侧,则将基本符号标在实线侧;反之标在虚线侧;对称、双面焊缝时可不加虚线。
箭头线	一般没有特殊要求;但是在标注单边V形、带钝边单边V形和带钝边J形焊缝时,箭头线应指向带坡口一侧的工件;必要时,允许箭头线弯折一次。
尾　部	一般删去,只有对焊缝有附加要求或说明时才加上尾部部分。

(6) 焊缝符号标注的原则和方法

基本符号在基准线上方时,表示焊缝在箭头侧,如图3-26(a)所示;基本符号在基准线下方时,表示焊缝在非箭头侧,如图3-26(b)所示;对称焊缝的符号表示如图3-26(c)所示。

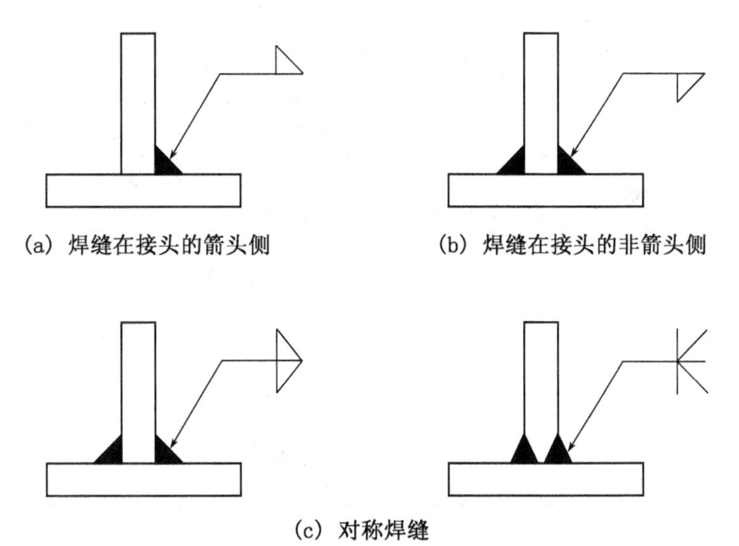
(a) 焊缝在接头的箭头侧　　(b) 焊缝在接头的非箭头侧

(c) 对称焊缝

图3-26 基本符号与基准线间的相对关系

当焊缝分布比较复杂或用上述标注方法不能表达清楚时,在标注焊缝符号的同时,可在图形上加栅线表示,如图3-27所示。

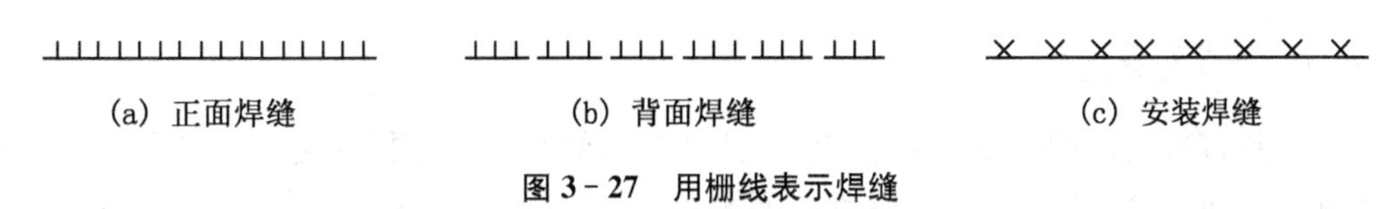
(a) 正面焊缝　　(b) 背面焊缝　　(c) 安装焊缝

图3-27 用栅线表示焊缝

一般情况下，可以在焊缝符号中标注尺寸，如焊高、坡口角度、坡口深度等。如果复杂的坡口尺寸标注容易产生误解，则应采用示意图标注。焊缝符号标注时应遵循下列规则：

① 横向尺寸标注在基本符号的左侧；

② 纵向尺寸标注在基本符号的右侧；

③ 坡口角度、坡口面角度、根部间隙标注在基本符号的上侧或下侧；

④ 相同焊缝数量标注在尾部；

⑤ 当尺寸较多而不易分辨时，可在尺寸数据前标注相应的尺寸符号；

⑥ 当箭头线方向改变时，上述规则不变。

(7) 焊缝标注示例

表 3-18 为部分焊缝标注示例。

表 3-18 部分焊缝标注示例

序号	焊缝标注示例	符号含义
1	3 135 5	角焊缝， 焊高为 3， 周围满焊， 采用 CO_2 气体保护焊进行焊接，共有 5 处。
2	3 5×30 135	焊缝计算厚度为 3， 单边 V 形坡口， 焊缝表面磨平， 焊缝长 30，共 5 段， 采用 CO_2 气体保护焊进行焊接。
3	3 50 (30)	交错断续双面角焊缝 焊脚高 3， 焊缝长 50， 相邻焊缝间隔 30， 现场施焊。
4	5 10(30) 21	点焊 焊点直径 5， 焊点数量 10， 焊点间隔 30。 21 表示点焊

3.4 钢结构的其他连接方式

3.4.1 铆钉连接

铆钉连接分为热铆和冷铆两种方法。热铆是由烧红的钉坯插入构件的钉孔中，用铆钉枪或压铆机铆合而成。冷铆是在常温下铆合而成。在建筑结构中一般都采用热铆。铆钉的材料应有良好的塑性,通常采用专用钢材 BL2 和 BL3 号钢制成,如图 3-28 所示。

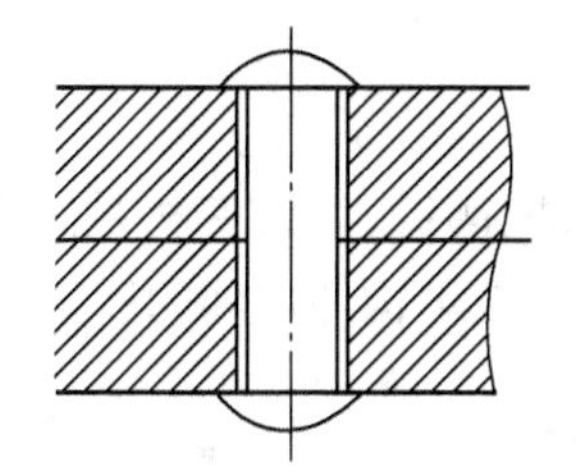

图 3-28 铆钉连接

铆钉连接的质量和受力性能与钉孔的制法有很大关系。钉孔的制法分为Ⅰ、Ⅱ两类。Ⅰ类孔是用钻模钻成,或先冲成较小的孔,装配时再扩钻而成,质量较好。Ⅱ类孔是冲成或不用钻模钻成,虽然制法简单,但构件拼装时钉孔不易对齐,故质量较差。重要的结构应该采用Ⅰ类孔。

铆钉打好后,钉杆由高温逐渐冷却而发生收缩,但被钉头之间的钢板阻止住,所以钉杆中产生了收缩拉应力,对钢板则产生压缩系紧力,这种系紧力使连接十分紧密。当构件受剪力作用时,钢板接触面上产生很大的摩擦力,因而能大大提高连接的工作性能。

铆钉连接由于构造复杂,费钢费工,现已很少采用。但是铆钉连接的塑性和韧性较好,传力可靠,质量易于检查,在一些重型和直接承受动力荷载的结构中,有时仍然采用。

3.4.2 栓(焊)钉连接

栓焊(又称栓钉焊)是将栓钉焊接在金属结构表面的焊接方法。包括直接将栓钉焊在钢结构构件表面的非穿透焊[如图 3-29(a)所示]和将栓钉通过电弧燃烧穿过覆盖于构件上的薄钢板(一般为厚度小于 1.6 mm 的楼承钢板)焊在构件表面上的穿透焊接[如图 3-29(b)所示]工程中的栓钉主要承受剪力。

(a)

(b)

图 3-29 栓(焊)钉连接

3.4.3 紧固件连接

1. 射钉、自攻螺钉(如图 3-30 所示)

在冷弯薄壁型钢结构中经常采用自攻螺钉、钢拉铆钉、射钉等机械式紧固件连接方式,主要用于压型钢板之间和压型钢板与冷弯型钢等支承构件之间的连接。

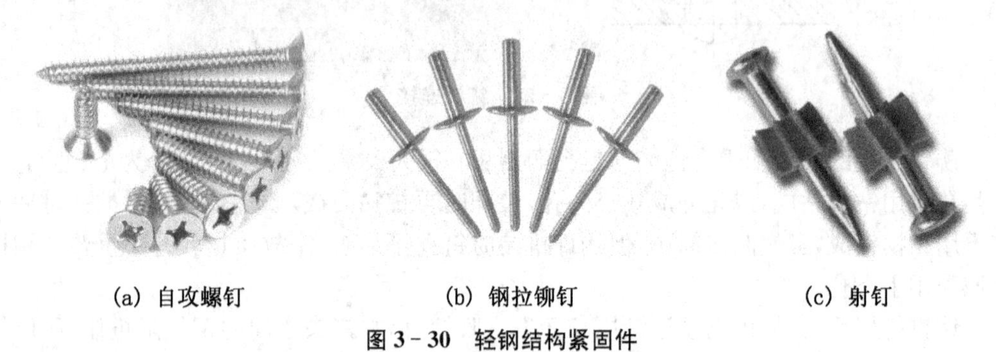

(a) 自攻螺钉　　(b) 钢拉铆钉　　(c) 射钉

图 3-30 轻钢结构紧固件

自攻螺钉是一种带有钻头的螺丝,通过专用的电动工具施工,钻孔、攻丝、固定、锁紧一次完成。自攻螺钉有两种类型,一类为一般的自攻螺钉[如图 3-31(a)所示],需先行在被连板件和构件上钻一定大小的孔后,再用电动螺丝刀将其拧入连接板的孔中;一类为自钻自攻螺钉[如图 3-31(b)所示],无需预先打孔,可直接用电动螺丝刀自行钻孔并攻入被连板件。自攻螺钉主要用于一些较薄板件的连接与固定,如彩钢板与彩钢板的连接,彩钢板与檩条、墙梁的连接等,其穿透能力一般不超过 6 mm,最大不超过 12 mm。

自攻螺钉

拉铆钉有铝制和钢制之分,为防止电化学反应,轻钢结构均采用钢制拉铆钉。射钉[如图 3-32(c)所示]由带有锥杆和固定帽的杆身与下部活动帽组成,靠射钉枪的动力将射钉穿过被连板件打入母材基体中。射钉常用于薄板与支承构件(如檩条、墙梁等)的连接,采用射枪、铆枪等专用工具安装。

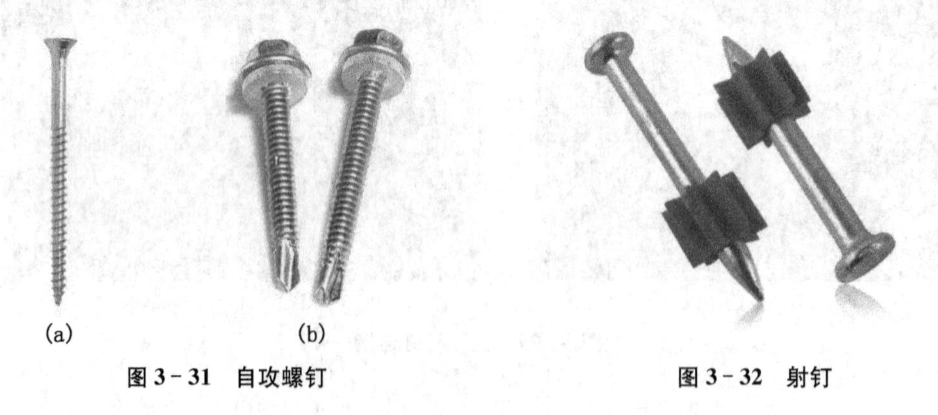

(a)　　(b)

图 3-31 自攻螺钉　　图 3-32 射钉

2. 紧固件的构造要求

(1) 拉铆钉和自攻螺钉的钉头部分应靠在较薄的板件一侧。连接件的中距和端距不得小于连接件直径的 3 倍，边距不得小于连接件直径的 1.5 倍。受力连接中的连接件不宜少于 2 个。

(2) 拉铆钉的适用直径为 2.6～6.4 mm，在受力蒙皮结构中宜选用直径不小于 4 mm 的拉铆钉；自攻螺钉的适用直径为 3.0～8.0 mm，在受力蒙皮结构中宜选用直径不小于 5 mm 的自攻螺钉。

(3) 自攻螺钉连接的板件上的预制孔径 d_0 应符合下式要求：

$$d_0 = 0.7d + 0.2t_t \quad \text{且}\ d_0 \leqslant 0.9d$$

式中：d—自攻螺钉的公称直径，mm；

t_t—被连接板的总厚度，mm。

(4) 射钉只用于薄板与支承构件(即基材如檩条)的连接。射钉的间距不得小于射钉直径的 4.5 倍，且其中距不得小于 20 mm，到基材的端部和边缘的距离不得小于 15 mm，射钉的适用直径为 3.7～6.0 mm。

射钉的穿透深度(指射钉尖端到基材表面的深度，如图 3-33 所示)应不小于 10 mm。

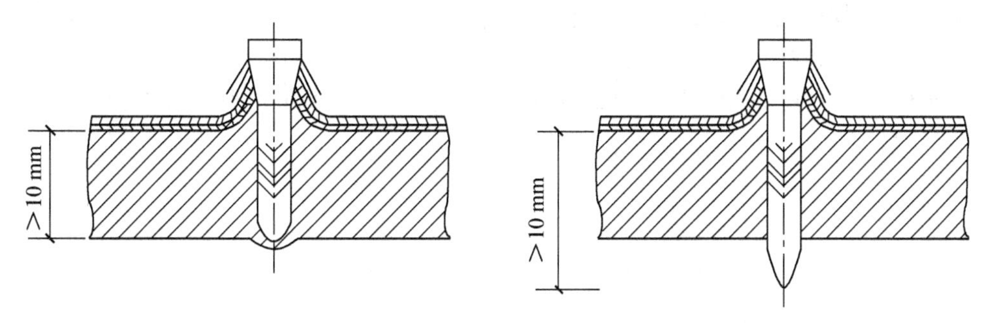

图 3-33　射钉的穿透深度

基材的屈服强度应不小于 150 N/mm²，被连钢板的最大屈服强度应不大于 360 N/mm²。基材和被连钢板的厚度应满足表 3-19 和表 3-20 的要求。

(5) 在抗拉连接中，自攻螺钉和射钉的钉头或垫圈直径不得小于 14 mm，且应通过试验保证连接件由基材中的拔出强度不小于连接件的抗拉承载力设计值。

表 3-19　被连钢板的最大厚度

射钉直径(mm)	≥3.7	≥4.5	≥5.2
单一方向			
单层被固定钢板最大厚度(mm)	1.0	2.0	3.0
多层被固定钢板最大厚度(mm)	1.4	2.5	3.5
相反方向			
所有被固定钢板最大厚度(mm)	2.8	5.0	7.0

表 3-20　基材的最小厚度

射钉直径(mm)	≥3.7	≥4.5	≥5.2
最小厚度(mm)	4.0	6.0	8.0

习　题

3-1　钢结构常用的连接方式有哪几种?

3-2　简述性能等级为 4.6 级的螺栓各数字的含义。

3-3　一套大六角头高强度螺栓连接副由哪几部分组成?

3-4　按焊接位置进行分类,焊接可以分为哪几种接头形式?

3-5　简述常见的对接焊缝的坡口形式。

3-6　角焊缝的焊脚尺寸应满足什么具体要求?

3-7　铆钉连接有什么缺点?

3-8　工程中通常用栓钉将钢板与混凝土连接起来,栓钉主要承受什么力?

单元4　钢结构施工图的基本规定

4.1　钢结构设计制图阶段划分及内容

4.1.1　钢结构设计制图阶段划分

《钢结构设计制图深度和表示方法》(03G102)把钢结构设计制图分为设计图和施工详图两个阶段。

钢结构设计图应由相应设计资质级别的设计单位设计完成，并提供给编制钢结构施工详图(也称钢结构加工制作详图)的单位作为深化设计依据。所以钢结构设计图在内容和深度方面应满足编制钢结构施工详图的要求。

钢结构施工详图由具有相应设计资质级别的钢结构加工制造企业或委托设计单位完成，是钢结构制作安装各个工序、各项作业的依据。

钢结构设计图和钢结构施工详图在制图的深度、内容和表示方法上均有区别，见表4-1。

表4-1　钢结构设计图与施工详图的区别

项目	设计图	施工详图
设计依据	根据工艺、建筑要求及初步设计等，并经施工设计方案与计算等工作而编制的较高阶段施工设计图	直接根据设计图编制的工厂制造及现场安装详图(可含有少量连接、构造等计算)，只对深化设计负责
设计要求	表达设计思想，为编制施工详图提供依据	直接供制造、加工及安装的施工用图
编制单位	目前一般由设计单位编制	一般应由制造厂或施工单位编制，也可委托设计单位或详图公司编制
内容及深度	图样表示较简明，数量少；其内容一般包括设计总说明、结构布置图、构件图、节点图、钢材订货表等	图样表示详细，数量多；其内容除包括设计图内容外，着重从满足制造、安装要求编制详图总说明、构件安装布置图、构件及节点详图、材料统计表等
适用范围	具有较广泛的适用性	体现本企业特点，只适用于本企业使用

4.1.2 钢结构设计制图的内容

钢结构设计图内容一般包括:图纸目录,设计总说明,柱脚锚栓布置图,纵、横、立面图,结构布置图,节点详图,构件图,钢材及高强度螺栓估算表。

1. 设计总说明

(1) 设计依据

设计依据包括工程设计合同书中的有关设计文件,岩土工程报告、设计基础资料及有关设计规范、规程等。

(2) 设计荷载资料

设计荷载资料包括各种荷载的取值、抗震设防烈度和抗震设防类别。

(3) 设计简介

设计简介包括工程概况、设计假定、特点和设计要求以及使用程序等。

(4) 材料的选用

① 对各部分构件选用的钢材应按主次分别提出钢材质量等级和牌号以及性能的要求。

② 对应钢材等级性能选用配套的焊条和焊丝的牌号及性能要求。

③ 选用的高强度螺栓和普通螺栓性能级别等。

(5) 制作安装

① 制作的技术要求及允许偏差。

② 螺栓连接精度和施工要求。

③ 焊缝质量要求和焊缝检验等级要求。

④ 防腐和防火措施。

⑤ 运输和安装要求。

(6) 需要做试验的特殊说明

钢结构工程在制作及安装施工的过程中有多项试验检验项目,主要有:钢材原材料有关项目的检测、焊接工艺评定试验、焊缝无损检测、高强度螺栓扭矩系数或预拉力试验、高强度螺栓连接面抗滑移系数检测、钢网架节点承载力试验、钢结构防火涂料性能试验等。不同的工程根据情况对需要进行的试验进行说明。

2. 柱脚锚栓布置图

按一定比例绘制柱网平面布置图,在该图上标注各个钢柱柱脚锚栓的位置(相对于纵、横轴线的位置尺寸);在基础剖面图上标出锚栓空间位置标高,标明锚栓规格、数量及埋设深度。

3. 纵、横、立面图

当房屋钢结构比较高大或平面布置比较复杂、柱网不太规则,或立面高低错落,为表达清楚整个结构体系的全貌,宜绘制纵、横、立面图,主要表达结构的外形轮廓、相关尺寸和标高,纵、横轴线编号及跨度尺寸和高度尺寸,剖面宜选择具有代表性的或需要特殊表示清楚的地方。

4. 结构布置图

结构布置图主要表达各个构件在平面图中的位置，并对各种构件选用的截面进行编号，如屋架平面布置图、柱子平面布置图、吊车梁平面布置图、高层钢结构的结构布置图等。

(1) 屋架平面布置图

屋架平面布置图包括屋架布置图(或刚架布置图)、屋架檩条布置图和屋架支撑布置图。屋架檩条布置图主要表明檩条间距和编号以及檩条之间设置的直拉条、斜拉条布置和编号。屋架支撑布置图主要表明屋架水平支撑、纵向刚性支撑、屋面梁的隅撑等的布置及编号。

(2) 柱子平面布置图

柱子平面布置图主要表明钢柱(或门式刚架)和山墙柱的布置及编号。

纵剖面表明柱间支撑及墙梁的布置与编号，包括墙梁的直拉条和斜拉条的布置与编号，柱隅撑的布置与编号。横剖面重点表明山墙柱间支撑、墙梁及拉条的布置与编号。

(3) 吊车梁平面布置图

吊车梁平面布置图表明吊车梁、车挡及其支撑的布置与编号。

(4) 高层钢结构的结构布置图

① 高层钢结构的各层平面应分别绘制结构平面布置图，若有标准图则可合并绘制；平面布置较为复杂的楼层，必要时可增加剖面，以便表示清楚各构件关系。

② 当高层结构采用钢与混凝土组合的混合结构或部分混合结构时，可仅表示型钢部分及其连接，而混凝土结构部分另行出图与其配合使用(包括构件截面与编号，两种材料转换处宜画节点详图)。

③ 除主要构件外，楼梯结构系统构件上的开洞、局部加强、围护结构等可根据不同内容分别编制专门的布置图及相关节点图，与主要平、立面布置图配合使用。

④ 双向受力构件，至少应将柱子脚底的双向内力组合值及其方向写清楚，以便于基础详图设计。

⑤ 柱子平面布置图应注明柱网的定位轴线编号、跨度和柱距，剖面图中主要构件在有特殊连接或特殊变化处(如柱子上的牛腿或支托处，安装接头、柱梁接头或柱子变截面处)应标注标高。

⑥ 构件编号首先必须按《建筑结构制图标准》(GB/T 50105—2010)规定的常用构件代号作为构件编号。在实际工程中，可能会在同一项目里，有同样名称而不同材料的构件，为便于区分，可在构件代号后加注材料代号，但要在图纸中加以说明。一些特殊构件代号未做规定，可参照规定的编制方法用汉语拼音字头编代号，在代号后面可用阿拉伯数字按构件主次顺序进行编号。一般来说只在构件的主要投影面上标注一次，不要重复编写，以防出错。

一个构件如截面和外形相同，仅长度不同，可以编为同一个号；如果组合梁截面相同而外形不同，则应分别编号。

⑦ 结构布置图中的构件，除钢与混凝土组合截面构件外，其余可用单线条绘制，并明确表示构件间连接点的位置。粗实线为有编号数字的构件，细实线为有关联但非主要表

示的其他构件，虚线可用来表示垂直支撑和隅撑等。

⑧ 每张构件布置图均应列出构件表用来统计构件编号、构件名称、构件截面及构件内力。如果构件截面已确定，其连接方法和细部尺寸已在节点详图上交代清楚，内力一栏可只提供柱底处的内力，否则均应填写，以便绘制施工详图。网架或桁架杆件较多的构件可以在图上标示杆件截面和内力。

5. 节点详图

(1) 节点详图在设计阶段应表示清楚各构件间的相互连接关系及其构造特点，节点上应标明整个结构物的相关位置，即应标出轴线编号、相关尺寸、主要控制标高、构件编号或截面规格、节点板厚度及加劲肋做法。构件与节点板采用焊接连接时，应标明焊脚尺寸及焊缝符号；构件采用螺栓连接时，应标明螺栓类型、直径和数量。设计阶段的节点详图具体构造做法必须交代清楚。

(2) 绘制的节点图主要为相同构件的拼接处、不同构件的连接处、不同结构材料连接，以及需要特殊交代清楚的部位。

(3) 节点的圈法。应根据设计者要表达的设计意图来圈定范围，重要的部位或连接较多的部分可圈较大范围，以便看清楚全貌。

6. 构件图

(1) 格构式构件(包括平面桁架和立体桁架，以及截面较为复杂的组合构件等)需要绘制构件图。

(2) 平面或立体桁架构件图。一般杆件均可用单线绘制，但弦杆必须注明中心距，其几何尺寸应以重心线为准。

当桁架构件图轴对称时，可分别在左侧标注杆件截面大小，右侧标注杆件内力，；当不对称时，则杆件上方标注杆件截面大小，下方标注杆件内力。

(3) 门式刚架。若采用变截面，应绘制构件图，以便通过构件图表达构件外形、几何尺寸及构件中杆件(或板件)的截面尺寸，以便绘制施工详图。

可利用对称性绘制施工详图，主要标注其变截面柱和变截面斜梁的外形和几何尺寸、定位轴线和标高以及柱截面与定位轴线的相关尺寸等。

(4) 柱子构件图。一般应按其外形分拼装单元竖放绘制，在支承吊车梁肢和支承屋架肢上用双线绘制，腹杆用单实线绘制，并绘制各截面变化处的各个剖面，注明相应的规格尺寸、柱脚处的尺寸和标高应标注清楚。

(5) 高层钢结构中特殊构件宜绘制构件图。

4.1.2 钢结构施工详图的内容

钢结构施工详图的内容包括施工详图的构造设计与计算、施工详图图纸绘制的内容两部分。

1. 钢结构施工详图的构造设计与计算

施工详图的构造设计，应按设计图给出的节点图或连接条件，根据设计规范的要求进行，是对设计的深化和补充，一般包括以下内容：

(1) 桁架、支撑等节点板的构造与计算。

(2) 连接板与托板的构造与计算。

(3) 柱、梁支座加劲肋的构造与设计。

(4) 焊接、螺栓连接的构造与计算。

(5) 桁架或大跨度实腹梁起拱的构造与设计。

(6) 现场组装的定位、细部构造等。

2. 钢结构施工详图图纸绘制的内容

(1) 图纸目录。

(2) 设计总说明,应根据设计图总说明编写。

(3) 供现场安装用布置图,一般应按构件系统分别绘制平面布置图和剖面布置图,如屋架、刚架、吊车梁等。

(4) 构件详图,按设计图及布置图中的构件编制,带材料表。

(5) 安装节点图。

4.2　钢结构施工图识读注意事项

4.2.1　识读钢结构施工图的基本知识

微课4.1

钢结构的图示方法

1. 掌握投影原理和形体的各种表达方法

钢结构施工图是根据投影原理绘制的,用图样表明结构构件的设计和构造做法。要读懂工程图纸,首先要掌握投影原理,主要是正投影原理和形体的各种表达方法。

2. 熟悉和掌握建筑结构制图标准及相关规定

钢结构施工图采用了图例符号和必要的文字说明,把设计内容表现在图样上。为了方便,有时图纸中有很多内容用符号和图例表示。这些符号和图例也已经成为设计人员和施工人员的共同语言。因此,为准确识读钢结构施工图,读者必须掌握国家的制图标准,熟记施工图中各种图例、符号表示的意义。一般构件的代号用各构件名称的汉语拼音第一个字母表示。常用钢结构构件代号见表4-2。

3. 基本掌握钢结构的特点、构造组成,了解钢结构制造相关知识

钢结构具有区别于其他建筑结构的显著特点,其零件加工和装配属于制造,在工程实践中要善于积累有关钢结构组成和构造的一些基本知识,有助于读懂钢结构施工图。

4.2.2　识读钢结构施工图的步骤

对于一套完整的施工图,在详细看图前,可先将全套图纸翻阅一遍,大致了解这套图纸中包括哪些构件系统,每个系统有几张图纸,每张图纸主要有哪些内容,再按着设计总说明、柱脚锚栓布置图、立面图、构件布置图、节点详图等顺序进行读图,阅读钢结构施工

图的步骤详见图 4-1 所示。

阅读钢结构施工图的步骤
- 从上往下看
- 从左向右看
- 由外往里看
- 由大到小看
- 由粗到细看
- 图样与说明对照看
- 布置图与详图结合一起看

图 4-1　阅读钢结构施工图的步骤

从布置图可以了解到本工程的构件类型和定位情况，构件的类型由构件代号、编号表示，定位主要由定位轴线及标高确定。节点详图主要表示构件与构件各连接节点的情况，如墙梁与柱连接节点、系杆与柱的连接、支撑的连接等，用这些详图反映节点连接的方式及细部尺寸等。

1. 识读必须由大到小、由粗到细

识读施工图时，应先看建筑设计说明和平面布置图，并且把结构的纵断面图和横断面图结合起来看，然后再看构造图、钢结构构件图和详图。

2. 仔细阅读设计说明或附注

凡是图样上无法表示而又直接与工程密切相关的一些要求，一般在图纸上用文字说明表达出来，必须仔细阅读。

3. 注意尺寸标注的单位

工程图纸上的尺寸单位一般有两种：m 和 mm，标高和总平面布置图一般以“m”、其余均“mm”为单位。图纸中尺寸数字后面一律不注写单位，具体的尺寸单位，我们必须认真看图纸的“附注”内容。

4. 不得随意更改图纸

如果对于工程图纸的内容，有任何意见或者建议，应该向有关部门提出书面报告，与设计单位协商，并由设计单位确认。

表 4-2　常用钢结构构件代号

序号	名称	代号	序号	名称	代号	序号	名称	代号
1	板	B	7	走道板	DB	13	连系梁	LL
2	屋面板	WB	8	组合楼板	SRC	14	基础梁	JL
3	楼梯板	TB	9	梁	L	15	楼梯梁	TL
4	墙板	QB	10	屋面梁	WL	16	次梁	CL
5	檐口板	YB	11	吊车梁	DL	17	悬臂梁	XL
6	天沟板	TGB	12	过梁	GL	18	框架梁	KL

（续表）

序号	名称	代号	序号	名称	代号	序号	名称	代号
19	墙梁	QL	32	隅撑	YC	45	构造柱	GZ
20	门梁	ML	33	直拉条	ZLT	46	柱脚	ZJ
21	钢屋架	GWJ	34	斜拉条	XLT	47	基础	JC
22	钢桁架	GHJ	35	撑杆	CG	48	设备基础	SJ
23	梯	T	36	柱间支撑	ZC	49	预埋件	M
24	托架	TJ	37	垂直支撑	CC	50	雨篷	YP
25	天窗架	CJ	38	水平支撑	SC	51	阳台	YT
26	刚架	GJ	39	下弦水平支撑	XC	52	螺栓球	QX
27	框架	KJ	40	刚性系杆	GX	53	套筒	TX
28	支架	ZJ	41	剪力墙支撑	JQC	54	封板	FX
29	檩条	LT	42	柱	Z	55	锥头	ZX
30	刚性檩条	GLT	43	山墙柱	SQZ	56	钢管	GG
31	屋脊檩条	WLT	44	框架柱	KZ	57	紧固螺钉	EX

4.2.3 钢结构制图基本规定

1. 图纸幅面规格与比例

（1）图纸幅面规格

① 图纸的幅面是指图纸宽度与长度组成的图面。图框线是图纸上绘图区的边界线。绘制图样时，图纸应符合表4-3中规定的幅面尺寸。

表4-3 幅面及图框尺寸(mm)

尺寸代号 \ 幅面代号	A0	A1	A2	A3	A4
b×L	841×1 189	594×841	420×594	297×420	210×297
c	10			5	
a	25				

② 图纸以短边作为垂直边称为横式，以短边作为水平边称为立式。一般A0～A3图纸宜横式使用，必要时也可立式使用。

③ 一个工程设计中，每个专业所使用的图纸，一般不宜多于两种幅面(不含目录及表格所采用的A4幅面)。

（2）图线

在钢结构施工图样中图线的线型有实线、虚线、单点长画线、折断线、波浪线等六种类型。在这些线型中,根据粗细不同,折断线和波浪线只能用细线绘制,单点长画线和双点长画线有粗、细两种分别,实线和虚线有粗、中、细三种分别。钢结构制图应选用的图线见表 4-4。

图线的宽度 b 宜从 2.0、1.4、1.0、0.7、0.5、0.35、0.25、0.18、0.13 mm 线宽系列中选取。图线宽度不应小于 0.1 mm。每个图样应根据图样的复杂程度及比例大小合理确定基本线宽,再选用表 4-5 中相应的线宽组。

(3) 比例

比例是指图形与实物相对应的线性尺寸之比。比例的大小是指比值的大小。如 1∶50大于 1∶100。比例用阿拉伯数字表示,比例的符号为":",如 1∶100 等。比例注写在图名的右侧,字的基准线应取平,比例的字高比图名的字高小一号或二号,如图 4-2 所示。

表 4-4 线型

名称		线型	线宽	用途
实线	粗		b	在平面、立面、剖面图中用单线表示的实腹构件,如架、支撑、檩条、系杆、实腹柱、柱间支撑等以及图名下的横线、剖切线
	中		0.5b	结构平面图、详图中杆件(断面)轮廓线
	细		0.25b	尺寸线、标注引出线、标高符号、索引符号
虚线	粗		b	结构平面图中的不可见的单线构件线
	中		0.5b	结构平面图中的不可见的构件、墙身轮廓线及钢结构轮廓线
	细		0.25b	局部放大范围边界线,以及预留预埋不可见的构件轮廓线
单点长画线	粗		b	平面图中的格构式梁,如垂直支撑、柱间支撑、桁架式吊车梁等
	细		0.25b	杆件或构件的中心线、对称线、轴线等
双点长画线	粗		b	平面图中的屋架梁(托架)线
	细		0.25b	原有结构轮廓线、成型前原始轮廓线
折断线	细		0.25b	断开界线
波浪线	细		0.25b	断开界线

表 4 - 5　线宽组(mm)

线宽比	线宽组			
b	1.4	1.0	0.7	0.5
0.7b	1.0	0.7	0.5	0.35
0.5b	0.7	0.5	0.35	0.25
0.25b	0.35	0.25	0.18	0.13

平面图 1:100

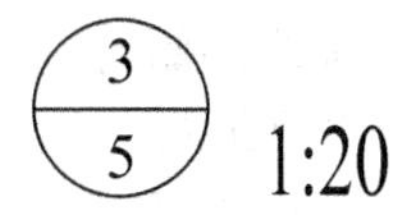

图 4 - 2　比例的注写

绘图时应根据图样的用途和被绘对象的复杂程度选用适当的比例。并应优先选用表4 - 6中的常用比例。

表 4 - 6　绘图所用比例

常用比例	1∶1、1∶2、1∶5、1∶10、1∶20、1∶30、1∶50、1∶100、1∶150、1∶200、1∶500、1∶1 000、1∶2 000
可用比例	1∶3、1∶4、1∶6、1∶15、1∶25、1∶40、1∶60、1∶80、1∶250、1∶300、1∶400、1∶600、1∶5 000、1∶10 000、1∶20 000、1∶50 000、1∶100 000、1∶200 000

(4) 字体及计量单位

① 图纸上所需书写的文字、数字或符号等，均应笔画清晰、字体端正、排列整齐；标点符号应清楚、正确。

② 钢结构的长度计量单位以 mm 计，标高以 m 计。

③ 图样及说明中的汉字，宜用长仿宋字体或黑体字。长仿宋字体的字高与字宽的比例大约为 1:0.7，字体高度分 20、14、10、7、5、3.5 mm 等六级，字体宽度相应为 14、10、7、5、3.5、2.5 mm，详见表 4 - 7。黑体字的宽度与高度应相同。大标题、图册封面、地形图等的汉字也可书写成其他字体，但应易于辨认。

表 4 - 7　长仿宋字高宽关系　(单位:mm)

字高	20	14	10	7	5	3.5
字宽	14	10	7	5	3.5	2.5

2. 定位轴线

定位轴线由建筑专业确定，其他专业均应符合建筑图要求，不得另行编号。定位轴线应满足以下要求。

(1) 定位轴线用细点划线绘制，

(2) 定位轴线编号应注在轴线端部用细实线绘制的圆内。圆的直径应为 8 mm(详图中其直径可为 10 mm)，圆心在定位轴线的延长线或延长线的折线上。

(3) 除较复杂需采用分区编号或圆形、折线形外，一般平面图上定位轴线的编号，宜标注在图样的下方与左侧，横向定位轴线(与建筑宽度方向一致的定位轴线)编号用阿拉伯数字从左至右顺序编写，纵向定位轴线(与建筑长度方向一致的定位轴线)编号用大写拉丁字母(除 I、O、Z 外)从下至上顺序编写。当字母数量不够用时，可增用双字母或单字母加数字注脚。

(4) 附加轴线的编号应按图 4-3 中规定的分数表示。

分母表示前一轴线的编号，分子表示附加轴线的编号。编号宜用阿拉伯数字顺序编写。1 号轴线或 A 号轴线之前的附加轴线的分母应以 01 或 0A 表示。

1/0A 表示在A轴线之前所附加的第一根定位轴线

1/2 表示在2轴线之后所附加的第一根定位轴线

图 4-3　附加轴线编号

(5) 一个详图适用于几根轴线时，应同时注明各有关轴线的编号，如图 4-4 所示。

(6) 通用详图中的定位轴线应只画圆，不注写轴线编号。

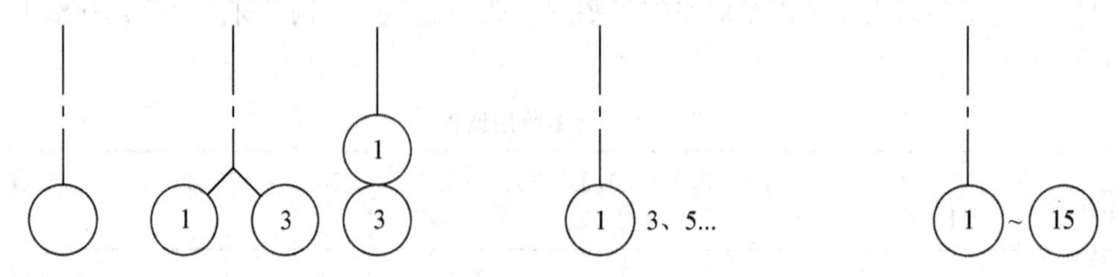

(a) 通用详图　(b) 用于2根轴线　(c) 用于3根或3根以上轴线　(d) 用于3根以上连续编号的轴线

图 4-4　详图的轴线编号

3. 制图符号

(1) 剖切符号

① 剖视的剖切符号应符合下列规定：

a. 剖视的剖切符号(如图 4-5 所示)应由剖切位置线及投射方向线组成，均应以粗实线绘制。剖切位置线的长度宜为 6～10 mm；投射方向线应垂直于剖切位置线，长度应短于剖切位置线，宜为 4～6 mm。绘制时，剖视的剖切符号不应与其他图线接触。

b. 剖视的剖切符号的编号采用阿拉伯数字或大写英文字母，由左至右、由下至上连续编排，并标注在剖视方向线的端部。

c. 需要转折的剖切位置线，应在转角的外侧加注与该符号相同的编号。

d. 建(构)筑物剖面图的剖切符号注在±0.000 标高的平面图上。

② 断面的剖切符号应符合下列规定：

a. 断面的剖切符号应只用剖切位置线表示，并应以粗实线绘制，长度宜为 6～10 mm。

b. 断面剖切符号(如图 4-6 所示)宜采用阿拉伯数字，按顺序连续编排，并应注写在剖切位置线的一侧，编号所在的一侧应为该断面的剖视方向。

c. 剖面图或断面图，如与被剖切图样不在同一张图内，可在剖切位置线的另一侧注明其所在图纸的编号，也可以在图上集中说明。

③ 断面图和剖面图

a. 断面图只需用粗实线画出剖切面切到部分的图形。杆件的断面图一般绘制在靠近杆件的一侧或端部处，并按顺序一次排列，也有绘制在杆件的中断处。

b. 剖面图除画出剖切面切到部分的图形外，还需画出沿投射方向看到的部分。被剖切面切到部分的轮廓线用粗实线绘制；剖切面没有切到，但沿投射方向可以看到的部分，用中实线绘制。

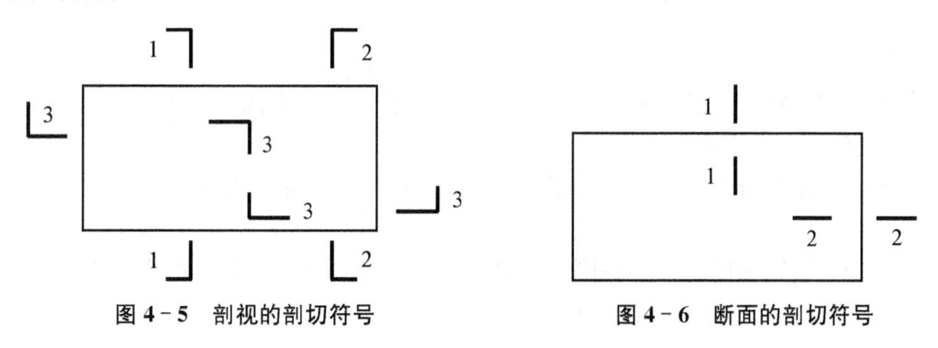

图 4－5　剖视的剖切符号　　图 4－6　断面的剖切符号

(2) 索引符号和详图符号

① 索引符号

图样中的某一局部或构件，如需另见详图，应以索引符号索引。索引符号由直径为 10 mm 的圆和水平直径组成，圆及水平直径均应以细实线绘制，如图 4－7 所示。索引符号应按下列规定编写：

a. 索引出的详图，如与被索引的图样在同一张图纸内，应在索引符号的上半圆中用阿拉伯数字注明该详图的编号，并在下半圆中间画一段水平细实线，如图 4－7(a)所示。

b. 若详图与被索引图样不在同一张图纸内，应在索引号的上半圆中用阿拉伯数字注明该详图的编号，在索引符号的下半圆中用阿拉伯数字注明该详图所在图纸的编号，如图 4－7(b)所示。数字较多时，可加文字说明。

c. 索引出的详图，如采用标准图，应在索引符号水平直径的延长线上加注该标准图册的编号，如图 4－7(c)所示。

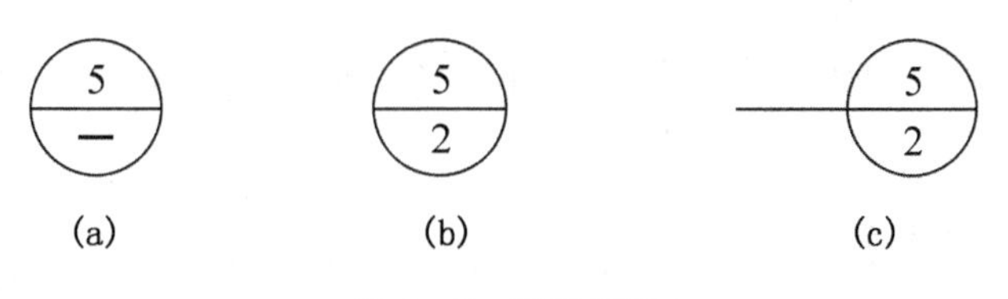

图 4－7　索引符号

d. 索引符号如用于索引剖视详图，应在被剖切的部位绘制剖切位置线，并以引出线引出索引符号，引出线所在的一侧应为投射方向，如图 4－8 所示。

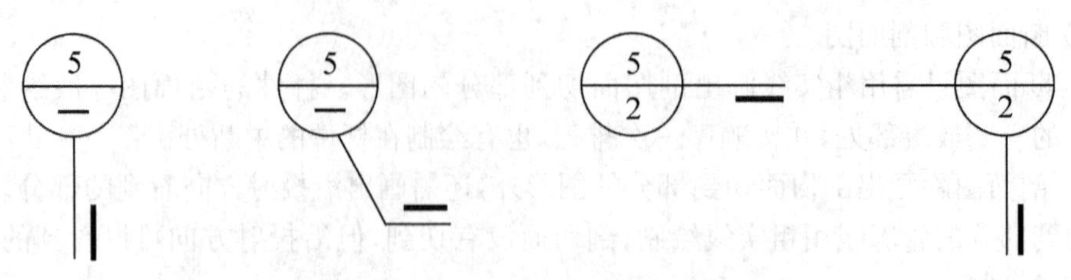

图 4-8　用于索引剖面详图的索引符号

② 详图符号

详图的位置和编号,应以详图符号表示。详图符号的圆应以直径为 14 mm 粗实线绘制,详图应按下列规定编号:

a. 详图与被索引的图样在同一张图纸上时,应在详图符号内注明详图的编号,如图 4-9(a)所示。

b. 详图与被索引的图样不在同一张图纸上时,应在上半圆中注明详图编号,在下半圆中注明被索引的图样的编号,如图 4-9(b)所示。

③ 零件编号

零件的编号(如图 4-10 所示)以直径为 4～6 mm(同一图样应保持一致)的细实线圆表示,其编号应从上到下、从左到右,先型钢、后钢板,用阿拉伯数字按顺序编写。

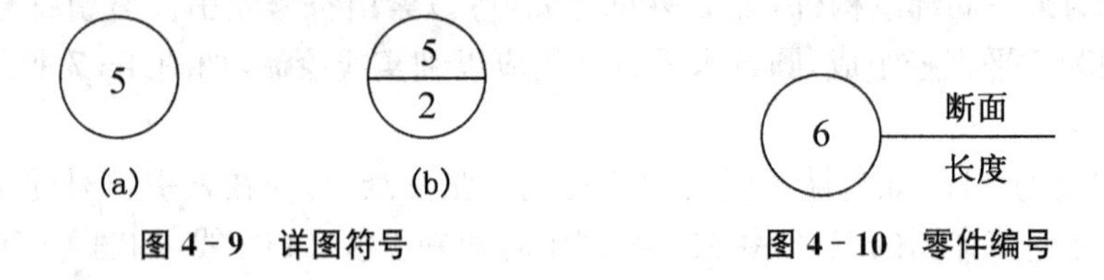

图 4-9　详图符号　　　　图 4-10　零件编号

(3) 引出线

引出线应以细实线绘制,宜采用水平方向的直线、与水平方向成 30°、45°、60°、90°的直线,或经上述角度再折为水平线。文字说明宜注写在水平线的上方[如图 4-11(a)所示],也可注写在水平线的端部[如图 4-11(b)所示]。索引详图的引出线,应与水平直径线相连接[如图 4-11(c)所示]。

同时引出几个相同部分的引出线,宜互相平行,也可画成集中于一点的放射线(如图 4-12 所示)。

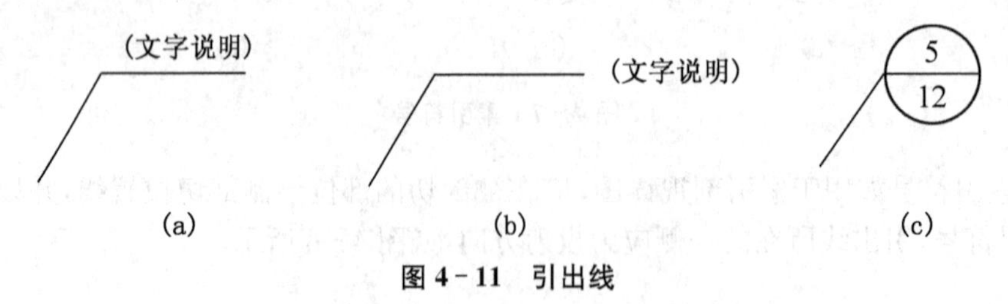

图 4-11　引出线

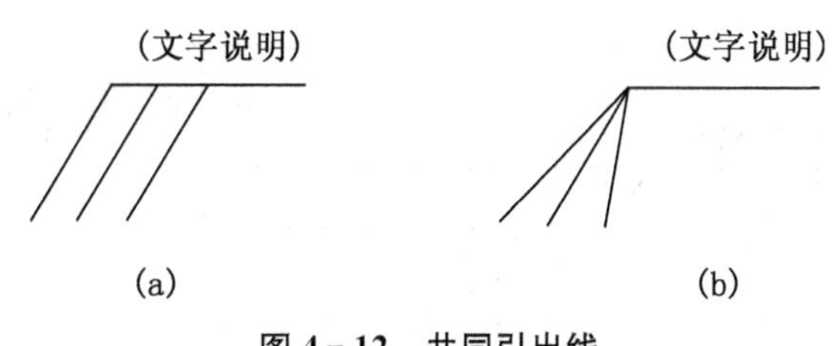

图 4-12　共同引出线

(4) 对称符号

对称符号由对称线和两端的两对平行线组成。对称线用细单点长画线绘制;平行线用细实线绘制,长度宜为 6～10 mm,每对的间距宜为 2～3 mm。对称线垂直平分两对平行线,两端超出平行线宜为 2～3 mm,如图 4-13 所示。

(5) 连接符号

连接符号应以折断线表示需连接的部位。两部位相距过远时,折断线两端靠图样一侧应标注大写拉丁字母表示连接编号。两个被连接的图样应用相同的字母编号,如图 4-14 所示。

(6) 指北针

指北针的形状如图 4-15 所示,其圆的直径宜为 24 mm,用细实线绘制;指针尾部的宽度宜为 3 mm,指针头部应注“北”或“N”。需用较大直径绘制指北针时,指针尾部的宽度宜为直径的 1/8。

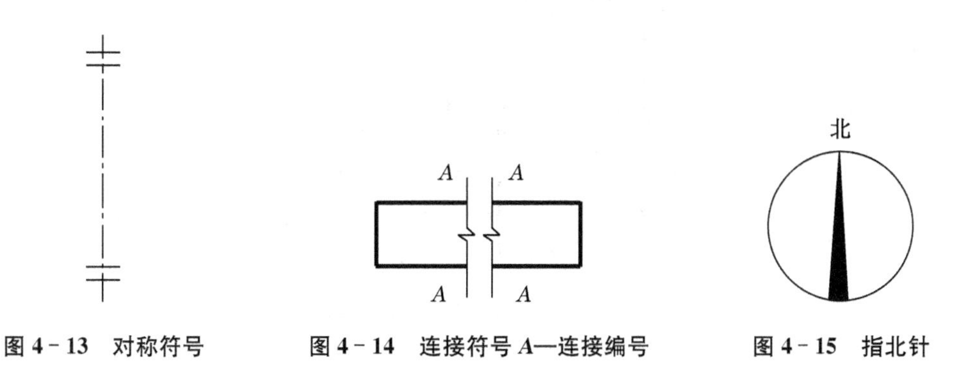

图 4-13　对称符号　　图 4-14　连接符号 A—连接编号　　图 4-15　指北针

4. 尺寸标注

图样除了画出结构件的形状外,还必须准确、详尽和清晰地标注尺寸,以确定其大小,作为施工时的依据。

(1) 尺寸标注四要素

图样上的尺寸由尺寸界线、尺寸线、尺寸起止符号和尺寸数字四个要素组成,见图 4-16所示。

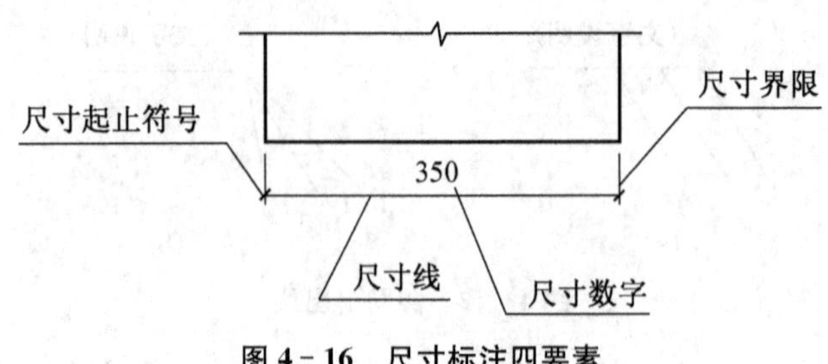

图 4-16　尺寸标注四要素

① 尺寸线。尺寸线应用细实线绘画，并应与被注长度平行，且应垂直于尺寸界线。互相平行的尺寸线，应从被注写的图样轮廓线由近向远整齐排列，较小尺寸应离轮廓线较近，较大尺寸应离轮廓线较远；平行排列的尺寸线的间距，宜为 7～10 mm，并应保持一致；尺寸线与图样轮廓线之间的距离，不宜小于 10 mm；尺寸线应单独绘制，图样本身的任何图线都不得用作尺寸线。

② 尺寸界线。尺寸界线应用细实线绘制，应与被注长度垂直，其一端应离开图样轮廓线不小于 2 mm，另一端宜超出尺寸线 2～3 mm。图样轮廓线可用作尺寸界线，见图 4-17所示。

③ 尺寸起止符号。尺寸起止符号一般用中粗斜短线绘制，其倾斜方向应与尺寸界线成顺时针 45°角，长度宜为 2～3mm，如图 4-17 所示。

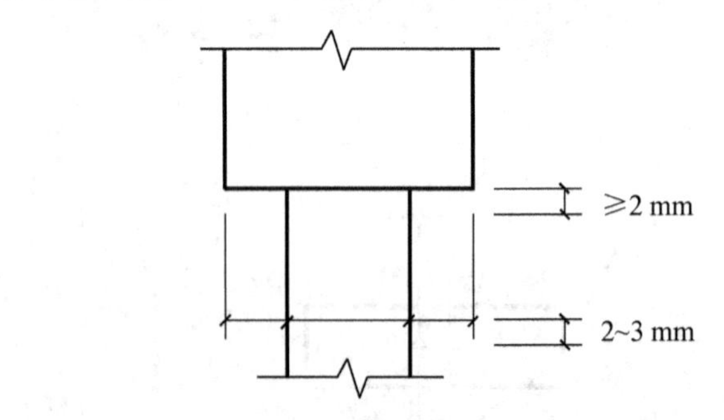

图 4-17　尺寸界线、尺寸起止符号

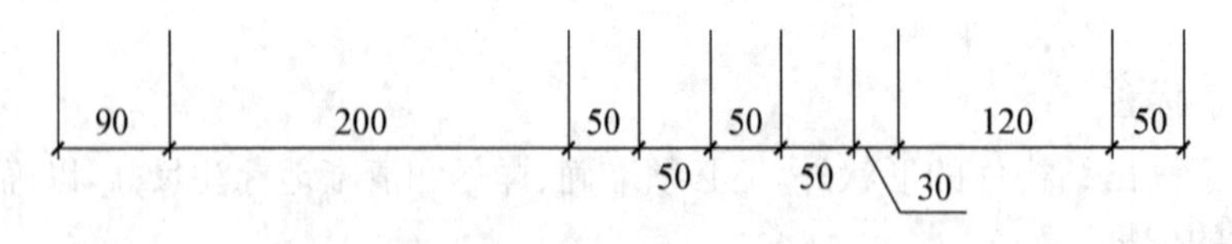

图 4-18　尺寸数字的注法

④ 尺寸数字。图样上的尺寸，应以尺寸数字为准，不得从图上直接按比例量取，且以毫米为单位。一般应依据其方向注写在靠近尺寸线的上方中部。如没有足够的注写位置，最外边的尺寸数字可注写在尺寸界线的外侧，中间相邻的尺寸数字可错开注写；必要时也可以用引出线引出后再标注，引出线端部用原点表示标注尺寸的位置；同一张图之内的尺寸数字大小应一致，如图 4-18 所示。

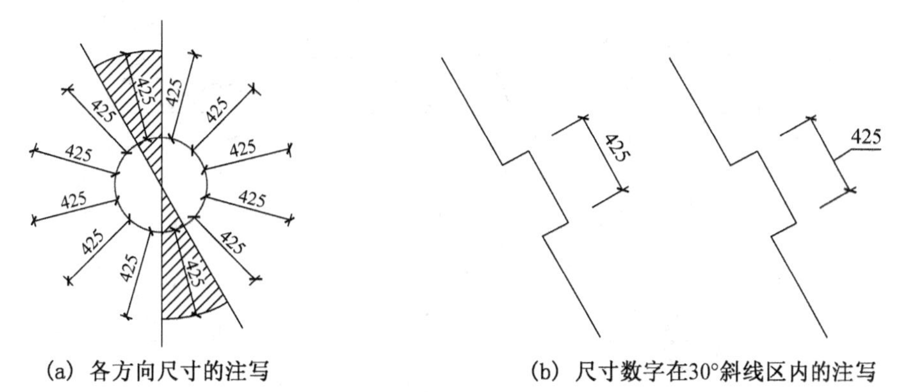

(a) 各方向尺寸的注写　　(b) 尺寸数字在30°斜线区内的注写

图4-19　尺寸数字的注写方向

(2) 半径、直径的尺寸标注

① 半径的标注应一端从圆心开始,另一端画箭头指向圆弧。半径数字前应加注半径符号“*R*”。如图4-20所示。

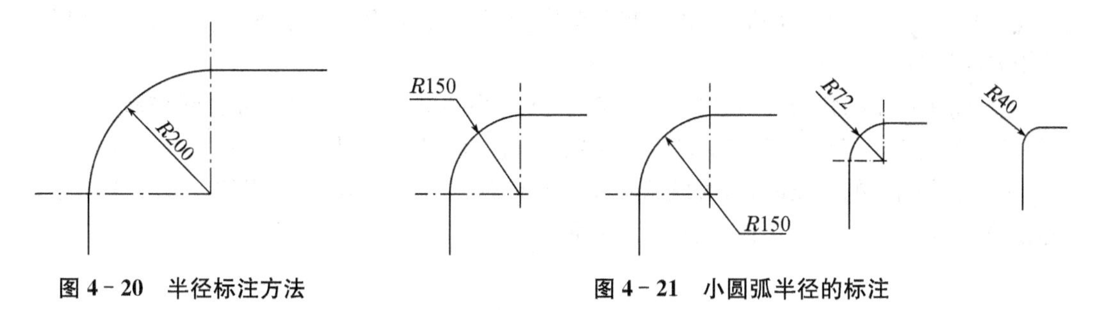

图4-20　半径标注方法　　**图4-21　小圆弧半径的标注**

② 较小圆弧的半径,可按图4-21的形式标注。

③ 较大圆弧的半径,可按图4-22的形式标注。

④ 圆及大于半圆的圆弧应标注直径,如图4-23所示。标注圆的直径尺寸时,直径数字前应加直径符号“*Φ*”。在圆内标注的尺寸线应通过圆心,两端画箭头指至圆弧。

⑤ 较小圆的直径尺寸,可标注在圆外,如图4-24所示。

⑥ 标注球的半径尺寸时,应在尺寸前加注符号“*SR*”。标注球的直径时,应在尺寸数字前加注符号“*SΦ*”。注写方法与圆弧半径和圆直径尺寸标注方法相同。

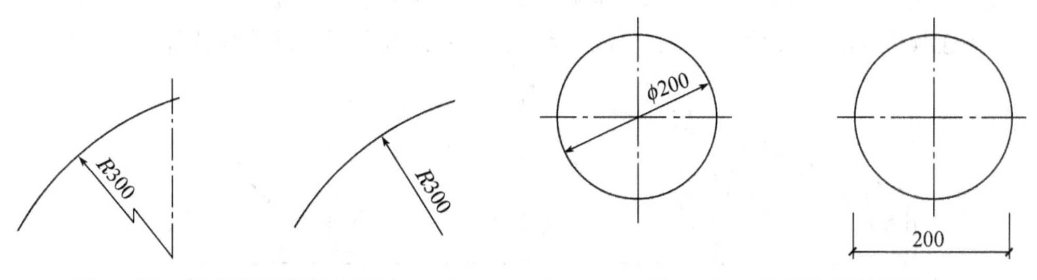

图4-22　较大圆弧半径的标注　　**图4-23　大圆直径的标注**

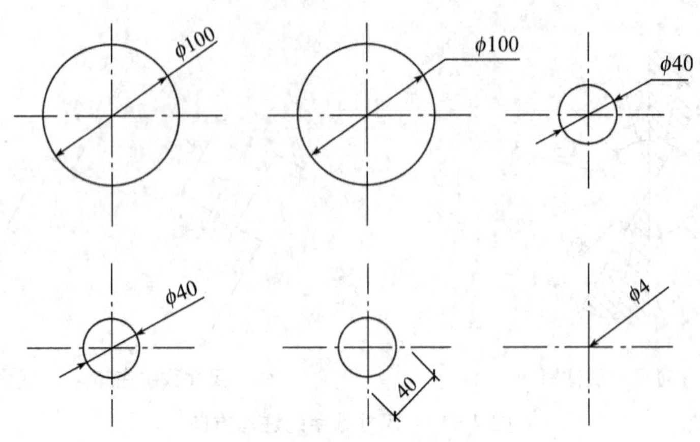

图 4-24　小圆直径的标注

(3) 角度、弧长、弦长的尺寸标注

① 角度的尺寸线应以圆弧表示。该圆弧的圆心应是该角的顶点，角的两条边为尺寸界线。起止符号应以箭头表示，如没有足够位置画箭头，可用圆点代替，角度数字应沿尺寸线方向注写，如图 4-25 所示。

② 标注圆弧的弧长时，尺寸线应以与该圆同心的圆弧线表示，尺寸界线应垂直于该圆弧的弦，起止符号用箭头表示，弧长数字上方应加注圆弧符号"⌒"，如图 4-26 所示。

③ 标注圆弧的弦长时，尺寸线应以平行于该弦的直线表示，尺寸界线应垂直于该弦，起止符号用中粗斜短线表示，如图 4-26 所示。

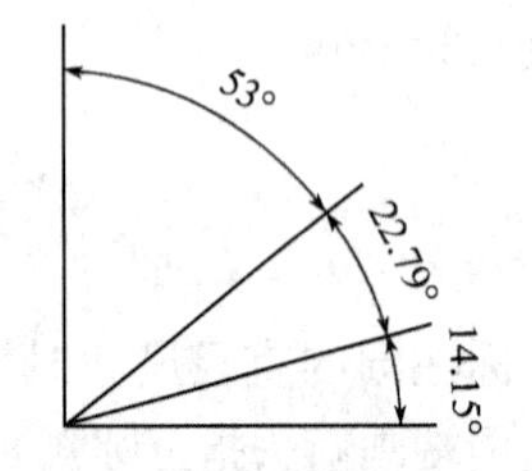

图 4-25　角度的标注方法

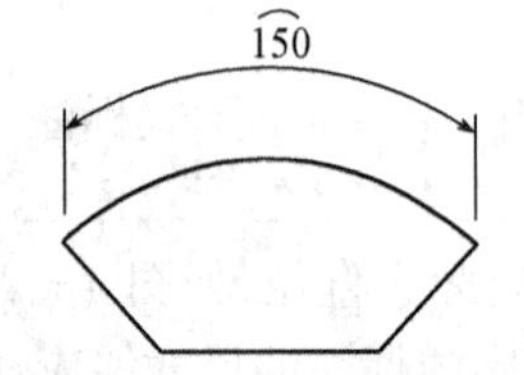

图 4-26　弧长标注方法

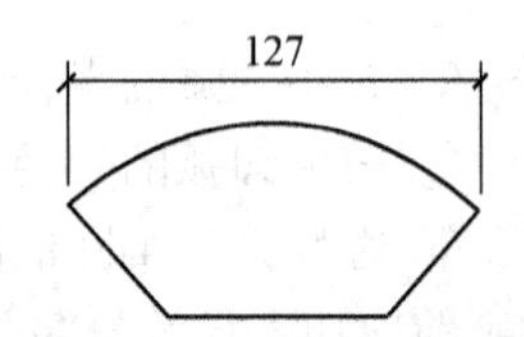

图 4-27　弦长标注方法

(4) 尺寸的简化标注

① 桁架简图中杆件的长度等，可直接将尺寸数字沿杆件一侧注写，如图 4-28 所示。

② 连续排列的等长尺寸，可用"个数×等长尺寸=总长"的形式标注，如图 4-28 所示。

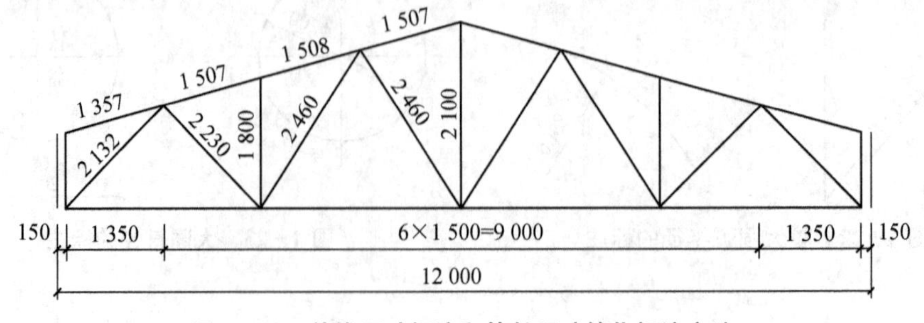

图 4-28　单线尺寸标注和等长尺寸简化标注方法

③ 构配件内的构造因素(如孔、槽等)如相同,可仅标注其中一个要素的尺寸,如图 4－29 所示。

④ 对称构配件采用对称省略画法时,该对称构配件的尺寸线应略超过对称符号,仅在尺寸线的一端画尺寸起止符号,尺寸数字应按整体尺寸注写,其注写位置宜与对称符号对齐,如图 4－30 所示。

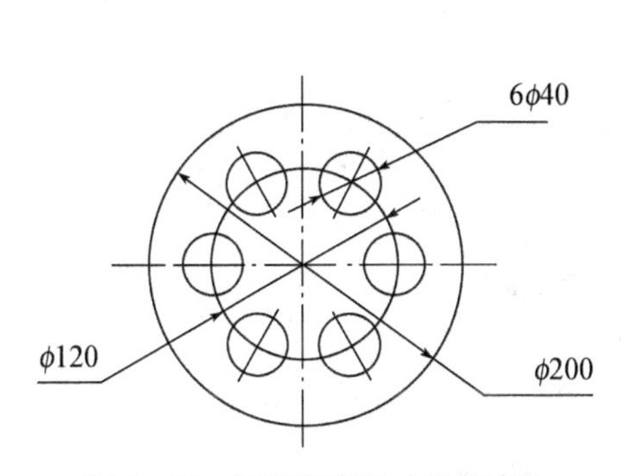

图 4－29　相同要素尺寸标注方法

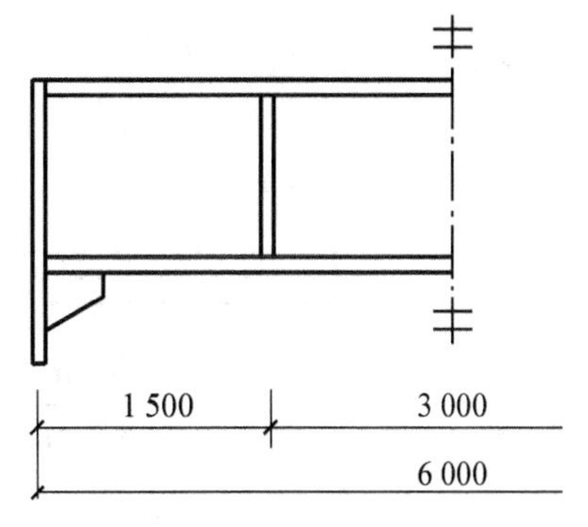

图 4－30　对称构件尺寸标注方法

⑤ 两个构配件,如个别尺寸数字不同,可在同一图样中将其中一个构配件的不同尺寸数字注写在括号内,该构配件的名称也应注写在相应的括号内,如图 4－31 所示。

⑥ 数个构配件,如仅某些尺寸不同,这些有变化的尺寸数字可用拉丁字母注写在同一图样中,另列表格写明其具体尺寸,如图 4－32 所示。

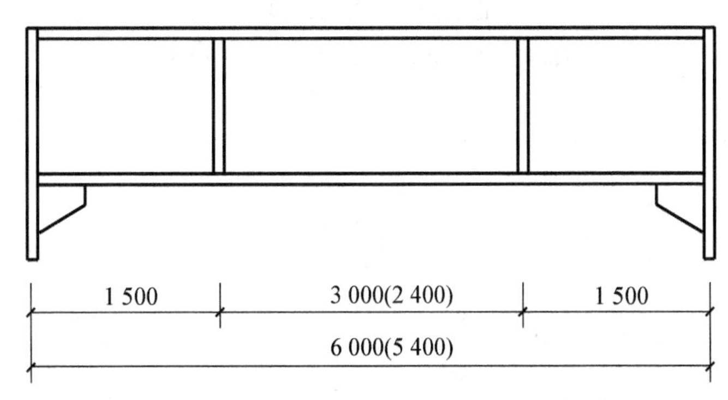

图 4－31　相似构件尺寸标注方法

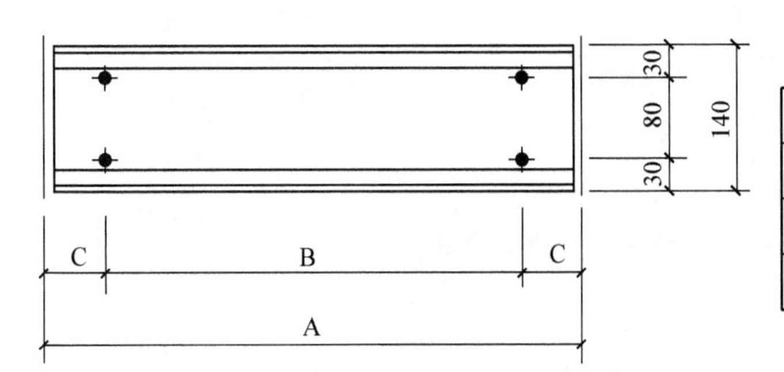

构件编号	A	B	C
LT－1	6 000	5 600	200
LT－2	5 400	5 000	200
LT－3	5 000	4 500	250

图 4－32　相似构件尺寸表格标注方法

(5) 节点板尺寸标注

① 弯曲构件的尺寸应沿其弧度的曲线标注弧的轴线长度,如图 4-33 所示。

② 切割的板材,应标注各轴线段的长度及位置,如图 4-34 所示。

③ 节点尺寸,应注明节点板的尺寸和各杆件螺栓孔中心或中心距,以及杆件端部至几何中心线交点的距离,如图 4-35 所示。

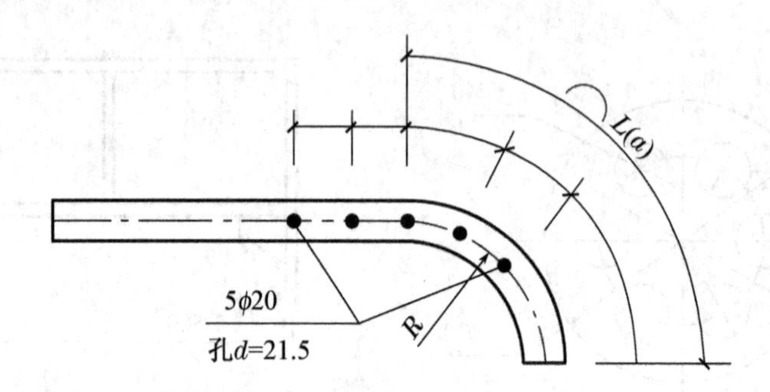

图 4-33 弯曲构件尺寸的标注方法

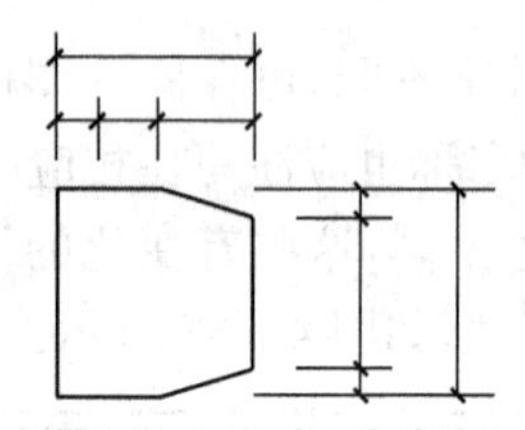

图 4-34 切割板材尺寸的标注方法

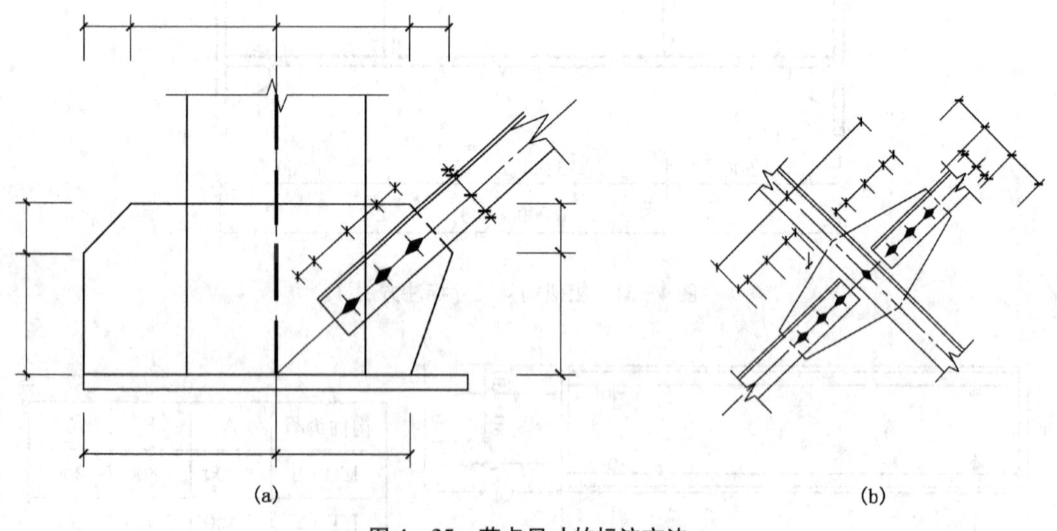

图 4-35 节点尺寸的标注方法

④ 双型钢组合截面的构件，在节点详图图样轮廓旁边应绘出组合型钢图样，并用引出线标出缀板的数量及尺寸，如图 4－36 所示。引出横线上方标注缀板的数量、宽度、厚度，引出线下方标注缀板的长度尺寸。

⑤ 非焊接的节点板，应注明节点板的尺寸和螺栓孔中心与几何中心线交点间的距离，如图 4－37 所示。

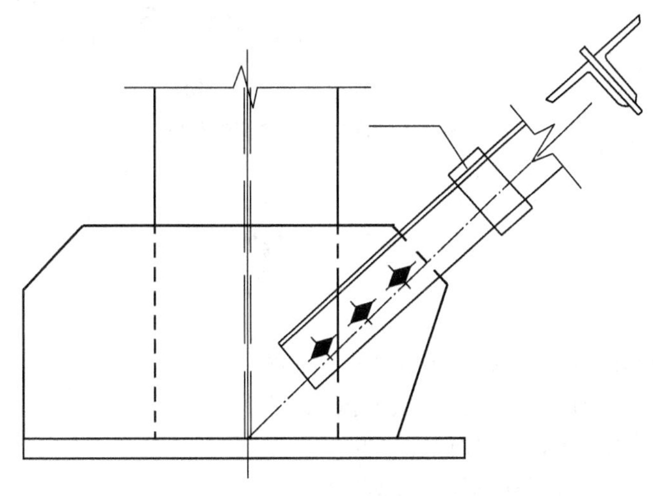

图 4－36　缀板的标注方法

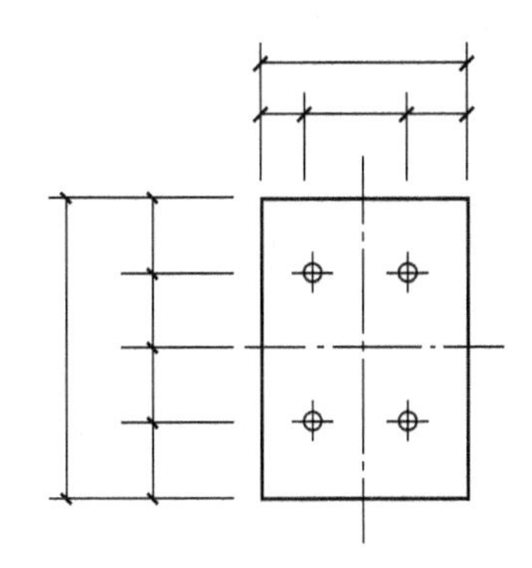

图 4－37　非焊接节点板尺寸的标注方法

(6) 标高

① 标高符号应以等腰直角三角形表示，按图 4－38(a)所示形式用细实线绘制，如标注位置不够，也可按用引出线引出再标注图 4－38(b)所示。

② 室外地坪标高符号，宜用涂黑的三角形表示，如图 4－38(c)所示。

③ 标高符号的尖端应指至被注高度的位置。尖端一般应向下，也可向上。标高数字应注写在标高符号的左侧或右侧，标高数字应以米为单位，注写到小数点以后第三位，如图 4－38(d)所示。

④ 零点标高应注写成±0.000，正数标高不注“＋”，负数标高应注“－”，例如 3.000、－0.600。

⑤ 在图样的同一位置需表示几个不同标高时，标高数字可按图 4－38(e)的形式注写。

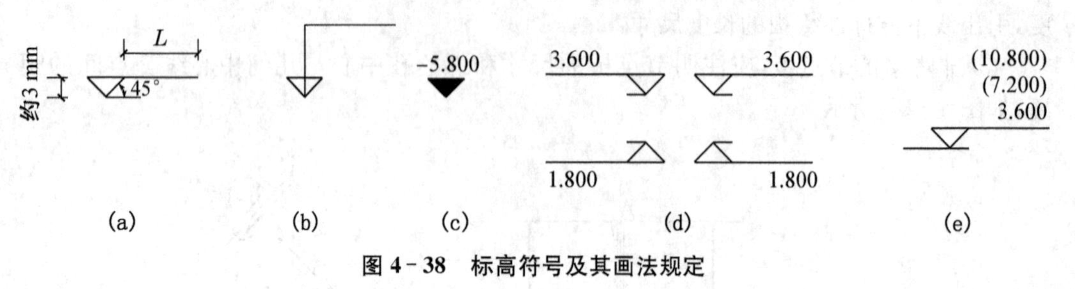

图 4－38　标高符号及其画法规定

习　　题

4－1　钢结构设计制图按设计阶段可分为哪些阶段？

4－2　一套完整的钢结构设计图主要包括哪些图？

4－3　纵、横向定位轴线是如何编号的？

4－4　尺寸标注的四要素具体指什么？

4－5　施工图中标高的单位是什么？尺寸数字的单位是什么？

单元5　轻钢门式刚架结构选型与识图

5.1　轻钢门式刚架结构基础知识

5.1.1　轻钢门式刚架结构的概念

轻钢门式刚架结构是指以轻型焊接 H 型钢（等截面或变截面）、热轧 H 型钢（等截面）或冷弯薄壁型钢等构成的实腹式刚架或格构式刚架作为主要承重骨架，用冷弯薄壁型钢（槽型、卷边槽型或 Z 形）做檩条、墙梁，以压型金属板（压型钢板、压型铝板或彩钢板）做屋面、墙面，采用聚苯乙烯泡沫塑料、硬质聚氨酯泡沫塑料、岩棉或玻璃棉等作为保温隔热材料并适当设置支撑的一种轻型房屋结构体系，如图 5-1 所示。

图 5-1　轻钢门式刚架

工程中习惯把梁与柱之间为铰接的单层结构称之为排架，把梁与柱之间为刚接的单层结构称之为刚架，而多层多跨的刚架结构则称之为框架。图 5-1 所示这类结构实质上是由直线形杆件(梁和柱)通过刚性节点连接起来的“门”字形结构。该类房屋主构件截面尺寸较小，外围护结构较轻，故结构整体自重轻，习惯称之为轻钢门式刚架结构。

5.1.2 轻钢门式刚架结构房屋特点

(1) 结构自重轻。轻钢门式刚架主构件自重轻，且在墙面系统和屋面系统中大面积地采用了轻质新型材料，降低了建筑物自重，减小了基底面积和基础埋深，减少了用钢量，降低了工程造价，综合效益好。

(2) 建筑功能强。围护材料选用热喷涂镀锌彩色钢板，不但色彩美观，还具有防腐防锈等功能，不易脱色，通常 15～20 年不会褪色。若选用有隔热隔音效果和阻燃性能的彩钢夹芯复合板，可适用于气候炎热和严寒地区的建筑。

(3) 施工周期短。轻型钢结构大多构件在工厂预制，现场安装，且现场全部干作业施工，不受环境、季节、气候等的影响，工程施工进度快。一般面积数万平方米的轻钢门式刚架结构工业厂房只要数月便可完工。

(4) 机械化程度高。轻钢门式刚架构配件采用工厂化、自动化、标准化批量生产方式，机械加工便于构配件定型化、系列化，工人劳动强度低。

(5) 抗震性能好。轻钢门式刚架结构的屋面檩条大多采用冷弯薄壁型钢，其上再封装结构性板材，很好地构成坚固的“板肋结构体系”，这种结构体系有着较强的抗震及抵抗水平荷载的能力，能适应于抗震烈度为 8 度以上的地区。

(6) 环保性能好。干作业施工，有效减少废弃物对环境造成的污染，钢构件便于拆卸和重复使用，其他配套材料也可大部分回收，属于绿色建筑范畴，满足环保要求。

(7) 综合经济效益好。由于门式刚架结构采用大柱网，空间布置灵活，用钢量低，降低工程造价。

5.1.3 轻钢门式刚架结构的适用范围

单层刚架结构的杆件较少，结构内部空间较大，且杆件多由直杆组成，制作方便，便于利用，因此，在实际工程特别是工业建筑中应用非常广泛。当跨度与荷载一定时，与屋面大跨梁(或屋架)和立柱组成的排架相比，门式刚架结构更轻巧，可节省钢材 10%以上。刚架梁为折线形的门式刚架因兼具拱的受力特点，其受力更合理、施工方便、造价较低和造型美观。由于刚架梁是折线形的，使室内空间加大，适于双坡屋顶的单层中、小型建筑，在工业厂房、体育馆、展览厅、食堂和物流仓库等民用建筑中得到广泛应用。但门式刚架刚度较差，受荷载后易产生跨变，因此用于工业厂房时，吊车起重量一般不超过 10 t。

5.1.4 轻钢门式刚架结构的分类

1. 按建筑体型分类

轻钢门式刚架按屋顶形式有平顶、坡顶和拱顶之分，工程实际中坡顶形式最为普遍。而坡顶门式刚架再按跨数又可分为单跨、双跨、多跨刚架，有的还带挑檐或毗屋；按屋面坡脊数可分为单坡、双坡、多坡屋面，工程中常见的坡顶门式刚架结构形式如图5-2所示。多跨刚架宜采用双坡或单坡屋盖，必要时也可采用由多个双坡单跨相连的多跨刚架形式；多跨刚架中间柱与刚架斜梁的连接可采用铰接；轻钢门式刚架可以根据通风、采光的需要设置天窗、通风屋脊和采光带。刚架斜梁的坡度主要由屋面材料及排水要求确定，一般为1/8～1/20，在雨水较多的地区宜取其中的较大值。

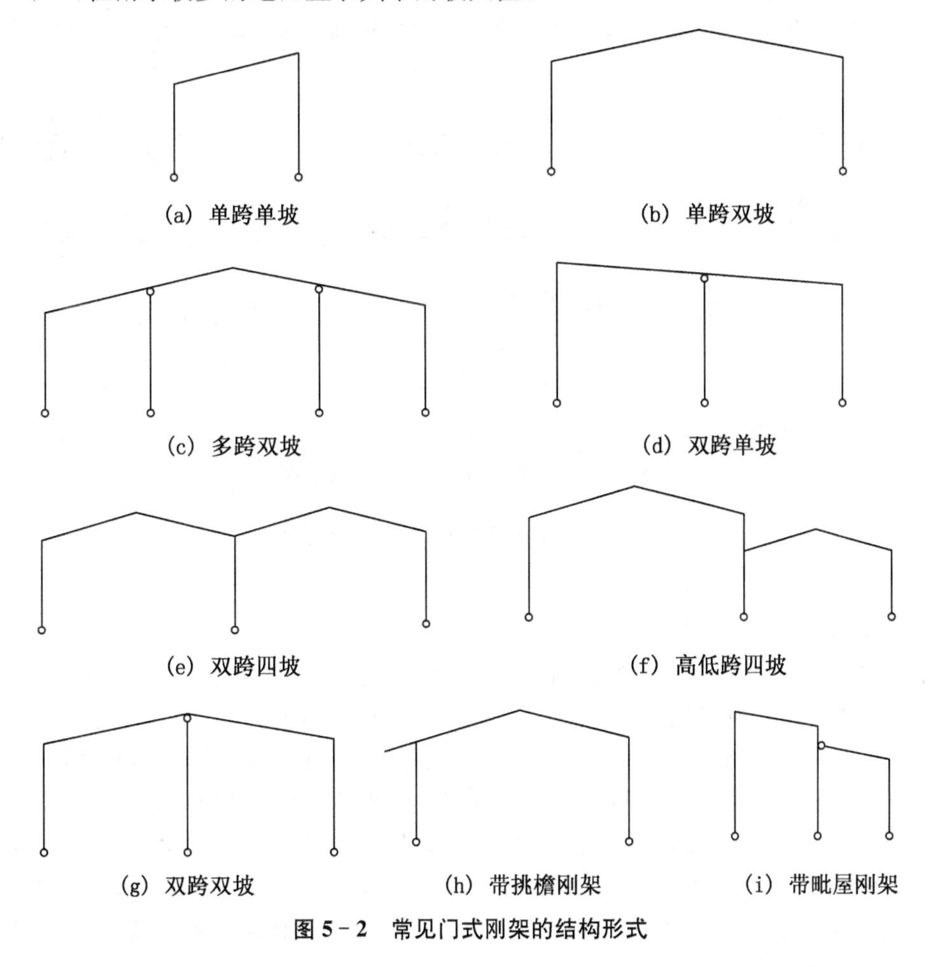

图5-2　常见门式刚架的结构形式

2. 按构件布置和约束条件分类

轻钢门式刚架按其结构组成和构造的不同，可以分为三铰刚架、两铰刚架和无铰刚架三种形式，如图5-3所示。在同样荷载作用下，这三种刚架的内力分布和大小有较大差别，其经济效果也不相同。

三铰门式刚架在屋脊处设置永久性铰，柱脚也是铰接，如图5-3(a)所示，为静定结构，温度变化、地基变形引起的基础不均匀沉降对结构内力没有影响。从图中可看出三铰刚架的梁柱节点弯矩略大，刚度较差，不适合用于有桥式吊车的厂房，仅用于无吊车或小吨位悬挂吊车的建筑。

两铰门式刚架的柱脚与基础铰接，如图5-3(b)所示，为一次超静定结构，在竖向荷载或水平向荷载作用下，刚架内弯矩均比无铰门式刚架大。它的优点是刚架的铰接柱基不承受弯矩作用，构造简单，省料省工；当基础有转角时，对结构内力没有影响。但当两柱脚发生不均匀沉降时，将在结构内产生附加内力。

无铰门式刚架的柱脚与基础固接，如图 5-3(c)所示，为三次超静定结构，刚度好，结构内力分布比较均匀，但柱底弯矩比较大，对基础和地基的要求较高。因柱脚处有弯矩、轴向压力和水平剪力共同作用于基础，基础材料用量较多。由于其超静定次数高，结构刚度较大，当地基发生不均匀沉降时，将在结构内产生附加内力，所以在地基条件较差时需慎用。

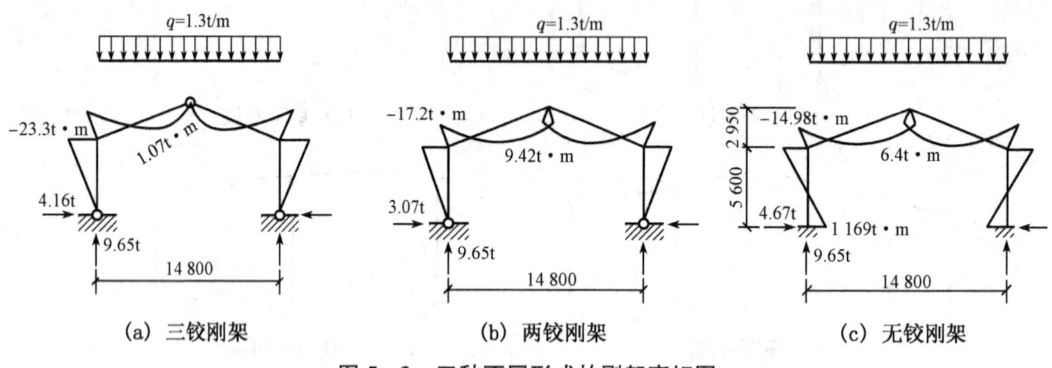

图 5-3　三种不同形式的刚架弯矩图

在实际工程中，大多采用三铰刚架和两铰刚架以及由它们组成的多跨结构，无铰刚架很少采用。

3. 按构件截面形式分类

按构件截面形式可分为实腹式刚架和格构式刚架两种。实腹式刚架适用于跨度不太大的结构，常做成两铰式结构，刚架梁、柱横截面一般为焊接工字形，少数为 Z 形。国外多采用热轧“H”形钢或其他截面形式的型钢，可减少焊接工作量，并能节约材料。当为两铰或三铰刚架时，构件应为变截面，一般是改变截面的高度使之适应弯矩的变化。实腹式刚架的横梁高度一般可取跨度的 1/6～1/20，当跨度大时梁高显然太大，为充分发挥材料作用，可在支座水平面内设置拉杆，并施加预应力对刚架横梁产生卸荷力矩及反拱，如图 5-4 所示。这时横梁高度可取跨度的 1/30～1/40，并由拉杆承担刚架支座处的横向推力，对支座和基础都有利。

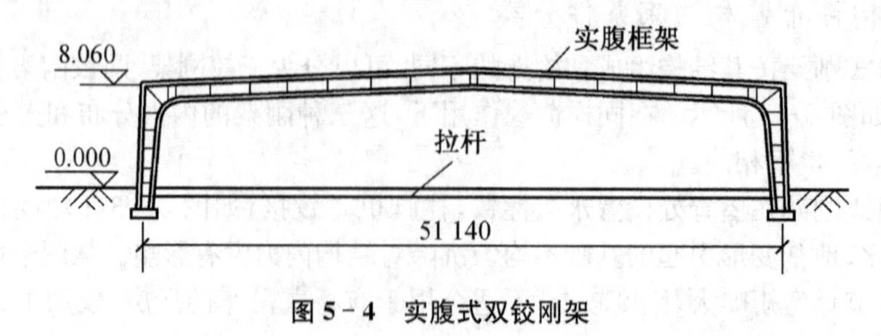

图 5-4　实腹式双铰刚架

在刚架结构的梁柱连接转角处，由于弯矩较大，且应力集中，材料处于复杂应力状态，应特别注意受压翼缘的平面外稳定和腹板的局部稳定，一般可做成圆弧过渡并设置必要的加劲肋，如图5－5所示。

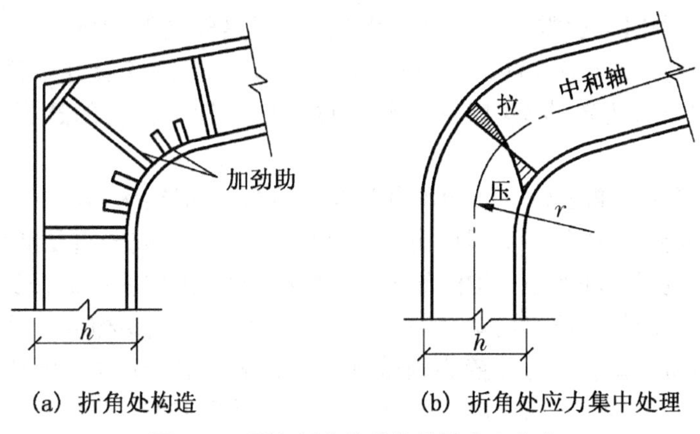

图5－5　刚架折角处的构造及应力集中

格构式刚架结构的适用范围较大，且具有刚度大、耗钢省等优点。当跨度较小时可采用三铰式结构，当跨度较大时可采用两铰式或无铰结构，如图5－6所示。格构式刚架的梁高可取跨度的1/15～1/20，为了节省材料，增加刚度，减轻基础负担，也可施加预应力，以调整结构中的内力。预应力拉杆可布置在支座铰的平面内，也可布置在刚架横梁内仅对横梁施加预应力，也可对整个刚架结构施加预应力，如图5－7所示。

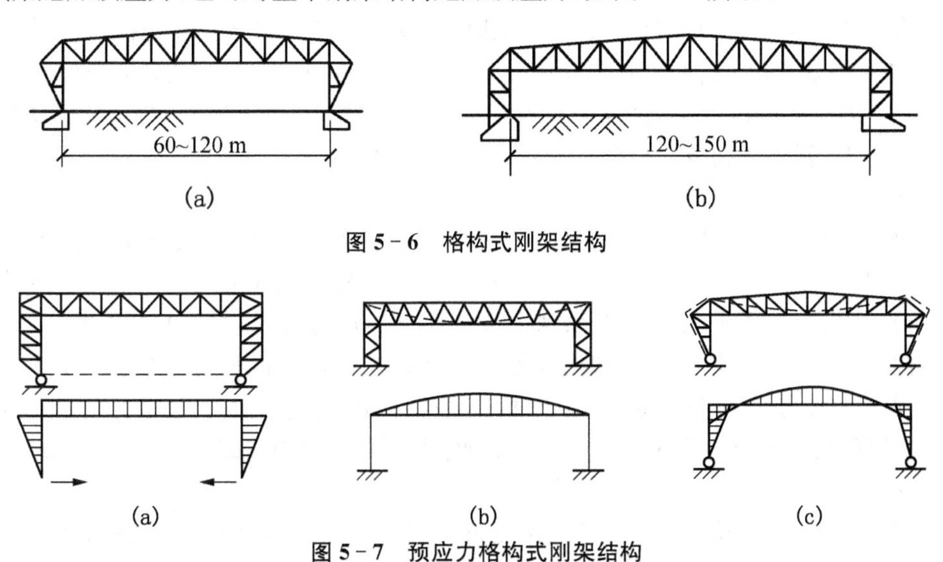

图5－6　格构式刚架结构

图5－7　预应力格构式刚架结构

5.1.5 轻钢门式刚架的材料选择

1. 结构用钢的选择

轻型钢结构中用于承重的冷弯薄壁型钢、轻型热轧型钢和钢板一般采用现行国家标准《碳素结构钢》(GB/T700—2006)规定的 Q235 钢和《低合金高强度结构钢》(GB/T1591—2018)规定的 Q345 钢。轻型钢结构设计中钢材的选择应考虑以下几个要素：

(1) 结构类型及其重要性。结构可分为重要结构、一般结构和次要结构三类。重级工作制吊车梁和特别重要的轻型钢结构主结构及次结构构件属于重要结构；普通轻型钢结构厂房的主结构梁柱和次结构构件属于一般结构；而辅助结构中的楼梯、平台、栏杆等属于次要结构。重要结构可选用 Q345 或 Q235 - C 或 D；一般结构可选用 Q235 - B。

(2) 荷载性质。荷载可分为静力荷载和动力荷载两种，动力荷载又有经常满载和不经常满载的区别。直接承受动力荷载的结构一般采用 Q235 - B、Q235 - C、Q235 - D 及 Q345，对于环境温度高于－20 ℃、起重量 $Q<50t$ 的中、轻级工作制吊车梁也可选用 Q235 - BF。承受静力荷载或间接承受动力荷载的结构可选用 Q235 - B 和 Q235 - BF。

(3) 工作温度。根据结构工作温度选择结构的质量等级。例如，工作温度低于－20 ℃时宜选用 Q235－C 或 Q235－D；高于－20 ℃时可选用 Q235－B。

2. 连接材料的选择

(1) 螺栓连接

轻钢门式刚架的传力螺栓连接一般宜选用普通螺栓和高强度螺栓连接，普通螺栓宜选用 C 级普通螺栓；高强度螺栓宜选用 8.8 级和 10.9 级两种性能等级，其连接类型可选用扭剪型螺栓，也可用大六角型螺栓。螺栓的强度设计值、高强度螺栓的预拉力值均应符合现行国家规范《钢结构设计标准》(GB50017—2017)的规定。

(2) 焊接连接

轻钢门式刚架结构件及节点连接采用了大量的焊接连接，焊接方法涉及手工电弧焊、CO_2 气保焊、埋弧自动焊及栓钉焊接，焊条或焊丝的牌号和性能应与构件钢材性能相适应，即 Q235 焊接时可采用 E43 型系列焊条，Q345 焊接时可采用 E50 型系列焊条。当不同强度级别的钢材焊接时，宜选用与低强度等级的钢材相匹配的焊接材料。焊缝的尺寸要求及技术要求应符合现行国家规范《钢结构焊接规范》(GB50661—2011)的规定，焊缝强度设计值应符合现行国家规范《钢结构设计标准》(GB50017—2017)的规定。

(3) 栓钉连接

轻钢门式刚架结构的楼板大多采用压型钢板—混凝土组合楼板，这种楼板在浇筑混凝土时采用压型钢板作为永久模板衬底，楼板与钢梁之间采用栓钉焊接。焊接栓钉和保护瓷环的规格和尺寸应符合《电弧螺柱焊用圆柱头焊钉》(GB/T10433—2002)的规定。

（4）自攻钉连接

屋面板、墙面板多采用集保温、防水于一体的彩色涂层钢板或夹芯板，除了部分采用暗扣板与檩条、墙梁咬合在一起外，绝大部分采用自攻钉与檩条、墙梁连接。自攻钉的选择应符合现行国家标准（GB/T15856.1—GB/T15856.15、GB/T5282—GB/T5285）等的规定要求。

5.2　轻钢门式刚架的结构组成

5.2.1　轻钢门式刚架的结构组成

微课5.1

轻钢门式刚架的结构组成与特点

轻钢门式刚架结构的组成见图5-8、图5-9所示：

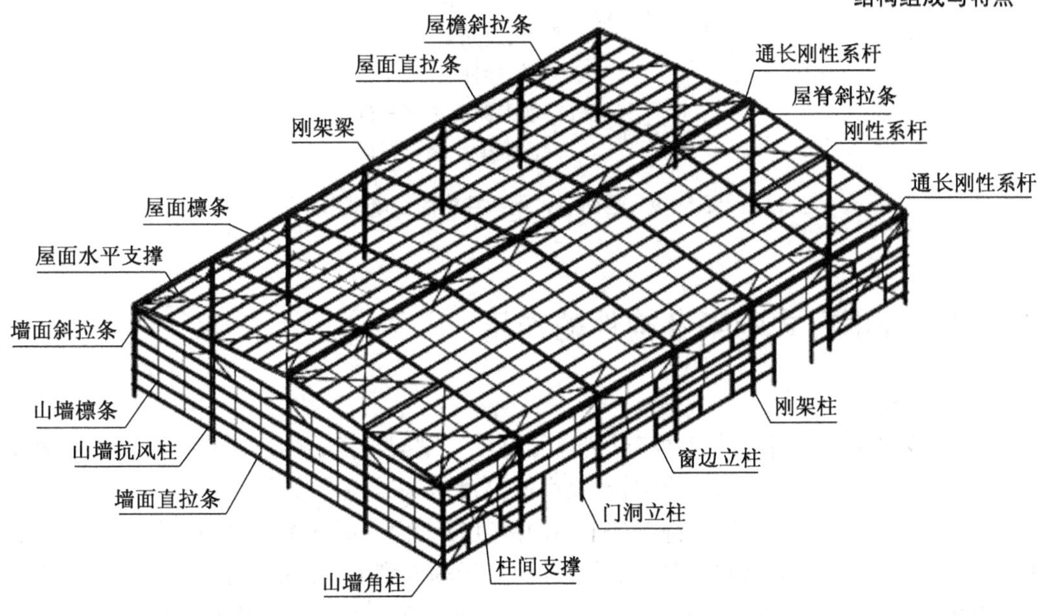

图5-8　轻钢门式刚架结构的组成

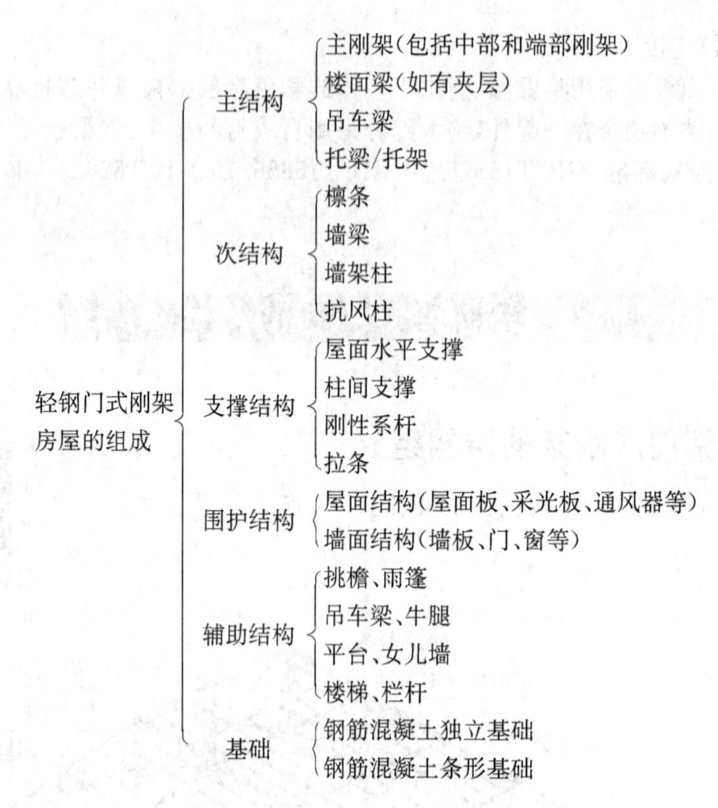

图 5-9　轻钢门式刚架结构的组成框图

5.2.2　轻钢门式刚架各构件的作用

1. 主刚架

外荷载主要由主刚架承担并将其传递给基础。刚架与基础的连接有刚接和铰接两种形式,一般宜采用铰接,当水平荷载较大、房屋高度较高或刚度要求较高时,可采用刚接。刚架柱与斜梁为刚接。刚架的特点是平面内刚度较大而平面外刚度很小,因此,它可以很好地承受平行于刚架平面的横向水平荷载,而对于垂直刚架平面的荷载作用(从山墙传递而来的纵向水平荷载、吊车刹车制动荷载等)时,须联合其他结构件共同来承担。主刚架多采用实腹式变截面 H 型钢。

2. 檩条、墙梁

墙梁主要承担墙体自重和作用于墙上的水平荷载(风荷载),并将其间接传给主体结构。檩条承担屋面荷载,并将其传给刚架,往往通过螺栓与每榀刚架连接起来,和墙梁一起与刚架形成空间结构。檩条、墙梁也为主结构梁柱提供了部分侧向支撑,多采用冷弯薄壁 Z 型或 C 型型钢。

3. 屋面水平支撑、柱间支撑

刚架平面外的刚度很小,必须在刚架梁之间设置屋面水平支撑,刚架柱之间设置柱间支撑，使其形成具有足够刚度的整体结构。支撑体系的构件大多采用圆钢、角钢和钢管等。

4. 隅撑

隅撑的设置主要是为了防止刚架梁受压翼缘平面外发生屈曲失稳，多采用等边角钢。

5. 系杆

系杆的主要作用是传递轴力(如风荷载或吊车纵向刹车荷载)，与交叉屋面水平支撑、交叉柱间支撑或纵向刚架式柱间支撑组合作用，形成稳定的纵向支撑体系；增加梁柱构件的侧向稳定性，在结构计算时可减小梁柱构件的平面外计算长度。

6. 斜拉条及撑杆

斜拉条与檩条(与斜拉条相连的两根檩条)和撑杆一起组成几何不变体系。屋脊处檩条在屋面受力时，由于存在屋面坡度，檩条在弱轴方向受力，如果没有斜拉条和撑杆，檩条在弱轴方向将会产生变形。

7. 围护结构

对整个结构而言，屋面板和墙面板起到围护和封闭的作用，由于蒙皮效应，事实上也增加了轻型钢结构的整体刚度。屋面板和外墙墙板应采用加保温材料的压型彩钢板或彩钢夹芯板，部分工程采用铝镁锰合金屋面板，也可采用砌体外墙或底部为砌体、上部为轻质材料的外墙。

8. 抗剪键

《门式刚架轻型房屋钢结构技术规范》(GB 51022—2015)规定，钢结构柱脚设计中，当水平剪力超过柱脚与混凝土间摩擦力时设置抗剪键。它通常用较厚的型钢(槽钢、工字钢或钢板)垂直焊在柱脚底面的水平钢板上，并埋在混凝土基础内，如图5-10所示。抗剪键的首要作用是抵抗剪力，限制柱脚在某个方向的水平位移。不允许锚栓抗剪，是因为锚栓与底板孔配合间隙大，起不到限制位移的作用。是否采用抗剪键主要看柱脚节点是否能充分限制位移。

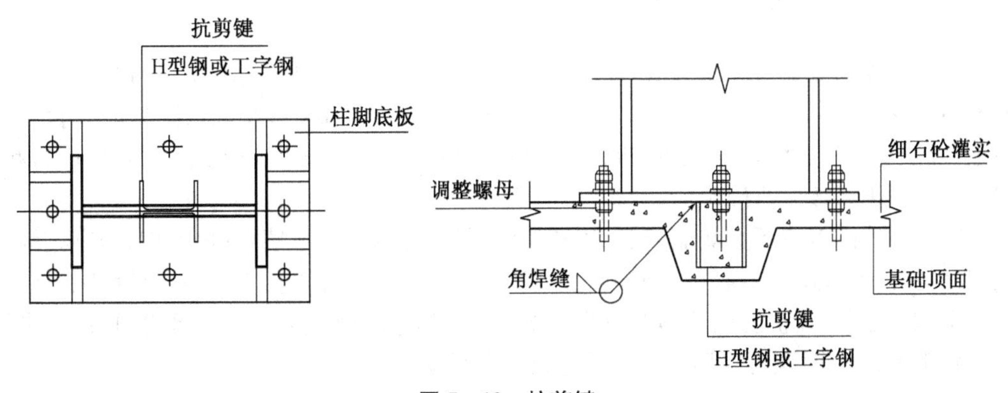

图5-10　抗剪键

5.3 轻钢门式刚架的结构选型与布置

5.3.1 建筑尺寸的确定

轻钢门式刚架的宽度即房屋侧墙墙梁外皮之间的距离，长度即两端山墙墙梁外皮之间的距离。该类轻钢房屋的跨度和柱距主要根据工艺和建筑要求确定：其单跨跨度宜采用 12～48 m，当有根据时可取更大跨度，一般为 3 m 的倍数。当边柱宽度不等时，其外侧应对齐。门式刚架的纵向柱距，即柱网轴线间的纵向距离（开间）一般取为 6～9 m。门式刚架的高度应取地坪至柱轴线与斜梁轴线交点的高度，应根据使用要求的室内净高确定，有吊车的厂房应根据轨顶标高和吊车净空要求确定，一般其平均高度取 4.5～9.0 mm，当有桥式吊车时不宜大于 12 m。挑檐长度可根据使用要求确定，宜采用 0.5～1.2 m，其上翼缘坡度宜与斜梁坡度相同。

5.3.2 伸缩缝布置

《门式刚架轻型房屋钢结构技术规范》(GB 51022—2015)规定结构布置还要考虑温度效应，即应按规范相应规定确定温度区间。轻钢门式刚架的温度区段长度应满足表 5－1 所示规定，温度伸缩缝可采用两种做法：在搭接檩条的螺栓连接处采用长圆孔，并使该处屋面板在构造上允许胀缩或设置双柱，且吊车梁与柱的连接处宜采用长圆孔。山墙处可设置由斜梁、抗风柱和墙梁组成的山墙墙架，或直接采用门式刚架。

表 5－1 温度区段长度值(m)

温度区段方向	纵向温度区段（垂直刚架跨度方向）	横向温度区段（沿刚架跨度方向）
区段长度	≤300	≤150

5.3.3 檩条和墙梁的布置

屋面檩条一般应等间距布置，如图 5－8 所示。但在屋脊处，应沿屋脊两侧各布置一道檩条，使得屋面板的外伸宽度不要太长（一般不大于 200 mm）；在天沟附近应布置一道檩条，以便与天沟固定。确定檩条间距时，应综合考虑天窗、通风屋脊、采光带、屋面材料、檩条规格等因素按计算确定。

轻钢门式刚架房屋的侧墙，在采用压型钢板做围护面板时，墙梁（墙面檩条）宜布置在刚架柱的外侧，其间距由墙板板型及规格确定，且不应大于计算要求的值。外墙除可以采用轻型钢板墙外，在抗震设防烈度不高于 6 度时，还可采用砌体；当为 7、8 度时，还可采用非嵌砌砌体；9 度时还可采用与柱柔性连接的轻质墙板。

5.3.4 支撑布置

支撑布置的目的是使每个温度区段或分期建设的区段建筑能构成稳定的空间结构体

系。布置的主要原则如下：

（1）屋面支撑形式可选用圆钢或钢索交叉支撑，当屋面斜梁承受悬挂吊车荷载时，屋面横向支撑应选用型钢交叉支撑。屋面横向交叉支撑节点布置应与抗风柱相对应，并应在屋面梁转折处布置节点。通常把圆管、H 形截面、Z 或 C 形冷弯薄壁截面等型钢称为刚性构件，这类支撑构件可承受拉力和压力；而把由圆钢、拉索等只能承受拉力的柔性构件组成的支撑称为柔性支撑，柔性拉杆必须施加预紧力以抵消其自重作用引起的下垂。

（2）柱间支撑的间距应根据房屋纵向柱距、受力情况和安装条件确定。当无吊车时，支撑的间距一般为 30～45 m。当有吊车时，吊车牛腿下部支撑宜设置在温度区段中部，当温度区段较长时，宜设置在三分点处，且支撑间距不应大于 50 m。牛腿上部支撑设置原则与无吊车时的柱间支撑设置相同。

（3）柱间支撑和屋面支撑必须布置在同一开间内形成抵抗纵向荷载的支撑桁架，且端部支撑桁架宜设在房屋端部和温度区间端部的第一或第二开间，如图 5－11 所示。当布置在第二开间时应在房屋端部第一开间的相应位置应布置刚性系杆。

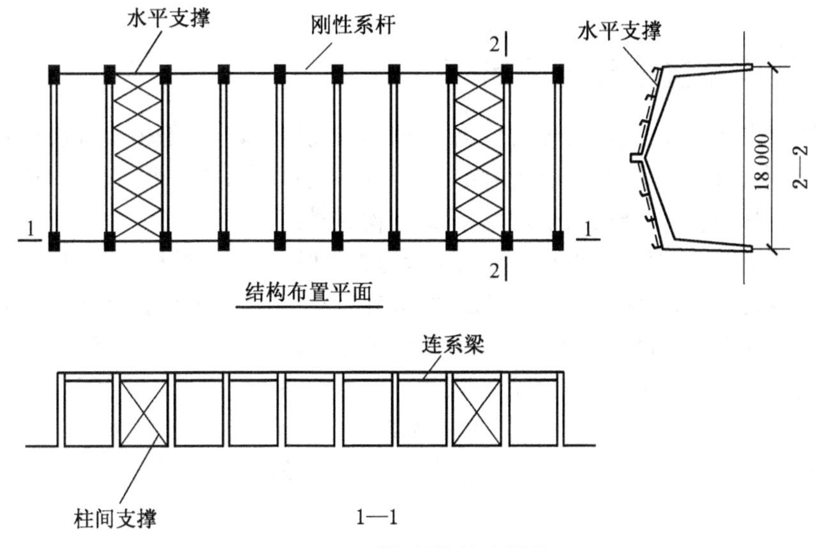

图 5－11　刚架结构的支撑体系

（4）门式刚架结构的十字交叉支撑与构件的夹角应在 30°～60°内，宜接近 45°，当柱子较高导致单层支撑构件角度过大时应考虑设置双层柱间支撑。

（5）在刚架转折处（单跨房屋边柱柱顶和屋脊，以及多跨房屋某些中间柱柱顶和屋脊）应沿房屋全长设置刚性系杆。

（6）轻钢门式刚架的刚性系杆可由相应位置处的檩条兼作，此时檩条应满足对压弯杆件的刚度和承载力要求。当檩条刚度或承载力不足时，可在刚架斜梁间设置其他附加系杆（钢管、H 型钢或其他截面的杆件）。

（7）对设有带驾驶室且起重量大于 15 t 桥式吊车的跨间，应在屋盖边缘设置纵向支撑；在有抽柱的柱列，沿托架长度应设置纵向支撑。

（8）当设有起重量不小于 5 t 的桥式吊车时，柱间宜采用型钢支撑，在温度区段端部吊车梁以下不宜设置柱间刚性支撑。

5.3.5 隅撑的设置

轻钢门式刚架的每一榀主刚架单独来看属于平面结构体系，借助于纵向屋面檩条、墙梁、刚性系杆以及支撑体系将多榀主刚架连接成稳定的整体结构，如图5-8所示。而主刚架的平面外稳定性是值得注意的问题，主刚架梁、柱的平面外稳定性由与檩条或墙梁相连接的隅撑来保证，隅撑多采用等边角钢，其一端连接在刚架梁(柱)的受压翼缘侧面，另一端连接在檩条(墙梁)上，如图5-12所示。

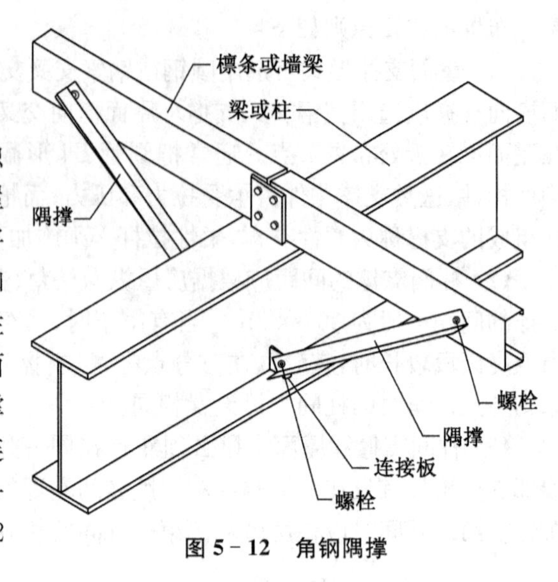

图5-12 角钢隅撑

5.3.6 结构布置应注意的问题

与桁架相比，由于门式刚架弯矩小，梁柱截面的高度小，且不像桁架有水平下弦，故显得轻巧、净空高、内部空间大，利于使用。在进行结构总体布置时，平面刚架的侧向稳定是值得重视的问题，应加强结构的整体性，保证结构纵横两个方向的刚度。一般矩形平面建筑都采用等间距、等跨度的多榀平行刚架布置方案，实际上纵向结构为几何可变的铰接四边形结构。因此，为保证结构的整体稳定性，应在纵向柱间布置连系梁及柱间支撑，同时在横梁的顶面设置上弦横向水平支撑。而对于独立的刚架结构，如人行天桥，应将平行并列的两榀刚架通过垂直和水平剪刀撑构成稳定牢固的整体如图5-13所示。为把各榀刚架不用支撑而用横梁连成整体，可将并列的刚架横梁改成相互交叉的斜横梁，这实际上已形成了空间结构体系。对正方形或接近方形平面的建筑或局部结构，可采用纵、横双向连成整体的空间刚架。

图5-13 某人行天桥

5.3.7　轻钢门式刚架结构的内力特点

按照门式刚架上荷载的作用方向可分为竖向荷载和水平荷载，竖向荷载包括屋面恒荷载、活荷载、雪荷载、积灰荷载等；水平荷载主要指横向风荷载、纵向风荷载、地震荷载、吊车制动水平荷载等。这些外荷载直接作用于门式刚架的外围护结构上，再通过次结构传递到主结构的横向门式刚架上，依靠门式刚架的自身刚度抵抗外部作用。跨度相同的单跨梁、连续梁、排架及刚架在同样荷载作用下的弯矩大小及分布存在较大差异，其经济效果也不相同，见图 5－14 所示。

排架的横梁与立柱连接节点为铰接，所以在均布荷载作用下，横梁的弯矩图与简支梁相同，跨中弯矩峰值较大。与同跨度的排架相比，由于刚架横梁与立柱的连接节点为整体刚性连接，能够承受并传递弯矩，这样可以大大减少横梁中的跨中弯矩峰值。

由图 5－14 的弯矩图对比可知：三种不同约束的刚架在相同的竖向荷载和水平荷载作用下内力分布差异较大，无铰门式刚架的柱脚与基础固接，为三次超静定结构，刚度好，结构内力分布比较均匀，但柱底弯矩比较大，对基础和地基的要求较高。当地基发生不均匀沉降时，将在结构内产生附加内力，所以在地基条件较差时需慎用；两铰门式刚架的柱脚与基础铰接，为一次超静定结构，在竖向荷载或水平向荷载作用下，刚架内弯矩均比无铰门式刚架大。当基础有转角时，对结构内力没有影响，但当两柱脚发生不均匀沉降时，则将在结构内产生附加内力；三铰门式刚架在屋脊处设置永久性铰，柱脚也是铰接，为静定结构，温度差、地基的变形或基础的不均匀沉降对结构内力没有影响，但梁柱节点弯矩略大。

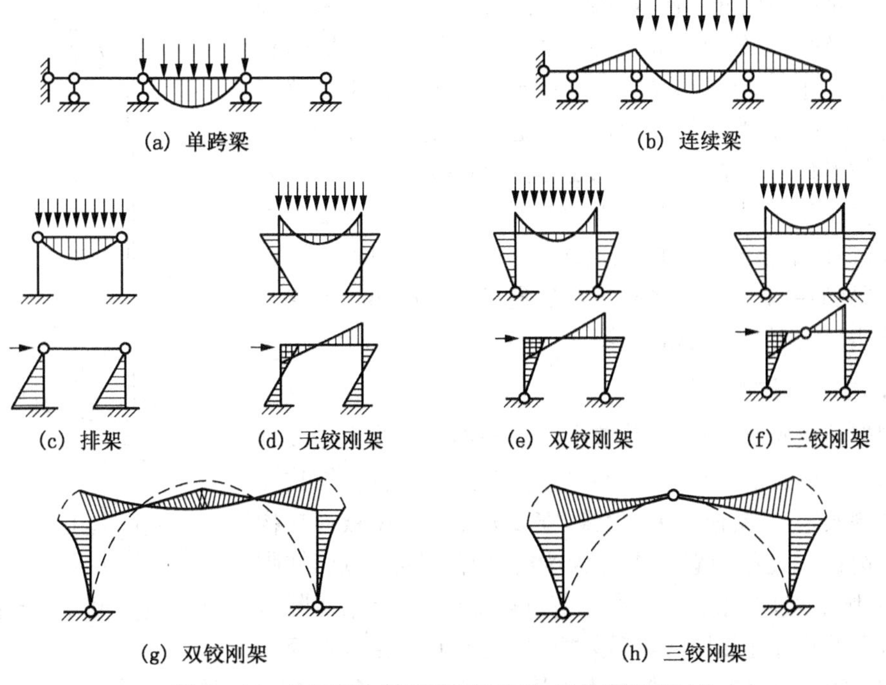

图 5－14　外荷载作用下刚架与排架、梁的弯矩图对比

在水平荷载作用下，由于梁对柱的约束作用减小了柱内的弯矩和侧向变位，纵向风荷载通过屋面和墙面支撑传递到基础上，因此，刚架结构的承载力和刚度都大于排架结构。见图 5－15 所示。

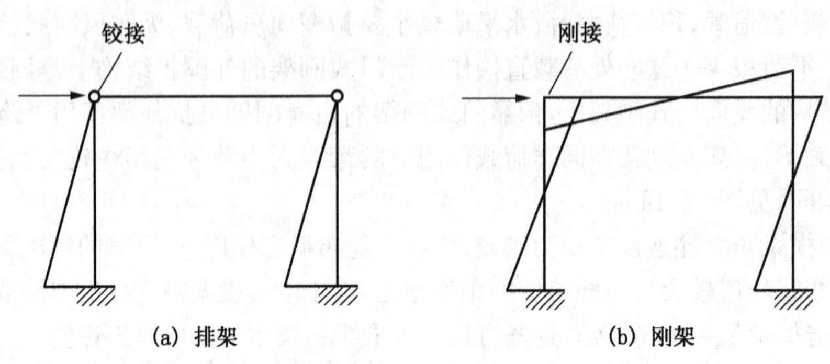

图 5－15　在水平荷载作用下刚架与排架弯矩图对比

5.4　轻钢门式刚架的构造

5.4.1　主刚架的构造

1. 主刚架的构件

主刚架由刚架柱和刚架梁组成。刚架柱有边柱和中柱之分，一般钢柱可分为柱身、柱头与柱脚，如图 5－16 所示，柱上端与梁相连的部分称为柱头，下端与基础相连的部分称为柱脚，其余部分称为柱身。边柱和梁通常根据门式刚架弯矩包络图的形状制作成变截面，以达到节约材料的目的，一般采用焊接工字形截面。中柱以承受轴压力为主，通常采用强、弱轴惯性矩相差不大的宽翼缘工字钢、矩形钢管或圆管截面，刚架的主要构件运输到现场后通过高强度螺栓节点相连。典型门式刚架形式如图 5－17 所示。

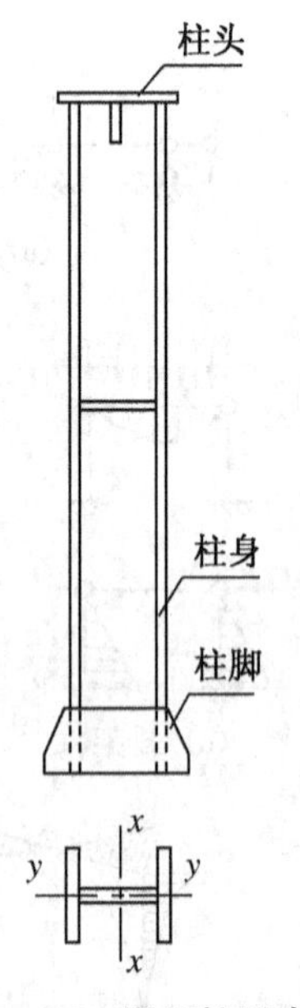

图 5－16　刚架柱示意图

2. 主刚架的节点

刚架结构的形式较多，其节点构造和连接形式也是多种多样的。设计的基本要求：既要尽量使节点构造符合结构计算简图的假定，又要使制造、运输、安装方便。根据被连接构件（或部件）和连接位置大致分为梁柱节点、梁梁节点、柱脚节点、牛腿节点、檩托节点及隅撑节点等，这里仅介绍实际工程中常见的几种连接构造，其零件组成主要有连接节点板和加劲肋。螺栓连接的两块板称为连接节点板，制作单元端部的连接节点板称为端板；柱头处的水平盖板称为柱头顶板；柱脚底面与地脚螺栓相连、与混凝土基础接触传力的钢板称为柱脚底板，其余为加劲肋。

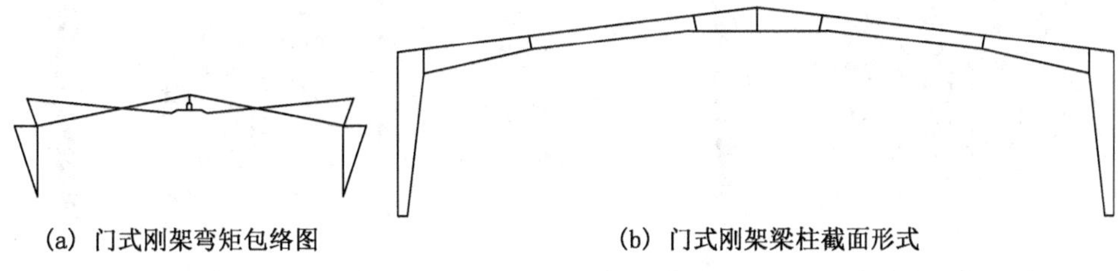

(a) 门式刚架弯矩包络图　　(b) 门式刚架梁柱截面形式

图 5-17　刚架柱示意图

实腹式轻钢门式刚架，一般在梁柱交接处及跨中屋脊处设置安装拼接单元，多用高强度螺栓连接。拼接节点处，有加腋与不加腋两种。在加腋的形式中又有梯形加腋与曲线形加腋两种，通常多采用梯形加腋。加腋连接既可使截面的变化符合弯矩图形的要求，又便于连接螺栓的布置。

(1) 梁柱节点。轻钢门式刚架边柱节点如图 5-18 所示，中柱节点如图 5-19 所示。

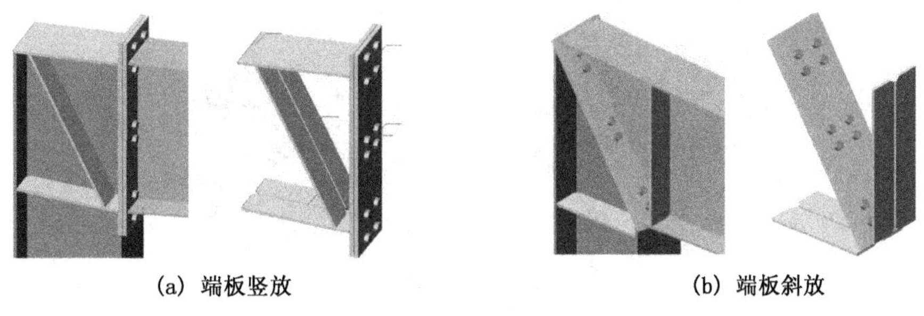

(a) 端板竖放　　(b) 端板斜放

图 5-18　边柱节点

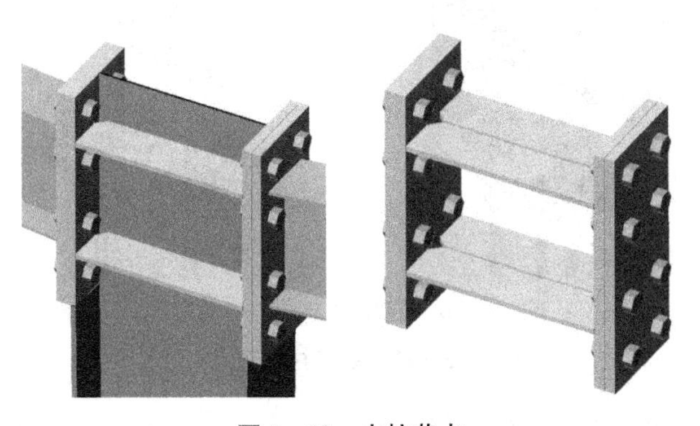

图 5-19　中柱节点

(2) 梁梁节点。梁梁拼接节点如图 5－20 所示。

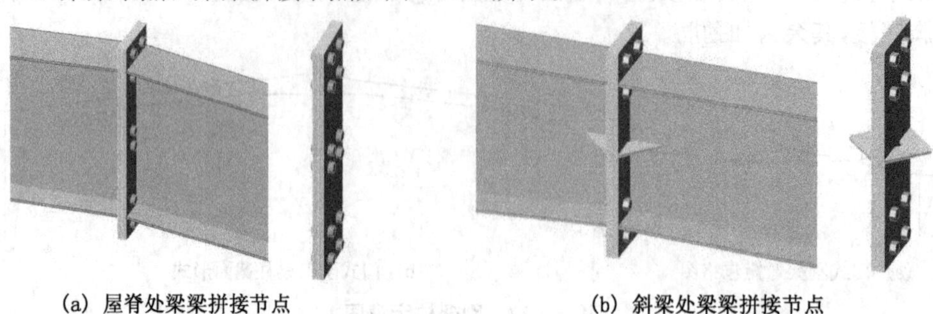

(a) 屋脊处梁梁拼接节点　　(b) 斜梁处梁梁拼接节点

图 5－20　梁梁拼接节点

(3) 柱脚节点。柱脚节点的基本零件组成有:柱脚底板、加劲肋、垫板,需要时设抗剪键。柱脚节点有铰接柱脚节点和刚接柱脚节点。铰接柱脚构造简单,不能承受弯矩,地脚锚栓分布在钢柱翼缘内侧,数量一般为 2 个或 4 个,如图 5－21 所示。刚接柱脚构造复杂,在承受轴向力的同时还能承受弯矩和剪力,地脚锚栓分布在钢柱翼缘的外侧,而且数量一般不少于 4 个,如图 5－22 所示。

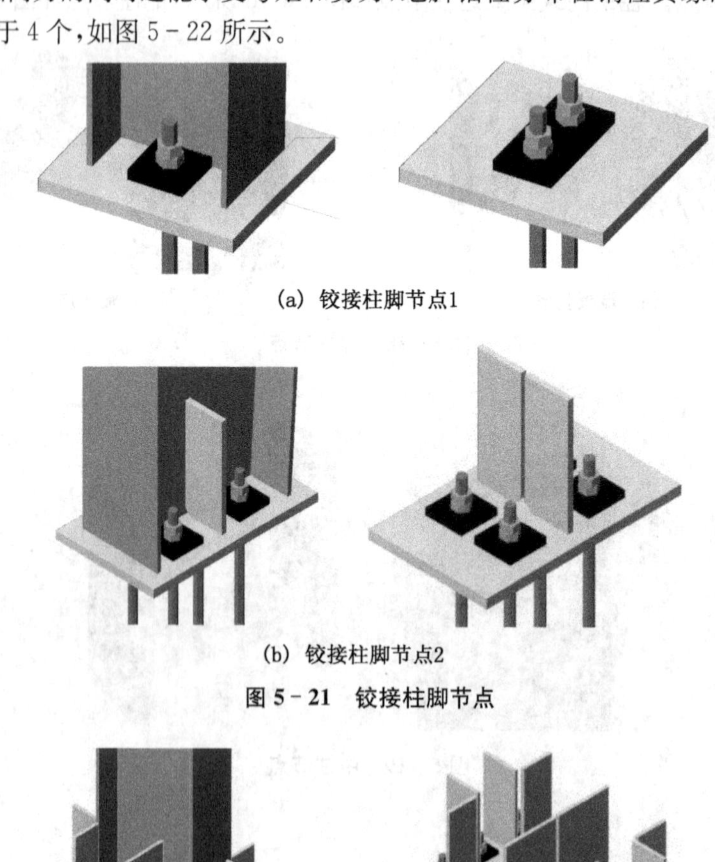

(a) 铰接柱脚节点1

(b) 铰接柱脚节点2

图 5－21　铰接柱脚节点

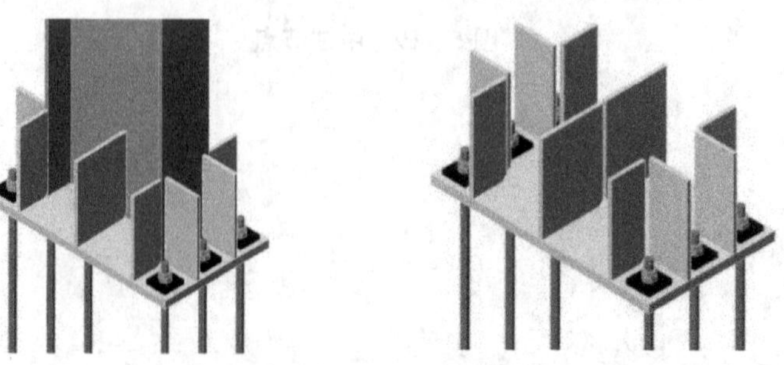

图 5－22　刚接柱脚节点

(4) 牛腿节点。牛腿是由柱侧伸出的用以支承各种水平承重构件(如吊车梁)的承重部件,可以用型钢,也可以用钢板焊接而成。图5－23所示的牛腿节点为焊接“工”字形截面,焊于下柱与上柱的变截面处,此处柱身腹板上设四块加劲肋板,与牛腿上、下翼缘齐平;牛腿腹板两侧在被支承梁支座反力作用线处对称设支承加劲肋。

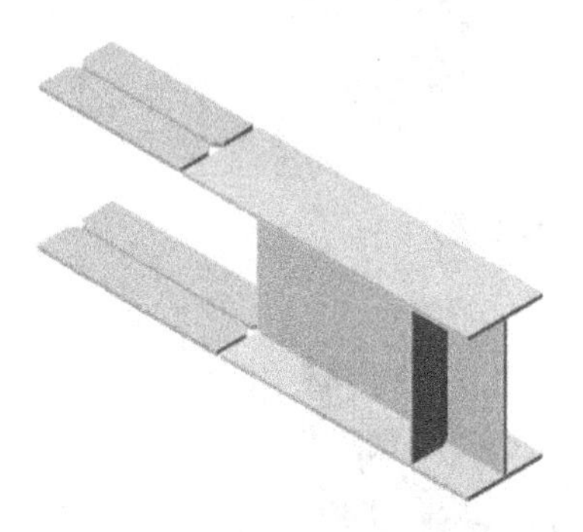
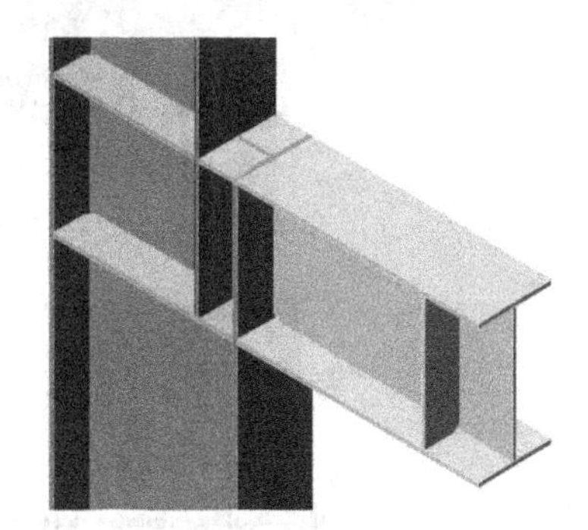

图5－23　牛腿节点

(5) 屋檩檩托、墙檩檩托节点及隅撑节点。屋面梁檩托节点如图5－24所示,檩托常采用角钢,高度达到檩条高度的3/4,且与檩条以螺栓连接。檩条不能落在主梁上,防止薄壁型钢构件在支座处的腹板压曲。

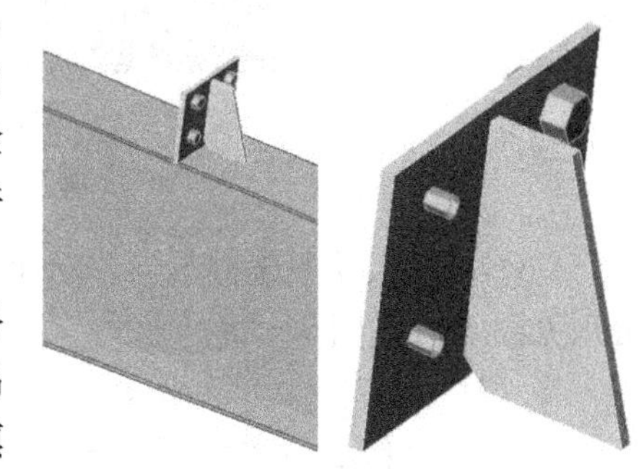

图5－24　檩托节点

隅撑节点如图5－25所示,当实腹式刚架斜梁的下翼缘受压时,必须在受压翼缘侧面布置隅撑作为斜梁的侧向支撑,隅撑的另一端连接在檩条上。隅撑与刚架构件腹板的夹角不宜小于45°。在檐口位置,刚架斜梁与柱内翼缘交接点附近的檩条和墙梁处,应各设置一道隅撑。在斜梁下翼缘受压区应设置隅撑,其间距不得大于相应受压翼缘宽度。若斜梁下翼缘受压区因故不设置隅撑,则必须采取保证刚架稳定的可靠措施。

图5－25　隅撑节点

墙梁连接节点如图 5-26 所示。

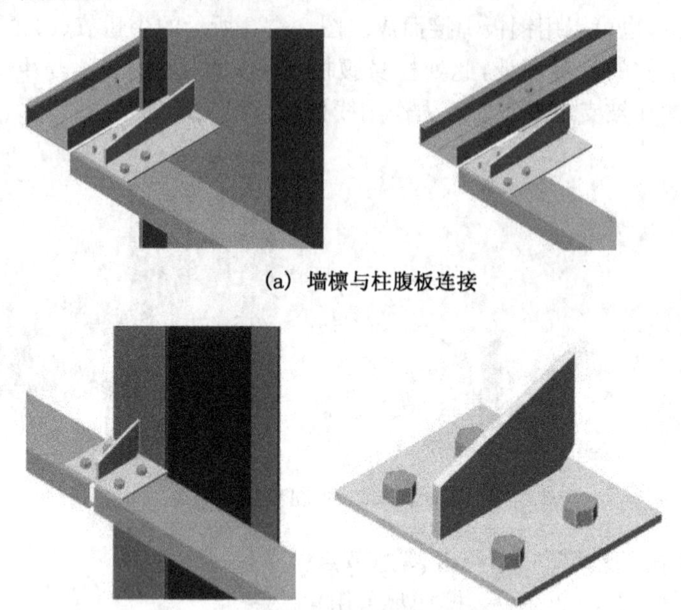

(a) 墙檩与柱腹板连接

(b) 墙檩与柱翼缘连接

图 5-26　墙檩节点

(6) 刚性系杆、拉条连接节点。刚性系杆与刚架梁的连接节点、拉条与檩条的连接节点分别见图 5-27、图 5-28 所示。

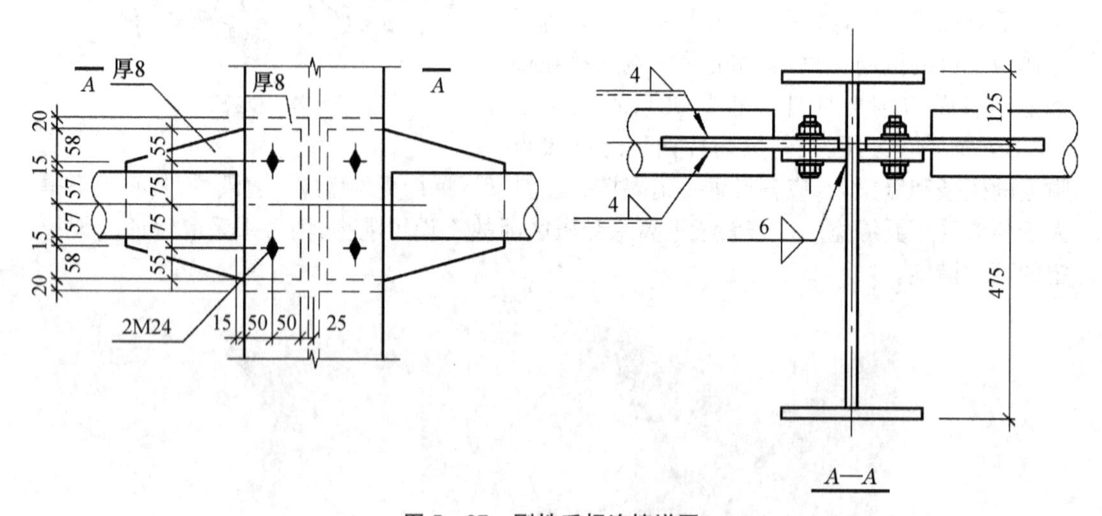

图 5-27　刚性系杆连接详图

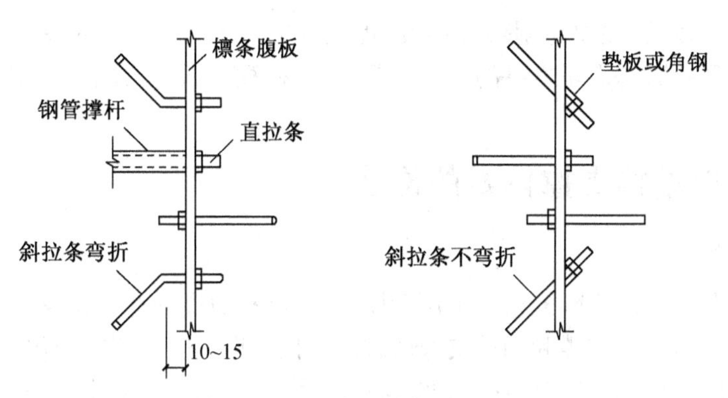

图 5-28　拉条与檩条连接详图

3. 山墙刚架构造

当轻型钢结构建筑存在吊车起重系统并且延伸到建筑物端部,或需要在山墙上开大面积无障碍门洞时,应采用门式刚架山墙这种典型的构造形式。轻型门式刚架的山墙刚架一般由刚架梁、刚架柱和抗风柱组成。其山墙由门式刚架、抗风柱和墙面檩条组成。抗风柱上下端铰接,被设计成只承受水平风荷载作用的抗弯构件,由与之相连的墙檩提供柱子的侧向支撑。这种形式山墙的门式刚架通常与中间榀门式刚架相同,如图 5-29 所示。

山墙柱的间距一般为 6～9 m,也可能为适应特殊要求而改变。由于山墙处刚架和中间榀刚架的尺寸完全相同,支撑连接节点比较容易处理,可把支撑系统设置在结构的端开间,避免增加刚性系杆,如果支撑系统设置在结构的第二开间,则需要在第一开间设置刚性系杆。

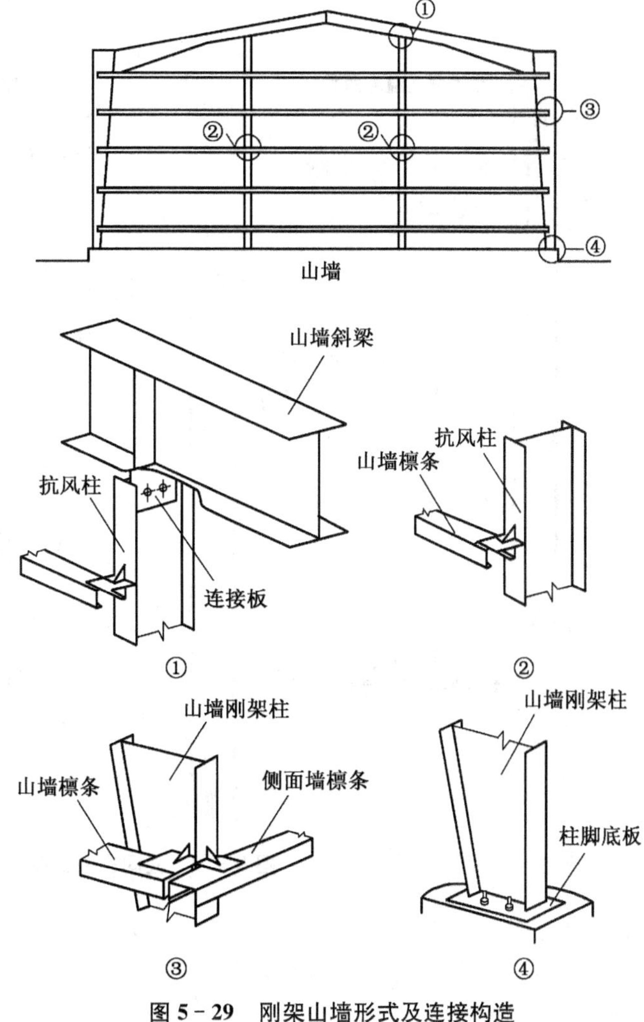

图 5-29　刚架山墙形式及连接构造

抗风柱柱脚铰接，柱顶与刚架梁连接，提供水平约束。抗风柱承受山墙的所有纵向风荷载和山墙本身的竖向荷载，屋面荷载则通过山墙处刚架传递给基础。

拓展知识

5.4.2 刚架结构支撑体系的构造

1. 支撑的类型

交叉支撑是轻钢门式刚架结构中用于屋顶、侧墙和山墙的标准支撑系统，如图 5－30 所示。交叉支撑有柔性支撑和刚性支撑两种。柔性支撑一般为镀锌钢丝绳索、圆钢、带钢或角钢，其中张拉圆钢交叉支撑在轻钢结构中使用最多，由于构件长细比较大，故不能承受压力。在一个方向的纵向荷载作用下，一根受拉，另一根则退出工作。设计柔性支撑时可对钢丝绳和圆钢施加预拉力以抵消自重产生的压力，这样计算时可不考虑构件自重。刚性支撑构件为 H 型钢、槽钢、方管或圆管，可以承受拉力和压力。

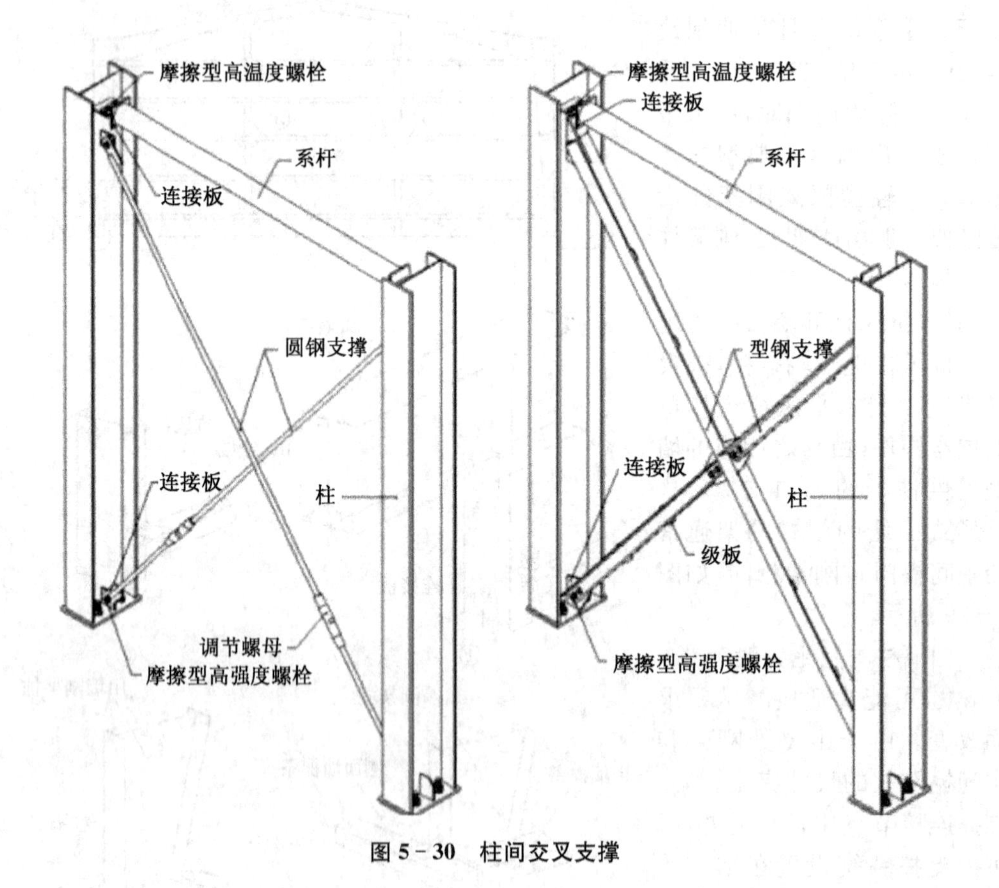

图 5－30 柱间交叉支撑

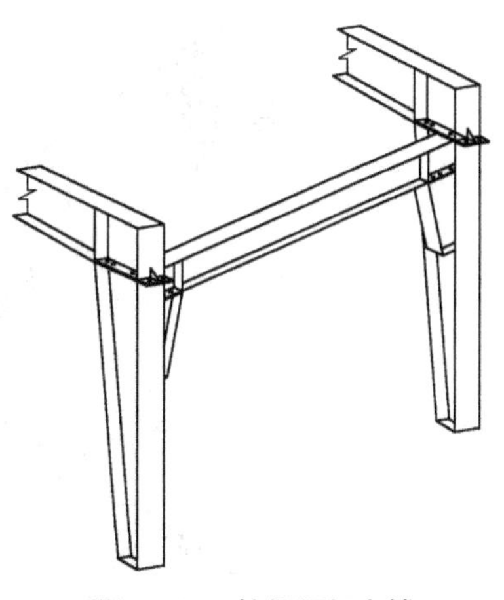
图 5-31　柱间门架支撑

轻钢门式刚架的另一种标准支撑系统是门架支撑，如图 5-31 所示，其主要作用是保证结构空间整体性和纵向稳定性，并把施加在结构物上的纵向水平作用从其作用点传至柱基础，最后传至地基。

2. 支撑的连接构造

交叉支撑的布置形式简洁，易于制作，在设计时应尽量将两个方向的杆件轴心汇交。

(1) 圆钢交叉支撑。圆钢交叉支撑在轻钢门式刚架结构中使用最多。由于杆件是利用张拉来克服本身自重从而避免松弛，预张力一般要求控制在截面设计拉力的 10%～15%，但由于施工中没有测应力的条件，一般通过控制杆件的垂度来保证张拉的有效性。当垂度达到 L/100(L 表示圆钢支撑的杆件长度)后，拉杆开始充分发挥其抗拉性能。通常两根圆钢通长并在汇交点处直接焊接固定即可，圆钢端部与钢柱的连接构造如图 5-32 所示。

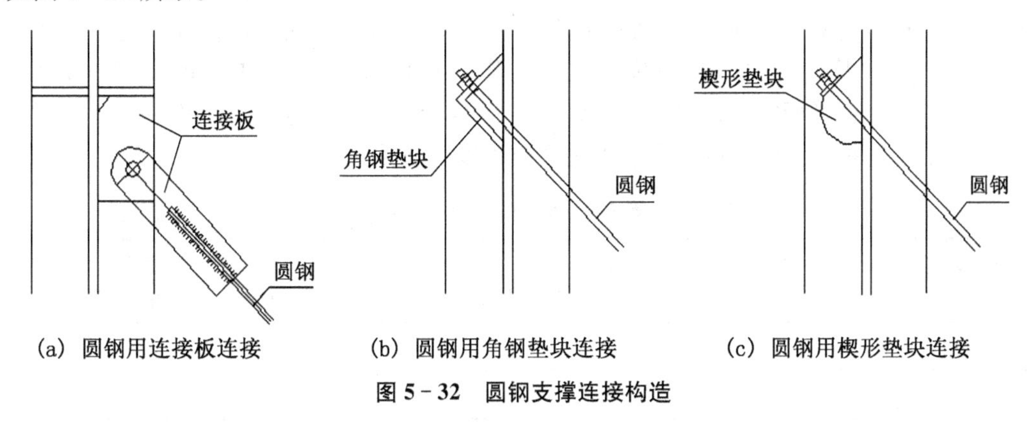

(a) 圆钢用连接板连接　(b) 圆钢用角钢垫块连接　(c) 圆钢用楔形垫块连接

图 5-32　圆钢支撑连接构造

(2) 工字钢、槽钢交叉支撑。工字钢、槽钢支撑的连接构造见图 5-33、图 5-34 所示。

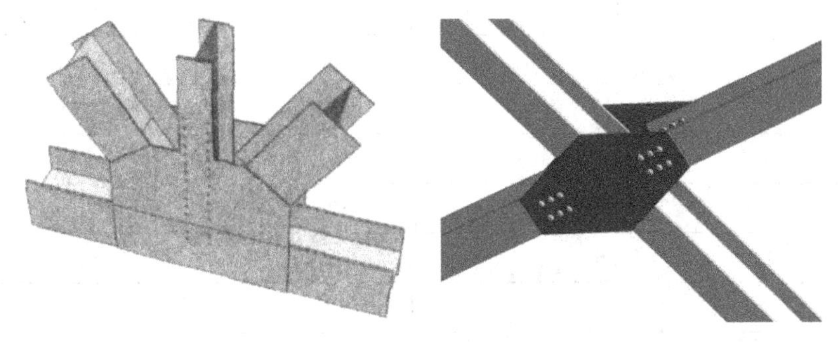
图 5-33　工字钢支撑连接构造

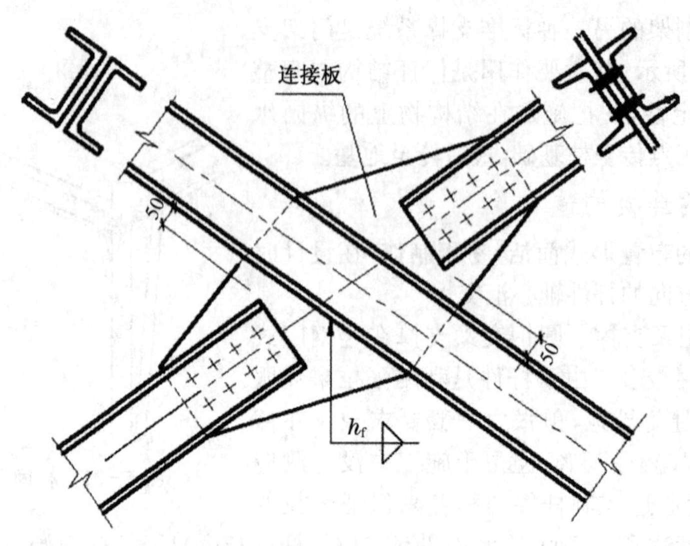

图 5-34　槽钢交叉支撑连接构造

(3) 角钢、钢管交叉支撑。因这些杆件需要完全依靠本身截面的抗弯性能来克服自重产生的弯矩，为避免松弛，同时从外观角度出发，要求角钢或钢管拉杆的垂度至少达到杆长的 1/150～1/100。这样的垂度要求通过限制杆件的最小截面来实现，表 5-2 列出了不同杆长下对角钢及钢管拉杆最小截面尺寸的要求。《钢结构设计标准》(GB 50017—2017)中对受拉杆件长细比的限制也保证了对垂度的要求。

表 5-2　圆管的最小管径和角钢的最小肢宽

圆管外径 /mm	杆件的最大长度 L_{max}/m (保证 L/150 的垂度)	圆管外径 /mm	杆件的最大长度 L_{max}/m (保证 L/150 的垂度)
324	25.3	250	23.3
273	22.6	200	19.9
219	19.5	150	16.2
168	16.3	125	14.2
165	16	100	12.0
140	14.5	89	11.4
114	12.5	75	10.0
102	11.7	65	9.0
89	10.5	50	7.5
76	9.6	35	6.4
60	8.1		
48	6.9		
42	6.4		

圆管最简单的连接方式如图 5－35(a)所示，杆件压扁的两端可以直接和连接板栓接，但这种连接形式适用于小管径的情况，而且需验算端头截面削弱后的承载力。对于管径大于 100 mm 的较大圆管，通常使用图 5－35(b)所示连接，连接板的插入深度和焊缝尺寸根据轴力计算得到。管截面最普遍的连接如图 5－35(c)所示。角钢支撑的连接构造如图 5－36 所示。

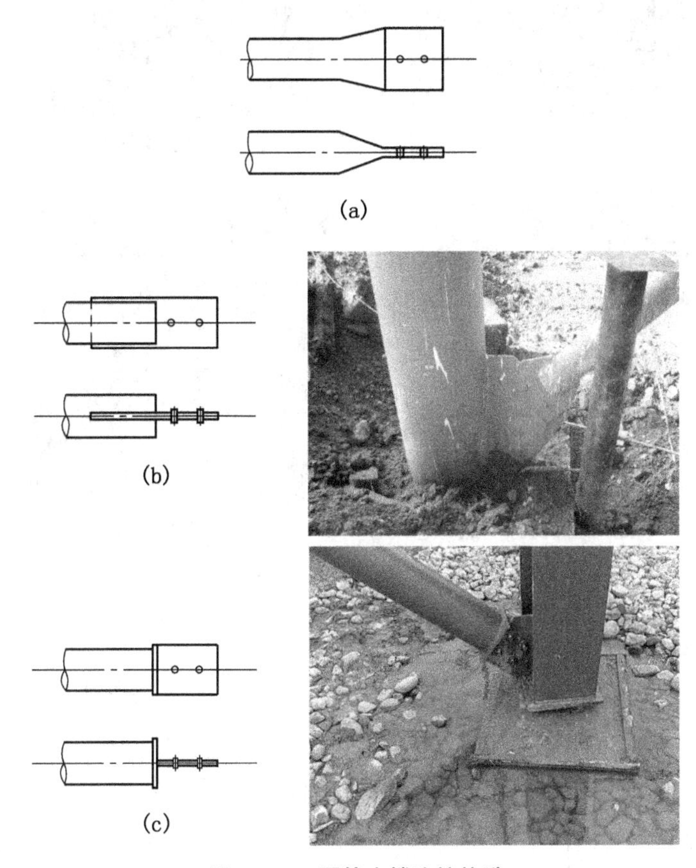

图 5－35　圆管支撑连接构造

(4) 门架支撑。门架支撑可以沿纵向固定在两个边柱间的开间或多跨结构的两内柱开间。由支撑梁和固定在主刚架腹板上的支撑柱组成，其中梁柱完全刚接，当门架支撑顶距离主刚架檐口距离较大时，需要在支撑门架和主刚架间额外设置斜撑，如图 5－37 所示。

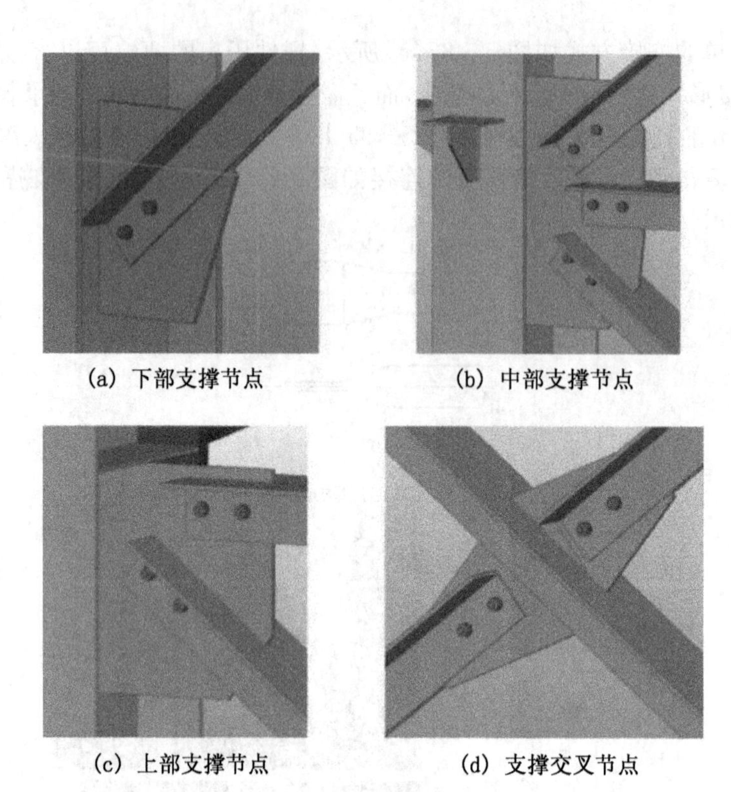

(a) 下部支撑节点　(b) 中部支撑节点

(c) 上部支撑节点　(d) 支撑交叉节点

图 5－36　角钢支撑连接构造

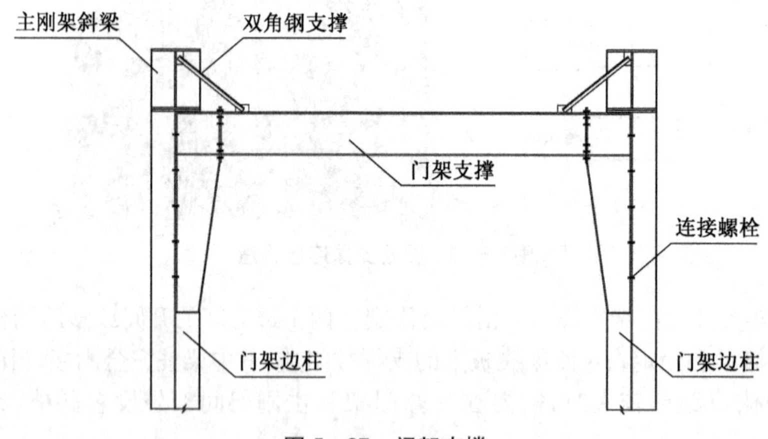

图 5－37　门架支撑

5.4.3　次结构系统及其连接构造

檩条、墙檩和檐口檩条为轻钢门式刚架结构的次结构系统。次结构系统主要有以下作用：

(1) 可以支撑屋面板和墙面板，将外部荷载传递给主结构；

(2) 可以抵抗作用在结构上的部分纵向荷载，如纵向的风荷载，地震作用等；

(3) 作为主结构的受压翼缘支撑而成为结构纵向支撑体系的一部分。

檩条是构成屋面水平支撑系统的主要部分；墙檩则是墙面支撑系统中的重要构件；檐口檩条位于侧墙和屋面的接口处，对屋面和墙面都起到支撑的作用。其一般采用带卷边的槽形或 Z 形（斜卷边或直卷边）截面的冷弯薄壁型钢，如图 5－38 所示。

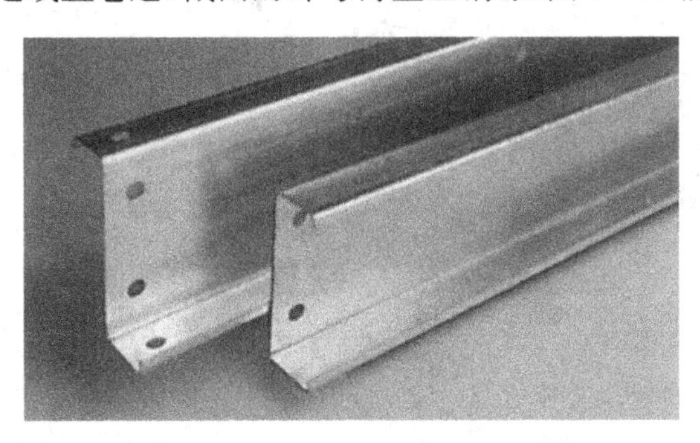

图 5－38　典型的冷弯薄壁型钢构件

1. 屋面系统结构

(1) 屋面檩条构造

屋盖结构檩条的高度一般为 140～250 mm，厚度 1.5～2.5 mm。冷弯薄壁型钢构件一般采用 Q235 或 Q345，大多数檩条表面涂层采用防锈底漆，也有采用镀铝或镀锌的防腐措施。

檩条构件一般为简支构件，也可为连续构件，简支檩条和连续檩条一般通过搭接方式的不同来实现。简支檩条不需要搭接长度，图 5－39 所示为 Z 形檩条的简支搭接方式，其搭接长度很小，对于 C 形檩条可以分别连接在檩托上。连续檩条能承受更大的荷载和变形，所以比较经济其跨度一般大于 6 m。檩条的连续化构造也比较简单，可以通过搭接和拧紧来实现。Z 型连续檩条可采用叠置搭接，图 5－40 所示；卷边槽形檩条可采用不同型号的卷边槽形冷弯型钢套来搭接。

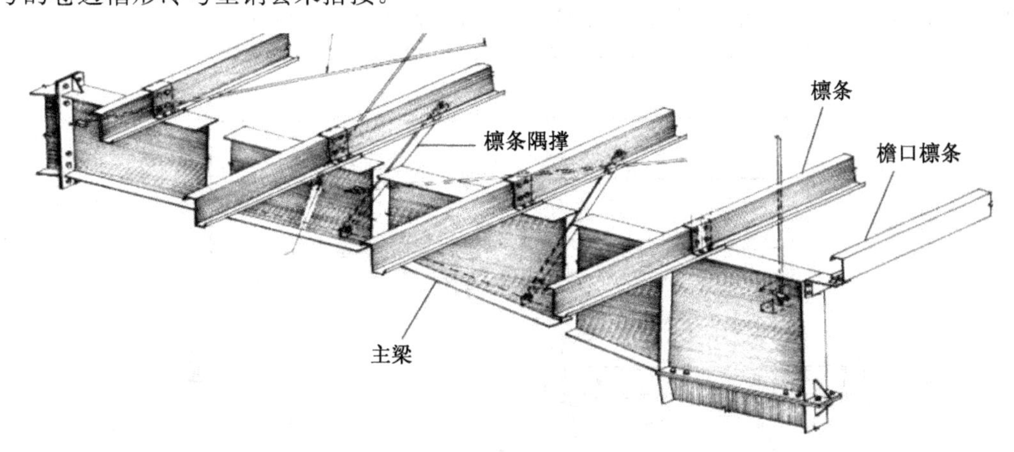

图 5－39　檩条布置（中间跨，简支搭接方式）

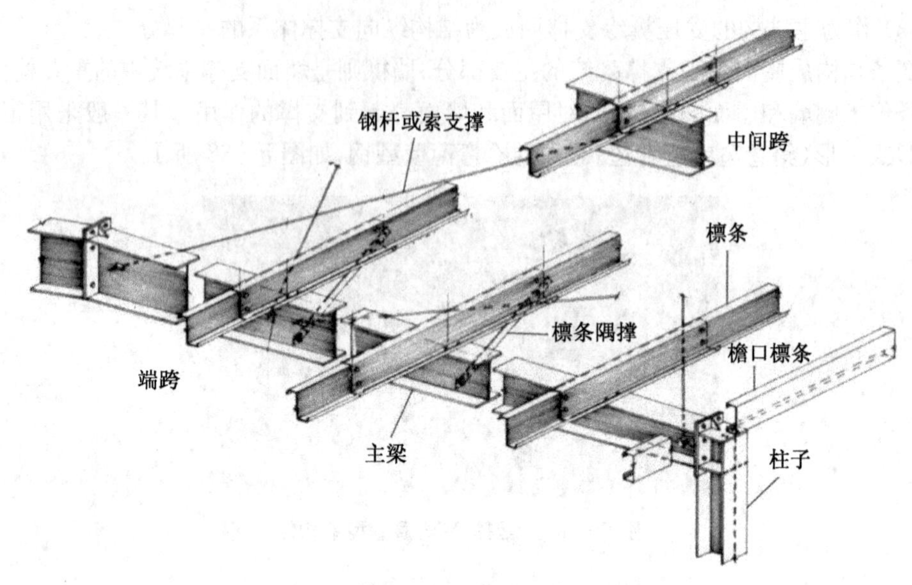

图 5－40　檩条布置(连续檩条,连续搭接)

(2) 拉条和撑杆

为提高檩条的稳定性可采用拉条或撑杆从檐口一端到另一端通长布置,连接每一根檩条。根据檩条跨度的不同,可以在檩条中央设一道或在檩条三等分点处各设一道共两道拉条。一般情况下檩条上翼缘受压,所以拉条应设置在檩条上翼缘 1/3 高的腹板范围内。但考虑到檩条在风吸力作用下的翼缘受压,则需要把拉条设置在下翼缘附近。又考虑到蒙皮效应,檩条上翼缘的侧向稳定性由自攻螺钉连接的屋面板提供,而只在下翼缘附近设置拉条;但对于非自攻螺钉连接的屋面板,则需要在檩条上下翼缘附近设置双拉条。对于带卷边的 C 形截面檩条,因在风吸力作用下自由翼缘将向屋脊变形,因此宜采用角钢或方钢管作撑杆。在檐口、屋脊处应设置斜拉条,如图 5－41(a)所示。屋脊处为防止所有檩条向一个方向失稳,一般采用比较牢固的连接,如图 5－41(b)所示。

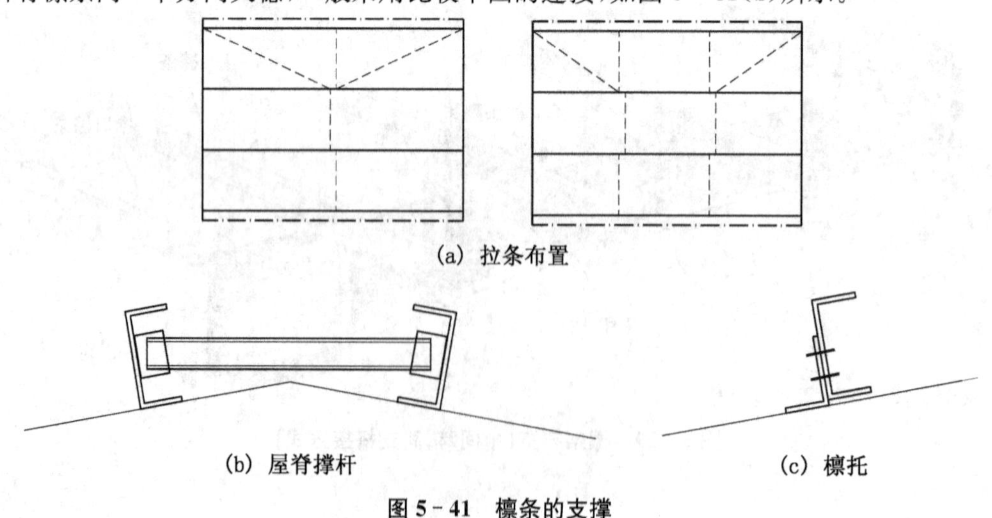

(a) 拉条布置

(b) 屋脊撑杆　　(c) 檩托

图 5－41　檩条的支撑

拉条和撑杆的布置：拉条一般采用张紧的圆钢，其直径不得小于 8 mm，考虑上翼缘的侧向稳定性由自攻螺钉连接的屋面板提供，可只在下翼缘附近设置拉条；撑杆通常采用钢管，其长细比不得大于 200。拉条和撑杆的布置应根据檩条的跨度、间距、截面形式、和屋面坡度、屋面形式等因素来选择。

① 当檩条跨度 $L \leqslant 4$ m 时，通常可不设拉条或撑杆；当 4 m$<L \leqslant 6$ m 时，可仅在檩条跨中设置一道拉条，檐口檩条间应设置撑杆和斜拉条，如图 5－42(a)所示；当 $L>6$ m 时，宜在檩条跨间三分点处设置两道拉条，檐口檩条间同样应设置撑杆和斜拉条，如图 5－42(b)所示。

② 屋面有天窗时，宜在天窗两侧檩条间设置撑杆和斜拉条，如图 5－42(c)、(d)所示。

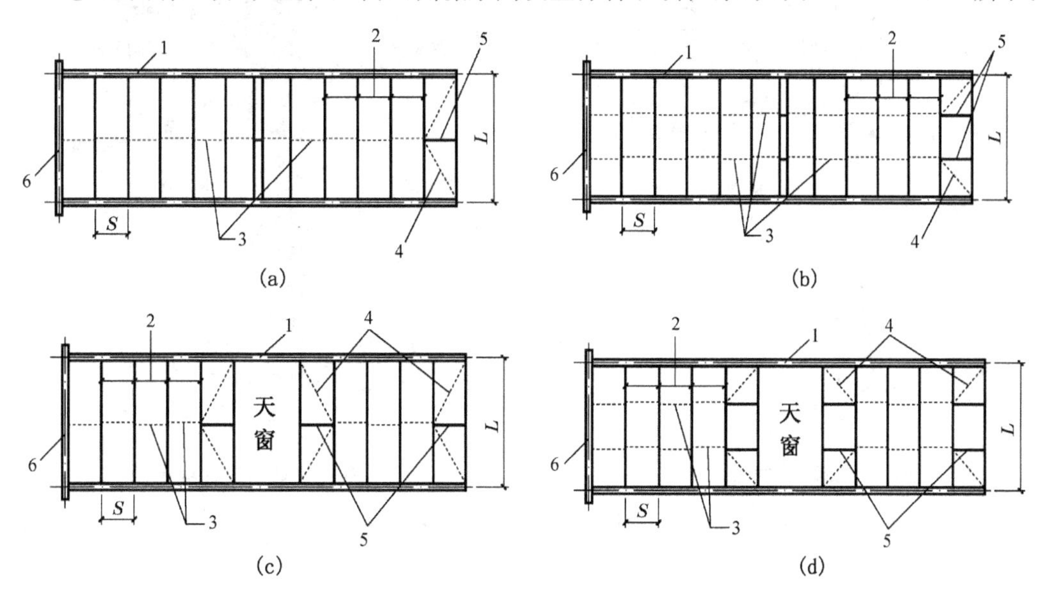

图 5－42　檩间拉条(撑杆)布置示意图

1—刚架；2—檩条；3—拉条；4—斜拉条；5—撑杆；6—承重天沟或墙顶梁

③ 当檩距较密时($s/L<0.2$)，可根据檩条跨度大小参照图 5－43(a)设置拉条及撑杆，以使斜拉条和檩条的交角不致过小，确保斜拉条拉紧。

④ 对称的双坡屋面，可仅在脊檩间设置撑杆，如图 5－43(b)所示，不设斜拉条，但在设计脊檩时应计入一侧所有拉条的竖向分力。

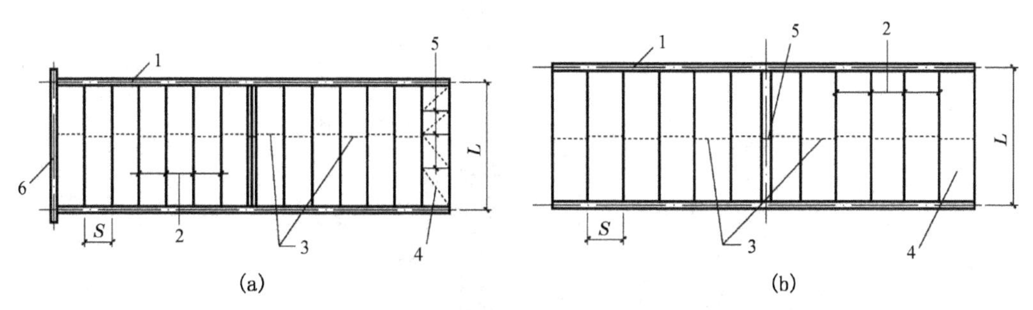

图 5－43　檩间拉条(撑杆)布置示意图($s/L<0.2$ 及双坡对称屋面)

1—刚架；2—檩条；3—拉条；4—斜拉条；5—撑杆；6—承重天沟或墙顶梁

2. 墙面系统结构

墙梁与主刚架柱的相对位置一般有穿越式和平齐式两种，如图 5－44 和图 5－45 所示。穿越式墙梁的自由翼缘简单地与柱子外翼缘螺栓连接或檩托连接。平齐式通过连接角钢将墙梁与柱子腹板相连，墙梁外翼缘基本与柱子外翼缘平齐。

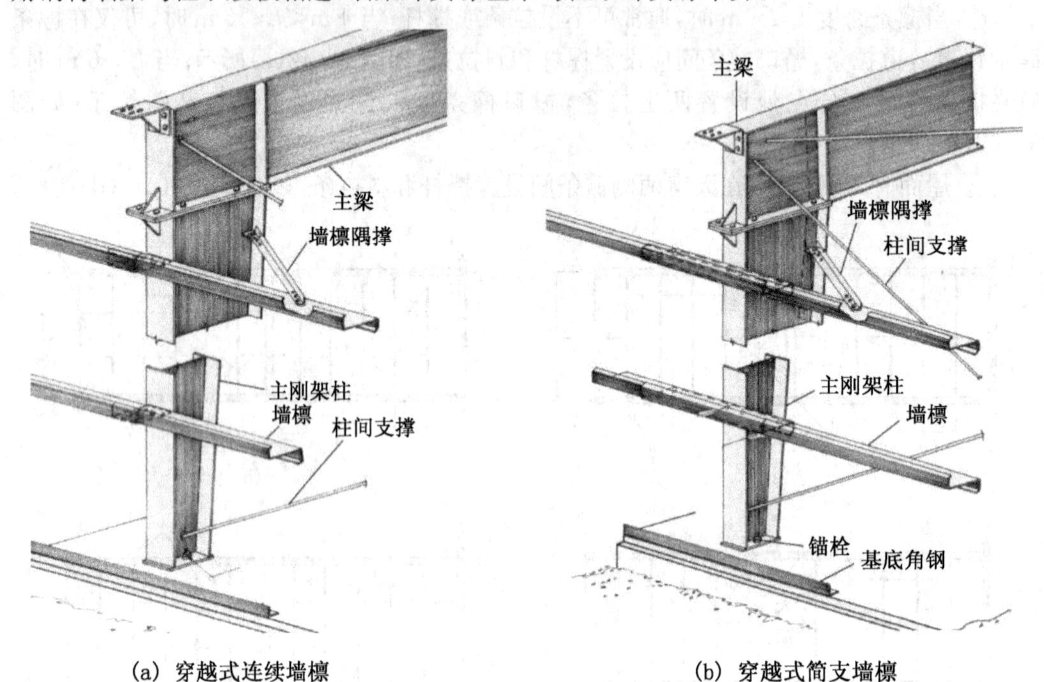

(a) 穿越式连续墙檩　　(b) 穿越式简支墙檩

图 5－44　穿越式墙檩

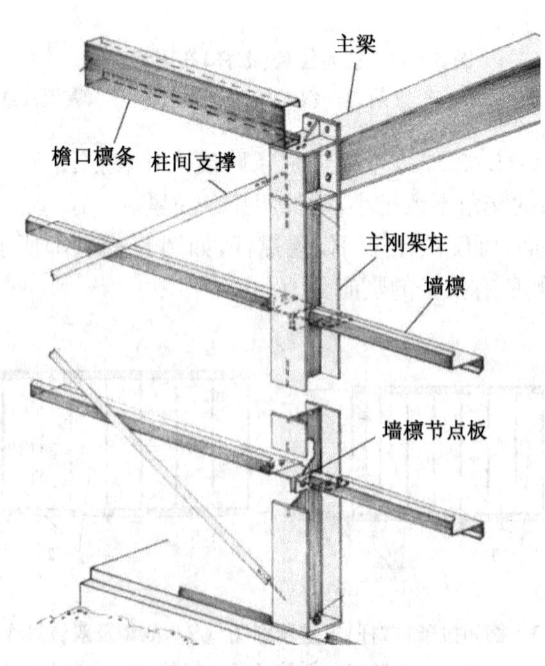

图 5－45　平齐式墙檩

檩托及隅撑的连接构造详见图 5 - 24、图 5 - 25、图 5 - 26 所示。

5.4.4　围护材料及其连接构造

采用彩色压型钢板或保温夹芯板作为围护结构屋面与墙面，是轻钢门式刚架结构的常用做法。一般建筑屋面或墙面采用的压型钢板，其厚度不宜小于 0.4 mm。压型钢板的计算和构造应遵照现行国家标准《冷弯薄壁型钢结构技术规范》(GB 50018—2016)的规定。当在屋面板上开设直径大于 300 mm 的圆洞和单边长度大于 300 mm 的方洞时，宜根据计算采用次结构加强，不宜在屋脊开洞。屋面板上应避免通长大面积开孔(含采光孔)，开孔宜分块均匀布置。墙板的自重宜直接传至地面，板与板之间应适当连接。

1. 屋面板的分类

(1) 压型钢板

压型金属板(图 5 - 46 所示)是以冷轧薄钢板为基板，经镀锌或镀锌后覆以彩色涂层再经辊弯成型的波纹板材，具有成型灵活、施工速度快、外观美观、质量轻、易于工业化和商品化生产等特点，广泛用作建筑屋面及墙面围护材料。工程中常用的压型钢板分类见表 5 - 3 所示。

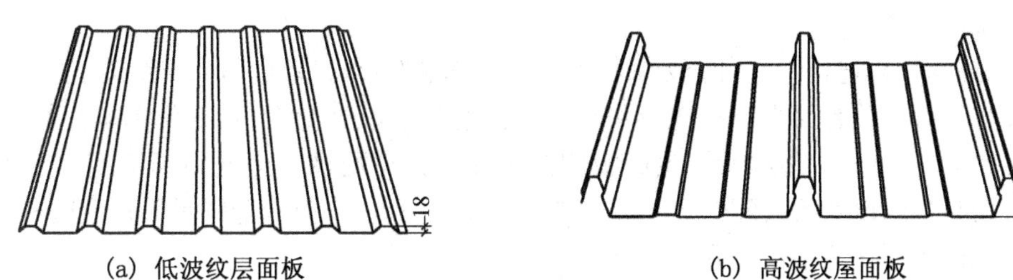

图 5 - 46　压型钢板的常用形式

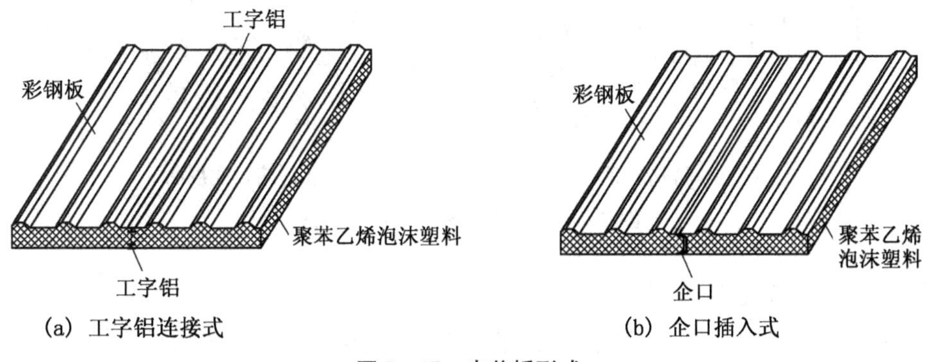

图 5 - 47　夹芯板形式

(2) 夹芯板

夹芯板有工字铝连接式和企口插入式两种，如图 5 - 47 所示。这种板材外层是高强度镀锌彩板或镀铝锌彩色钢板，芯材为阻燃性聚苯乙烯、玻璃棉或岩棉，通过自动成型机，用高强度黏合剂将二者黏合一体，经加压、修边、开槽、落料而形成的复合板。它既有隔热、隔音等物理性能，又有较好的抗弯和抗剪的力学性能。

表 5-3　常用压型钢板的组成及分类

<table>
<tr><th></th><th>类别</th><th>不同压型钢板组成及要求</th><th>按板型构造分类</th></tr>
<tr><td rowspan="3">压型钢板</td><td>镀锌压型钢板</td><td>其基板为热镀锌板，镀锌层重应不小于275 g/m²（双面），产品标准应符合国家标准《连续热镀锌薄钢板和钢带》（GB/T 2518—2008）的要求</td><td rowspan="3">（1）高波板：波高大于 75 mm，适用于做屋面板；
（2）中波板：波高 50～75 mm，适用于做楼面板及中小跨度的屋面板；
（3）低波板：波高小于 50 mm，适用于做墙面板。</td></tr>
<tr><td>涂层压型钢板</td><td>在热镀锌基板上增加彩色涂层的薄板压型而成，其产品标准应符合《彩色涂层钢板及钢带》（GB/T 12754—2016）的要求</td></tr>
<tr><td>锌铝复合涂层压型钢板</td><td>锌铝复合涂层压型钢板为新一代无紧固件扣压式压型钢板，其使用寿命更长，但要求基板为专用的、强度等级更高的冷轧薄钢板</td></tr>
</table>

（3）暗扣式屋面

金属屋面板按连接形式可分为螺钉暴露式屋面和暗扣式屋面。螺钉暴露式屋面如图 5-48(a)所示，这种屋面由于存在螺钉生锈、密封胶老化、密封胶漏涂等原因造成漏水。暗扣式屋面如图 5-48(b)所示，屋面板侧向连接直接用配件将金属屋面板固定于檩条上，而板与板之间以及板与配件之间通过夹具夹紧，从而基本消除金属屋面漏水这一隐患问题，所以这种屋面板很快得到了广泛采用。

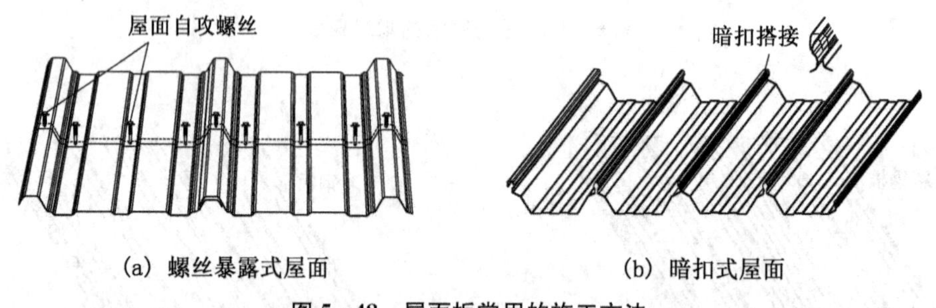

(a) 螺丝暴露式屋面　　(b) 暗扣式屋面

图 5-48　屋面板常用的施工方法

2. 屋面板的连接

金属屋面板在铺设时，沿横向和纵向需要连接，金属屋面板宜采用长尺板材来减少屋面板间横向接缝。目前金属屋面板常用的连接形式如图 5-49 所示。

（1）搭接连接

搭接接缝一般用于单层彩钢板间连接，沿屋面板侧向搭接和横向搭接，当屋面板侧向搭接时，如图 5-49(a)所示，一般情况下搭接一波，特殊情况可搭接两波，从防水角度考虑，搭接接缝应设置在压型钢板波峰处，采用带有橡胶或尼龙垫圈的自攻螺钉连接，且在搭接处设置止水带。沿屋面板侧向在有檩条处须设置连接件，以保证屋面板与檩条的牢固连接，且在相邻两檩条间还须增设连接件，以保证屋面板之间的连接，具体应视屋面板类型而定。对于高波纹屋面板，连接件间距为 700～800 mm；对于低波纹屋面板，连接件间距为 300～400 mm。当屋面板横向搭接时，对于低波纹屋面板，可不设固定支架，如图 5-49(a)所示，而直接用自攻螺钉或涂锌钩头螺栓在波峰处直接与檩条连接。连接点可每波设置一个，也可隔波设置一个，但每块压型钢板与同一檩条的连接不得少于 3 个连接点；对于高波纹屋面板，须设置固定支架，然后用自攻螺钉或射钉将固定架与檩条连接，每波设置一个。

(2) 平接连接

这种连接方法是将相邻两块屋面板弯 180°并将它们折扣起来，如图 5-49(b)所示，由于加工安装麻烦，这种连接方式很少采用。

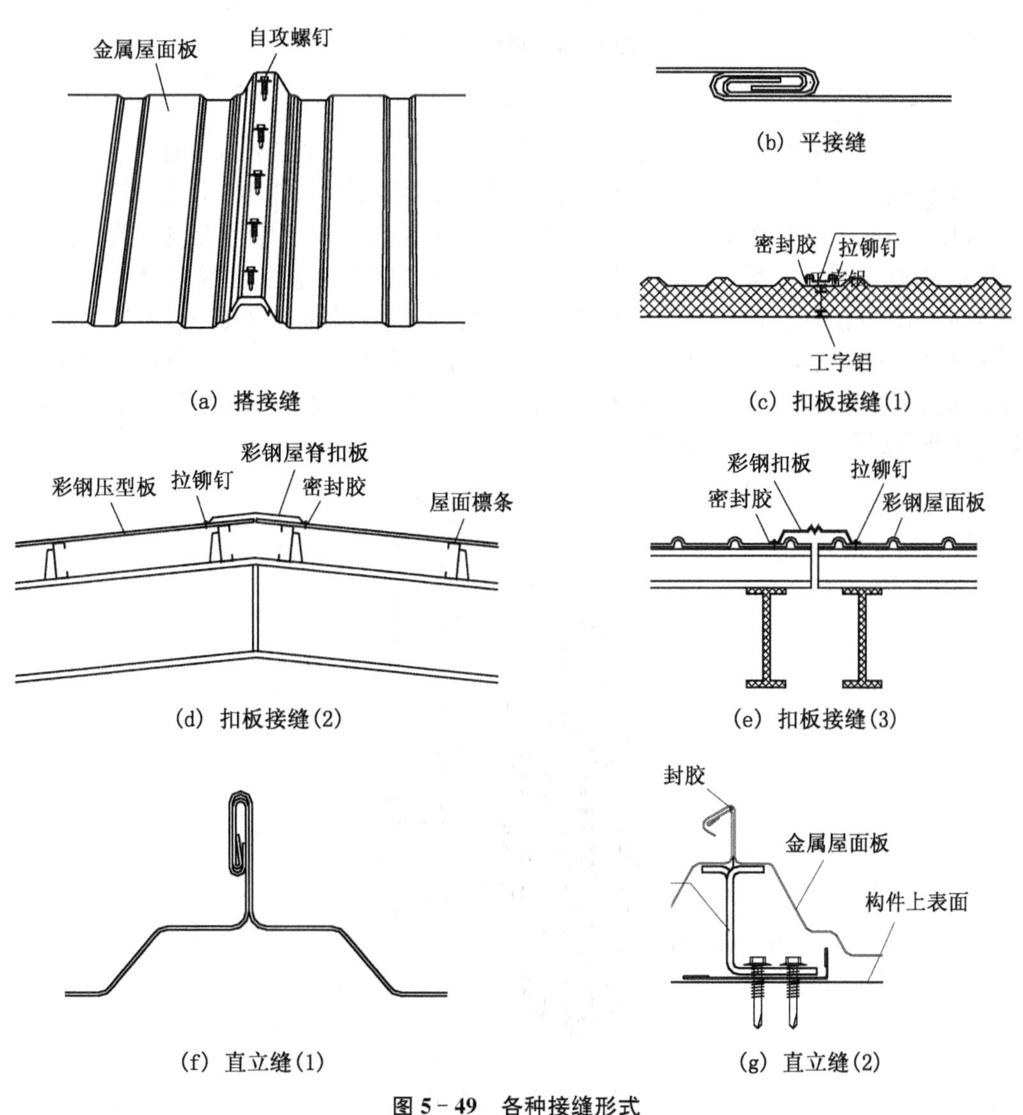

图 5-49　各种接缝形式

(3) 扣件连接

通常用于复合板金属屋面接缝处,如图 5-49(c)所示。屋脊处如图 5-49(d)所示,伸缩缝处如图 5-49(e)所示的连接,这种连接方式是用扣件将接缝两侧的金属屋面板连在一起,再涂密封胶加以防水处理,常见的扣件形式如图 5-50 所示。

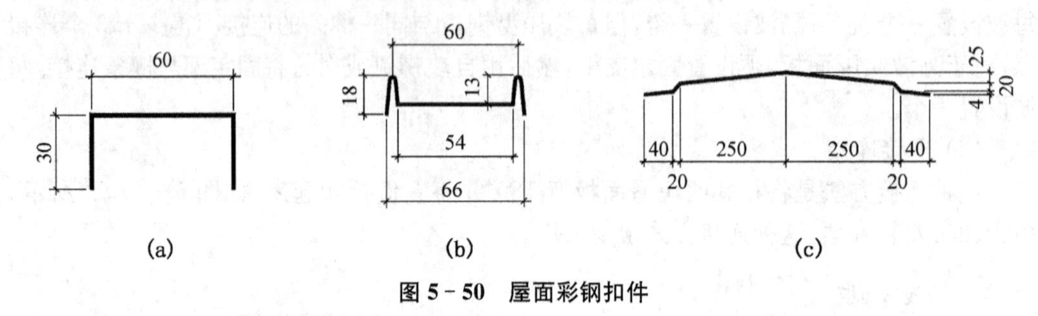

图 5-50 屋面彩钢扣件

(4) 直立连接

直立连接也称暗扣式屋面连接或隐藏式屋面连接,这是目前金属屋面的主要连接形式。对于波高小于 70 mm 的低波纹屋面板,可不设固定支架,直接将接缝两侧屋面板抬高,采用 360°滚动锁边扣接在一起,然后用自攻螺钉或涂锌钩头螺栓在波峰处直接与檩条连接,如图 5-49(f)所示。对于波高大于 70 mm 的高波纹屋面板,将接缝两侧金属板扣接在一起,并搁置在固定支架上,固定支架须与压型钢板的波形相匹配,然后用自攻螺钉或射钉将固定支座连于檩条,如图 5-49(g)所示。这种连接方式有利于防止接缝两侧金属屋面板发生错动,同时也控制整块屋面板在自重作用下向下滑动的趋势,从而可以有效地防止金属屋面漏水这一隐患。

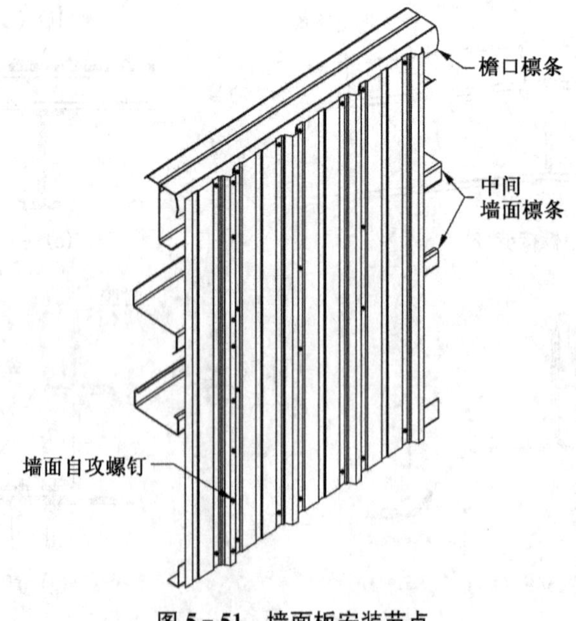

图 5-51 墙面板安装节点

3. 墙面围护材料及构造

根据墙面组成材料的不同，墙面可以分成砖墙面、纸面石膏板墙面、混凝土砌块或板材墙面、金属墙面、玻璃幕墙以及一些新型墙面材料。外墙在抗震设防烈度不高于6度的情况下，可采用砌体；当为7度、8度时，不宜采用嵌砌砌体；9度时宜采用与柱柔性连接的轻质墙板。金属墙面常见的有压型钢板、EPS夹芯板、金属幕墙板等。压型钢板和EPS夹芯板是目前轻钢建筑中常用的金属墙面板，其安装节点如图5-51至图5-53所示。

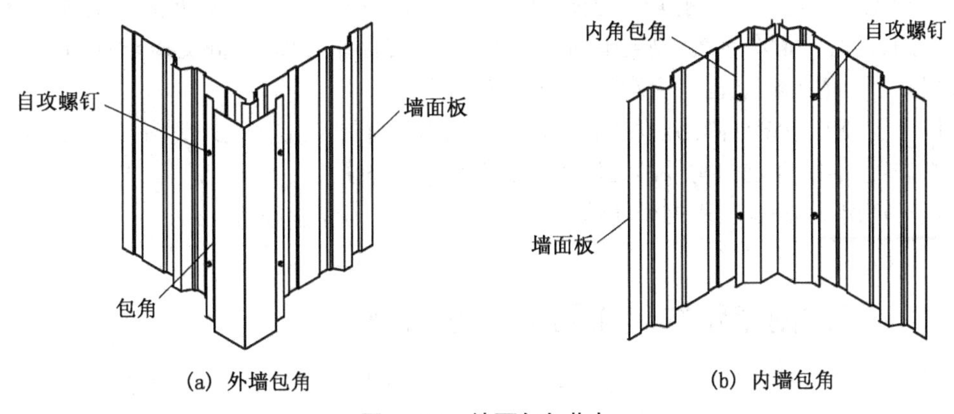

(a) 外墙包角　　(b) 内墙包角

图5-52　墙面包角节点

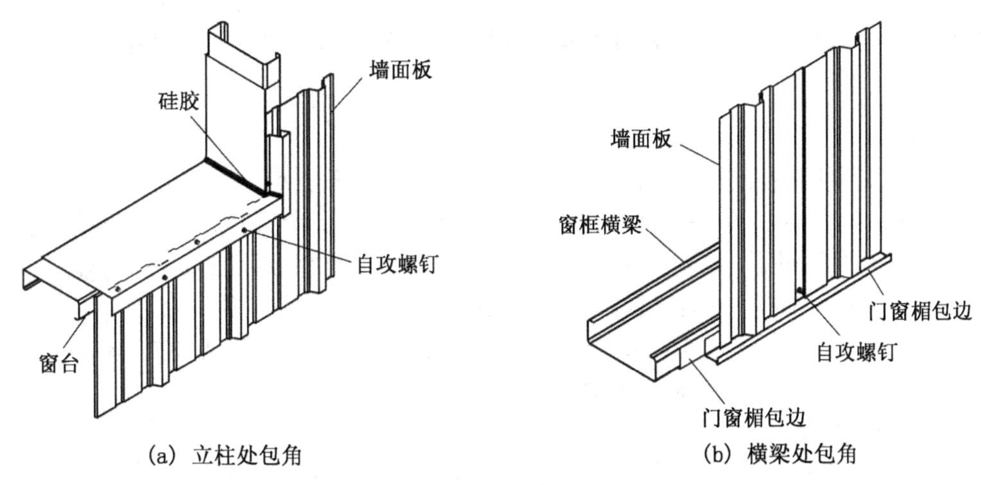

(a) 立柱处包角　　(b) 横梁处包角

图5-53　门窗包角节点

辅助结构连接构造

5.5 轻钢门式刚架结构施工图纸识读

5.5.1 轻钢门式刚架结构施工图的组成

一套完整的轻钢门式刚架结构施工图纸包括:图纸目录、结构设计说明、柱脚锚栓平面布置图、基础平面布置图、刚架平面布置图、屋面支撑布置图、柱间支撑布置图、屋面檩条布置图、墙面檩条布置图、主刚架图和节点详图等。

以上主要是指设计制图阶段的图纸内容,而施工详图就是在设计制图的基础上,对上述图纸进行细化,并增加构件加工详图和板件加工详图。

通常情况下,根据工程的繁简情况,图纸的内容可稍作调整,但必须将设计内容表达准确、完整。

5.5.2 门式刚架结构施工图的识读示例

通常,一套完整的轻钢门式刚架施工图,主要包括以下内容:结构设计说明、柱脚锚栓平面布置图、屋面支撑布置图、抗风柱及支撑大样图、屋面檩条布置图、墙面檩条布置图、主刚架详图和节点详图。刚架的安装可以依次进行,但对于刚架构件的加工则还需要加工详图。考虑适用读者群的宽泛性和本书的篇幅所限,本节主要为大家讲述设计制图的识读。

1. 结构设计说明

微课5.2

结构设计说明

结构设计说明主要包括:工程概况、设计依据、设计荷载资料、材料的选用、制作安装等主要内容。一般可根据工程的特点分别进行详细说明,尤其是对于工程中的一些总体要求和图中不能表达清楚的问题要重点说明。由此可以看出,为了能够更好地掌握图纸所表达的信息,“结构设计说明”在读图时是要重点细读的,这也是大多数初学者最容易忽视的。本节将结合图纸,和大家一起来分析“结构设计说明”。

(1) 工程概况

结构设计说明中的工程概况主要用来介绍工程结构特点。如建筑物的柱距、跨度、高度等结构布置方案,以及结构的重要性等级等内容。这些内容的识读,一方面有利于了解结构的一些总体信息,另一方面对后续的读图提供了一些参考依据。

(2) 设计依据

设计依据包括工程设计合同书有关设计文件、岩土工程报告、设计基础资料及有关设计规范和规程等内容。对于施工人员来讲,有必要了解这些资料,甚至有些资料还是施工时的重要依据,如岩土工程报告等。

(3) 设计荷载资料

设计荷载资料主要包括各种荷载的取值,抗震设防烈度和抗震设防类别等。对于施工人员来讲,尤其要注意各结构部位的设计荷载取值,在施工时千万不能超过这些设计荷载，否则将会造成危险事故。

（4）材料的选用

材料的选用主要是对各部分构件选用的钢材按主次分别提出钢材质量等级和牌号以及性能的要求；还有对应钢材等级性能选用配套的焊条和焊丝的牌号及性能要求，选用高强度螺栓和普通螺栓的性能级别等。这对于后期材料的统计与采购都起着至关重要的作用，施工人员要尤其注意。

（5）制作安装

制作安装主要包括制作的技术要求及允许偏差、螺栓连接精度和施拧要求、焊缝质量要求和焊缝检验等级要求、防腐和防火措施、运输和安装要求等。此项内容可整体作为一个条目编写，也可分条目编写。这一部分内容是设计人员提出的施工指导意见和特殊要求，因此，作为施工人员，必须要在施工过程中认真贯彻本条目的各项技术要求。

对于初学者，在识读“结构设计说明”时，应该做好必要的笔记，主要记录与工程施工有关的重要信息。如：结构的重要性等级、抗震设防烈度及类别、主要材料的选用和性能要求、制作安装的注意事项等。这样做一方面便于对这些信息的集中掌握，另一方面还方便读者对图纸的前后对比。

2. 柱脚锚栓布置图及详图

柱脚锚栓布置图的形成方法是，先按一定比例绘制柱网平面布置图，再在该图上标注出各钢柱柱脚锚栓的位置，及相对于纵横轴线的位置尺寸，并在基础剖面上标出锚栓空间位置标高，标明锚栓规格数量及埋设深度。

微课5.3

基础锚栓平面布置图

在识读柱脚锚栓布置图时需要注意以下几个方面的问题：

（1）通过对锚栓平面布置图的识读，根据图纸的标注能够准确地对柱脚锚栓进行水平定位；

（2）通过对锚栓详图的识读，掌握与锚栓有关的一些竖向尺寸，主要有锚栓的直径、锚栓的锚固长度、柱脚底板的标高等；

（3）通过对锚栓布置图的识读，可以对整个工程的锚栓数量进行统计。

以附图5-1为例，从锚栓平面布置图中首先可以读出有两种柱脚锚栓形式，分别为刚架柱下的 YM_1 和抗风柱下的 YM_2；另外还可以看到纵向轴线和横向轴线都恰好穿过柱脚锚栓群的中心位置，且预埋件下都连接4个锚栓，直径均为24 mm，柱脚底板底标高为0.000；YM_1 的锚栓间距为沿横向定位轴线180 mm，沿纵向定位轴线的距离为120 mm，YM_2 的锚栓间距为沿横向轴线96 mm，沿纵向定位轴线的距离为146 mm。

3. 支撑布置图

支撑布置图包括屋面支撑布置图和柱间支撑布置图。屋面支撑布置图主要表示屋面的水平支撑体系的布置和系杆的布置；柱间支撑布置图主要采用纵剖面来表示柱间支撑的具体安装位置。另外，往往还配合详图共同表达支撑的具体做法和安装方法。

微课5.4

结构与支撑布置图

读图时，往往需要按顺序读出以下信息：

(1) 明确支撑的所处位置和数量。门式刚架结构中,并不是每一个开间都要设置支撑,如果要在某开间内设置,往往将屋面支撑和柱间支撑设置在同一开间,从而形成支撑桁架体系。因此,需要首先在图中明确支撑到底设在了哪几个开间,另外需要知道每个开间内共设置了几道支撑。

(2) 明确支撑的起始位置。对于柱间支撑需要明确支撑底部的起始标高和上部的结束标高;对于屋面支撑,则需要明确其起始位置与轴线的关系。

(3) 支撑的选材和构造做法。支撑系统主要分为柔性支撑和刚性支撑两类,柔性支撑主要指的是圆钢截面,它只能承受拉力;而刚性支撑主要指的是角钢截面,它既可以受拉也可以受压。此处可以根据详图来确定支撑截面,以及它与主刚架的连接做法和支撑本身的特殊构造。

(4) 系杆的位置和截面。系杆一般布置在厂房的檐口处、屋脊处、厂房有受力转折点处。刚性系杆能承受压力,而柔性系杆只能承受拉力。上弦平面内檩条和大型屋面板可起到刚性系杆作用,因而可在屋架的屋脊和支座节点处设置系杆。

以附图 5-1 为例,屋面水平支撑(SC-1)和柱间支撑(ZC-1)均设置在了两端的第一个开间(即①～②轴线间和⑥～⑦轴线间),其中,柱间支撑只设置了一道,而屋面水平支撑在开间内设置了 3 道,主要是为了能够使支撑的角度接近 45°;从柱间支撑详图中可以发现,柱间支撑的下部标高为 0.487 m,顶部标高为 5.813 m,支撑截面采用 ϕ22 的圆钢,与柱子通过角钢、连接板和螺栓进行连接,对于屋面支撑还采用了预应力措施;本工程在屋脊和屋檐处设置了通长系杆,另外还在两端的两个开间内在支撑端部设置了刚性系杆(XG-1)。

4. 檩条布置图

微课5.5

檩条布置图

檩条布置图主要包括:屋面檩条布置图和墙面檩条(墙梁)布置图。屋面檩条布置图主要表明檩条间距和编号以及檩条之间设置的直拉条、斜拉条布置和编号,另外还有隅撑的布置和编号;墙面檩条布置图,往往按墙面所在轴线分类绘制,每个墙面的檩条布置图的内容与屋面檩条布置图内容相似。

在识读檩条布置图时,首先要弄清楚各种构件的编号规则,如本工程图中檩条采用 LT-X(X 为编号)表示,直拉条和斜拉条分别采用 T-X、XT-X(X 为编号)表示,隅撑采用 YC-X(X 为编号)表示,撑杆采用 CG-X(X 为编号)表示,这也是较为通用的一种表示方法;其次要弄清楚每种檩条的所在位置、截面规格,檩条的位置主要根据檩条布置图上标注的间距尺寸和轴线来判断,尤其要注意墙面檩条布置图,由于门窗的开设使得墙梁的间距很不规则,至于截面可以根据编号到材料表中查询;最后,结合详图弄清檩条与刚架的连接、檩条与拉条连接、隅撑的做法等内容。

5. 主刚架图及节点详图

门式刚架由于通常采用变截面,故要绘制构件图以便通过构件图表达构件外形、几何尺寸及构件中杆件的截面尺寸;门式刚架图可利用对称性绘制,主要标注其变截面柱和变截面斜梁的外形和几何尺寸、定位轴线和标高,以及柱截面与定位轴线的相关尺寸等。往往根据设计的实际情况，对不同种类的刚架均应有此图。

微课5.6

主刚架及节点详图

在相同构件的拼接处、不同构件的连接处、不同结构材料的连接处以及需要特殊交代清楚的部位，往往需要有节点详图来进行详细的说明。节点详图在设计阶段应表示清楚各构件间的相互连接关系及其构造特点，节点上应表明在整个结构物的相关位置，即应标出轴线编号、相关尺寸、主要控制标高、构件编号或截面规格、节点板厚度及加劲肋做法。构件与节点板焊接连接时，应表明焊脚尺寸及焊缝符号。构件采用螺栓连接时，应标明螺栓的种类、直径、数量。

对于一个单层单跨的门式刚架结构它的主要节点详图包括：梁柱节点详图、梁梁节点详图、屋脊节点详图以及柱脚详图等。

在识读详图时，应该先明确详图所在结构物的相关位置，往往有两种方法：一是根据详图上所标的轴线和尺寸进行位置的判断；二是利用前面讲过的索引符号和详图符号的对应性来判断详图的位置。明确位置后，紧接着要弄清图中所画构件是什么构件，它的截面尺寸是多少。然后，要清楚为了实现连接需加设哪些连接板件或加劲板件。最后，再来了解构件之间的连接方法。

6. 构件详图

在轻钢门式刚架结构施工图中，像抗风柱、雨篷、吊车梁、挑檐等构件在其他的图中无法详细表达，因此需要单独通过构件详图进行表达。

附图5-1　某环保能源有限公司制砖车间门式刚架结构施工图。

习　　题

5-1　轻钢门式刚架通常适用于哪些建筑？

5-2　轻钢门式刚架结构由哪些部分组成？

5-3　简述柱间支撑的布置原则。

5-4　按着连接刚度进行分类，柱脚节点可分为哪几类？其构造有何区别？

5-5　简述拉条和斜拉条的作用。

5-6　一套完整的轻钢门式刚架结构施工图主要包括哪些图？

单元 6　多、高层钢结构选型与识图

多层钢结构是钢结构民用建筑和多层厂房最常用的结构型式，也是将来建筑钢结构产业发展的一个重点。结构布置时通常沿房屋的纵向和横向用钢梁和钢柱组成的框架结构来承重和抵抗侧力，一般在工厂预制钢梁、钢柱，运送到施工现场再拼装连接成整体框架，其优点是能提供较大的内部空间、自重轻、抗震性能好、施工速度快、机械化程度高、结构简单，构件易于标准化和定型化，但同时它也存在一定的缺点，例如，用钢量稍大、耐火性能差、后期维修费用高、造价略高于混凝土框架。

高层钢结构一般是指 10 层及 10 层以上（或 28 m 以上），主要是采用型钢、钢板连接或焊接成构件，再经连接而成的结构体系。高层钢结构常采用钢框架结构、钢框架—支撑结构、钢框架—混凝土核心筒（剪力墙）结构等形式。钢框架—混凝土核心筒（剪力墙）结构在现代高层、超高层建筑中应用较为广泛，它属于钢—混凝土混合结构，使钢材和混凝土优势互补、充分发挥材料效能，是将来建筑钢结构产业发展的一个重点。

随着我国钢材产量的迅速增加，品种增多，钢结构设计和施工技术的不断提高，多、高层钢结构的运用将有良好的前景。

6.1　多、高层钢结构基本知识

6.1.1　多、高层钢结构的结构体系

微课6.1

多、高层钢结构体系的类型

多、高层钢结构体系是指沿房屋的纵向和横向用钢梁和钢柱组成的框架结构来作为承重和抵抗侧力的结构体系。对层数不多的多层钢结构建筑而言，框架体系是一种比较经济合理、运用广泛的结构体系，但同时它也存在一定的缺点，例如，用钢量稍大、耐火性能差、后期维修费用高、造价略高于混凝土框架。随着层数及高度的增加，除承受较大的竖向荷载外，抗侧力（风荷载、地震作用等）成为多、高层框架的主要承载要求，按抗侧力体系不同，多、高层建筑钢结构体系一般可分为以下几种：钢框架体系、框架—支撑体系、框架—剪力墙板体系、筒体体系等。

1. 框架体系

框架体系是沿房屋纵、横方向由多榀平面框架构成的结构，是最早出现也是最基本的抗侧力体系，如图 6 - 1 所示。在实际设计中，由于使用功能的要求，钢框架结构在层数和高度较小时，常常不设置柱间支撑。这样的话，只能够通过加大框架柱的截面来抵抗水平地震作用和水平风荷载，减少层间位移。

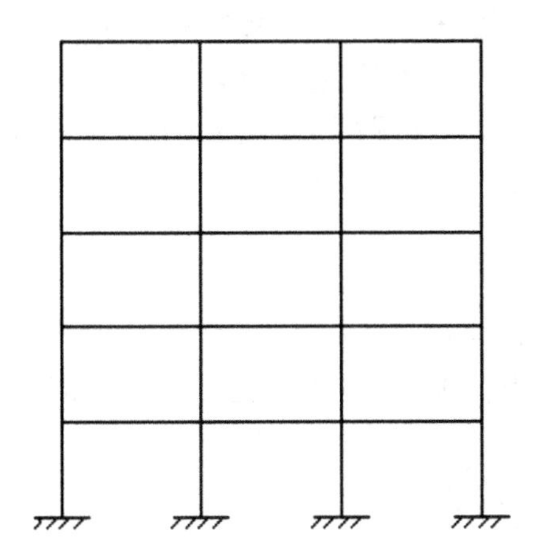

图6-1　钢框架结构体系

(1) 做法

把梁、柱刚接成整体，形成空间杆系结构。柱距宜控制在6～9 m范围内，次梁间距一般以3～4 m为宜。

(2) 特点

① 平面布置比较灵活，可以获得较大空间；

② 有较大的延性，自振周期较长，抗震性能好；

③ 安装简单、方便，造价相对较低；

④ 侧向刚度小，侧向位移大，易引起非结构性构件的破坏；

⑤ 应用于30层以内的多、高层建筑(纯框架结构体系在地震区一般不超过15层)。

2. 钢框架—支撑体系

钢框架—支撑体系是在框架体系中沿结构的纵、横两个方向均匀布置一定数量的支撑所形成的结构体系，如图6-2所示。

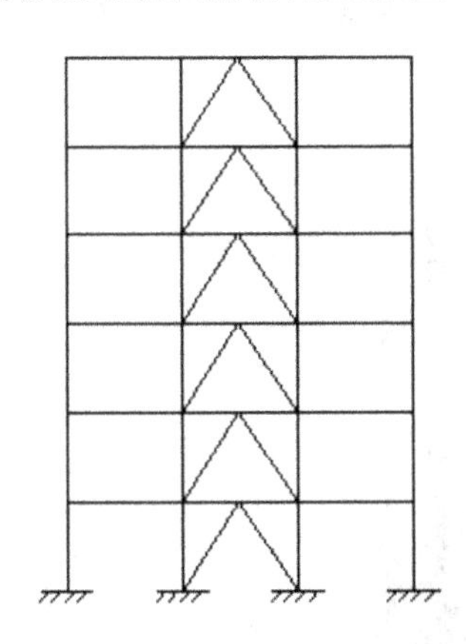
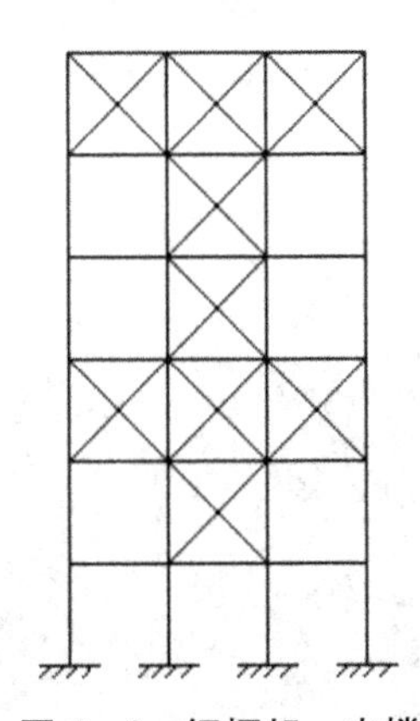

图6-2　钢框架—支撑体系

(1) 做法

① 把钢框架和支撑桁架共同组合，作为抗侧力体系。

② 沿纵向布置的支撑和沿横向布置的支撑相连接，形成一个支撑芯筒，起剪力墙的作用，能获得比纯框架结构大的抗侧力刚度，明显减小建筑物的层间位移。

③ 加劲框架支撑体系通过设置帽桁架和腰桁架，使外围柱与核心抗剪结构共同工作，可有效减小结构的侧向变位，刚度也有很大提高。

(2) 特点

① 平面布置比较灵活，不易获得大空间；

② 抗侧力刚度比钢框架大，可以有效地抵抗侧向荷载；

③ 加劲框架支撑体系因加劲桁架的作用，使受力更合理，使结构具有更大的抗侧刚度；

④ 安装较为简单、方便；

⑤ 内部布置受桁架斜杆的限制多，且节点设置比较复杂；

⑥ 应用于 30～60 层的高层建筑。

3. 框架—剪力墙板体系

框架—剪力墙板体系是以钢框架为主体，并配置一定数量的剪力墙板的结构体系，如图 6-3 所示。剪力墙板的主要类型有钢板剪力墙板(图 6-4)、内藏钢板支撑剪力墙墙板(图 6-5)、带竖缝钢筋混凝土剪力墙板(图 6-6)。

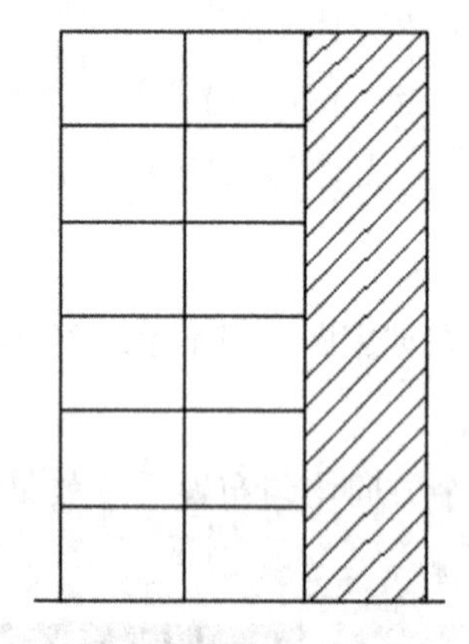

图 6-3　钢框架—剪力墙结构

图 6-4　钢板剪力墙板

（1）钢板剪力墙板

① 做法

a. 采用厚钢板，四周通过高强度螺栓与梁柱相连。

b. 抗震设防烈度大于或等于7时，钢板两侧焊纵向或横向加劲肋。

② 特点

a. 仅承担框架内四周的剪力，不承担框架梁上的竖向荷载。

b. 侧向刚度大，质量轻，安装方便。

c. 用钢量大。

（2）内藏钢板支撑剪力墙墙板

① 做法

a. 在钢板支撑的基础上，外包钢筋混凝土。

b. 预制板仅在支撑的上、下端节点处与钢框架相连。

② 特点：钢支撑有外包混凝土，不考虑屈曲。

（3）带竖缝钢筋混凝土剪力墙板

① 做法

a. 预制板，中间带竖缝，竖缝宽度为10 mm，竖向长度为墙板净高的1/2，缝间距为缝长的1/2。

b. 预制板仅与框架柱用高强度螺栓连接。

② 特点：在多遇地震作用，墙板处于弹性阶段，侧向刚度大。

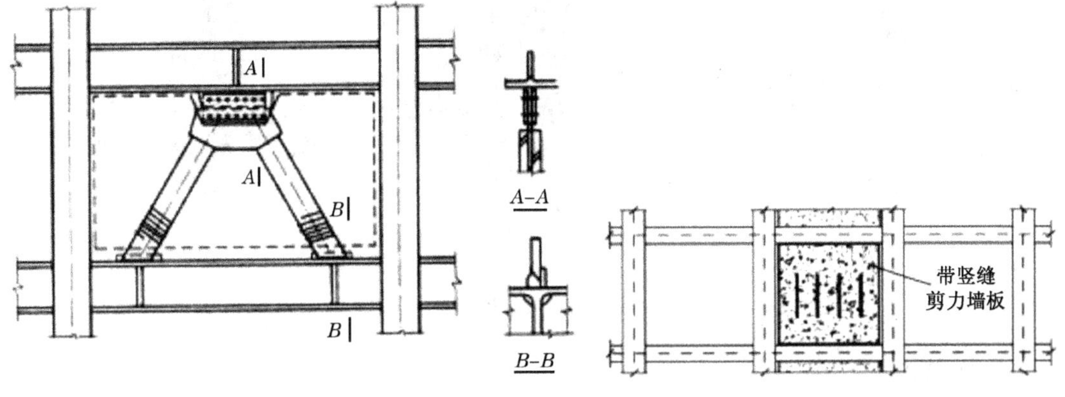

图6-5　内藏钢板支撑剪力墙墙板　　图6-6　带竖缝钢筋混凝土剪力墙板

4. 筒体体系

筒体体系是指以一个或多个筒体来抵抗水平力和竖向荷载的结构体系。整个结构具有很大的空间刚度。根据筒体的布置、组成、数量的不同，筒体结构可分为框架筒、筒中筒、束筒等结构体系，如图6-7所示。

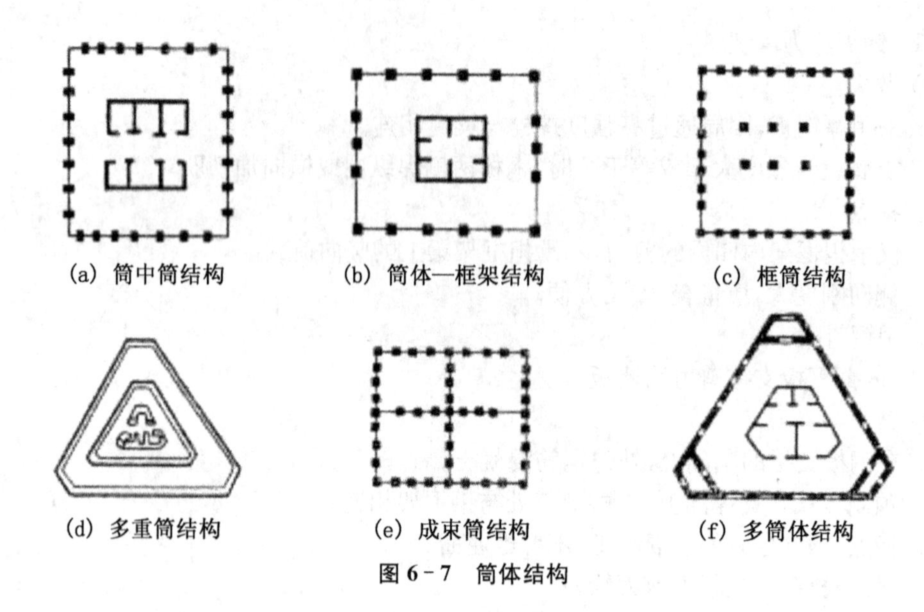

图 6-7 筒体结构

(1) 筒的做法

① 密柱深梁[图 6-8(a)];

② 支撑桁架+框架[图 6-8(b)];

③ 钢筋混凝土剪力墙[图 6-8(c)];

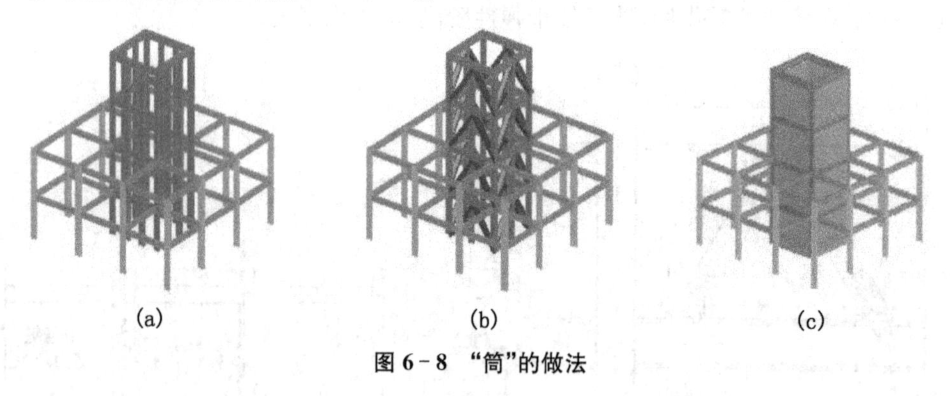

图 6-8 "筒"的做法

(2) 特点

① 具有较大的刚度,有较强的抗侧、抗扭能力;

② 因为剪力墙集中,能形成较大的使用空间,建筑平面设计中有良好的灵活性;

③ 在平面或竖向布置复杂、水平荷载大的高层(或超高层)建筑中运用较为广泛;

④ 成本较高。

6.1.2 多、高层钢结构的特点

钢材比混凝土贵是显然的,如仅考虑造价的话,纯钢结构约是混凝土结构的 2 倍,钢—混凝土组合或混合结构约是混凝土结构造价的 1.5 倍,故一般的概念是:与混凝土结构相比,钢结构不经济,这仅是从结构最初造价方面分析所得出的结论,具有片面性。要真正的评判一个结构系统的优越性，需全面地了解其特点后，再考查其综合效益。多、高层钢结构的优点有：

(1) 自重轻，高层钢结构自重一般为高层混凝土结构自重的 1/2～3/5。结构自重的降低，可减小地震作用，进而减小结构设计内力；结构自重的减轻，还可以使基础的造价降低，减少运输量。

(2) 结构材料强度高，使结构所占面积少。与混凝土相比，钢结构柱截面面积小，从而可增加建筑有效使用面积。

高层钢结构柱的截面面积占建筑面积的 2%～3%，而高层混凝土结构柱的截面面积占建筑面积的 7%～9%。

(3) 工厂化程度高，施工周期短，早投产、早受益、早回收。

一般高层钢结构平均每 4 天完成一层，而高层混凝土结构平均每 6 天完成一层。建造周期的缩短，可使整个建筑更早投入使用，缩短贷款建筑的还贷时间，从而减小借贷利息。

(4) 延性好。钢结构的延性比钢筋混凝土结构的延性好得多，从而钢结构的抗震性能比钢筋混凝土结构好。

(5) 钢结构的承载能力大。梁截面高度相同的情况下，钢结构的柱网尺寸可以比钢筋混凝土结构加大 50%左右，提高了建筑布置的灵活性。

(6) 环保性能好。干作业施工，减少废弃物对环境造成的污染；另外，结构拆除后，混凝土结构不能再使用，而钢结构材料可 100%回收，直接使用或冶炼后再使用，对环境没有影响，因此被称为绿色建材。

(7) 综合经济效益好。

6.1.3　多、高层钢结构的基本构件

1. 钢柱

多、高层钢结构常用的钢柱截面有焊接 H 型钢、热轧 H 型钢、焊接箱型钢、圆钢管、方钢管、十字柱截面、钢管混凝土、型钢混凝土等，截面形式如图 6-9 所示。

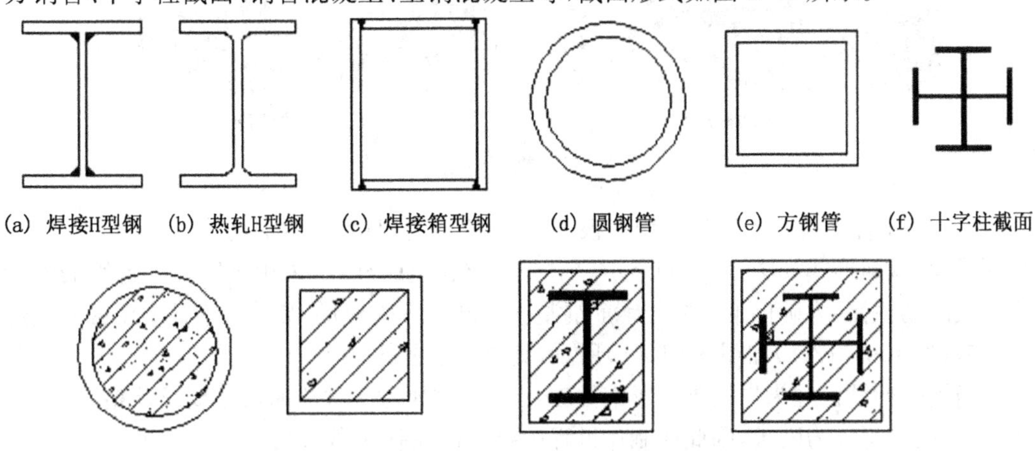

图 6-9　常用钢柱截面

(1) H型钢柱应用较广，是由三块钢板组成的H形截面承重构件，可灵活地调整截面特性。具有截面经济合理、规格尺寸多、加工量少以及便于连接等特点。对于房间开间较小的钢框架结构，为降低用钢量和充分发挥截面承重能力，其钢柱一般采用H型钢柱，其强轴平行于建筑物纵向设置。

(2) 焊接箱形截面柱是由四块钢板组成的承重构件，两个主轴的刚度相等，但加工量大。它与梁的连接部位还设有加劲隔板，每节柱子顶部要求平整。对于房间开间较大的纵横向承重钢框架结构，为充分发挥截面承重能力，其钢柱一般采用焊接箱形截面柱。如图6-10所示。

(a) 焊接箱形截面柱吊装单元

(b) 埋入混凝土的焊接箱形截面柱

(c)钢筋穿过柱的构造

图6-10 焊接箱形截面柱或方钢管截面柱

(3) 钢管柱及钢管混凝土柱。钢管柱是由圆钢管或方钢管经切割和加工的钢柱，为提高其承载能力，充分发挥钢材和混凝土材料的性能优势，可在钢管中浇注混凝土，形成钢管混凝土柱，如图6-11所示。

(a) 振动棒就位

(b) 浇注混凝土

图6-11 钢管混凝土柱

(4) 十字柱。每根十字柱采用一根H型钢柱与两根由H型钢剖分形成的⊥型钢焊接而成，其截面形式如图6-9(f)所示。对于高层建筑的柱，可采用十字柱外包钢筋混凝土形成的劲性柱，为确保十字柱与钢筋混凝土协同工作和变形，沿着十字柱高度方向应焊有栓钉，如图6-12(a)和图6-12(b)所示，其拼接如图6-12(c)所示。

当钢框架结构柱为焊接十字形钢柱时，其整体刚性大，对几何尺寸要求严格，如果产生变形，则校正极为困难，因此在制作过程中要严格控制变形的产生。

(a) 焊有栓钉的十字柱

(b) 钢筋穿过十字柱的构造

(c) 十字柱拼接构造

图 6-12　十字柱

2. 钢梁

多、高层钢结构常用的钢梁截面有槽钢、工字钢、焊接 H 型钢、热轧 H 型钢、焊接箱形钢等，如图 6-13 所示。

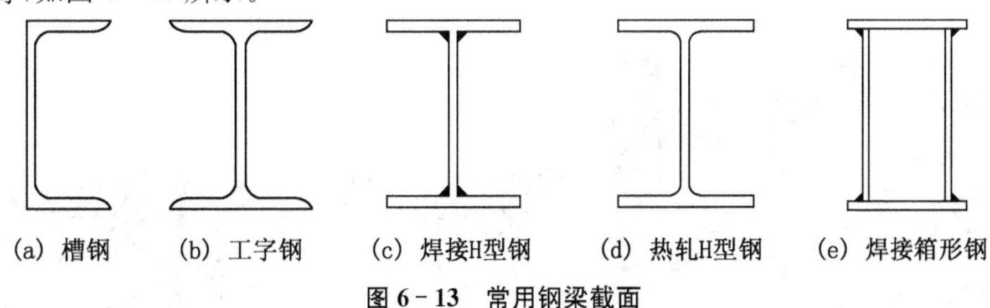
(a) 槽钢　(b) 工字钢　(c) 焊接H型钢　(d) 热轧H型钢　(e) 焊接箱形钢

图 6-13　常用钢梁截面

(1) 对于柱距较小的钢框架结构，其钢梁一般采用 H 型钢，其强轴平行于水平面设置。

(2) 对于柱距特别大的钢框架结构，其钢梁一般采用焊接箱形截面，其强轴平行于水平面设置。

3. 支撑

多、高层钢结构常用的支撑截面有单角钢、双角钢、单槽钢、双槽钢、焊接 H 型钢、热轧 H 型钢，如图 6-14 所示，图 6-15 所示为支撑工程图。

4. 楼板

楼板的设计需满足以下基本要求。

① 承受和传递荷载(水平荷载和竖向荷载)，满足一定的强度和刚度要求。

② 保证房间的私密性，满足隔音要求。

③ 采取防火措施保护钢梁和楼板，满足防火要求。

④ 楼面和屋面均应进行防水处理，满足防水要求。

⑤ 满足管线敷设要求，水平管线一般敷设在楼板内。

根据做法的不同，常用楼板有以下分类：

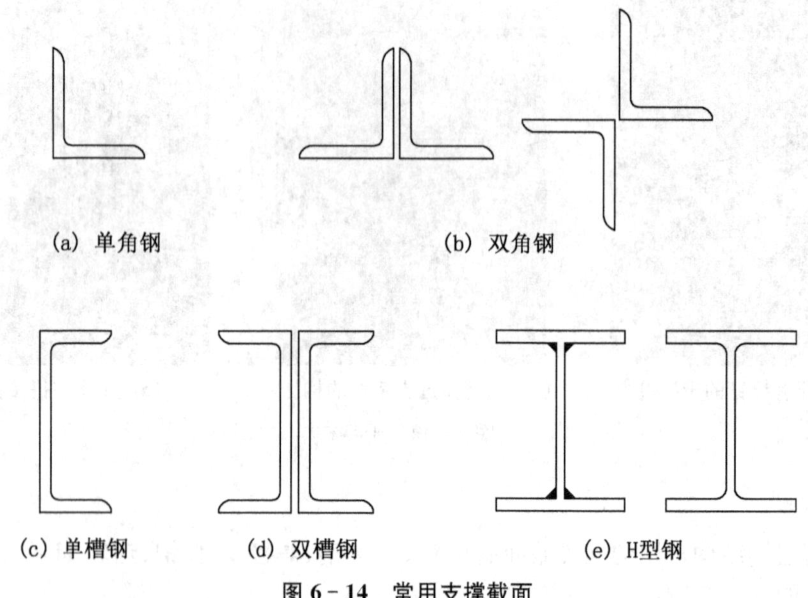

图 6-14　常用支撑截面

图 6-15　钢框架支撑工程图

(1) 压型钢板混凝土楼板

压型钢板混凝土楼板于 20 世纪 60 年代前后在欧美、日本等国多层及高层建筑中得到了广泛应用。这种楼盖是将压型钢板铺设在钢梁上，在压型钢板和钢梁上翼缘板之间用圆柱头焊钉进行穿透焊接，压型钢板既可作为浇筑混凝土时的永久性模板，也可作为混凝土板下部受拉钢筋，与混凝土共同工作。

① 分类

在实际应用中，压型钢板混凝土楼板分为组合楼板[如图 6-16(a)所示]和非组合楼板[如图 6-16(b)所示]两种形式。在施工阶段两者的作用是一样的，压型钢板作为浇筑混凝土板的模板(即不拆卸的永久性模板),合理设计后不需要设置临时支撑,即由压型钢板承受湿混凝土板的质量和施工活荷载。两者的区别主要在于使用阶段,非组合楼板中梁上混凝土不参与钢梁的受力,按普通混凝土楼板计算承载力;而组合楼板中考虑混凝土楼板与钢梁共同工作,同时钢梁的刚度也有所提高,为保证压型钢板和混凝土叠合面之间的剪力传递,需在压型钢板上增加纵向波槽、压痕或横向抗剪钢筋等。

构造要求

压型钢板混凝土组合楼板

② 压型钢板混凝土组合楼板的组合方式如图6-17所示。

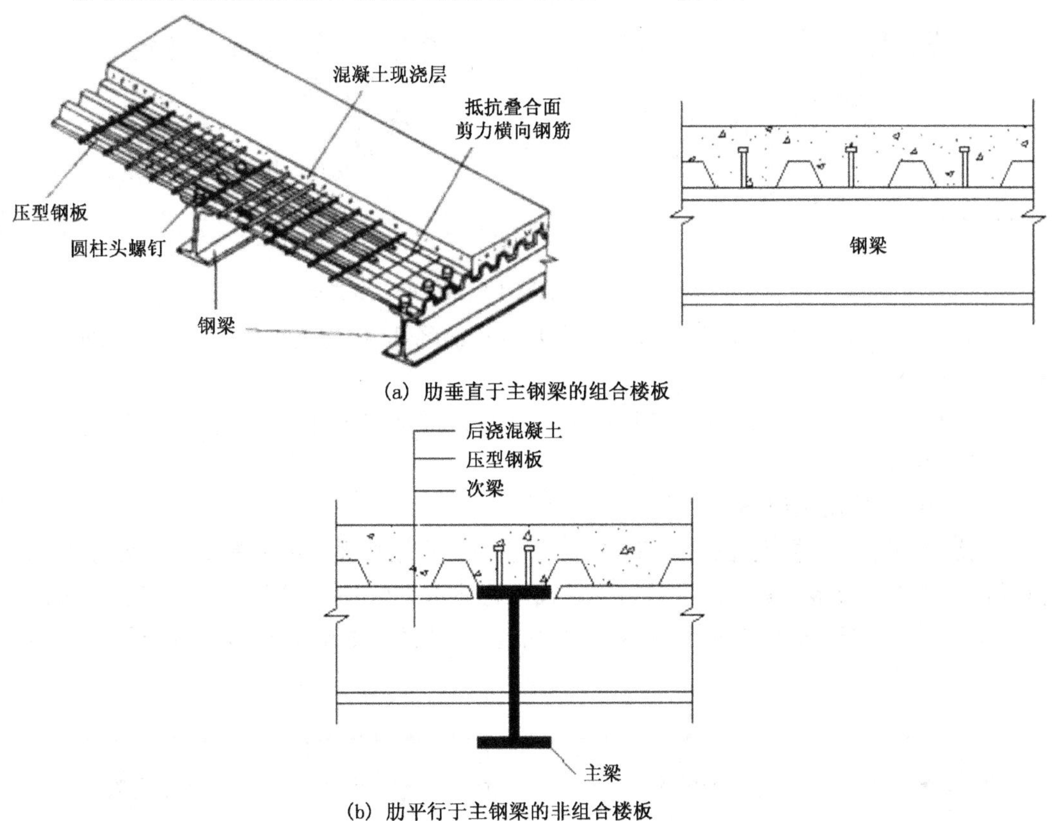

(a) 肋垂直于主钢梁的组合楼板

(b) 肋平行于主钢梁的非组合楼板

图6-16　压型钢板混凝土组合楼板

③ 压型钢板混凝土楼板的特点。

a. 优点

(a) 经过合理的设计后,可不设施工专用的模板系统,能实现多层同时施工作业,大大加快了施工进度。

(b) 压型钢板的凹槽内可铺设通信、电力、通风、采暖等管线,吊顶方便。

(c) 压型钢板便于运输、堆放,安装方便,不需拆卸,火灾危险性小。

(d) 施工时可起增强钢梁侧向稳定性的作用,在组合楼板中压型钢板可以作为受拉钢筋使用。

b. 缺点

(a) 增加了材料的费用,尤其是镀锌压型钢板,其本身造价较高,还需要进行防火处理。

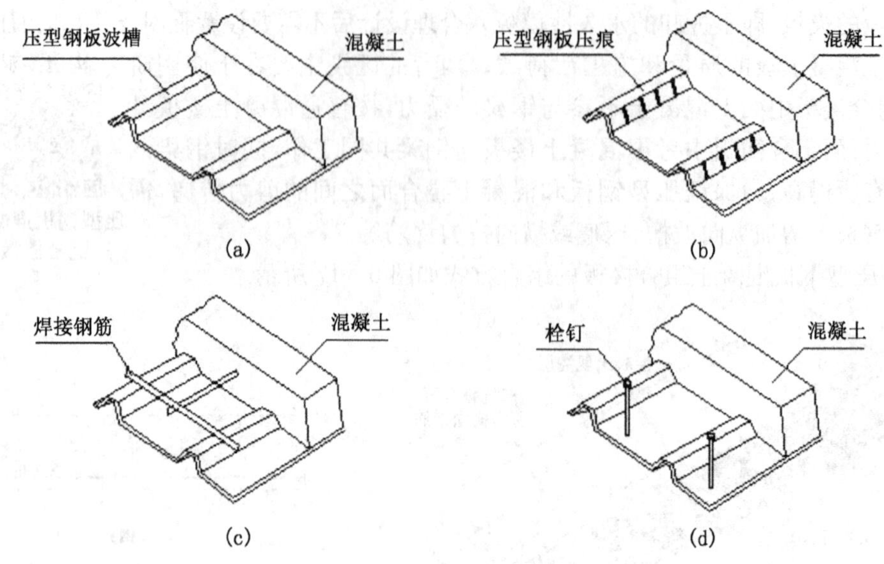

图 6－17　压型钢板混凝土组合板的组合方式

(b) 楼板中增加了压型钢板，楼层净高有少量的降低，按每层减少 75 mm 计，24 层大楼合计为 1.8 m。

(c) 压型钢板目前还没有国家标准，每个生产厂商都有各自的一套技术资料，给设计人员带来不便。

(2) 现浇钢筋混凝土楼板

现浇整体混凝土楼板(图 6－18、图 6－19 所示)是结构设计中最常用的一种楼板，也是设计及施工人员最为熟悉的一种结构形式。它的做法与钢筋混凝土结构中现浇板的做法基本相似，只是现浇板与钢梁之间需要增加抗剪连接件(图 6－20 所示)，使现浇板与钢梁形成一个整体。

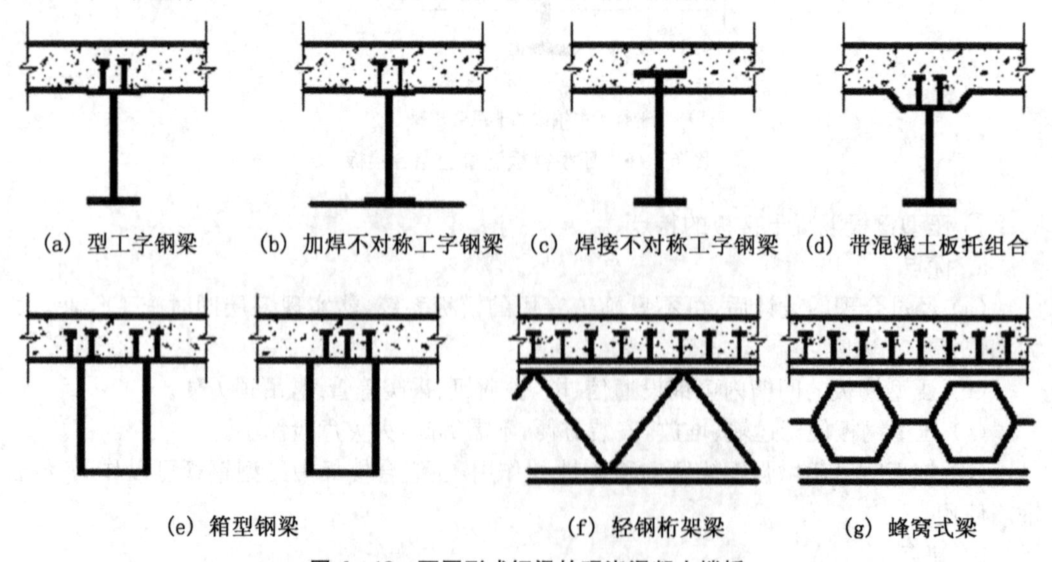

图 6－18　不同形式钢梁的现浇混凝土楼板

(a) 楼板配筋

(b) 下部支设模板

图6-19　现浇整体混凝土楼盖工程实例

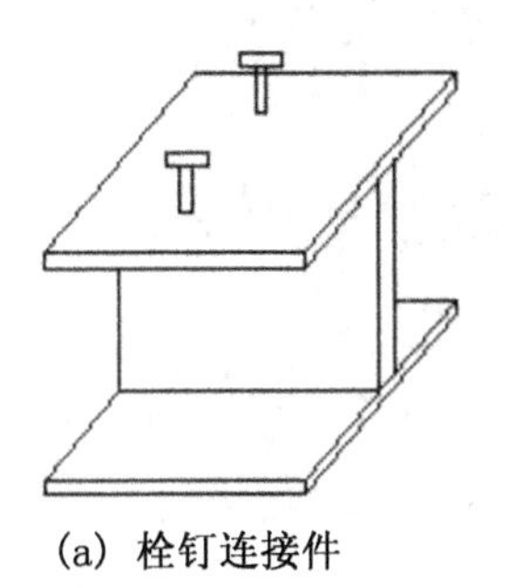

(a) 栓钉连接件

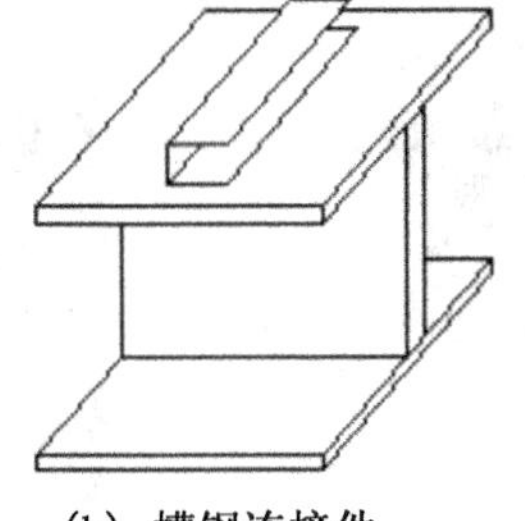

(b) 槽钢连接件

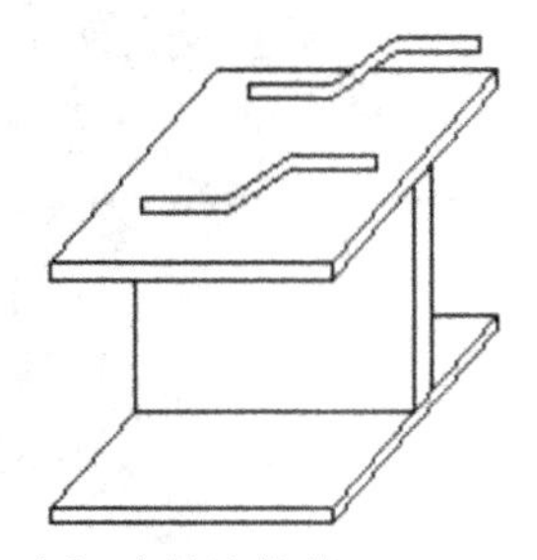

(c) 弯筋连接件

图6-20　抗剪连接件

构造要求

现浇钢筋混凝土楼板

① 特点

a. 优点

(a) 施工工艺简单，取材方便，造价低廉，适用范围广。

(b) 平面整体刚度大，抗震性能好。

(c) 和钢梁共同工作，形成组合梁，可减小梁截面的高度。

(d) 不受房间形状的限制，开洞方便，便于设备和管道的垂直铺设。

(e) 取消了压型钢板，减少了用钢量。

b. 缺点

(a) 自重较大，现场湿作业多，现场凌乱。

(b) 它需要传统的模板支撑系统，阻碍下部交通，支模、拆模比较繁琐。

(c) 混凝土浇筑完成后，不能及时为后续工作提供条件。

(d) 楼板混凝土的硬化需要较长的时间，对工期的影响较大。

(3) 自承式钢筋桁架压型钢板组合楼板

自承式钢筋桁架压型钢板组合楼板，利用混凝土楼板的上下层纵向钢筋，与弯折成形的钢筋焊接，组成能够承受荷载的小桁架，组成一个在施工阶段无需模板的能够承受湿混凝土及施工荷载的结构体系。在使用阶段，钢筋桁架成为混凝土楼板的配筋，能够承受使用荷载。图6-21所示为自承式钢筋桁架压型钢板组合楼面图例。

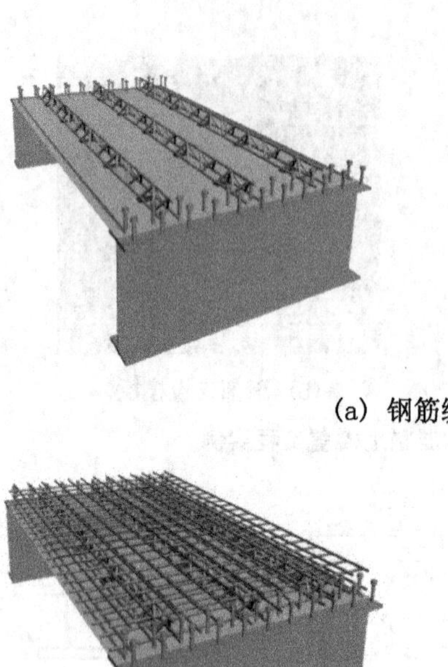

(a) 钢筋绑扎前

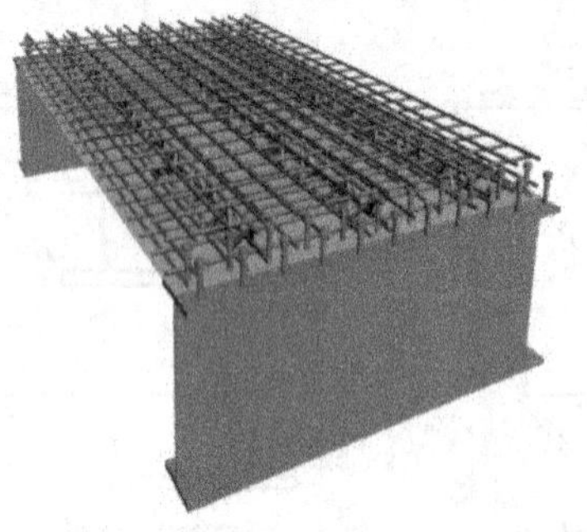

(b) 钢筋绑扎后

(c) 自承式钢筋桁架压型钢板

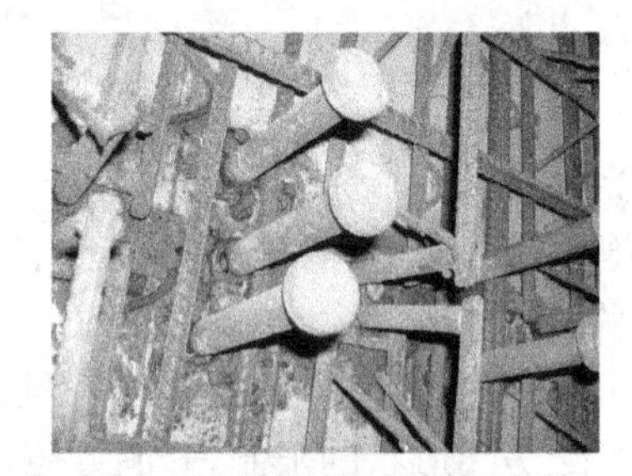

(d) 栓钉与钢梁的栓焊连接

图 6－21　自承式钢筋桁架压型钢板组合楼面

自承式钢筋桁架压型钢板组合楼面作为一种合理的楼板形式，在国外工程中已广泛采用。其主要优点：

① 使用范围广。它适用于工业建筑和公共建筑以及住宅，满足抗震规范对不大于 9 度地震区楼板的要求。

② 提高工程质量，改善楼板的使用性能。主要表现为：钢筋间距均匀，混凝土保护层厚度容易控制；由于腹杆钢筋的存在，与普通混凝土叠合板相比，钢筋桁架混凝土叠合板具有更好的整体工作性能；楼板下表面平整，便于作饰面处理，符合用户对室内顶板的感观要求。

③ 缩短工期。施工阶段，钢筋桁架压型钢板可作为施工操作平台和现浇混凝土的底模，取消了烦琐的模板工程。

(4) SP预应力空心板楼盖

SP板是引进美国SPANCERETE公司的生产设备和生产技术生产的大跨度预应力混凝土空心板。SP板既可用作楼板，又可用作墙板，能很好地满足房屋的建筑和结构的要求。

(5) 混凝土叠合板楼盖

混凝土叠合板是将预制钢筋混凝土板支承在工厂制作的焊有栓钉剪力连接件的钢梁上，在铺设完现浇层中的钢筋之后浇灌混凝土，当现浇混凝土达到一定的强度时，栓钉连接件使槽口混凝土、现浇层及预制板与钢梁连成整体共同工作，形成钢—混凝土叠合板组合梁，预制板和现浇层相结合形成叠合板。预制板按照设计荷载配置了承受正弯矩的受力钢筋，并伸出板端，现浇层中在垂直于梁轴线方向配置了负弯矩钢筋。负弯矩钢筋和伸出板端的钢筋(也称胡子筋)还同时兼作组合梁的横向钢筋抵抗纵向剪力。预制板既作为底模承受现浇混凝土自重和施工荷载，又作为楼面板的一部分承受竖向荷载，同时还作为组合梁翼缘的一部分参与组合梁的受力。

(6) 密肋OSB板

其楼盖由C形的轻钢龙骨与铺于龙骨上的薄板组成。楼面结构板材一般采用OSB板(定向刨花板)。龙骨在腹板上开有大孔，这样使管线的穿越与布置极为方便。

(7) 双向轻钢密肋组合楼盖

由钢筋或小型钢焊接的单品桁架正交成的平板网架，并在网格内嵌入五面体无机玻璃钢模壳而形成双向轻钢密肋组合楼盖。施工时利用平板网架自身的强度、刚度，并配以临时支撑即可完成无模板浇注混凝土作业。钢框架梁和轻钢桁架被现浇混凝土包裹形成双向组合楼盖，增加了楼板的刚度。无机玻璃钢模壳高度约250 mm，500～600 mm见方，混凝土现浇层厚度为50～70 mm，楼板总厚度较大(密肋模壳可供设备管线穿过)，需要架设吊顶。

除了以上几种形式外，在钢结构住宅建设中还采用过钢骨架轻质保温隔声复合楼板、密排托架—现浇混凝土组合楼板、双向轻钢密肋组合楼盖、轻骨料或加气混凝土楼板(ALC板)、现浇钢骨混凝土大跨度空心楼盖(有两种形式：梁式钢骨混凝土空心楼盖，框架梁为钢骨混凝土明梁；暗梁钢骨混凝土空心楼盖，楼板中埋设GBF轻质高强复合薄壁空心管)等楼板形式。其中，压型钢板混凝土楼板使用最广泛。

6.1.4　多、高层钢结构的钢材选用

1. 结构用钢的材性要求

由于承载性能的特点，多、高层钢结构的承重框架、抗侧力支撑等主要承重构件不仅要求较厚、大的截面规格，而且要求较高的材料性能保证：

(1) 要求具有良好的延性。钢材的屈服强度实测值与抗拉强度实测值的比值不应大于0.85，并有明显的屈服台阶，伸长率不应小于20%。偏心支撑框架消能梁段钢材屈服强度不应大于345 MPa。

(2) 钢材应具有较小的厚度效应(即随厚度增加而强度折减的效应)，其强度折减幅度最大不宜大于10%。

(3) 钢材应具有适应承受动力性质荷载的性能,满足冲击韧性的要求。

(4) 具有良好的焊接性能,应保证良好的焊接接头与母材相匹配的性能及焊接工艺性能。

(5) 对沿厚度方向受拉的厚板,尚应保证 Z 向抗撕裂性能。必要时可要求厚板以正火状态或控轧状态交货,以保证综合的优良性能及细晶粒、低残余应力等附加性能。

(6) 高层钢结构外露承重构件还应具有较好的耐腐蚀性能,即耐候钢专门的钢结构防火设计规范设计的高层结构可要求钢材有一定的耐火性能(在 650 ℃作用的耐火时限内屈服强度降幅小于 1/3),即耐火钢。

2. 结构用钢的选用

对主要受力构件用钢的基本要求,应根据结构的重要性、荷载特征、连接方法、工作环境、钢板的厚度等因素综合考虑,选用合适的钢材牌号和质量等级。国内推荐采用国产 Q235 等级 B、C、D 的碳素结构钢和 Q345 等级 B、C、D、E 的低合金高强度结构钢;当有可靠依据时,尚可采用其他钢种和钢号。而各种牌号的钢材强度设计值,应根据钢材厚度或直径按表 6-1 采用。

表 6-1　钢材强度设计值(N/mm^2)

钢材牌号	厚度或直径(mm)	抗拉、抗压和抗弯 f	抗剪 f_v	端面承压(刨平顶紧)f_{ce}
Q235	≤16	215	125	325
	>16～40	205	120	
	>40～60	200	115	
	>60～100	190	110	
Q345	≤16	310	180	400
	>16～35	295	170	
	>35～50	265	155	
	>50～100	250	145	
Q390	≤16	350	205	415
	>16～35	335	190	
	>35～50	315	180	
	>50～100	295	170	
Q420	≤16	380	220	440
	>16～35	360	210	
	>35～50	340	195	
	>50～100	325	185	

注:表中厚度系指计算点的钢材厚度,对轴心受拉和轴心受压构件系指截面中较厚板件的厚度。

多、高层钢结构除次要结构构件(楼盖次梁、墙架、楼梯等)可按一般钢结构选材外,其主要承重构件(主框架、抗侧力支撑、筒体柱梁构件等),当采用热轧 H 型钢、无缝钢管时,满足上述要求即可,当采用钢板加工成焊接型材(箱形、H 形、圆管),选用钢板时需注意以下事项:

(1) 为避免过大的焊接变形,选用的钢板厚度不应太薄,一般不宜小于 4 mm。

(2) 为便于工厂加工与材料采购,从而降低钢构件的制作成本,一个多、高层钢结构工程中选用的钢板厚度种类也不宜太多,不同构件翼缘、腹板的厚度能套用的尽量套用。同一工程中选用的钢板厚度分级不宜太密,常用的分级为(mm):4、5、6、8、10、12、14、16、18、20、22、25、28、30,大于 30 mm 厚的钢板,可采用 5 mm 左右一档分级。

(3) 采用焊接连接的构件,当板厚 t≥40 mm 的厚板,并当有沿厚度方向的撕裂拉力作用时(如图 6-22 所示),应采用高性能 Z 向钢,即 Q235GJZ(Z15、Z25、Z35)钢及 Q345GJZ 钢。其 Z 向性能一般可选用 Z15 级,当抗震设防烈度更高且重要性类别亦较高时,可选用 Z25 级。当有更高要求时,也可以采用 Z35 级。

在结构设计和钢材订货文件中,应注明所采用钢材的牌号、等级和对 Z 向性能附加保证要求。

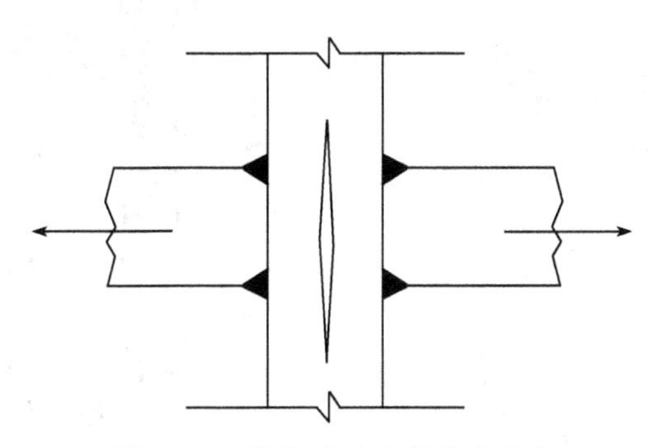

图 6-22　沿厚度方向的拉力示意

6. 连接材料的选用

(1) 高强度螺栓连接

多、高层结构的传力螺栓连接一般均宜选用高强度螺栓连接,高强度螺栓的强度级别宜选用 10.9 级,螺栓类型可选用扭剪型螺栓,也可选用大六角型螺栓。每个高强度螺栓都按照一个连接副(包括螺头及配套的螺母、垫圈)供货。在设计说明或图纸上应明确说明所要求高强度螺栓强度级别(不必注明钢种或钢号)、直径、类别、抗滑移系数(不必注明摩擦面处理方法)、预拉力等,同时还应注明高强度螺栓的材料复验及其连接的工程质量验收应严格按相关规范规程进行。

高强度螺栓连接的类型应选用摩擦型连接,同时对 Q345、Q390、Q420 钢的最大抗滑移系数宜在 0.4～0.5 间选用。

(2) 焊接连接

多、高层钢结构构件与节点大量采用了焊接连接,而且具有匹配母材质量等级高、母材厚度大、熔透部位多、焊接接头承载性能要求高等特点,焊接材料必须按与母材性能相匹配来选用。当采用手工电弧焊、埋弧自动焊或 CO_2 气体保护焊时，Q235 钢可采用 E43 型系列焊条，Q345 钢可采用 E50 型系列焊条。

6.2 多、高层钢结构构造

多、高层钢结构主要由钢柱与钢梁通过一定的节点连接方式组成，以下为多、高层钢结构主要连接节点形式和柱脚节点形式。

微课6.2

多、高层钢结构梁柱构造

1. 梁—柱、梁—梁节点

(1) H 型钢梁柱刚接节点。H 型钢梁柱刚接节点有短梁刚接（螺栓连接梁）、短梁刚接（焊接连接梁）、短梁刚接（栓焊混接梁）、栓焊刚接、T 或 Y 刚接连接等常见节点形式，如图 6-23 所示。

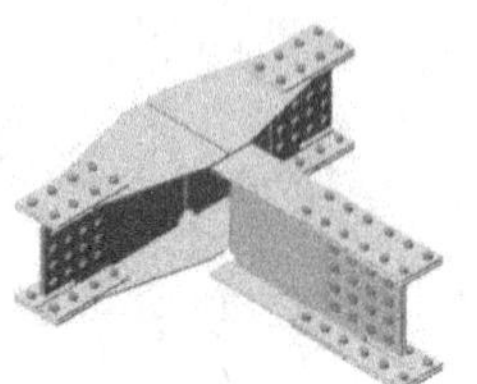

(a) 短梁刚接（螺栓连接梁）

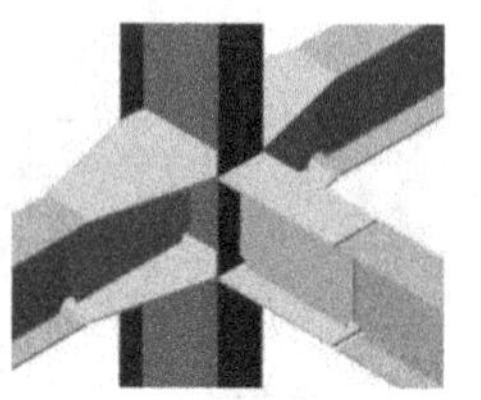
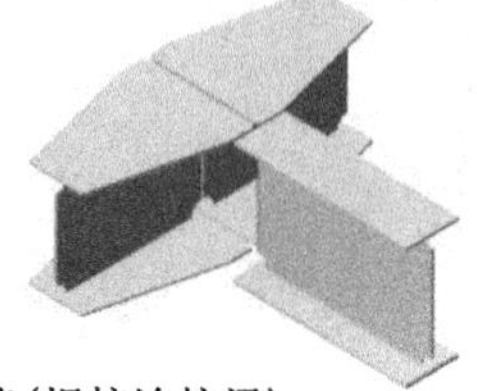

(b) 短梁刚接（焊接连接梁）

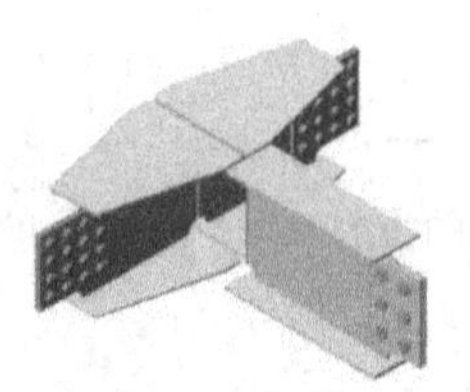

(c) 短梁刚接（栓焊混接梁）

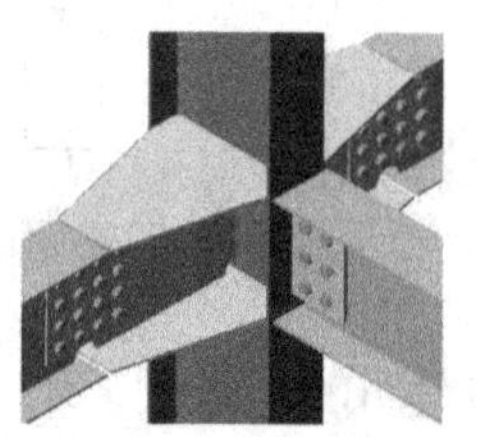
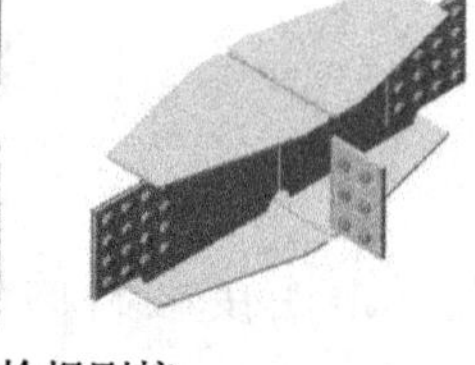

(d) 栓焊刚接

(e) H型钢T、Y刚接连接节点

图 6-23 H 型钢梁柱刚接节点形式

（2）H 型钢梁—箱形截面柱刚接节点。H 型钢梁—箱形截面柱刚接节点有短梁刚接（螺栓连接梁）、短梁刚接（焊接连接梁）、短梁刚接（栓焊混接梁）、栓焊刚接、箱形柱与较多 H 型钢梁刚接、箱形柱＋H 钢梁＋拉杆连接等形式，如图 6－24 所示。

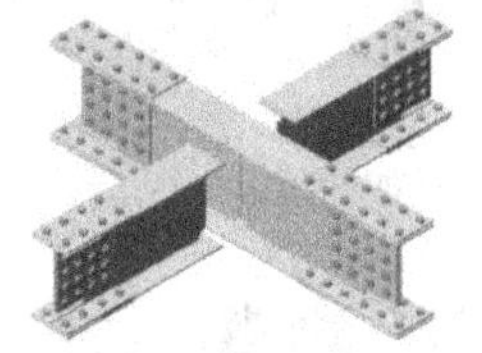

(a) 短梁刚接（螺栓连接梁）

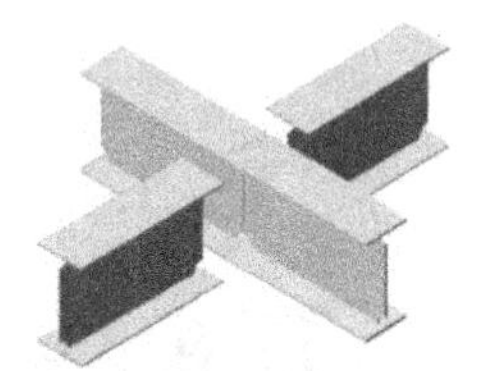

(b) 短梁刚接（焊接连接梁）

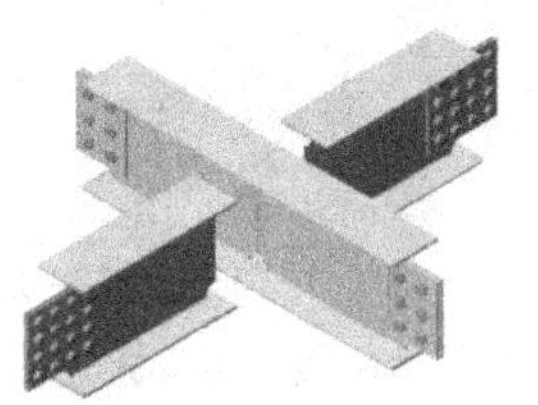

(c) 短梁刚接（栓焊混接梁）

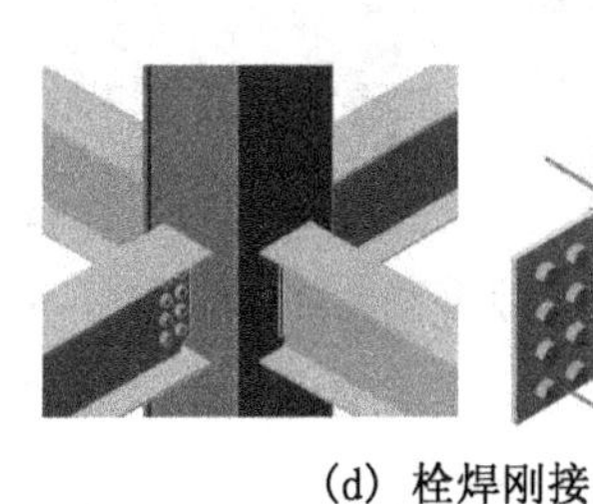
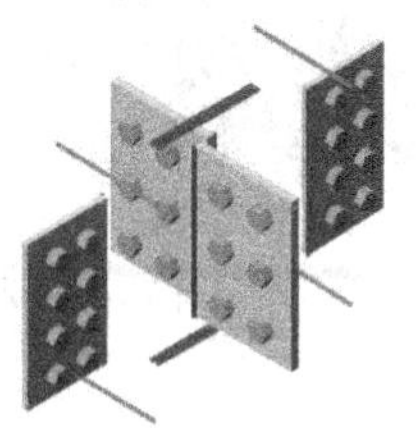

(d) 栓焊刚接

(e) 箱形柱与H型钢梁复杂节点

(f) 箱形柱+H钢梁+拉杆连接节点

图 6－24　H 型钢梁—箱形截面柱刚接节点形式

（3）箱型截面梁柱刚接节点。箱形截面梁柱栓焊刚接节点形式如图 6－25 所示。

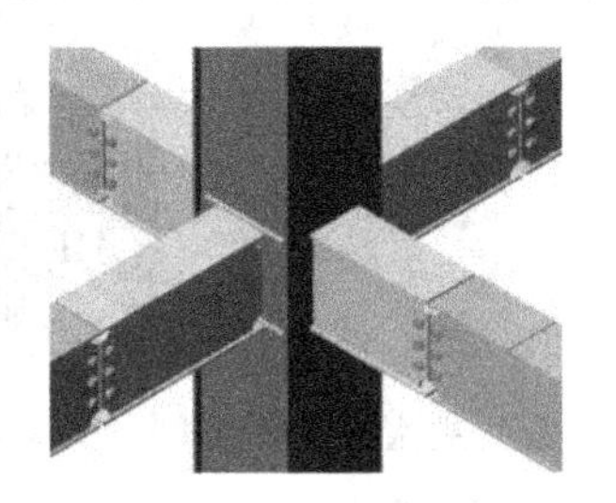
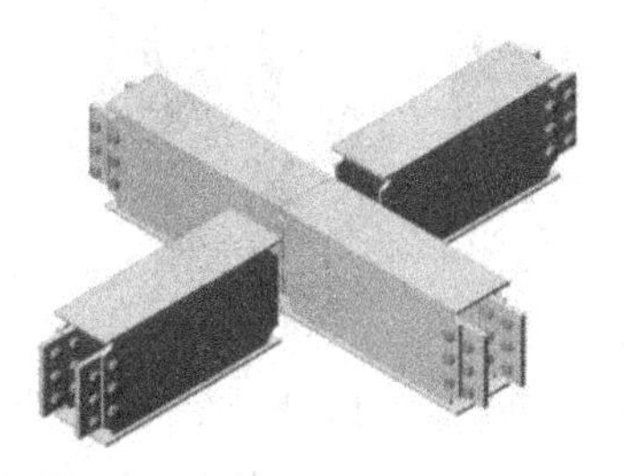

图 6－25　箱形截面梁柱刚接节点形式

（4）H 型钢梁—钢管截面柱刚接节点。H 型钢梁—钢管截面柱刚接节点有短梁刚接（外连水平加劲板）、外连水平加劲板（圆边）、柱与多根梁会交刚接（圆边）等形式，如图 6－26 所示。

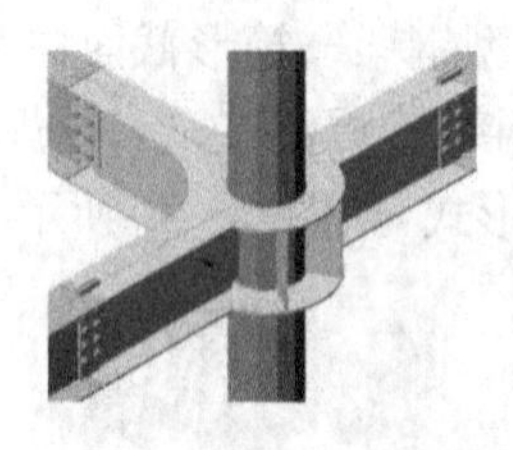
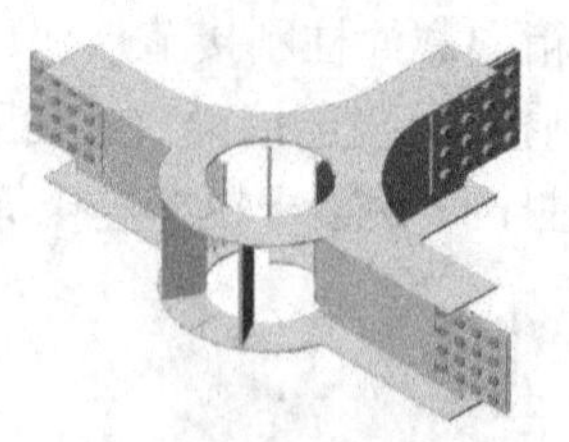

(a) 短梁刚接（外连水平加劲板）

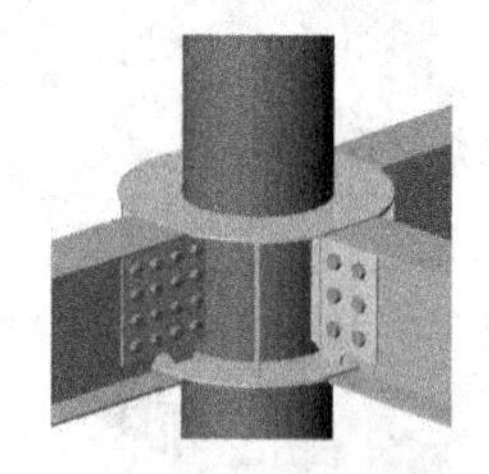

(b) 外连水平加劲板（圆边）

(c) 柱与多根梁会交节点（圆边）

图 6－26　H 型钢梁—钢管截面柱刚接节点形式

(5) H 型钢主次梁铰接节点。H 型钢主次梁铰接节点形式如图 6－27 所示。

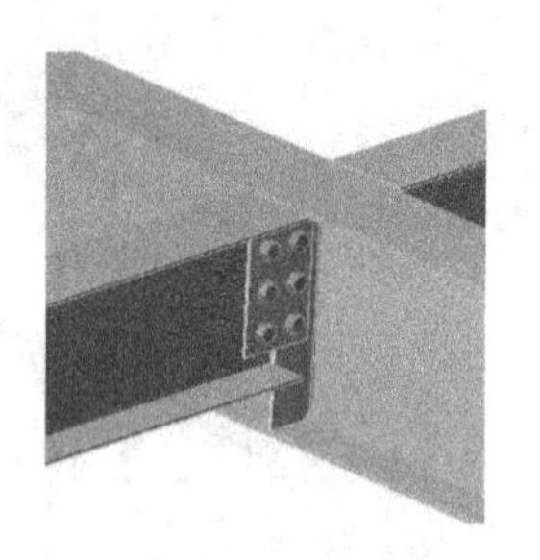

(a) 主次梁铰接形式1（主次梁不等高）

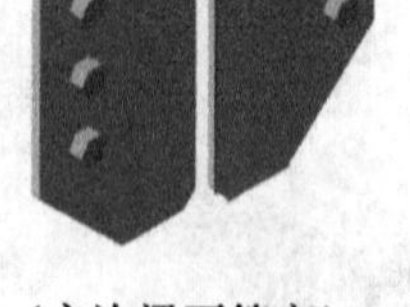

(b) 主次梁铰接形式2（主次梁不等高）

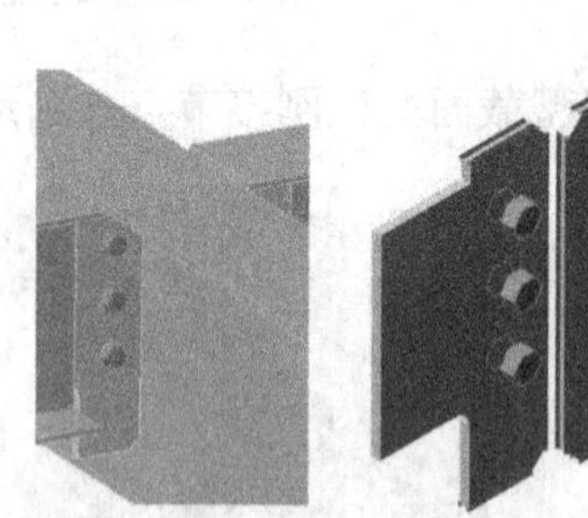

(c) 主次梁铰接形式3（主次梁不等高）

图 6－27　主次梁铰接节点形式

（6）箱形截面主梁—H型钢次梁铰接节点。箱形截面主梁—H型钢次梁铰接节点形式如图6-28所示。

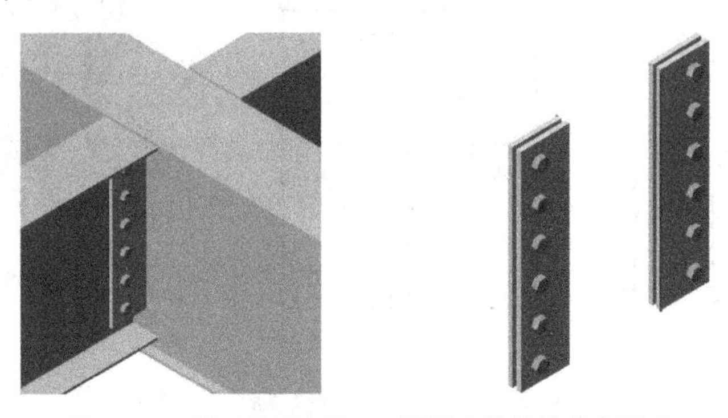

图6-28　箱形截面主梁—H型钢次梁铰接节点形式

2. 柱脚节点

（1）H型钢刚接柱脚节点。H型钢刚接柱脚节点形式如图6-29所示。

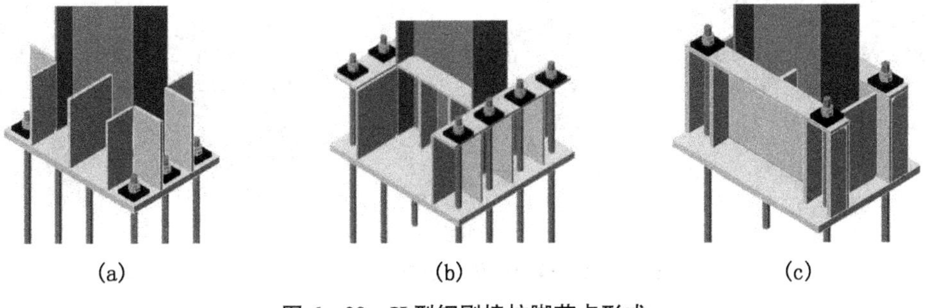

(a)　(b)　(c)

图6-29　H型钢刚接柱脚节点形式

（2）焊接箱形截面柱脚刚接节点。焊接箱形截面柱脚刚接节点形式如图6-30所示。

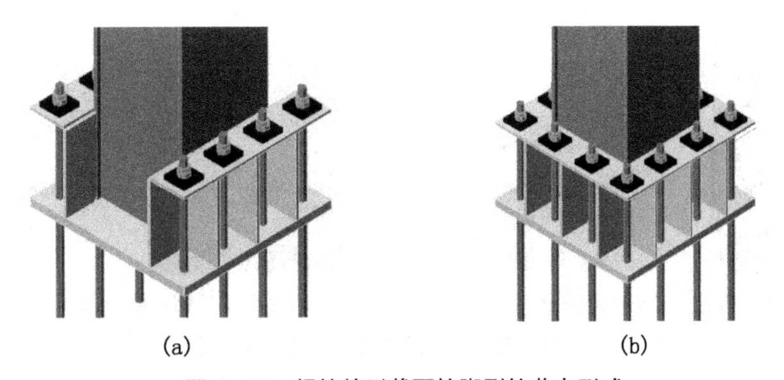

(a)　(b)

图6-30　焊接箱形截面柱脚刚接节点形式

（3）钢管截面柱刚接柱脚节点。钢管截面柱刚接柱脚节点形式如图6-31所示。

（4）箱形截面柱柱脚节点铰接。箱形截面柱柱脚节点铰接形式如图6-32所示。

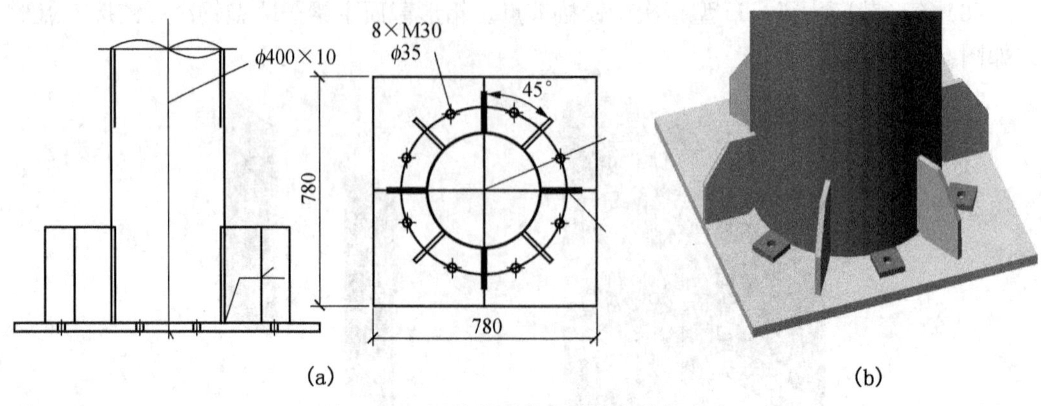

图 6-31　钢管截面柱刚接柱脚节点形式

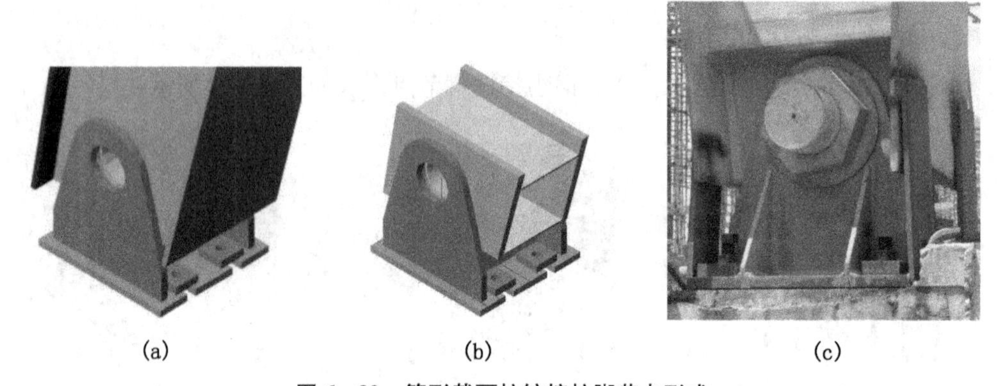

图 6-32　箱形截面柱铰接柱脚节点形式

3. 柱—柱连接节点

(1) H 型钢柱和箱形截面柱的柱—柱连接节点有螺栓连接和焊接两种形式,如图6-33所示。

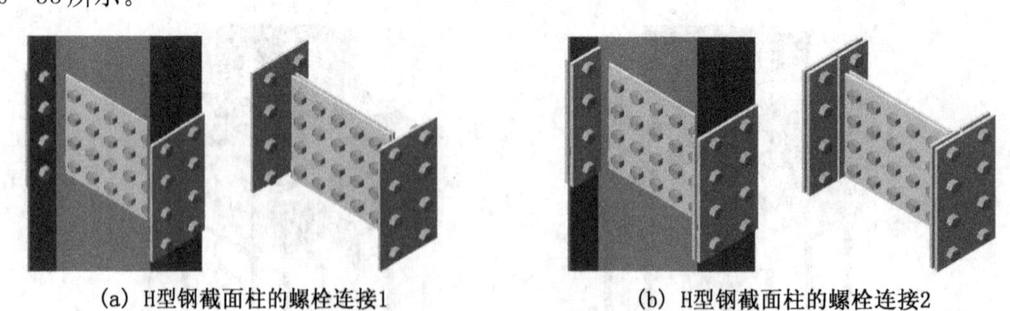

图 6-33　H 型钢柱和箱形截面柱的柱—柱连接节点

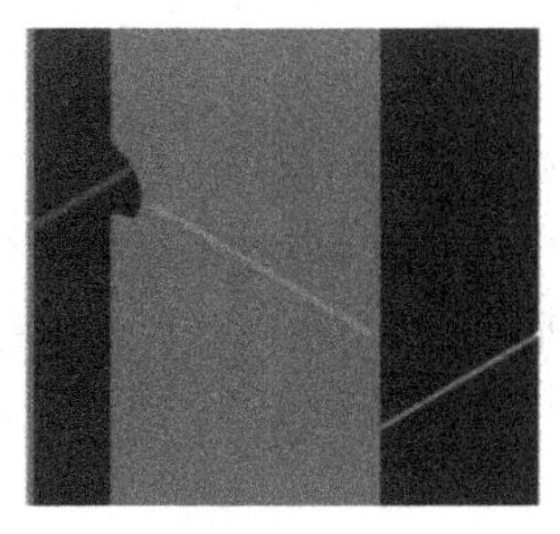

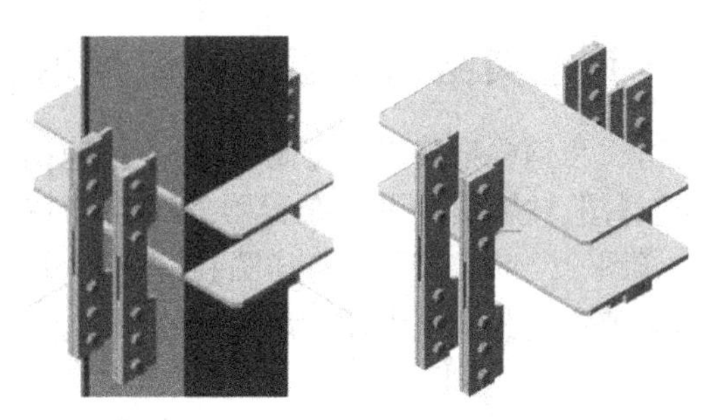

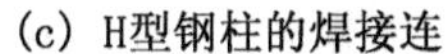

(c) H型钢柱的焊接连　　(d) 箱形截面柱的螺栓连接

图 6－33　H 型钢柱和箱形截面柱的柱—柱连接节点(续)

(2) 钢管柱一般采用焊接连接,如图 6－34 所示。

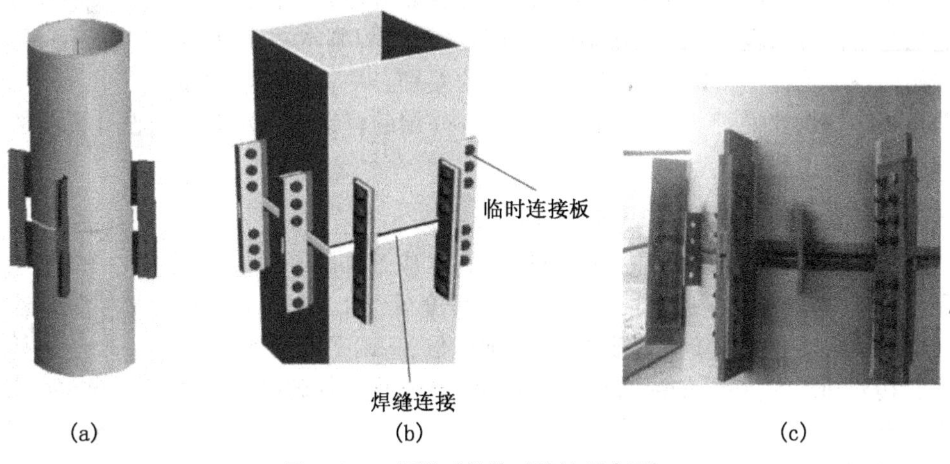

(a)　　(b)　　(c)

图 6－34　钢柱对接临时连接示意图

6.3　钢框架结构施工图纸识读

6.3.1　钢框架结构施工图的组成

一套完整的钢框架结构施工图纸主要包括:图纸目录、结构设计说明、柱脚锚栓平面布置图、基础平面布置图、结构平面布置图、屋面檩条布置图、墙面檩条布置图、构件详图、节点详图和材料表等。

以上主要是指设计制图阶段的图纸内容,而施工详图就是在设计制图的基础上,对上述图纸进行细化,并增加构件加工详图和板件加工详图。

通常情况下,根据工程的繁简情况,图纸的内容可稍作调整,但必须将设计内容表达准确、完整。

6.3.2 钢框架结构施工图的识读示例

通常,一套钢框架结构施工设计图,主要包括以下内容:结构设计说明、基础平面布置图及基础详图、柱脚锚栓平面布置图、结构平面布置图、屋面檩条布置图、墙面檩条布置图、构件详图、楼梯施工图、节点详图和材料表等。考虑适用读者群的宽泛性和本书的篇幅所限,本节主要为大家讲述设计制图的识读。

1. 结构设计说明

微课6.3

结构设计说明

结构设计说明主要包括:工程概况、设计依据、设计荷载资料、材料的选用、制作安装等主要内容。一般可根据工程的特点分别进行详细说明,尤其是对于工程中的一些总体要求和图中不能表达清楚的问题要重点说明。从图中不难发现,虽然是钢框架结构的设计说明,但是它的基本内容与轻钢门式刚架结构的设计说明内容基本一致,只是因结构体系和构件的不同而存在一些细微的差别。本篇幅就不再逐条赘述该结构设计说明了,读者可结合单元5介绍的轻钢门式刚架结构设计说明的方法来识读本设计说明。

2. 基础平面布置图及基础详图

微课6.4

基础锚栓平面布置图

基础平面布置图主要通过平面图的形式,反应基础的平面位置关系和平面尺寸,绘图比例通常根据工程复杂程度可选1∶100、1∶200等。图中一般需要交代清楚基础形式、基础编号、基础平面位置、基础尺寸及其与轴线的关系,如果需要设置拉梁,也一并在基础平面布置图中标出。

为方便识读基础详细构造,通常把基础详图和基础平面布置图放在一张图纸上。基础详图通常选择较大的绘图比例来阐述基础的具体构造做法、基础埋置深度、施工所需尺寸(如:垫层高度、基底尺寸、基础高度、大放脚或台阶高度尺寸、地圈梁梁顶标高、室内外标高、基础底面标高、垫层底标高等)及配筋情况。比例一般为1∶10、1∶20、1∶30等。

基础平面布置图及详图是施工放线、开挖基槽、砌筑基础等的依据。此外,基础位处地面以下,施工工艺较复杂,关于基础所用材料的强度等级、防潮层做法、设计依据以及施工注意事项等具体要求以文字说明形式逐条阐述即基础施工说明,在施工时还要注意结合结构设计总说明中有关基础部分的条文规定。

2. 柱脚锚栓布置图

在识读时可以参考轻钢门式刚架的柱脚锚栓布置图的识读方法来阅读其要表达的信息。

3. 结构平面布置图

结构平面布置图对于钢框架结构来说是比较重要的一个图样,图中除了要绘制出纵、横向定位轴线及编号、轴线尺寸之外,更重要的是需要阐述结构中主要的承重钢构件的编号、类型、平面位置、规格大小及连接构造。绘制时用不同的线形和图例来准确表达相应内容。

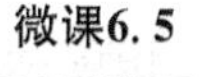

微课6.5

结构平面布置图

(1) 绘制内容

① 根据建筑物的宽度和长度,绘出柱网平面图。

② 用粗实线反映柱子的截面形式,根据柱断面尺寸的不同,给柱进行编号,并且标出柱截面中心线与轴线的关系尺寸。柱截面中板件尺寸的选用需另外用列表方式表示。

③ 用粗实线绘出梁、支撑等构件的平面位置,对其编号,并标注构件定位尺寸。

④ 在平面图的适当位置处标注所需的剖面,以反映结构楼板、梁等不同构件的竖向标高关系。

⑤ 图中标出楼梯间、结构预留洞等的位置。

(2) 识图原则、步骤

结构平面布置图的绘制数量,与确定绘制建筑平面图的数量原则相似,只要各层结构平面布置相同,可以只画某一层的平面布置图来表达相同各层的结构平面布置图。

识读结构平面布置图时,根据绘制结构平面布置图的原则,先就某一层结构平面图进行详细识读,然后对于其他各层,重点查找与读过的第一张结构平面布置图的不同处。这样不仅可以明显地提高识图速度,还可以避免出现各层之间信息的混乱。在对某一层结构平面布置图详细识读时,往往采取如下步骤:

① 识读本层的轴网布置图,弄清楚轴网的开间、进深等尺寸。

② 首先明确图中一共有几种类型的柱子,每一种类型柱子的截面形式、数量;然后弄清楚每一个柱子的具体位置、放置方向以及它与轴线的关系。

钢结构的安装尺寸必须要精确,因此在识读时必须要准确掌握钢柱的位置,否则将会影响其他构件的安装;另外还要注意钢柱的放置方向,因其与柱子的受力以及整个结构体系的稳定性都有直接的关系。

③ 明确本层梁的信息。梁的信息主要包括梁的编号、类型数、各类梁的截面形式、梁的跨度、梁的标高以及梁柱的连接形式等。

④ 掌握其他构件的布置情况。这里的"其他构件"主要是指梁之间的水平支撑、隅撑以及楼板层的布置。水平支撑和隅撑并不是所有的工程都有,如果有的话也将在结构平面布置图中一起表示出来,而楼板的布置方案应在结构布置图中表示出来,有时也会将板的布置方案单列一张图纸。

⑤ 查找图中的洞口位置。楼板层中的洞口主要包括楼梯间和配合设备管道安装的洞口,主要明确它们在平面图中的位置和尺寸。

4. 檩条布置图

屋面檩条布置图主要表明檩条间距、编号,檩条之间设置的直拉条、斜拉条布置和编号,隅撑的布置和编号;墙面檩条布置图按墙面所在轴线分类绘制,每个墙面的檩条布置图的内容与屋面檩条布置图内容相似。在识读屋面檩条布置图和墙面檩条布置图时可以参考轻钢门式刚架的屋面及墙面檩条布置图的识读方法。

5. 结构柱、梁详图

微课6.6
结构柱、梁详图

识读钢框架柱、梁详图以便了解(清楚)钢梁、钢柱、支撑等构件的外形、几何尺寸、主要控制标高及其与轴线间的几何尺寸关系,钢构件编号等信息。

钢柱详图一般会注明相应的规格尺寸、柱段控制标高和定位尺寸。而在钢柱或钢梁的拼接处、钢梁与钢柱的连接处以及需要特殊交代清楚的部位,往往需要有节点详图来进行详细的说明。节点详图一般会表示清楚各构件间的相互连接关系及其构造特点,节点上会标明在整个结构物的相关位置,即标出轴线编号、相关尺寸、主要控制标高、构件编号或截面规格、节点板厚度及加劲肋做法。构件与节点板焊接连接时,会标清楚焊脚尺寸及焊缝符号。构件采用螺栓连接时,会标明螺栓型号、直径、数量。

钢框架节点详图主要包括:柱脚连接节点详图、梁柱连接节点详图、柱拼接节点详图、梁拼接节点详图、主次梁连接节点详图、隅撑连接节点详图等。在识读节点详图时,首先要判断清楚该详图对应于整体结构的位置(可以利用定位轴线或索引符号等),明确位置后,紧接着要弄清图中所画构件是什么构件,它的截面尺寸是多少。其次判断该节点连接的构造特点(即两构件在何处连接,是铰接连接还是刚接连接等),要清楚为了实现连接需加设哪些连接板件或加劲板件。最后才是识读图上的标注。

6. 楼梯施工图

识读楼梯施工图时,首先要弄清楚各构件之间的位置关系,其次要明确各构件之间的连接问题。钢结构楼梯常做成梁板式楼梯,因此它的主要构件有踏步板、梯斜梁、平台梁、平台柱等。

楼梯施工图主要包括楼梯平面布置图、楼梯剖面图、平台梁与梯斜梁的连接详图、踏步板详图、平台梁与平台柱的连接详图、楼梯底部基础详图等。

楼梯图的识读步骤一般为:先读楼梯平面图、掌握楼梯的具体位置和楼梯的平面尺寸;再读楼梯剖面图,掌握楼梯在竖向上的尺寸关系和楼梯本身的构造形式及结构组成;最后阅读钢楼梯的节点详图,掌握组成楼梯的各构件之间的连接做法。

7. 材料表

材料表主要包括构件编号、零件号、截面、长度、数量、质量(单重及总重)、材质和备注。在识读构件详图和节点详图时,可从材料表中查得相应零件号的截面、数量等信息,提高了识图的速度;同时也为材料购买、工程预算等工作提供了重要的参考依据。

附图6-1 某经济开发区办公楼钢框架结构施工图。

习　题

6-1　多、高层钢结构体系通常可分为哪几种?

6-2　简述多、高层钢结构建筑的特点。

6-3　根据做法的不同,多、高层钢结构常用楼板分为哪几类?

6-4　工程中现浇板与钢梁之间的抗剪连接件有哪几种形式?

6-5　多、高层钢结构的承重框架、抗侧力支撑等主要承重构件在选材时应考虑钢材的哪些性能?

6-6　一套完整的多、高层钢结构施工设计图主要包括哪些图?

单元 7　钢网架结构选型与识图

网架是一种新型结构，不仅具有跨度大、覆盖面积大、结构轻、省料经济等特点，还具有良好的稳定性和安全性。因而网架结构一出现就引起人们极大的兴趣，尤其是大型的文化体育中心多数采用网架结构，如长春体育馆、上海体育馆、上海游泳馆和辽宁体育馆都别具风采。网架结构新颖，造型雄伟、壮观，场内没有柱子，视野开阔。

网架结构的形式较多，如双向正交斜放网架、三向网架和蜂窝形四角锥网架等。网架的选型可根据工程平面形状和尺寸、支承情况、跨度、荷载大小、制作和安装情况等因素综合分析确定。

7.1　网架结构基本知识

7.1.1　网架结构形式

采取不同的分类方法，网架结构可以划分为不同类型。

1. 按结构组成分类

（1）双层网架

双层网架是由上弦层、下弦层和腹杆层组成的空间结构，是最常用的一种网架结构形式，如图 7-1(a)所示。

（2）三层网架

三层网架是由上弦层、中弦层、下弦层、上腹杆层和下腹杆层等组成的空间结构，如图 7-1(b)所示。其特点是提高网架高度，减小网格尺寸；减小弦杆内力（根据资料表明，三层网架比双层网架降低弦杆内力 25%～60%），扩大螺栓球节点应用范围；减小腹杆长度（一般情况下，三层网架腹杆长度仅为双层网架腹杆长度的 1/2），便于制作和安装。

三层网架的不足之处是节点和杆件数量增多，中层节点上空间汇交杆件较多，节点构造复杂。计算表明，当网架跨度大于 50 m 时，三层网架用钢量比双层网架省，且随着跨度增加，用钢量降低越显著。

（3）组合网架

组合网架是根据不同材料各自的物理力学性质，使用不同的材料组成网架的基本单元，继而形成的网架结构，一般利用钢筋混凝土板良好的受压性能替代上弦杆。这种形式的网架结构的刚度大，适宜建造活动荷载较大的大跨度楼层结构。

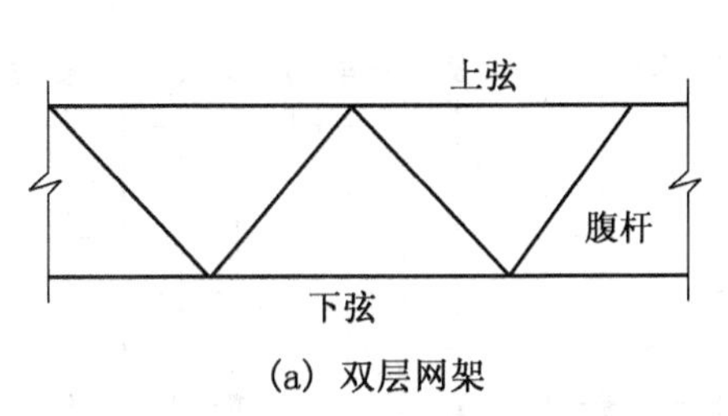

(a) 双层网架

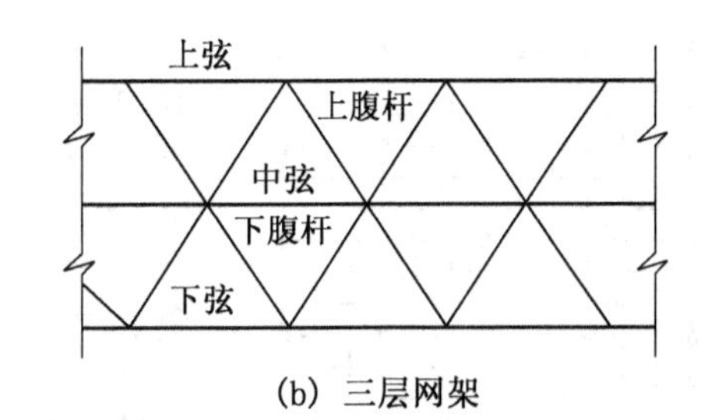

(b) 三层网架

图 7-1　双层网架、三层网架

2. 按支承方式分类

网架结构按支承情况可分为周边支承网架、点支承网架、周边与点相结合支承的网架、三边支承一边开口或两边支承两边开口网架和悬挑网架等。

(1) 周边支承网架

周边支承网架是目前采用较多的一种形式，所有边界节点都搁置在柱或梁上，传力直接，网架受力均匀，如图 7-2(a)所示。当网架周边支承于柱顶时，网格宽度可与柱距一致；当网架支承于周边梁上时，网格的划分比较灵活，可不受柱距影响，如图 7-2(b)所示。

(2) 点支承网架

一般有四点支承和多点支承两种情形，由于支承点处集中受力较大，宜在周边设置悬挑，以减小网架跨中杆件的内力和挠度，如图 7-3 所示。

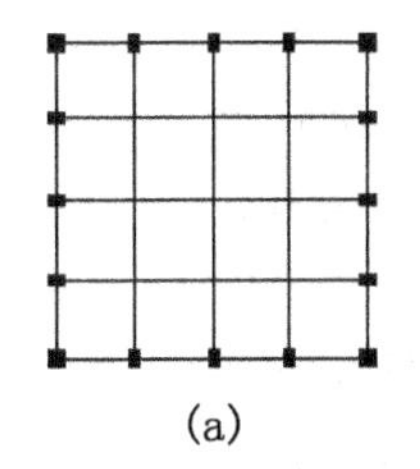

(a)　(b)

图 7-2　周边支承网架

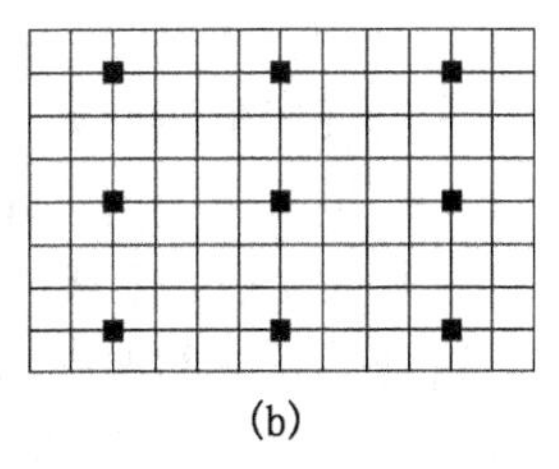

(a)　(b)

图 7-3　点支承网架

(3) 周边与点相结合支承的网架

在点支承网架中，当周边没有围护结构和抗风柱时，可采用点支承与周边支承相结合的形式，这种支承方法适用于工业厂房和展览厅等公共建筑，如图 7-4 所示。

(4) 三边支承一边开口或两边支承两边开口网架

在矩形平面的建筑中，根据建筑功能的要求，需要在一边或两对边上开口，或考虑扩建的可能性，使网架仅在三边或两对边上支承，另一边或两对边为自由边，如图 7-5 所示。自由边的存在对网架受力不利，结构中应对自由边做加强处理，一般可在自由边附近增加网架层数或在自由边加设托梁或托架。对于中、小型网架，也可采用增加网架高度或局部加大杆件截面的办法予以加强。

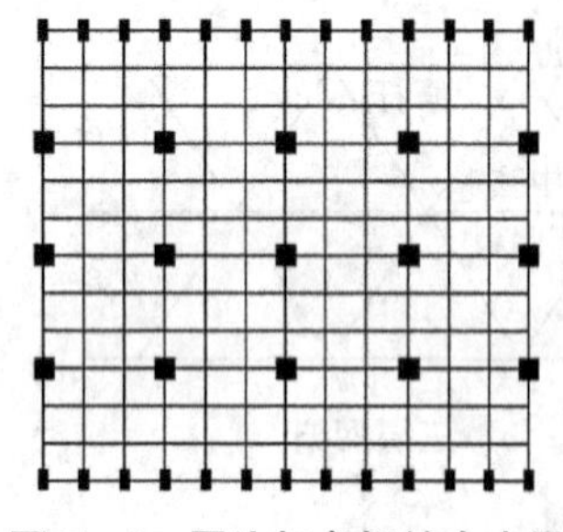

图 7-4　周边与点相结合支承

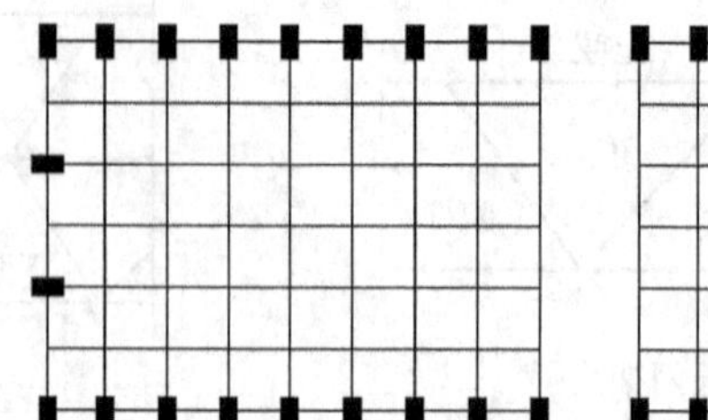

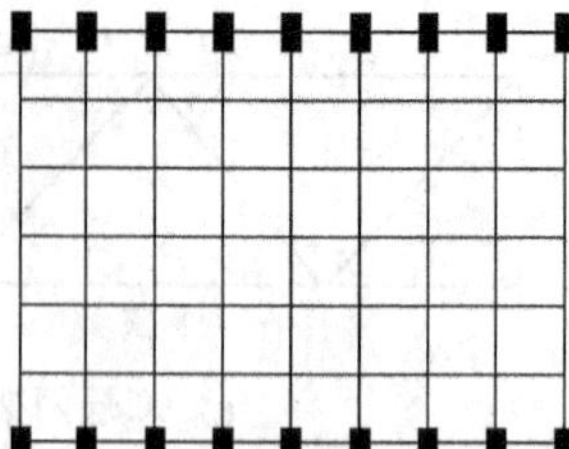

图 7-5　三边支承一边开口或两边支承两边开口

(5) 悬挑网架

为满足一些特殊的需要，有时候网架结构的支承形式为一边支承、三边自由。为使网架结构的受力合理，也必须在另一方向设置悬挑，以平衡下部支承结构的受力，使之趋于合理，例如体育场看台罩棚。

3. 按跨度分类

网架结构按照跨度分类时，把跨度 $L \leqslant 30$ m 的网架称为小跨度网架；跨度 30 m$<L \leqslant 60$ m的网架称为中跨度网架；跨度 $L>60$ m 的网架称为大跨度网架。此外，随着网架跨度的不断增大，出现了特大跨度和超大跨度的说法，但目前还没有严格的定义。一般来说，$L>90$ m 或 120 m 时称为特大跨度网架；当 $L>150$ m 或 180 m 时称为超大跨度网架。

4. 按网格形式分类

这是网架结构分类中最普遍采用的一种分类方式。根据《空间网格结构技术规程》(JGJ 7—2010)的规定，目前经常采用的网架结构分为 4 个体系 13 种网格形式。

(1) 交叉平面桁架体系

这个体系的网架结构是由一些相互交叉的平面桁架组成。一般应使斜腹杆受拉、竖腹杆受压，斜腹杆与弦杆之间夹角宜为 40°～60°。该体系的网架有以下四种。

① 两向正交正放。两向正交正放网架是由两组平面桁架互成 90°交叉而成，弦杆与边界平行或垂直。上、下弦网格尺寸相同，同一方向的各平面桁架长度一致，制作、安装较为简便，如图 7-6 所示。由于上、下弦为方形网格，属于几何可变体系，应适当设置上下弦水平支撑，以保证结构的几何不变性，有效地传递水平荷载。两向正交正放网架适用于建筑平面为正方形或接近正方形，且跨度较小的情况。

② 两向正交斜放网架。两向正交斜放网架由两组平面桁架互呈 90°交叉而成，弦杆与边界呈 45°，边界可靠时，为几何不变体系，如图 7-7 所示。各榀桁架长度不同，靠近角部的短桁架相对刚度较大，对与其垂直的长桁架有一定的弹性支承作用，可以使长桁架中部的正弯矩减小，因而比正交正放网架经济。不过由于长桁架两端有负弯矩，四角支座将产生较大拉力。当采用一定形式，可使角部拉力由两个支座负担，避免过大的角支座拉力。两向正交斜放网架适用于建筑平面为正方形或长方形情况。

图 7-6　两向正交斜放网架

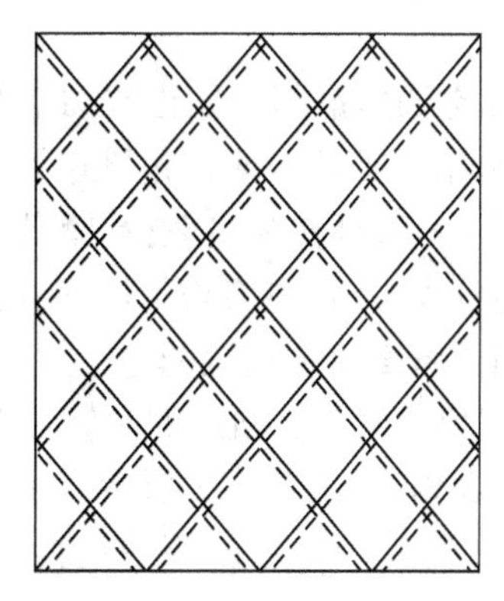

图 7-7　两向正交斜放网架

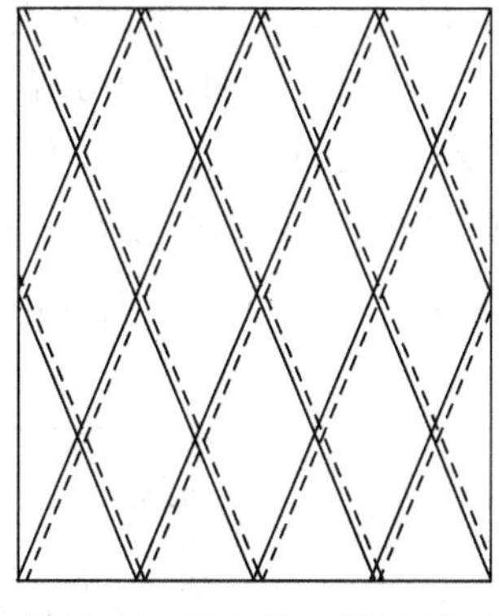

图 7-8　两向斜交斜放网架

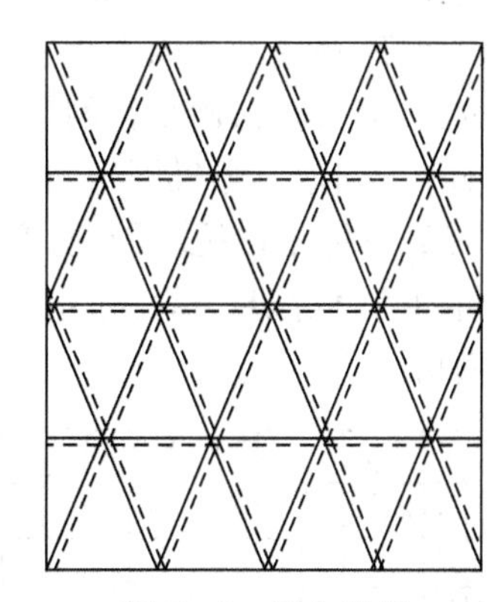

图 7-9　三向网架

③ 两向斜交斜放网架。两向斜交斜放网架由两组平面桁架斜向相交而成，弦杆与边界成一斜角，如图 7-8 所示。这类网架在网格布置、构造、计算分析和制作安装上都比较复杂，而且受力性能也比较差，除了特殊情况外，一般不宜使用。

④ 三向网架。三向网架由三组互成 60°的平面桁架相交而成，如图 7-9 所示。这类网架受力均匀，空间刚度大，但汇交于一个节点的杆件数量较多，节点构造比较复杂，宜采用圆钢管杆件及球节点。三向网架适用于大跨度（$L>60$ m）而且建筑平面为三角形、六边形、多边形和圆形等平面形状比较规则的情况。

（2）四角锥体系

这类网架的上、下弦均呈正方形（或接近正方形的矩形）网格，相互错开半格，使下弦网格的角点对准上弦网格的形心，再在上下弦节点间用腹杆连接起来，即形成四角锥体系网架。该体系的网架有以下 5 种形式。

① 正放四角锥网架。由倒置的四角锥体组成，锥底的四边为网架的上弦杆，锥棱为腹杆，各锥顶相连即为下弦杆。它的弦杆均与边界正交，如图 7-10 所示。这类网架杆件受力均匀，空间刚度比其他类的四角锥网架及两向网架好。屋面板规格单一，便于起拱，屋面排水也较容易处理。但杆件数量较多，用钢量略高。正放四角锥网架适用于建筑平面接近正方形的周边支承情况，也适用于屋面荷载较大、大柱距点支承及设有悬挂吊车的

工业厂房情况。

② 正放抽空四角锥网架。正放抽空四角锥网架是在正放四角锥网架的基础上，除周边网格不动外，适当抽掉一些四角锥单元中的腹杆和下弦杆，使下弦网格尺寸扩大一倍，如图7-11所示。其杆件数目较少，降低了用钢量，抽空部分可作采光天窗，下弦内力较正放四角锥约放大一倍，内力均匀性、刚度有所下降，但仍能满足工程要求。正放抽空四角锥网架适用于屋面荷载较轻的中、小跨度网架。

③ 斜放四角锥网架。斜放四角锥网架的上弦杆与边界呈45°，下弦正放，腹杆与下弦在同一垂直平面内，如图7-12所示。上弦杆长度约为下弦杆长度的0.707倍。在周边支承情况下，一般为上弦受压，下弦受拉。节点处汇交的杆件较少(上弦节点6根，下弦节点8根)，用钢量较省。但因上弦网格斜放，屋面板种类较多，屋面排水坡的形成也较困难。当平面长宽比为1～2.25时，长跨跨中下弦内力大于短跨跨中的下弦内力；当平面长宽比大于2.5时，长跨跨中下弦内力小于短跨跨下弦内力。当平面长宽比为1～1.5时，上弦杆的最大内力不在跨中，而是在网架1/4平面的中部。这些内力分布规律不同于普通简支平板的规律。斜放四角锥网架当采用周边支承、且周边无刚性联系时，会出现四角锥体绕Z轴旋转的不稳定情况。因此，必须在网架周边布置刚性边梁。当为点支承时，可在周边布置封闭的边桁架。适用于中、小跨度周边支承，或周边支承与点支承相结合的方形或矩形平面情况。

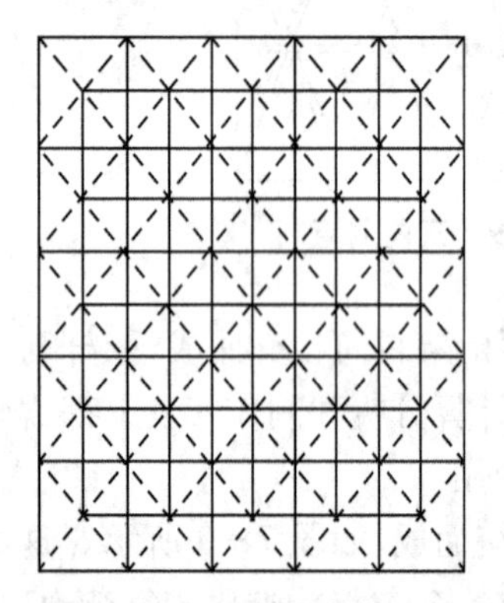

图7-10 正放四角锥网架

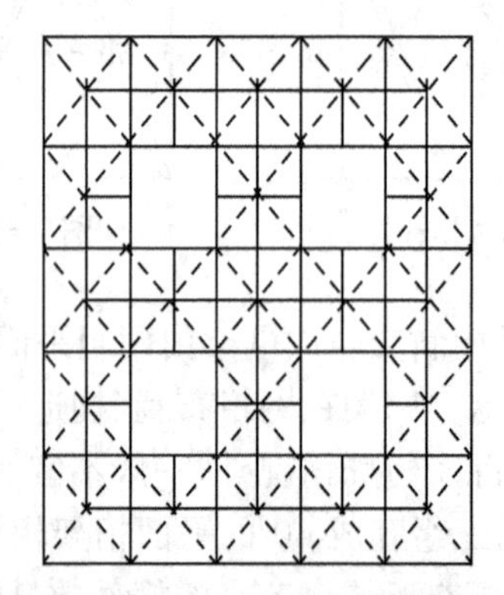

图7-11 正放抽空四角锥网架

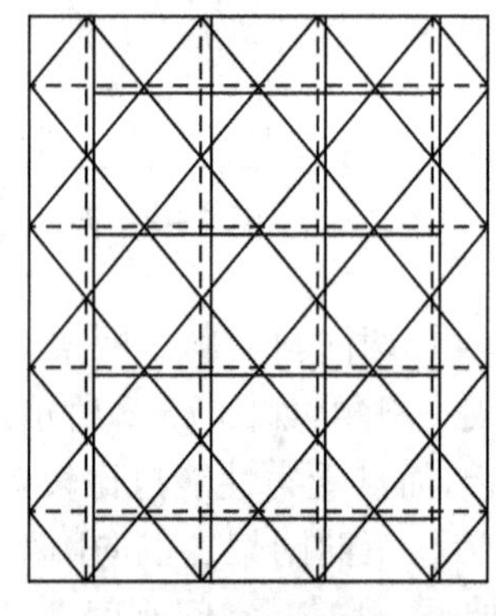

图7-12 斜放四角锥网架

④ 星形四角锥网架。这种网架的单元体形似星体，星体单元由两个倒置的三角形小桁架相互交叉而成，如图7-13所示。两个小桁架底边构成网架上弦，它们与边界呈45°。在两个小桁架交汇处设有竖杆，各单元顶点相连即为下弦杆。因此，它的上弦为正交斜放，下弦为正交正放，斜腹杆与上弦杆在同一竖直平面内。上弦杆比下弦杆短，受力合理。但在角部的上弦杆可能受拉。该处支座可能出现拉力。网架的受力情况接近交叉梁系，刚度稍差于正放四角锥网架。此类网架适用于中、小跨度周边支承的网架。

⑤ 棋盘形四角锥网架。棋盘形四角锥网架是在斜放四角锥网架的基础上，将整个网架水平旋转45°，并加设平行于边界的周边下弦，如图7-14所示。此种网架也具有短压杆、长拉杆的特点，受力合理；由于周边满锥，它的空间作用得到保证，受力均匀。棋盘形四角锥网架的杆件较少，屋面板规格单一，用钢指标良好。适用于小跨度周边支承的网架。

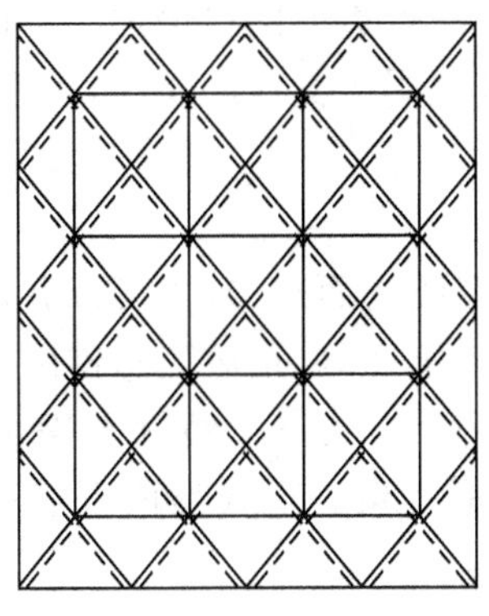

图7-13　星形四角锥网架

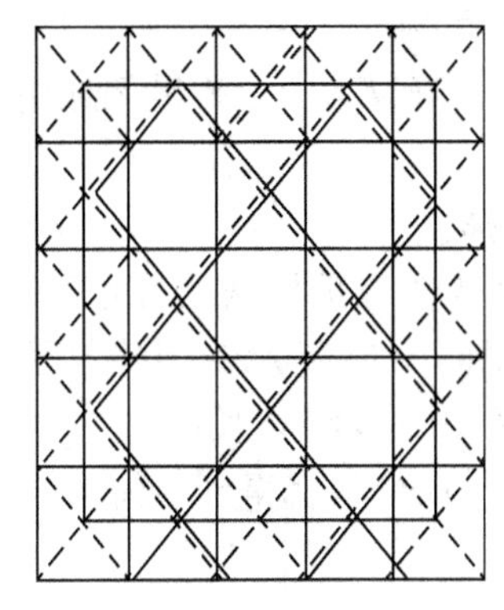

图7-14　棋盘形四角锥网架

(3) 三角锥体系

这类网架的基本单元是一倒置的三角锥体。锥底的正三角形的三边为网架的上弦杆,其棱为网架的腹杆。随着三角锥单元体布置的不同,上下弦网格可为正三角形或六边形,从而构成不同的三角锥网架。

① 三角锥网架。三角锥网架上下弦平面均为三角形网格,下弦三角形网格的顶点对着上弦三角形网格的形心,如图7-15所示。此类网架受力均匀,整体抗扭、抗弯刚度好,但节点构造复杂,上下弦节点交汇杆件数均为9根。适用于建筑平面为三角形、六边形和圆形的情况。

图7-15　三角锥网架

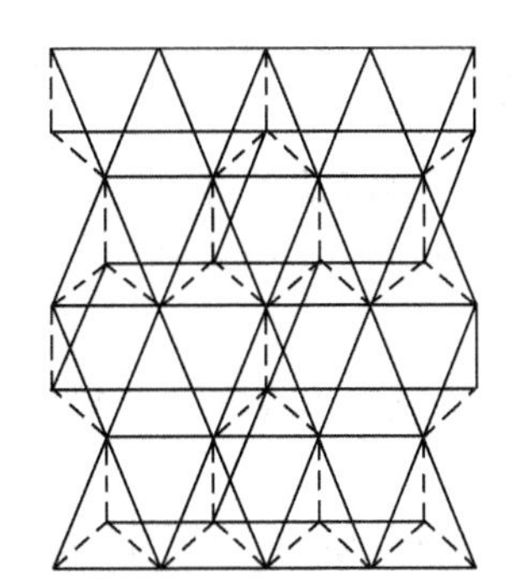

图7-16　抽空三角锥网架Ⅰ型

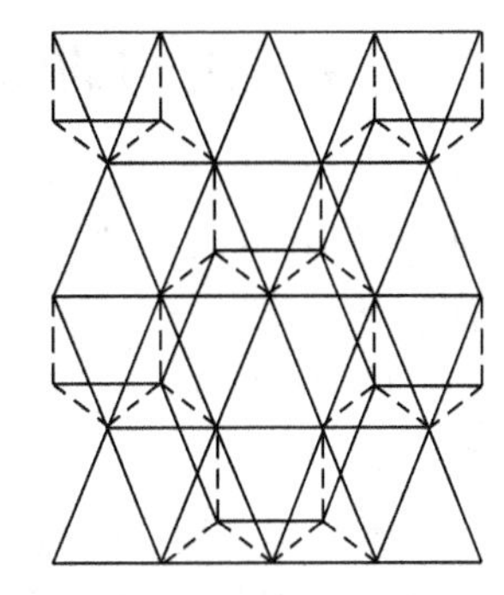

图7-17　抽空三角锥网架Ⅱ型

② 抽空三角锥网架。抽空三角锥网架是在三角锥网架的基础上,抽去部分三角锥单元的腹杆和下弦而形成的。当下弦由三角形和六边形网格组成时,称为抽空三角锥网架Ⅰ型,如图7-16所示;当下弦全为六边形网格时,称为抽空三角锥网架Ⅱ型,如图7-17所示。这种网架减少了杆件数量,用钢量省,但空间刚度也较三角锥网架小。上弦网格较密,便于铺设屋面板,下弦网格较疏,以节省钢材。抽空三角锥网架适用于荷载较小、跨度较小的三角形、六边形和圆形平面的建筑。

③ 蜂窝形三角锥网架。蜂窝形三角锥网架由一系列的三角锥组成,上弦平面为正三角形和正六边形网格,下弦平面为正六边形网格,腹杆与下弦杆在同一垂直平面内,如图7-18所示。该网架上弦杆短、下弦杆长,受力合理,每个节点只汇交6根杆件,是常用网

架中杆件数和节点数最少的一种。但是,上弦平面的六边形网格增加了屋面板布置与屋面找坡的困难。蜂窝形三角锥网架适用于中、小跨度周边支承的情况,可用于六边形、圆形或矩形平面。

(4) 折线形网架

折线形网架俗称折板网架,由正放四角锥网架演变而来的,也可以看作是折板结构的格构化,如图 7-19 所示。当建筑平面长宽比大于 2 时,正放四角锥网架单向传力的特点就很明显,此时,网架长跨方向弦杆的内力很小,从强度角度考虑可将长向弦杆(除周边网格外)取消,就得到沿短向支承的折线形网架。折线形网架适用于狭长矩形平面的建筑。

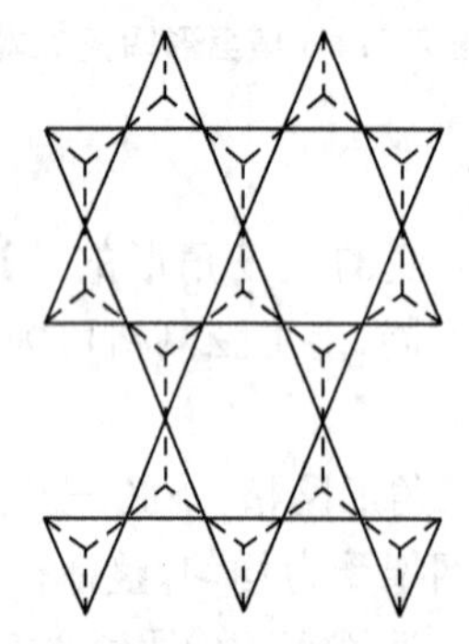

图 7-18　蜂窝形三角锥网架

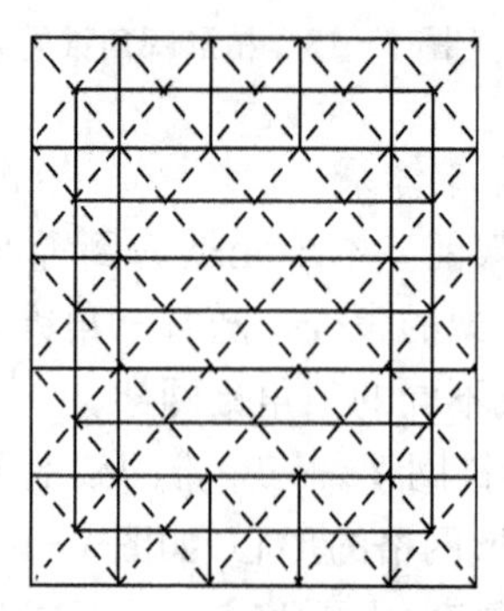

图 7-19　折线形网架

7.1.2　网架结构的特点

网架结构上的外部荷载通过次构件(檩条等)传递到网架结构节点上,所以网架杆件多为轴向受力杆件,使其材料强度可以得到充分利用。网架结构除了受力方面体现了其优越性之外,还具有以下优点:

(1) 环保性能好。干作业施工,减少废弃物对环境造成的污染,结构材料可 100%回收,符合当前环保政策。

(2) 机械化程度高。构配件均为自动化、连续化、高精度生产,产品规格系列化、定型化、配套化,各部分尺寸精确。

(3) 空间布置灵活。由于网架结构采用薄壁型材,自重轻、强度高,便于扩大柱距和跨度,提供更大的分隔空间。

(4) 结构形式多样化。由于网架结构由杆件组成,杆件可以灵活布置,故能适应各种建筑平面和造型设计,使得结构造型多样化。

(5) 自重轻,用钢量省。由于网架结构采用杆件体系,能充分发挥材料的强度,可用小规格的杆件建造大跨度的建筑,故自重大大减小,有利于节省钢材。

(6) 便于安装,有利于缩短施工工期。由于网架结构杆件大都在生产车间加工成规定的尺寸后运输到现场,现场可以拼装成安装单元后采用整体吊装的方法安装,也可以进行高空散装,节省安装时间和安装成本,同时网架安装受环境季节影响很小,故大大缩短了施工工期。

(7) 受力合理。网架结构是由杆件组成的空间结构体系，其最大特点是结构受力合理，结构空间分析时，基本假定网架的节点为空间铰接节点，所有杆件只承受轴向力，从而充分利用材料的强度。

(8) 网架结构空间刚度大、整体性好、抗震能力强，而且能够承受由于地基不均匀沉降带来的不利影响。

(9) 网架结构取材方便。一般采用 Q235 钢或 Q345 钢，杆件截面形式多采用广泛应用的钢管。

(10) 综合技术经济效果好。以上优点共同使得网架结构达到非常好的综合经济效果。

7.1.3　网架结构主要构件形式

1. 网架结构的主要受力杆件分为弦杆和腹杆(上、下层弦杆和腹杆)

常见的截面形式有圆管(图 7－20 所示)。以前还会采用角钢等其他的截面形式，为了方便除锈维护、施工安装，目前很少使用。

2. 檩条

檩条常用截面形式如图 7－21 所示。在受力或跨度比较大时，有时还会采用高频焊接 H 型钢、槽钢、工字钢等。

3. 围护

用于网架结构的围护系统主要包括屋面板、墙面板，与用于轻钢门式刚架结构的相同，可以参见本书第 5 单元相关内容。

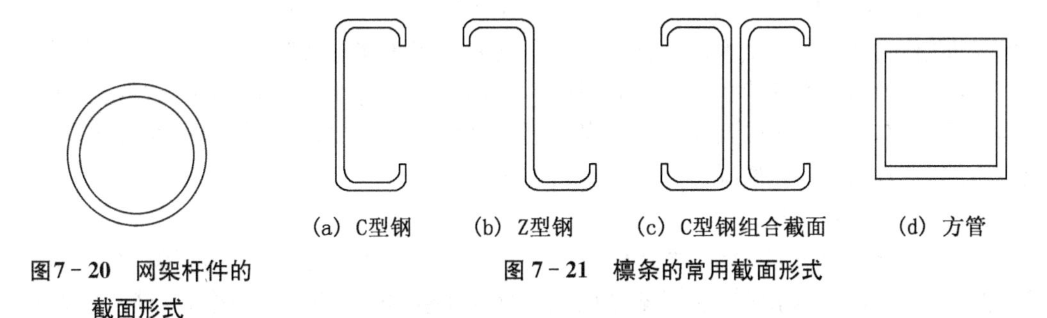

图7－20　网架杆件的截面形式

图 7－21　檩条的常用截面形式

7.2 网架结构选型

7.2.1 网架结构的一般要求

1. 网架结构的受力特点

(1) 由很多杆件按一定规律组成的网状结构体系,杆件之间互相起支撑作用,形成多向受力的空间结构,整体性强,稳定性好,空间刚度大。

(2) 杆件内力主要为轴向力,可充分利用材料强度,减少耗材。

(3) 网架是一种空间杆系结构,杆件之间的连接可假定为铰接,忽略节点刚度的影响,不计次应力对杆件内力所引起的变化。由于一般网架均属于平板型,受荷载后网架在板平面内的水平变位都小于网架的挠度,而挠度远小于网架的高度,属于小挠度范畴。也就是说,网架不必考虑因大变位、大挠度所引起的结构几何非线性性质。此外,网架结构的材料都按弹性受力状态考虑,未进入弹塑性状态和塑性状态,即不考虑材料的非线性性质。因此,对网架结构的一般静动力计算,其基本假定可归纳为:

① 节点为铰接,杆件只承受轴向力。

② 按小挠度理论计算。

③ 按弹性方法分析。

2. 网架结构选型原则

网架结构的形式很多,如何结合工程的具体条件选择适当的网架形式,对网架结构的技术经济指标、制作安装质量以及施工进度等均有直接影响。影响网架选型的因素是多方面的,如工程的平面形状和尺寸、网架的支承方式、荷载大小、屋面构造和材料、建筑构造与要求、制作安装方法以及材料供应等。因此,网架结构的选型必须根据经济合理、安全实用的原则,结合实际情况进行综合分析比较来确定。

网架结构选型原则:

(1) 对于周边支承的网架,当平面形状为正方形或接近正方形时,由于斜放四角锥、星形四角锥、棋盘形四角锥三种网架结构上弦杆较下弦杆短,杆件受力合理,节点汇交杆件较少,且在同样跨度条件下节点和杆件总数也比较少,用钢量指标较低,因此在中、小跨度时应优先考虑选用;正放抽空四角锥网架、蜂窝形三角锥网架也具有类似的优点,因此在中、小跨度,荷载较轻时亦可选用;当跨度较大时,容许挠度将起主要控制作用,宜选用刚度较大的交叉桁架体系或满锥形式的网架。

(2) 在网架选型时,从屋面构造情况来看,正放类型的网架屋面板规格整齐单一,而斜放类型的网架屋面板规格却有两三种。斜放四角锥的上弦网格较小,屋面板的规格也小;而正放四角锥的上弦网格相对较大,屋面板的规格也大。

表7-1　网架结构选型

<table>
<tr><th>支承情况</th><th colspan="2">平面形状</th><th colspan="2">选用网架</th></tr>
<tr><td rowspan="6">周边支承</td><td rowspan="4">矩形</td><td rowspan="2">长宽比约为1.0</td><td>中、小跨度</td><td>棋盘形四角锥网架
斜放四角锥网架
星形四角锥网架
正放抽空四角锥网架
两向正交正放网架
两向正交斜放网架
蜂窝形三角锥网架</td></tr>
<tr><td>大跨度</td><td>两向正交正放网架
两向正交斜放网架
正放四角锥网架
斜放四角锥网架</td></tr>
<tr><td>长宽比为1～1.5</td><td colspan="2">两向正交斜放网架
正放抽空四角锥网架</td></tr>
<tr><td>长宽比大于1.5</td><td colspan="2">两向正交正放网架
正放四角锥网架
正放抽空四角锥网架
折线形网架</td></tr>
<tr><td colspan="2" rowspan="2">圆形
多边形(六边形、八边形)</td><td>中、小跨度</td><td>抽空三角锥网架
蜂窝形三角锥网架</td></tr>
<tr><td>大跨度</td><td>三向网架
三角锥网架</td></tr>
<tr><td>四点支承
多点支承</td><td colspan="2" rowspan="2">矩形</td><td colspan="2">两向正交正放网架
正放四角锥网架
正放抽空四角锥网架</td></tr>
<tr><td>周边支承与点支承相结合</td><td colspan="2">斜放四角锥网架
正交正放类网架
两向正交斜放类网架</td></tr>
</table>

注:1. 对于三边支承、一边开口的矩形平面网架,其选型可以参照周边支承网架进行选择。
2. 当跨度和荷载较小时,角锥体系可采用抽空类型的网架,以进一步节约钢材。

(3) 从网架制作来说,交叉平面桁架体系较角锥体系简便,正交比斜交方便,两向比三向简单。而从网架安装来说,特别是采用分条或分块吊装方法施工时,选用正放类网架比斜放类网架有利。因为斜放类网架在分条或分块后,可能因刚度不足或几何可变而要增设临时杆件予以加强。

(4) 从节点构造要求来说,焊接空心球节点可以适用于各类网架;而焊接钢板节点则以选用两向正交类网架为宜;至于螺栓球节点网架,则要求相邻杆件的内力不要相差太大。

总之,在网架选型时必须综合考虑上述情况,合理地确定网架的形式。在给定支承方式的情况下,对于一定平面形状和尺寸的网架,从用钢量指标或结构造价最优的条件出发。表7-1列出了各类网架较为合适的应用范围,可供网架结构选型时参考。

3. 网架结构几何尺寸选择

网架结构的主要尺寸有网格尺寸(指上弦网格尺寸)和网架高度。网格尺寸应与网架高度配合决定。根据《空间网格结构技术规程》(JGJ 7—2010)的规定,网架的网格高度与网格尺寸应根据跨度大小、荷载条件、柱网尺寸、支承情况、网格形式、构造要求和建筑功能等因素确定,网架的高跨比可取1/18~1/10。网架在短向跨度的网格数不宜小于5,确定网格尺寸时,宜使相邻杆件间的夹角大于45°且不宜小于30°。

(1) 网格尺寸

网格尺寸的大小直接影响网架的经济性。网格尺寸的确定与以下条件有关。

① 屋面材料。当屋面采用无檩体系(如钢筋混凝土屋面板、钢丝网水泥板)时,网格尺寸一般为2~4 m。若网格尺寸过大,屋面板质量大,不仅增加了网架所受的荷载,还会使屋面板的吊装发生困难。当采用钢檩条屋面体系时,檩条长度不宜超过6 m。网格尺寸应与上述屋面材料相适应。当网格尺寸大于6 m时,斜腹杆应再分,此时应注意保证杆件的稳定性。

② 网格尺寸与网架高度呈合适的比例关系。通常应使斜腹杆与弦杆间的夹角为45°~60°,这样节点构造不致发生困难。

③ 钢材规格。采用合理的钢管做网架时,网格尺寸可以大些;采用角钢杆件或只有较小规格钢材时,网格尺寸应小些。

④ 通风管道的尺寸。网格尺寸应考虑通风管道等设备的设置。对于周边支承的各类网架,首先应确定网架沿短跨方向的网格数,进而确定网格尺寸。当跨度在18 m以下时,网格数可适当减少。

(2) 网架高度

网架的高度(即厚度)主要取决于跨度。网架的高度大小将直接影响网架的刚度和杆件内力。网架高度越大,弦杆所受力越小,弦杆用钢量减少,但此时腹杆长度加大,腹杆用钢量增加。反之,网架高度越小,腹杆用钢量越少,弦杆用钢量增加。因此,网架需要选择一个合理的高度,使得用钢量达到最少,同时还应当考虑刚度要求等。合理的网架高度可根据网架的屋面体系来确定。网架的最优跨高比,采用钢筋混凝土屋面时为1/14~1/10,采用轻钢屋面时为1/13~1/8。

确定网架高度时主要应考虑以下因素:

① 建筑要求及刚度要求。当屋面荷载较大时,应选择较大的网架高度,反之矮些。但当跨度较大时,网架高度主要由相对挠度的要求来决定。一般来说,跨度较大时,网架的跨高比可选用得大些。

② 网架的平面形状。当网架的平面形状为圆形,正方形或接近正方形的矩形时,网架高度可取得小些。当矩形平面网架狭长时,单向作用明显,其刚度就小些,此时网架高度应取得大些。

③ 网架的支承条件。周边支承时,网架高度可取得小些;点支承时,网架高度应取得大些。

④ 节点构造形式。网架的节点构造形式很多,国内常用的有焊接空心球节点和螺栓球节点,两者相比,前者的安装变形小于后者。故采用焊接空心球节点时,网架高度可取

得小些；采用螺栓球节点时，网架高度应取得大些。

此外，当网架有起拱时，网架的高度可取得小些。

7.2.2　网架结构屋面排水坡度的形成

网架结构的屋面坡度一般取1%～4%以满足屋面排水要求，多雨地区宜选用大值。当屋面结构采用有檩体系时，还应考虑檩条挠度对泄水的影响。对于荷载、跨度较大的网架结构，还应考虑网架竖向挠度对排水的影响。

屋面坡度的形成方法（如图7－22所示）有以下几种。

（1）上弦节点加小立柱找坡，当小立柱较高时，应注意小立柱自身的稳定性，这种做法构造比较简单。

（2）网架变高度，当网架跨度较大时，会造成受压腹杆太长。

（3）支承柱找坡，采用点支承方案的网架可用此法找坡。

（4）整个网架起拱，一般用于大跨度网架。网架起拱后，杆件、节点的规格明显增多，使网架的设计、制造、安装复杂化。当起拱高度小于网架短向跨度的1/150时，由起拱引起的杆件内力变化一般不超过5%～10%。因此，仍按不起拱的网架计算内力。

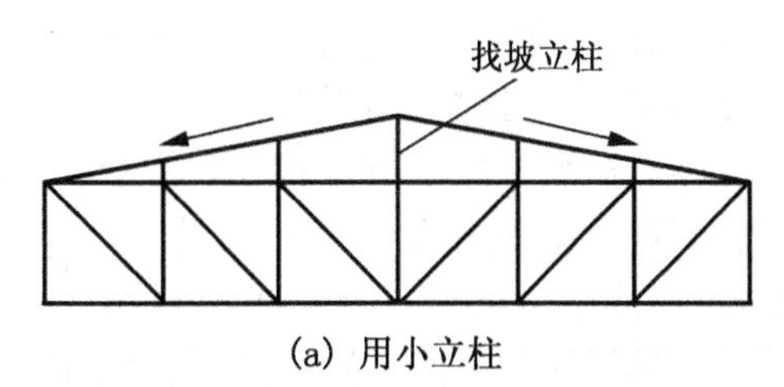

(a) 用小立柱

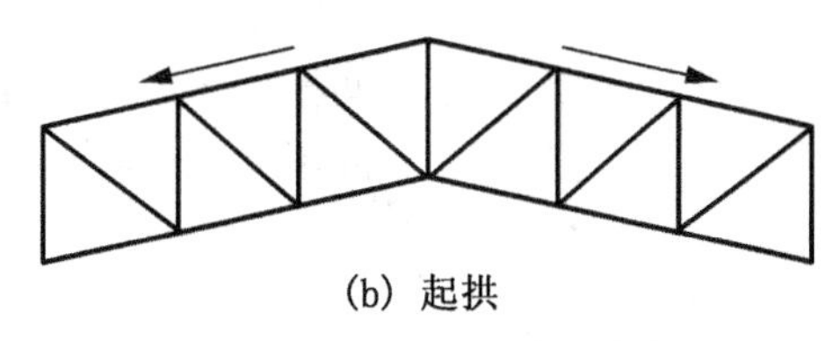

(b) 起拱

图7－22　屋面坡度的形成方法

7.2.3　网架结构的起拱

网架施工起拱是为了消除网架在使用阶段的挠度影响。一般情况下，中小跨度网架不需要起拱。对于大跨度（$L_2>60$ m）网架或建筑上有起拱要求的网架，起拱高度可取$L_2/300$，L_2为网架的短向跨度。网架起拱的方法，按线型分为折线型起拱和弧线型起拱两种。按方向分有单向和双向起拱两种。狭长平面的网架可单向起拱，接近正方形平面的网架应双向起拱。网架起拱后，会使杆件的种类增加而使网架设计、制造和安装更加麻烦。

7.2.4　网架结构的容许挠度

网架结构的容许挠度不应超过下列数值：

用作屋盖结构—$L_2/250$；用作楼盖结构—$L_2/300$；L_2—网架的短向跨度。

7.3 网架结构构造

7.3.1 网架结构的节点构造

网架结构的节点形式很多，按节点在网架中的位置可分为中间节点（网架杆件交汇的一般节点）、再分杆节点、屋脊节点和支座节点；按节点连接方式可以分为焊接连接节点、高强度螺栓连接节点、焊接和高强度螺栓混合连接节点；按节点的构造形式可分为板节点、半球节点、球节点、钢管圆筒节点、钢管鼓节点等。我国最常用的是焊接钢板节点、焊接空心球节点、螺栓球节点等。

微课7.1

钢网架结构的节点构造

网架结构节点形式的选择要根据网架类型、受力性质、杆件截面形状、制造工艺和安装方法等条件而定。例如，对于交叉平面桁架体系中的两向网架，杆件选用角钢时，一般多采用钢板节点；对于空间桁架体系（四角锥、三角锥体系等）网架，杆件选用圆钢管时，若杆件内力不是非常大（一般不大于 750 kN），可采用螺栓球节点，若杆件内力非常大，一般应采用焊接空心球节点。

1. 焊接钢板节点

焊接钢板节点，一般由十字节点板和盖板组成。十字节点板用两块带企口的钢板对插焊接而成，也可由 3 块焊成，如图 7－23 所示。焊接钢板节点多用于双向网架和四角锥体的网架。焊接钢板节点常用的结构形式如图 7－24 所示。

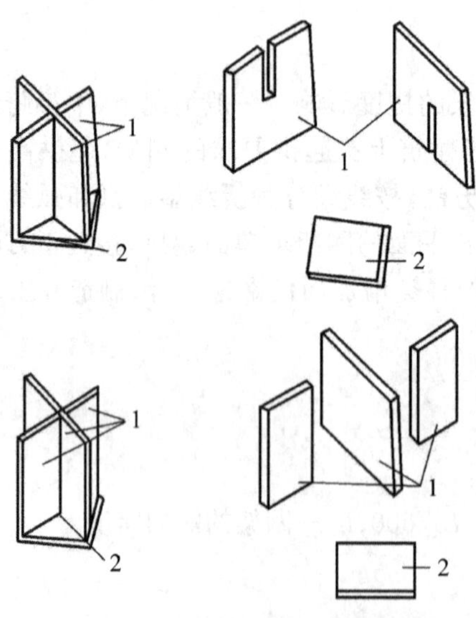

图 7－23　焊接钢板节点

1—十字节点板；2—盖板

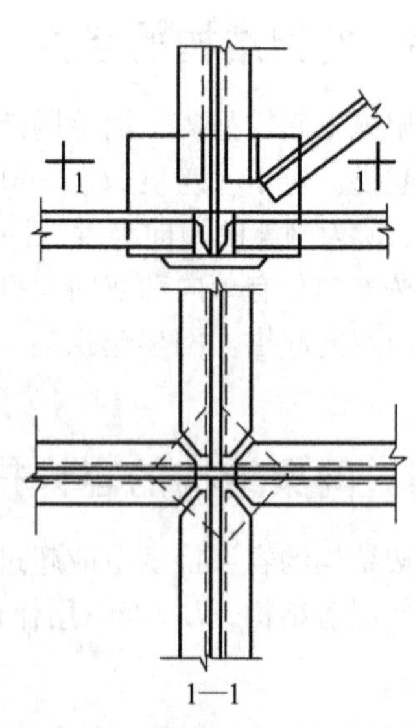

图 7－24　双向网架的节点构造

2. 焊接空心球节点

空心球是由两个压制的半球焊接而成，分为加肋和不加肋两种，如图 7－25 所示，适用于钢管杆件的连接。当空心球的外径大于 300 mm，且内力较大，需要提高承载能力时，球内可加环肋，其厚度不应小于球壁厚，同时杆件应连接在环肋的平面内。球节点与杆件相连接时，两杆件在球面上的净距 a 不得小于 10 mm，如图 7－26 所示。

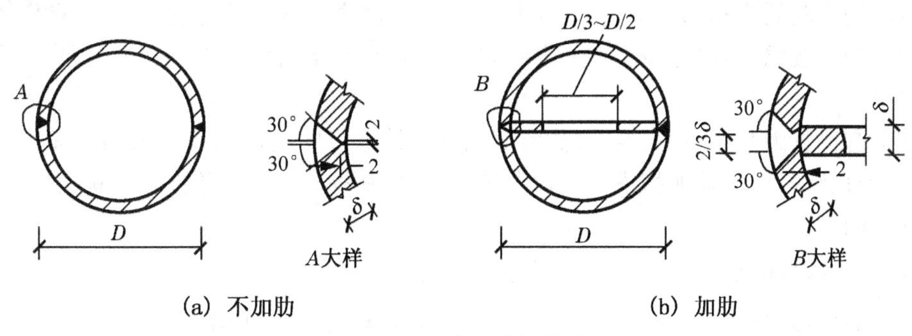

(a) 不加肋　　(b) 加肋

图 7－25　空心球剖面图

焊接球节点的半圆球，宜用机床加工成坡口。焊接后的成品球的表面应光滑平整，不得有局部凸起或折皱，其几何尺寸和焊接质量应符合设计要求。成品球应按 1%作抽样进行无损检查。

3. 螺栓球节点

螺栓球节点系通过螺栓将管形截面的杆件和钢球连接起来的节点，一般由螺栓、钢球、销子、套管和锥头或封板等零件组成，如图 7－27 所示。螺栓球节点毛坯不圆度的允许制作误差为 2 mm，螺栓按 3 级精度加工，检验时按国家标准 GB 1228～GB 1231 的规定执行。

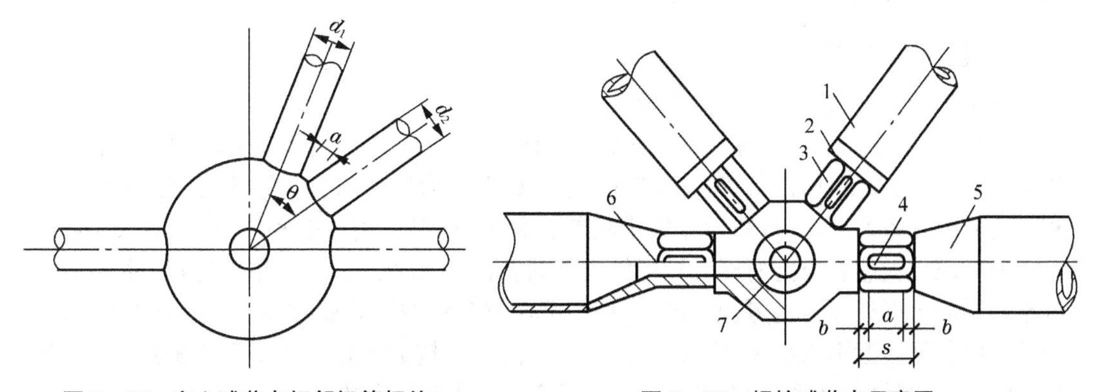

图 7－26　空心球节点相邻钢管杆件

图 7－27　螺栓球节点示意图

1—钢管；2—封板；3—套管；4—销子；
5—锥头；6—螺栓；7—钢球

7.2.2 网架结构的杆件构造

微课7.2

钢网架结构的杆件构造

1. 杆件截面形式

网架的杆件截面形式分为圆钢管、角钢和薄壁型钢三种。

圆钢管可采用高频电焊钢管或无缝钢管。高频电焊钢管是利用高频电流的集肤效应和邻近效应，利用集中于管坯边缘上的电流将接合面加热到焊接温度，再经挤压、辊压焊成的焊接管，网架结构一般用直缝焊管。

薄壁圆钢管因其相对回转半径大和其截面特性无方向性，对受压和受扭有利，故一般情况下，圆钢管截面比其他型钢截面可节约20%的用钢量。当有条件时应优先采用薄壁圆钢管截面。

2. 杆件截面形式选择

杆件截面形式的选择与网架的网格形式有关。对交叉平面桁架体系，可选用角钢或圆钢管杆件；对于空间桁架体系（四角锥体系、三角锥体系），则应选用圆钢管杆件。杆件截面形式的选择还与网架的节点形式有关。若采用钢板节点，宜选用角钢杆件；若采用焊接球节点、螺栓球节点，则应选用圆钢管杆件。

3. 网架杆件截面尺寸要求

网架的杆件尺寸应满足下列要求：

(1) 普通型钢一般不宜采用小于∟ 45×3 或∟ 56×36×3 的角钢，钢管不宜小于 $\phi 48\times 3$；而对于大、中跨度空间网格结构，钢管不宜小于 $\phi 60\times 3.5$。

(2) 薄壁型钢厚度不应小于 2 mm。杆件的下料、加工宜采用机械加工方法进行。

7.2.3 网架结构的支座节点

1. 压力支座节点

常用的压力支座节点有下面 4 种。

(1) 平板压力支座，如图 7-28 所示。这种节点由“十”字形节点板和一块底板组成，构造简单、加工方便、用钢量省。但其支承板下的摩擦力较大，支座不能转动或移动，支承板下的应力分布也不均匀，和计算假定相差较大，一般只适用于较小跨度（≤40 m）的网架。平板压力支座底板上的螺栓孔可做成椭圆孔，以利于安装；宜采用双螺母，并在安装调整完毕后与螺杆焊死。螺栓直径一般取 M16～M24，按构造要求设置。螺栓在混凝土中的锚固长度一般不宜小于 $25d$（不含弯钩）。网架结构的平板压力支座中的底板、节点板、加劲肋及焊缝的计算、构造要求均与平面钢桁架支座节点的有关要求相似。

(2) 单面弧形压力支座，如图 7-29 所示。这种支座在支座板与支承板之间加一弧形支座垫板，使之能转动。弧形垫板一般用铸钢或厚钢板加工而成，支座可以产生微量转动和移动（线位移），支承垫板下的反力比较均匀，改善了较大跨度网架由于挠度和温度应力影响的支座受力性能，但摩擦力较大。为使支座转动灵活，可将两个螺栓放在弧形支座的中心线上；当支座反力较大需要设置 4 个螺栓时，为不影响支座的转动，可在置于支座四角的螺栓上部加设弹簧，用于调节支座在弧面上的转动。为保证支座能有微量移动(线位移)，网架支座栓孔应做成椭圆孔或大圆孔。单面弧形支座板的材料一般用铸钢，也可以用厚钢板加工而成，适用于大跨度网架的压力支座。

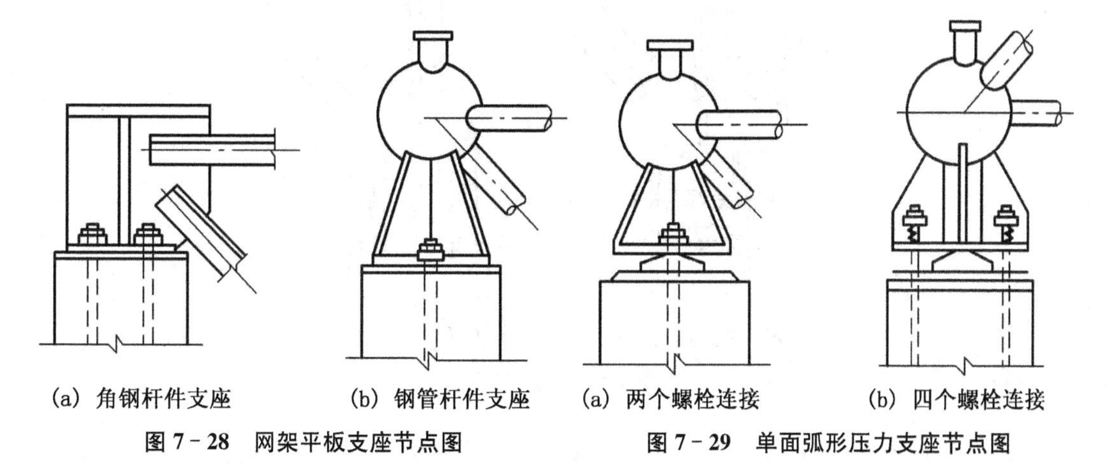

(a) 角钢杆件支座　(b) 钢管杆件支座

图7－28　网架平板支座节点图

(a) 两个螺栓连接　(b) 四个螺栓连接

图7－29　单面弧形压力支座节点图

(3) 双面弧形压力支座，又称为摇摆支座节点，如图7－30所示。这种支座是在支座板与柱顶板之间设一块上下均为弧形的铸钢件。在铸钢件两侧设有从支座板与柱顶板上分别焊出的带有椭圆孔的梯形钢板，以螺栓将这三者连系在一起，在正常温度变化下，支座可沿铸钢块的两个弧面作一定的转动和移动以满足网架既能自由伸缩又能自由转动的要求。这种支座适用于跨度大、支承网架的柱子或墙体的刚度较大、周边支座约束较强、温度应力也较显著的大型网架，但其构造较复杂，加工麻烦，造价较高而且只能在一个方向转动。

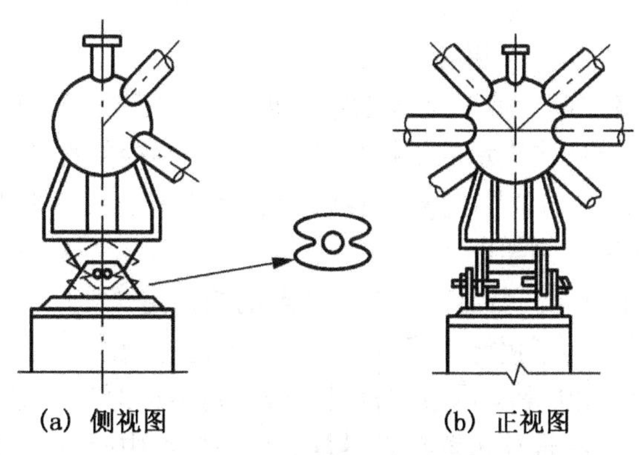

(a) 侧视图　(b) 正视图

图7－30　双面弧形压力支座

(4) 球形铰压力支座，如图7－31所示。这种支座是以一个凸出的实心半球嵌合在一个凹进的半球内，在任何方向都能转动而不产生弯矩，并在 x、y、z 三个方向都不会产生线位移，比较符合不动球铰支座的计算简图。为防止地震作用或其他水平力的影响使凹球与凸球脱离，支座四周应以锚栓固定，并应在螺母下放置压力弹簧，以保证支座的自由转动而不受锚拴的约束影响。在构造上凸球面的曲率半径应较凹球面的曲率半径小一些，以便接触面呈点接触，利于支座的自由转动。这种节点适用于跨度较大或带悬伸的四点支承或多点支承的网架。

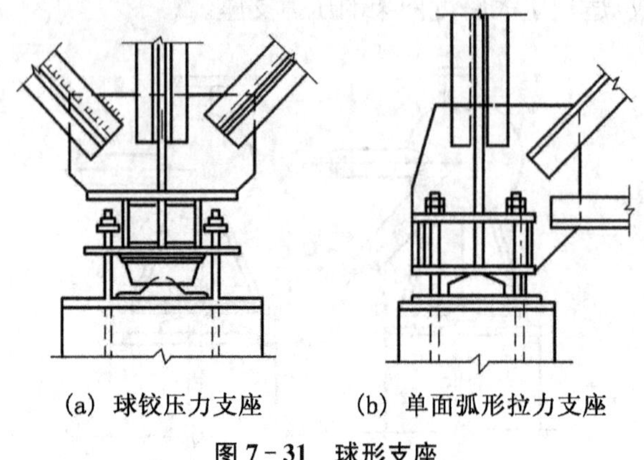

(a) 球铰压力支座　　(b) 单面弧形拉力支座

图 7-31　球形支座

以上 4 种支座用螺栓固定后，应加副螺母等防松，螺母下面的螺纹段的长度不宜过长，避免网架受力时产生反作用力，即向上翘起及产生侧向拉力而使螺母松脱或螺纹断裂。

2. 拉力支座节点

有些周边支承的网架，如斜放四角锥网架、两向正交斜放网架，在角隅处的支座上往往产生拉力，故应根据承受拉力的特点设计成拉力支座。在拉力支座节点中，一般都是利用锚栓来承受拉力的，锚栓的位置应尽可能靠近节点的中心线。为使支承板下不产生过大的摩擦力，让网架在温度变化时，支座有可能作微小的移动和转动，一般都不要将锚栓过分拧紧。锚栓的净面积可根据支座拉力 N 的大小计算。

常用的拉力支座节点有下列两种形式。

(1) 平板拉力支座节点。对于较小跨度网架，支座拉力较小，可采用与平板压力支座相同的构造，利用连接支座与支承的锚栓来承受拉力。锚栓的直径按计算确定，一般锚栓直径不小于 20 mm。锚栓的位置应尽可能靠近节点的中心线。平板拉力支座节点构造比较简单，适用于较小跨度网架。

(2) 弧形拉力支座节点。弧形拉力支座节点的构造与弧形压力支座相似。支承平面做成弧形，以利于转动。为了更好地将拉力传递到支座上，在承受拉力的锚栓附近的节点板应加肋以增强节点刚度弧形支承板的材料一般用铸钢或厚钢板加工而成。

为了转动方便，最好将螺栓布置在或尽量靠近在节点中心位置，同时不要将螺母拧得太紧，以便在网架产生位移或转角时，支座板可以比较自由地沿弧面移动或转动。这种节点适用于中、小跨度的网架。

7.4　网架结构施工图识读

7.7.1　网架结构施工图的组成

网架结构虽然类型很多，但是施工图的表示方法都大致相同，主要的区别在于节点球的做法。下面就螺栓球节点和焊接球节点两种情况分别进行说明。

螺栓球节点的网架施工图主要包括网架结构设计说明、预埋件平面布置图、支座布置图及详图、网架平面布置图、螺栓球节点图、网架内力图、杆件布置图、网架安装详图及其他节点详图等（若有其他要求另加，如吊挂件、通风机房等）。

焊接球节点的网架施工图主要包括网架结构设计说明、预埋件平面布置图、网架平面布置图、网架节点图、网架内力图、网架杆件布置图等。

以上是网架结构设计制图阶段的图纸内容。在施工详图阶段，螺栓球节点网架结构的施工图主要包括网架施工详图说明、网架找坡支托平面图、网架节点安装图、网架构件编号图、网架支座详图、网架支托详图、网架杆件详图、球详图、封板详图、锥头和螺栓机构详图以及网架零件图。而焊接球节点网架的施工详图与螺栓球节点网架相比，没有封板详图、锥头和螺栓机构详图以及网架零件图，其他图纸内容结合构造差异有相应的调整。

在实际工程中，首先对图纸中提供的网架平面图与基础平面图进行复核，以确保网架支座位置与基础相吻合，接着对网架图提供的杆件材料表进行复核，主要是复核网格的轴线长度，然后依据轴线长度复核杆件的焊接长度，最后复核杆件的下料长度。一切无误后方可根据杆件材料表绘制杆件下料表。

7.7.2　网架结构施工图识读示例

附图7－1是螺栓球网架结构设计图，网架类型为正放四角锥、双层螺栓球网架。该工程的设计图纸主要包括网架结构设计说明、网架平面布置图、网架安装图、螺栓球加工图、支座详图、支托详图、材料表。

1. 网架结构设计说明

螺栓球网架结构设计说明主要包括工程概况、设计依据、网架结构设计和计算、材料、制作、安装、验收、表面处理等。在设计说明中，有些内容适应于大多数工程的，为了提高识图的效率，要学会从中找到本工程所特有的信息和针对本工程所提出的一些特殊要求。

微课7.3

结构设计说明

（1）工程概况

在识读工程概况时，关键要注意的有以下三点：一是工程名称，了解工程的具体用途，从而便于一些信息的查阅，例如该工程防火等级的确定，就需要考虑它的具体用途；二要注意工程地点，许多设计参数的选取和施工组织设计的考虑都与工程地点有着紧密的联系；三是网架结构荷载，这里给出了设计中考虑的网架使用阶段各部分受荷情况，切忌在施工阶段使网架受力超过此值。

(2) 设计依据

设计依据列出的往往都是一些设计标准、规范、规程以及甲方的设计任务书等。对于这些内容，施工人员要注意两点：一是要注意其中的地方标准或行业标准，这些内容往往有一定的特殊性；二是要注意与施工有关的标准和规范。另外，施工人员也应该了解甲方的设计任务书。

(3) 网架结构设计和计算

本条主要介绍了设计所采用的软件程序和一些设计原理及设计参数。

(4) 材料

本条主要对网架中各杆件和零件的材料提出了要求。施工人员在识读时，要特别注意在材料采购或加工选材时必须符合本条款的要求。

(5) 制作

钢结构工程的施工主要包括构件和零件的加工制作(在加工厂完成)，以及现场的安装、拼装两个阶段，网架工程也不例外。本条主要针对网架杆件、螺栓球以及其他零件的加工制作，从设计人员的角度提出了要求。不管是负责现场安装的施工人员，还是加工人员，都要以此来判断加工的构件是否合格，因此本条款要重点阅读。

(6) 安装

由于钢结构工程的特殊性，其施工阶段与使用阶段的受力情况有较大差异，因此设计人员往往会提出相应的施工方案，正如安装说明中提到的采用“高空散装”法，如果施工人员要改变安装施工方案，应征得设计人员的同意。

(7) 验收

本条主要提出了对本工程的验收标准。虽然验收是安装完成后才做的事情，但对于施工人员来讲，应在加工安装之前就要熟悉验收标准，只有这样才能确保工程的质量。

(8) 表面处理

钢结构的防腐和防火是钢结构施工的两个重要环节。本条款主要从设计角度出发，对结构的防腐和防火提出了要求，这也是施工人员要特别注意的，尤其是当本条款数值不按标准中低限取值时，施工中必须满足本条款的要求。

(9) 主要计算结果

施工人员在识读本条时应特别注意，本条给出的值均为使用阶段的，即当使用荷载全部加上后产生的结果。在安装施工时要避免单根构件的内力超过此最大值，以免安装过程中造成杆件的损坏；另外，施工过程中还要控制好结构整体的挠度。

微课7.4

网架平面布置图

2. 网架平面布置图

网架平面布置图主要是用来对网架的主要构件(支座、节点球、杆件)进行定位的，一般须配合纵、横两个方向的剖面图共同表达。支座的布置往往还需要有预埋件布置图配合。

节点球的定位主要还是通过两个方向的剖面图控制的。识读图纸时，首先明确平面图中哪些属于上弦节点球，哪些属于下弦节点球，然后按排、列或者定位轴线逐一进行位置的确定。以本工程施工图为例，通过平面图和剖面图的联合识读可以判断，平面图中在实线交点上的球均为上弦节点球，而在虚线交点上的球为下弦节点球；每个节点球的位置可以由两个方向的尺寸共同确定。图中带有“□”的球节点为支座球节点，如图7-32所示。

另外，从网架的平面图及剖面图中还可读出网架的类型为正放四角锥双层平板网架，网架的矢高（由剖面图可以读出）以及每个网架支座的内力。

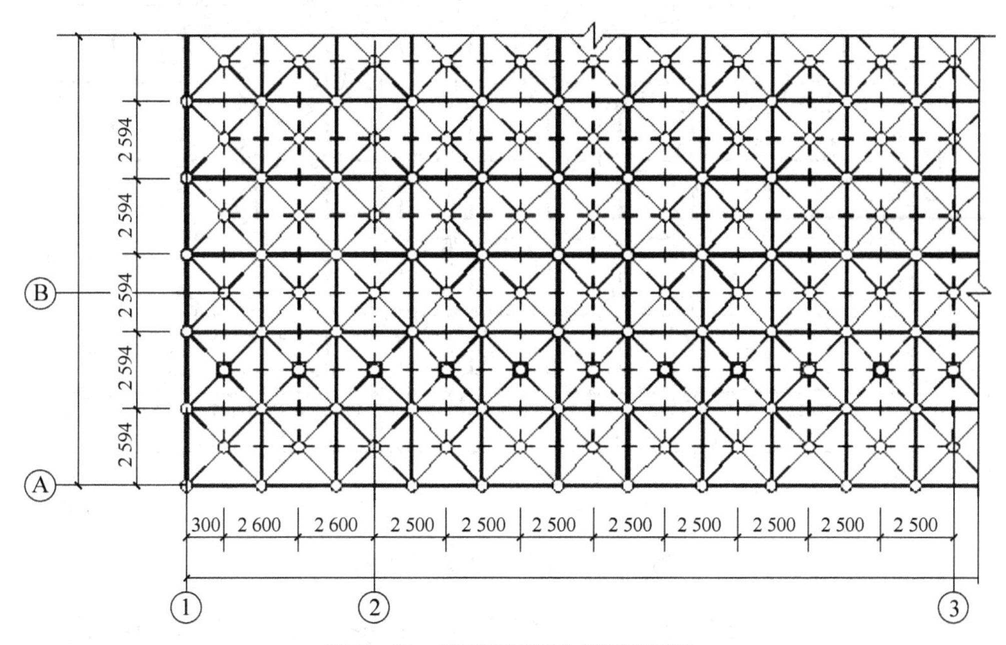

图7-32　某网架平面布置图(局部)

3. 网架安装图

网架安装图主要对各杆件和节点球按次序进行编号，见图7-33所示，具体编号原则如下。

微课7.5

网架安装图

(1) 节点球的编号一般用大写英文字母开头，后边跟一个阿拉伯数字，标注在节点球内，如B1、C3等。图中节点球的编号有几种大写字母开头，表明有几种球径的球，即开头字母不同的球其直径是不同的；即使直径相同的球，由于所处位置不同，球上开孔数量和位置也不尽相同，故再用字母后边的数字来表示不同的编号。因此，可以从图中分析出螺栓球的种类，以及每一种螺栓球的个数和它所处的位置。

(2) 杆件的编号一般可采用一个大写英文字母开头，后边跟阿拉伯数字由数字和短横线组成的编号，标注在杆件的旁边，如图 7 - 33 中杆件的编号由两种数字开头，表明有两种横断面不同的杆件；另外，对于同种断面尺寸的杆件，其长度未必相同，因此在数字后加上字母，以区别杆件类型的不同。由此就可以得知图中杆件的类型数、每个类型杆件的具体数量，以及它们分别位于什么位置。

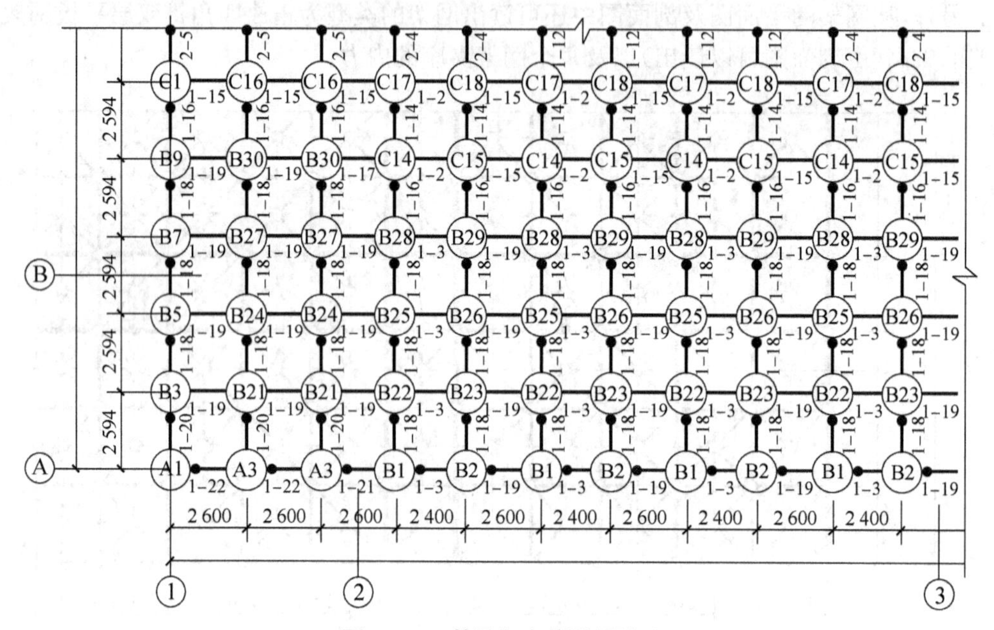

图 7 - 33　某网架安装图(局部)

对于初学者来说，读图时最大的难点在于如何判断哪些是上弦层的节点球，哪些是下弦层的节点球，哪些是上弦杆，哪些是下弦杆，最直接的方法就是把两张图纸或多张图纸对应起来看。为了弄清楚各种编号的杆件和球的准确位置，就必须与"网架平面布置图"结合起来看。在平面布置图中，粗实线一般表示上弦杆，细实线一般表示腹杆，而下弦杆则用虚线来表达，与上弦杆连接在一起的自然就是上弦层的球，而与下弦杆连接在一起的球则为下弦层的球，如图 7 - 33 所示。网架平面布置图中的构件和网架安装图的构件是一一对应的，为了施工的方便，可以考虑将安装图上的构件编号直接在平面布置图上标出，这样就能一目了然。

4. 球加工图

微课7.6

螺栓球节点图

球加工图主要表达各种类型的螺栓球的开孔要求，以及各孔的螺栓直径等。由于螺栓球是一个立体造型复杂、开孔位置多样化的构件，因此在绘制时，先选择能够尽量多地反映出开孔情况的球面进行投影绘制，然后将图上绘制出来的各孔孔径中心之间的角度标注出来。图名以构件编号命名，另外注明该球总共的开孔数、球直径和该编号球的数量。图 7 - 34所示为编号 A8 的节点球加工图，该球共 9 个孔，球直径为 100 mm，此类型的球共有 81 个。

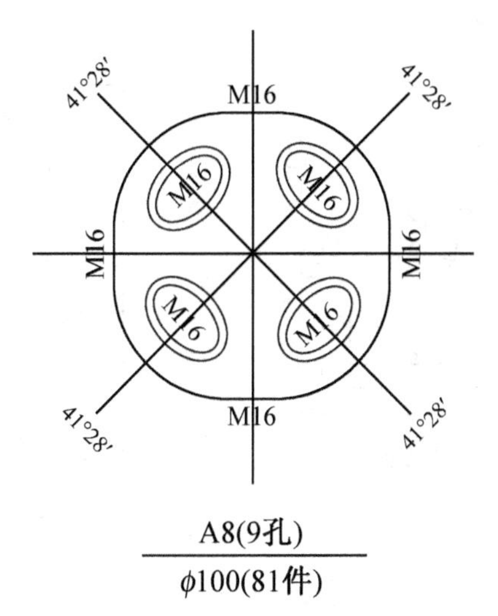

图7－34 某螺栓球加工图

对于从事网架安装的施工人员来讲，该图纸的作用主要是用来校核由加工厂运来的螺栓球的编号是否与图纸一致，以免在安装过程中出现错误，重新返工。这个问题尤其在高空散装法的初期要特别注意。

5. 支座详图与支托详图

支座详图和支托详图都是用来表达局部辅助构件的大样详图，虽然两张图表达的是两个不同的构件，但从制图或者识图的角度来讲是相同的。这种图的识读顺序一般都是先看整个构件的立面图，掌握组成这个构件的各零件的相对位置关系，例如支座详图中，通过立面图可以知道螺栓球、十字板和底板之间的相对位置关系；然后根据立面图中的断面符号找到相应的断面图，进一步明确各零件之间在平面上的位置关系和连接做法；最后，根据立面图中的板件编号（带圆圈的数字）查明组成这一构件的每一种板件的具体尺寸和形状。另外，还需要仔细阅读图纸中的说明，可以进一步帮助大家更好地明确该详图。图7－35所示为某网架的一个支座详图，读者可以试着采用上面的方法进行识读。

微课7.7

支座支托图

螺栓球网架支托一般为Q235钢，而螺栓球为45号钢，由于两者材质差异较大，施工现场支托安装一般都采用螺栓连接，支托螺栓一般使用M20普通螺栓即可。支托的加工及安装方法又可分为两种，图7－36(a)所示为支托螺栓与支托焊死，施工时通过旋转支托将其拧入螺栓球内，支托板必须做成圆形；图7－36(b)所示为支托螺栓与支托不进行焊接，并在支托板顶部开孔，施工利用套管扳手将支托螺栓拧入螺栓球内。

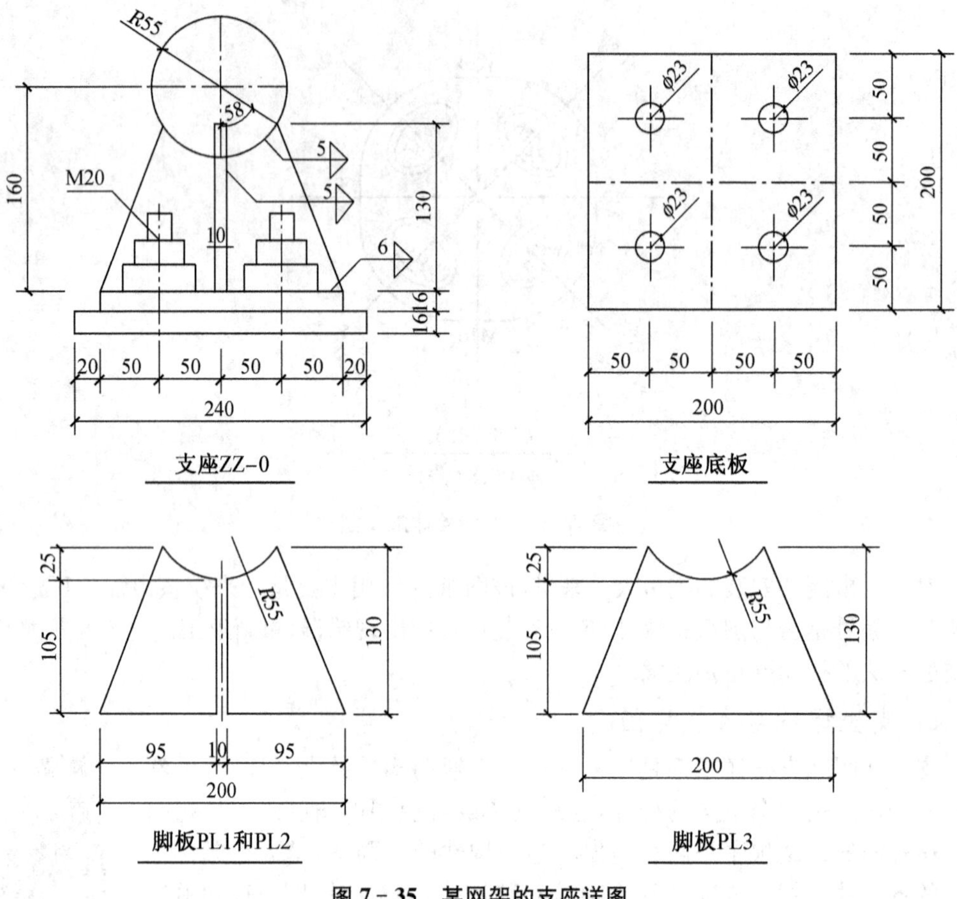

图 7-35　某网架的支座详图

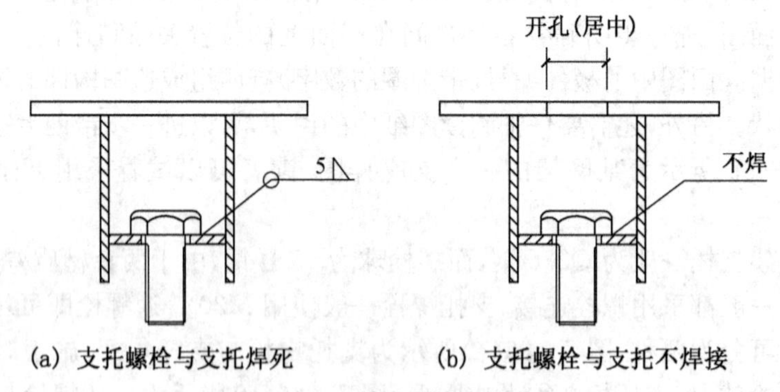

(a) 支托螺栓与支托焊死　　(b) 支托螺栓与支托不焊接

图 7-36　某网架的支托详图

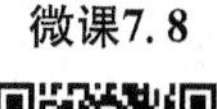

网架材料表

6. 材料表

材料表把该网架工程中所涉及的所有构件的详细情况分类进行汇总。材料表可以作为材料采购、工程量计算的一个重要依据。另外，在识读其他图纸时，如有参数标注不全的，也可以结合材料表来校验或查询。

附图7－1徐州某教学楼大楼多功能厅屋盖结构施工图。

习　　题

7－1　阐述网架的主要特点？

7－2　网架的支承方式有哪几种？

7－3　网架结构主要有哪些类型，分别适用何种情况？

7－4　网架结构常用的一般节点和支座节点有哪几种形式？

7－5　网架结构的屋面坡度一般有哪几种实现方式？

7－6　螺栓球加工图应表达哪些内容？

7－7　实际网架工程中，支托与上弦螺栓球是如何实现连接的？

7－8　既可以作为材料采购、工程量计算的依据，又可以方便读图者识读图纸时查阅构件信息的是网架施工图中的哪张图？

单元8 钢管桁架结构选型与识图

管桁架结构是指由圆钢管或方钢管杆件在端部相互连接而组成的以抗弯为主的格构式结构，也称为钢管桁架结构、管桁架和管结构。与一般桁架相比，主要区别在于连接节点的方式不同。过去的屋架常采用板型节点，而管桁架结构在节点处采用与杆件直接焊接的相贯节点（或称管节点）。在相贯节点处，只有在同一轴线上的两个主管贯通，其余杆件（即支管）通过端部相贯线加工后，直接焊接在贯通杆件（即主管）的外表面上，非贯通杆件在节点部位可能有一定间隙（间隙型节点），也可能部分重叠（搭接型节点），如图8-1所示。相贯线切割是难度较高的制造工艺，因为交汇钢管的数量、角度、尺寸的不同使得相贯线形态各异，而且坡口处理困难。但随着多维数控切割技术的发展，这些难点已被克服，因而相贯节点管桁架结构在大跨度建筑中得到了前所未有的应用。

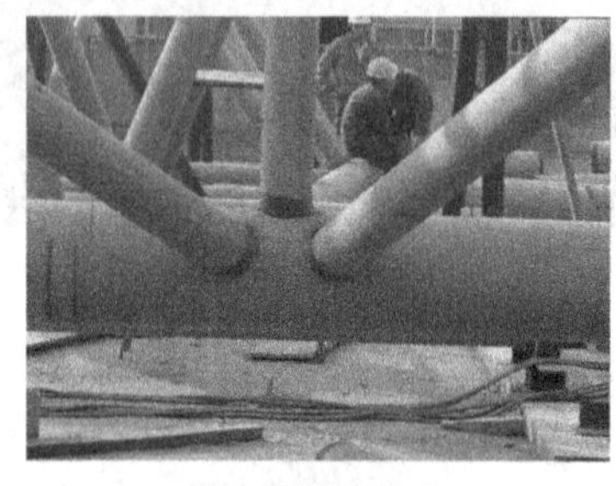

(a) 间隙型节点

(b) 搭接型节点

图8-1 管桁架杆件相贯节点形式

8.1 管桁架结构组成、特点、应用及材料选用

管桁架结构杆件一般为圆钢管，一些大型、重型管桁架可采用方钢管截面。钢管相贯节点处焊缝有对接焊缝或角焊缝等多种焊缝形式。管桁架弦杆和腹杆虽然为焊接，但一般其计算模型仍为铰接节点。

8.1.1 管桁架结构的组成

微课8.1

管桁架结构的组成

单榀管桁架由上弦杆、下弦杆和腹杆组成，如图8-2所示。管桁架结构一般由主桁架、次桁架、系杆和支座共同组成，如图8-3所示。

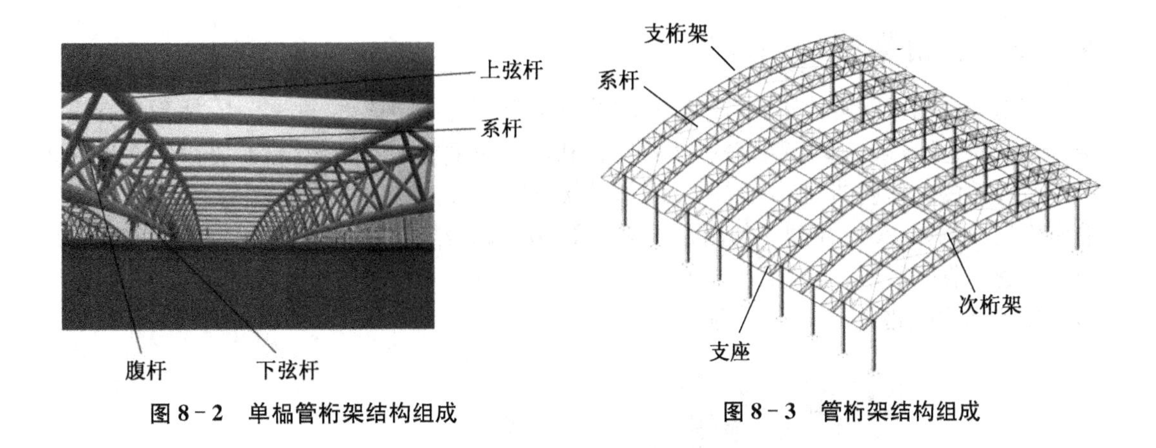

图 8－2　单榀管桁架结构组成

图 8－3　管桁架结构组成

8.1.2　管桁架结构的特点

1. 管桁架结构的优点

(1) 节点形式简单。结构外形简洁、流畅、结构轻巧,可适用于多种结构造型。

(2) 刚度大,几何特性好。钢管的管壁一般较薄,截面回转半径较大,故抗压和抗扭性能好。

(3) 施工简单,节省材料。管桁结构由于在节点处摒弃了传统的连接构件,而将各杆件直接焊接,因而具有施工简单,节省材料的优点。

(4) 有利于防锈与清洁维护。钢管和大气接触表面积小,易于防护。在节点处各杆件直接焊接,没有难于清刷的油漆、积留湿气及大量灰尘在死角和凹槽,维护更为方便。管形构件在全长和端部封闭后,内部不易生锈。

(5) 圆管截面的管桁架结构流体动力特性好。承受风力或水流等荷载作用时,荷载对圆管结构的作用效应比其他截面形式结构的效应要低得多。

2. 管桁架结构的局限性

由于节点采用相贯焊接,对工艺和加工设备有一定的要求,管桁架结构也存在一定的局限性:

(1) 相贯节点弦杆方向尽量设计成同一钢管外径;对于不同内力的杆件采用相同钢管外径和不同壁厚时,壁厚变化不宜太多,否则钢管间拼接量太大。因此,材料强度不能充分发挥,增加了用钢量。这是管桁架结构往往比网架结构用钢量大的原因之一。

(2) 相贯节点的加工与放样复杂,相贯线上坡口是变化的,而手工切割很难做到,因此对机械的要求很高,要求施工单位有数控的五维切割机床设备。

(3) 管桁架结构均为焊接节点,需要控制焊接收缩量,对焊接质量要求较高,而且均为现场施焊,焊接工作量大。

8.1.3 管桁架结构的应用

管桁架结构同网架结构比，杆件较少，节点美观，不会出现较大的球节点，因而具有简洁、流畅的视觉效果。管桁架结构造型丰富，利用大跨度空间管桁架结构，可以建造出各种体态轻盈的大跨度结构，如会展中心、航站楼、体育场馆或其他一些大型公共建筑，应用非常广泛。例如，2000 年建成的南京国际展览中心屋盖结构（如图 8－4 所示），2006 年建成的南通体育会展中心屋盖结构（如图 8－5 所示），2019 年建成的长沙黄花机场 T2 航站楼楼屋盖结构（如图 8－6 所示）等。

图 8－4 南京国际展览中心

图 8－5 南通体育会展中心

图8-6　长沙黄花机场T2航站楼

8.1.4　管桁架结构的材料选用

1. 结构用钢的选用

由于管桁架结构的承载能力要求相对比较高，结构造型多样化，故所选材料必须满足以下要求：

(1) 钢材应具有足够的强度和塑性。

(2) 具有良好的工艺性能：冷弯性能和焊接工艺性能都应满足要求。

(3) 外露承重构件还应具有较好的耐锈蚀性能。

(4) 结构用钢选用时应符合如下相应要求：

① 用于承重的薄壁型钢、轻型热轧型钢和钢板应采用现行国家标准《碳素结构钢》(GB/T 700—2006)规定的Q235钢和《低合金高强度结构钢》(GB/T 1591—2018)规定的Q345钢，必要时可选用其他牌号的钢材。各种牌号的钢材强度设计值见单元6的表6-1。

② 组成桁架结构的杆件应采用质量等级为B级以上的钢。

③ 主要承重构件选用钢板时为避免过大的焊接变形，选用的钢板厚度不应太薄，一般不宜小于4 mm；对管件，壁厚不宜小于3 mm。且板材的规格尺寸和允许偏差必须符合《碳素结构钢和低合金钢热轧钢板和钢带》(GB/T 3274—2017)和《热轧钢板和钢带的尺寸、外形、重量及允许偏差》(GB/T 709—2019)标准规定。

④ 钢管有无缝钢管和焊接钢管两种。型号可用代号“D”或“Φ”后加“外径 $d\times$壁厚 t”表示，如D180×8等。国产热轧无缝钢管的最大外径可达630 mm，供货长度为3～

12 m。焊接钢管采用高频焊接，焊缝形式分为直缝焊管和螺旋焊管。较小口径的焊管大都采用直缝焊，大口径焊管则大多采用螺旋焊。

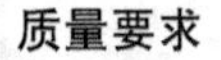

钢管/铸钢件

⑤ 所使用铸钢节点铸件材料采用 ZG 25Ⅱ、ZG 35Ⅱ、ZG 22Mn 等，优先采用 ZG 35Ⅱ、ZG 22Mn 铸钢，其化学成分、力学性能分别应符合《一般工程用铸造碳素钢件》(GB/T 11352—2009)、《焊接结构用铸钢件》(GB/T 7659—2010)和《一般工程与结构用低合金钢铸件》(GB/T 14408—2014)标准规定。

2. 连接材料的选用

(1) 螺栓连接

管桁架结构的传力螺栓连接一般宜选用普通螺栓和高强度螺栓连接，普通螺栓宜选用C级普通螺栓，高强度螺栓宜选用 8.8 级和 10.9 级两种性能等级的高强度螺栓，高强度螺栓类型可选用扭剪型螺栓，也可用大六角型螺栓。螺栓连接的强度设计值、一个高强度螺栓的预拉力 P 分别见表 8-1、表 8-2 所列。

(2) 焊接连接

管桁架结构节点大量采用了焊接连接，焊接材料必须按与母材性能相匹配来选用。当采用手工焊、埋弧自动焊或 CO_2 气体保护焊时，Q235 钢可采用 E43 型系列焊条，Q345 钢可采用 E50 型系列焊条。当不同强度的钢材相焊接时，焊接材料选用与低强度钢材相一致。焊缝的强度设计值见表 8-3 所列，焊接材料应符合如下质量要求：

① 焊条分别应符合《非合金钢及细晶粒钢焊条》(GB/T 5117—2012)、《热强钢焊条》(GB/T 5118—2012)和《不锈钢焊条》(GB/T 983—2012)标准规定。

② 焊丝分别应符合《熔化焊用钢丝》(GB/T 14957—1994)、《气体保护电弧焊用碳钢、低合金钢焊丝》(GB/T 8110—2008)、《非合金钢及细晶粒钢药芯焊丝》(GB/T 10045—2018)、《热强钢药芯焊丝》(GB/T 17493—2018)标准规定。

③ 焊剂分别应符合《埋弧焊用非合金钢及细晶粒钢实心焊丝、药芯焊丝和焊丝—焊剂组合分类要求》(GB/T 5293—2018)、《埋弧焊用热强钢实心焊丝、药芯焊丝和焊丝—焊剂组合分类要求》(GB/T 12470—2018)标准规定。

3. 国内外钢材的互换问题

随着经济全球化时代的到来，不少国外钢材进入了我国的建筑领域。由于各国的钢材标准不同，在使用国外钢材时，必须全面了解不同牌号钢材的质量保证项目，包括化学成分和机械性能，检查厂家提供的质保书，并应进行抽样复验，其复验结果应符合现行国家产品标准和设计要求，方可与我国相应的钢材进行代换。表 8-4 给出了以强度指标为依据的各国钢材牌号与我国钢材牌号的近似对应关系，供代换时参考。

8.1.5 管桁架结构的主要构件形式

1. 管桁架结构的主要受力杆件分为弦杆和腹杆(直腹杆和斜腹杆)

常见的管桁架杆件形式如图 8-7 所示。因圆管截面沿各个方向的几何特性一样，目前在管桁架结构中应用较广泛。

表 8－1　螺栓连接的强度设计值(N/mm²)

螺栓的性能等级、锚栓和构件钢材的牌号		普通螺栓						锚栓	承压型连接高强度螺栓		
		C 级螺栓			A、B 级螺栓						
		抗拉 f_t^b	抗剪 f_v^b	承压 f_c^b	抗拉 f_t^b	抗剪 f_v^b	承压 f_c^b	抗拉 f_t^b	抗拉 f_t^b	抗剪 f_v^b	承压 f_c^b
普通螺栓	4.6 级、4.8 级	170	140	—	—	—	—	—	—	—	—
	8.6 级	—	—	—	210	190	—	—	—	—	—
	8.8 级	—	—	—	400	320	—	—	—	—	—
锚栓	Q235 钢	—	—	—	—	—	—	140	—	—	—
	Q345 钢	—	—	—	—	—	—	180	—	—	—
承压型连接高强度螺栓	8.8 级	—	—	—	—	—	—	—	400	250	—
	10.9 级	—	—	—	—	—	—	—	500	310	—
构件	Q235 钢	—	—	305	—	—	405	—	—	—	470
	Q345 钢	—	—	385	—	—	510	—	—	—	590
	Q390 钢	—	—	400	—	—	530	—	—	—	615
	Q420 钢	—	—	425	—	—	560	—	—	—	655

注:1. A 级螺栓用于 d≤24 mm 和 l≤10d 或 l≤150 mm(按较小值)的螺栓;B 级螺栓用于 d>24 mm 或 l>10 dhuo l>150 mm(按较小值)的螺栓。d 为公称直径,l 为螺杆公称长度。

2. A、B 级螺栓孔的精度和孔壁表面粗糙度,C 级螺栓孔的允许偏差和孔壁表面粗糙度,均应符合现行国家标准《钢结构工程施工质量验收规范》(GB50205—2001)的要求。

表 8－2　一个高强度螺栓的预拉力 P(kN)

螺栓的性能等级	螺栓公称直径(mm)					
	M16	M20	M22	M24	M27	M30
8.8 级	80	125	150	175	230	280
10.9 级	100	155	190	225	290	355

表 8-3　焊缝的强度设计值(N/mm²)

焊接方法和焊条型号	构件钢材		对接焊缝				角焊缝
	牌号	厚度或直径(mm)	抗压 f_c^w	焊缝质量为下列等级时，抗拉 f_t^w		抗剪 f_v^w	抗拉、抗压和抗剪 f_t^w
				一级、二级	三级		
自动焊、半自动焊和E43型焊条的手工焊	Q235钢	≤16	215	215	185	125	160
		>16～40	205	205	175	120	
		>40～60	200	200	170	115	
		>60～100	190	190	160	110	
自动焊、半自动焊和E50型焊条的手工焊	Q345钢	≤16	310	310	265	180	200
		>16～35	295	295	250	170	
		>35～50	265	265	225	155	
		>50～100	250	250	210	145	
自动焊、半自动焊和E55型焊条的手工焊	Q390钢	≤16	350	350	300	205	220
		>16～35	335	335	285	190	
		>35～50	315	315	270	180	
		>50～100	295	295	250	170	
自动焊、半自动焊和E55型焊条的手工焊	Q420钢	≤16	380	380	320	220	220
		>16～35	360	360	305	210	
		>35～50	340	340	290	195	
		>50～100	325	325	275	185	

注：1. 自动焊和半自动焊所采用的焊丝和焊剂，应保证其熔敷金属的力学性能不低于现行国家标准《埋弧焊用碳钢焊丝和焊剂》(GB/T 5293—2018)和《埋弧焊用低合金钢焊丝和焊剂》(GB/T 12470—2018)中相关的规定。

2. 焊缝质量等级应符合现行国家标准《钢结构工程施工质量验收规范》(GB 50205—2020)的规定。其中厚度小于 8 mm 钢材的对接焊缝，不应采用超声波探伤确定焊缝质量等级。

3. 对接焊缝在受压区的抗弯强度设计值取 f_c^w，在受拉区的抗弯强度设计值取 f_t^w。

4. 表中厚度系指计算点的钢材厚度，对轴心受拉和轴心受压构件系指截面中较厚板件的厚度。

表 8-4 国内外钢材牌号对应关系

国别	中国	美国	日本	欧盟	英国	俄罗斯	澳大利亚
钢材牌号	Q235	A36	SS400 SM400 SN400	Fe360	40	C235	250 C250
	Q345	A242,A441 A572-50,A588	SM490 SN490	Fe510 FeE355	50B,C,D	C345	350 C350
	Q390				50F	C390	400 Hd400
	Q420	A572-60	SA440B SA440C			C440	

2. 檩条

管桁架檩条常用截面形式与网架一样，见单元 7 图 7-21 所示。在受力或跨度比较大时，有时还会采用高频焊接 H 形钢、槽钢、工字钢等。

3. 系杆

单榀管桁架的受力类似于梁的弯曲，其侧向刚度较小，为了增大结构的侧向刚度，往往须沿着结构纵向设置次桁架和系杆，次桁架和系杆除了将单榀管桁架连接起来提高结构的稳定性和整体性之外，还可以起到传递水平力的作用。系杆通常采用薄壁圆钢管。

4. 围护

用于管桁架结构的围护系统主要包括屋面板、墙面板，与用于轻钢结构的相同，可以参见本书第 5 单元。

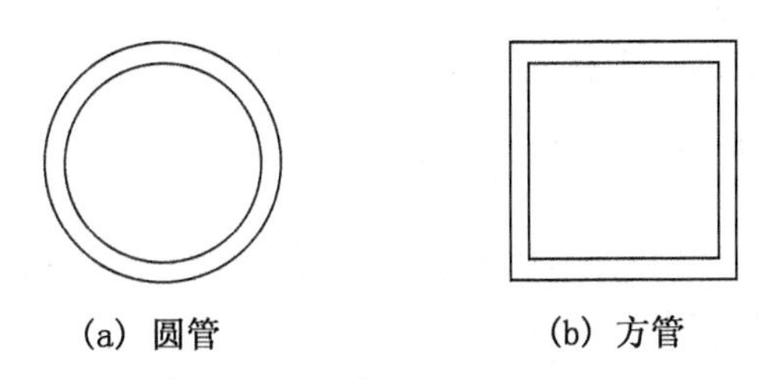

(a) 圆管　　(b) 方管

图 8-7 管桁架杆件的截面形式

8.2 管桁架结构的选型

8.2.1 管桁架结构选型原则

1. 满足适用要求

满足排水坡度、建筑净空、天窗、天棚及悬挂吊车的要求，外形与排水要求(防水做法)相适应。

2. 满足受力要求

(1) 弦杆:屋架外形与均布荷载下的抛物线形弯矩图接近，弦杆内力均匀、不受弯。

(2) 腹杆:应使长杆受拉，短杆受压，腹杆角度适中(30°～60°)腹杆数量宜少，腹杆总长度也应较小。

(3) 荷载布置在节点上，减少弦杆局部受弯。

3. 满足制造、安装和运输要求

(1) 构造简单。

(2) 杆件与节点数量少，尺寸划一，节点构造形式划一。

(3) 分段制造，便于运输与安装。

4. 综合技术经济效果好

设计时应全面分析、具体处理，从而确定具体的合理形式。

5. 满足建筑造型要求

管桁架结构的选型应结合工程的平面形状、建筑要求，力求做到造型美观。

8.2.2 管桁架常见结构形式及选型

管桁架结构是基于桁架结构的，因此其结构形式与桁架的形式基本相同，外形与其用途有关。常见的分类方法有下面几种。

(1) 屋架根据外形分类，一般有三角形、梯形、平行弦及拱形桁架，如图 8-8 所示。桁架的腹杆形式常用的有芬克式[见图 8-8(a)]、人字式[见图 8-8(b)、(d)、(f)]、豪式(也叫单向斜杆式)[见图 8-8(c)、(h)]、再分式[见图 8-8(e)]、交叉式[见图 8-8(g)]，其中前四种为单系腹杆，第五种交叉腹杆又称为复系腹杆。

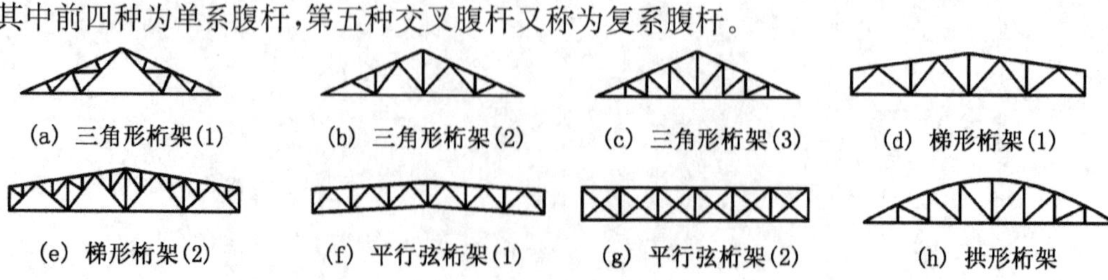

图 8-8 桁架形式

(2) 按受力特性和杆件布置可分为平面管桁架结构和空间管桁架结构。平面管桁架结构有普腊特(Pratt)式桁架、华伦(Warren)式桁架、芬克(Fink)式桁架和拱形桁架及其各种演变形式，如图 8－9 所示。

平面管桁架结构的上弦、下弦和腹杆都在同一平面内，结构平面外刚度较差，一般需要通过侧向支撑保证结构的侧向稳定。目前管桁架结构多采用华伦桁架和普腊特桁架形式。华伦桁架一般最经济，与普腊特桁架相比，华伦桁架只有它一半数量的腹杆与节点，且腹杆下料长度统一，可大大节约材料，并减少加工工时，此外华伦桁架较容易使用有间隙的接头，这种接头容易布置。同样，形状规则的华伦桁架具有更大的空间去满足放置机械、电气及其他设备的需要。

空间管桁架结构通常为三角形断面，分为正三角和倒三角两种，如图 8－10 所示。三角形空间管桁架结构稳定性较好，扭转刚度较大，类似于一榀空间刚架结构，可以减少侧向支撑构件，在不布置或不能布置侧向支撑的情况下仍可提供较大跨度空间，更为经济且外表美观，得以广泛应用。

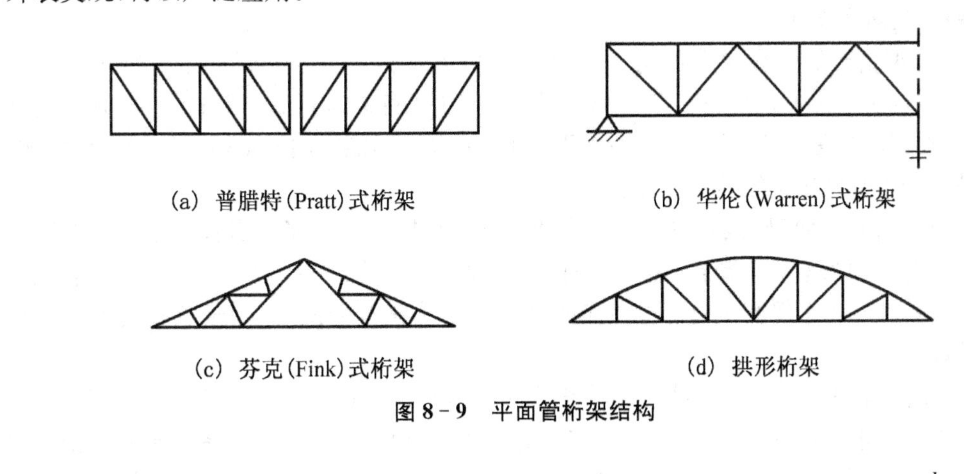

(a) 普腊特(Pratt)式桁架　　(b) 华伦(Warren)式桁架

(c) 芬克(Fink)式桁架　　(d) 拱形桁架

图 8－9　平面管桁架结构

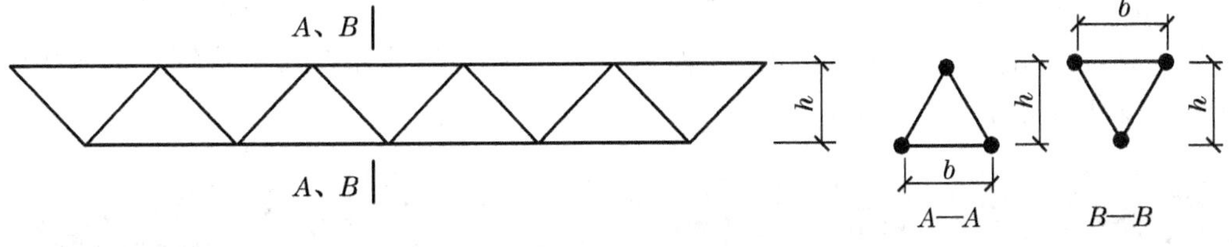

图 8－10　空间管桁架结构

桁架结构中，通常上弦是受压杆件，容易失去稳定性，下弦受拉不存在稳定问题。倒三角形截面上弦有两根杆件，是一种比较合理的截面形式，两根上弦杆通过斜腹杆与下弦杆连接后，再在节点处设置水平连杆，而且支座支点多在上弦处，从而构成了上弦侧向刚度较大的屋架；另外，两根上弦贴靠屋面，下弦只有一根杆件，给人以轻巧的感觉；这种倒三角形截面也会减少檩条的跨度。实际工程中大量采用的是倒三角形的桁架。正三角形截面桁架的主要优点在于上弦是一根杆件，檩条和天窗架支柱与上弦的连接比较简单，多用于屋架。

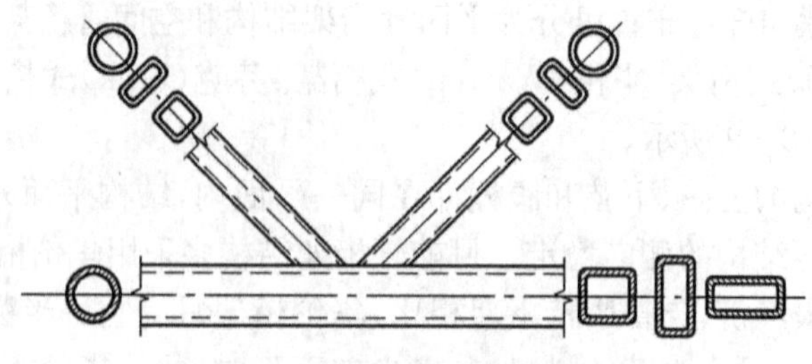

图 8-11　连接构件的截面组合形式

(3) 按连接构件的截面不同分为 C—C 型桁架、R—R 型桁架和 R—C 型桁架，如图 8-11 所示。

C—C 型桁架的主管和支管均为圆管相贯，相贯线为空间马鞍型曲线。圆钢管除了具有空心管材普遍的优点外，还具有较高的惯性半径和有效的抗扭截面。圆管相交的节点相贯线为空间的马鞍型曲线，设计、加工、放样比较复杂，但由于钢管相贯自动切割机的发明使用，促进了管桁架结构的发展应用。

R—R 型桁架的主管和支管均为方钢管或矩形管相贯。方钢管和矩形钢管用作抗压、抗扭构件有突出的优点，用其直接焊接组成的方管桁架具有节点形式简单、外形美观的优点，在国内外得以广泛应用。我国现行钢结构设计标准中加入了矩形管的设计公式，这将进一步推进管桁架结构的应用。

R—C 型桁架为矩形截面主管与圆形截面支管直接相贯焊接。圆管与矩形管的杂交型管节点构成的桁架形式新颖，能充分利用圆形截面管做轴心受力构件，矩形截面管做压弯和拉弯构件。矩形管与圆管相交的节点相贯线均为椭圆曲线，比圆管相贯的空间曲线易于设计与加工。

(4) 按桁架的外形分为直线型与曲线型两种，如图 8-12 和图 8-13 所示。随着社会对建筑美学要求的不断提高，为了满足空间造型的多样性，管桁架结构多做成各种曲线形状，丰富结构的立体效果。当设计曲线型管桁架结构时，有时为了降低加工成本，杆件仍然加工成直杆，由折线近似代替曲线。如果要求较高，可以采用弯管机将钢管弯成曲管，这样可以获得更好的建筑效果。

图 8-12　直线型管桁架结构

图 8-13　曲线型管桁架结构

8.2.3 管桁架结构的尺寸确定

管桁架屋架结构的主要尺寸有跨度、高度(跨中、端部)、节间宽度和起拱等。

1. 跨度

屋架的跨度应根据生产工艺和建筑使用要求确定,同时应考虑结构布置的经济合理性。

(1) 标志跨度 l:柱网轴线间距为屋架的标志跨度(如 18 m、21 m、24 m、27 m、30 m、36 m),一般以 3 m 为模数。

(2) 计算跨度 l_0:对简支于柱顶的管桁架屋架,计算跨度是屋架两端支座反力的距离。

根据房屋定位轴线及支座构造的不同,屋架计算跨度的取值还应区分下述情况:当支座为一般钢筋混凝土柱且柱网为封闭结合时,计算跨度 $l_0=l-(300\sim400\ \text{mm})$;当柱网采用非封闭结合时,计算跨度 $l_0=l$。

2. 高度

管桁架屋架的高度取决于建筑要求、屋面坡度、运输界限、刚度条件和经济高度等因素。屋架的最大高度不能超过运输界限(铁路运输界限为 3.85 m),最小高度应满足屋架容许挠度的要求。

(1) 三角形屋架:当上弦坡度为 1/3～1/2 时,跨中高度 $h=(1/6\sim1/4)l$。

(2) 梯形屋架:当上弦坡度为 1/12～1/8 时,跨中高度 $h=(1/10\sim1/6)l$。

(3) 端部高度:与柱刚接时,$h_0=2.0\sim2.5$ m;与柱铰接时,$h_0=1.5\sim2.0$ m。端弯矩大时取大值,端弯矩小时取小值。

(4) 连系尺寸:指厂房的边柱(包括厂房高低跨处的高跨上柱)由于吊车规格和上柱截面的尺寸等构造需要,使柱外缘自纵向定位轴线向外偏移的偏离值。

设计屋架尺寸时,首先根据屋架形式和工程经验确定端部尺寸 h_0;然后根据屋面材料和屋面坡度确定屋架跨中高度 h;最后综合考虑各种因素,确定屋架的高度。

当屋架的外形和主要尺寸(跨度、高度)确定后,各杆的几何尺寸即可根据三角函数或投影关系求得。一般常用的屋架各杆的几何长度可查阅有关设计手册或图集。

3. 节间长度

屋架上弦节间的划分应根据屋面材料而定,要尽量使屋面荷载直接作用在屋架节点上,避免上弦杆产生局部弯矩。

采用大型屋面板时,上弦节间长度应等于屋面板的宽度,一般取 1.5 m 或 3 m;当采用檩条时,根据檩条间距而定,一般取 0.8～3.0 m。

4. 起拱

对于跨度大于 15 m 的三角形屋架和跨度大于 24 m 的梯形屋架,其起拱高度($l/500$)在计算时可不考虑。

8.3 管桁架结构的构造

8.3.1 管桁架结构的节点类型及构造

管桁结构中相贯节点的形式与其相连杆件的数量有关，当腹杆与弦杆在同一平面内时为单平面节点，当腹杆与弦杆不在同一平面内时为多平面节点，如图 8-14 和图 8-15 所示。

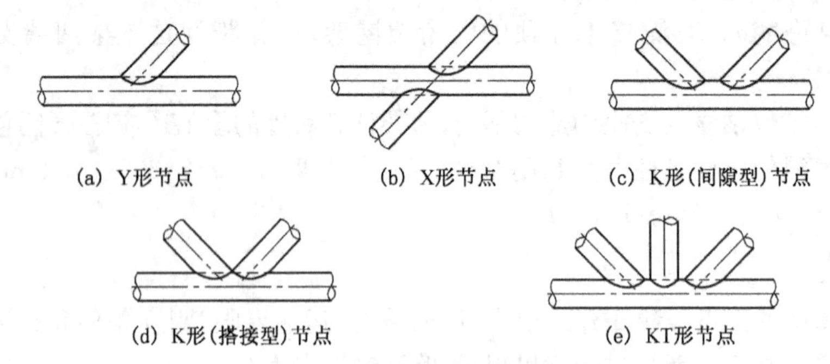

(a) Y形节点　(b) X形节点　(c) K形(间隙型)节点

(d) K形(搭接型)节点　(e) KT形节点

图 8-14　管桁架结构单平面节点

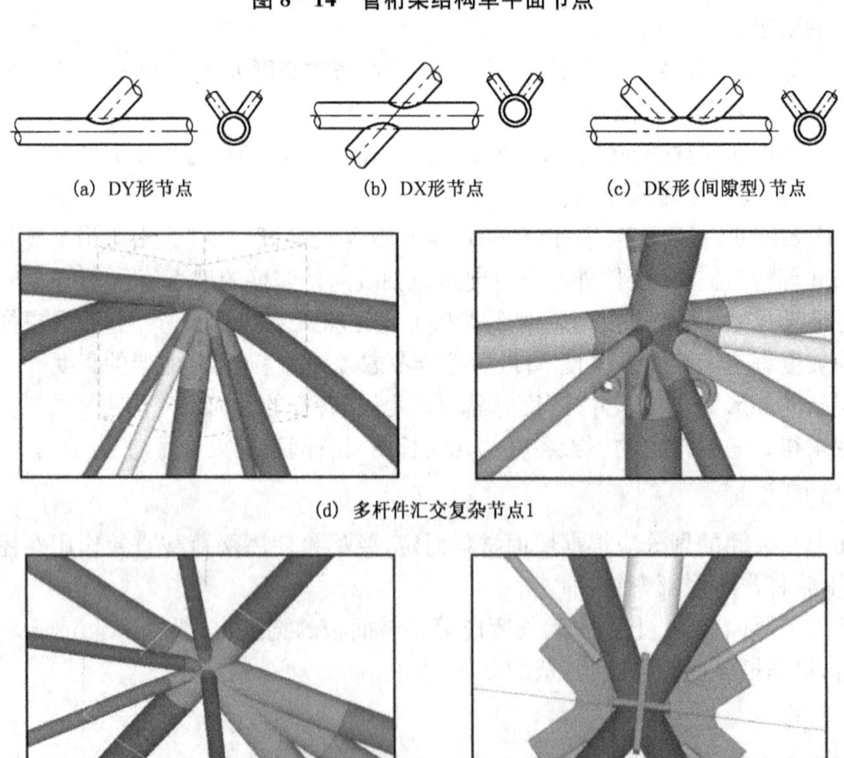

(a) DY形节点　(b) DX形节点　(c) DK形(间隙型)节点

(d) 多杆件汇交复杂节点1

(e) 多杆件汇交复杂节点2

图 8-15　管桁架结构多平面节点

钢管构件在承受较大横向荷载的部位，工作情况较为不利，应采取适当的加强措施，防止产生过大的局部变形。钢管构件的主要受力部位应尽量避免开孔，必须要开孔时，应采取适当的补强措施，例如，在孔的周围加焊补强板等。节点的加强主要有主管壁加厚、主管上加套管、加垫板、加节点板及主管加肋环或内隔板等多种方法，如图 8－16 所示。

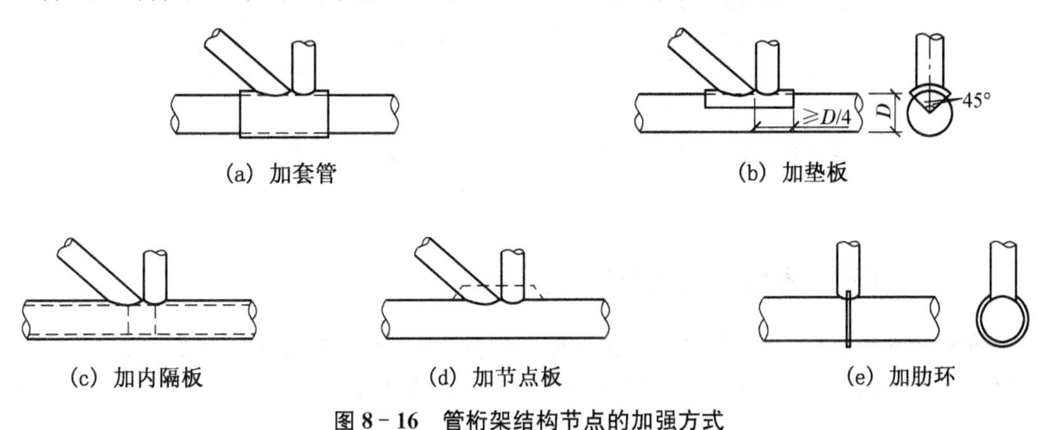

图 8－16　管桁架结构节点的加强方式

8.3.2　管桁架结构的杆件连接

钢管杆件的接长或连接接头宜采用对接焊缝连接。当两管径不同时，宜加截锥形过渡段，大直径或重要的拼接，宜在管内加短衬管；轴心受压构件或受力较小的压弯构件可采用通过隔板传递内力的形式；对工地连接的拼接，可采用法兰盘的螺栓连接，如图 8－17 所示。

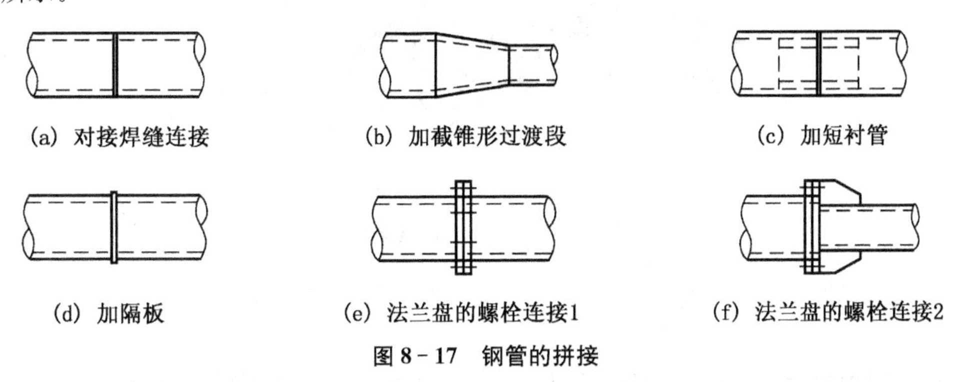

图 8－17　钢管的拼接

管桁架结构变径连接最常用的连接方法为法兰盘连接和变管径连接，如图 8－18 所示。对两个不同直径的钢管连接，当两直径之差小于 50 mm 时，可采用法兰盘的螺栓连接。板厚 t 一般大于 16 mm 及 t_1 的两倍，t_1 为小管壁厚，计算时则按圆板受二个环形力的弯矩确定板厚 t。为了防止焊接时法兰盘开裂，应保证 $a \geqslant 20$ mm，要特别注意受拉拼接时法兰盘决不允许分层。当两管径之差大于 50 mm 时应采用变管径连接。

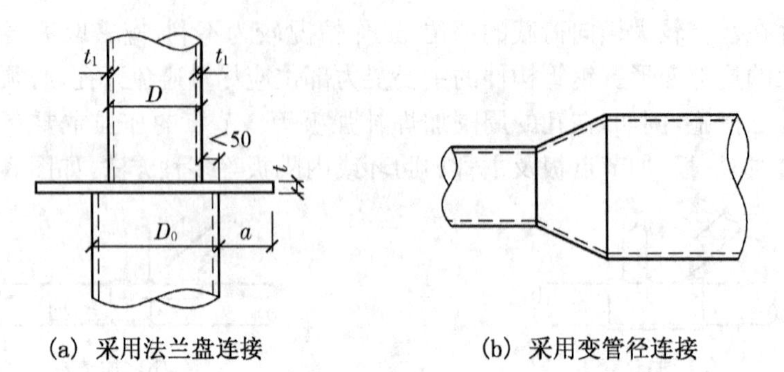

(a) 采用法兰盘连接　　(b) 采用变管径连接

图 8-18　钢管变径连接

8.3.3　管桁架结构的支座节点

管桁架支座节点由节点肋板、支座底板和锚栓等部分组成，分为铰接和刚接两大类。铰接为支承于钢筋混凝土柱或砖柱上的屋架，刚接为支承于钢柱上的屋架。常见的铰接支座连接节点如图 8-19 所示。

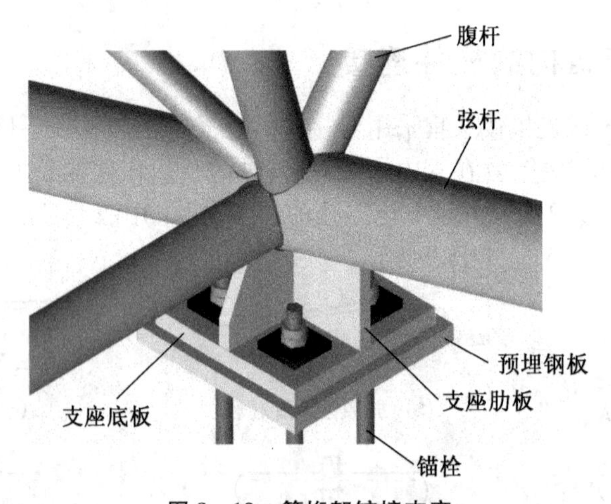

图 8-19　管桁架铰接支座

支座肋板设在支座节点中心处，用来加强支座底板刚度，减小底板弯矩，均匀传递支座反力。

锚栓应预埋于柱顶，一般取直径 $d=20\sim25$ mm，为了安装时便于调整屋架支座位置，支座底板上的锚栓孔直径稍大于锚栓直径；垫板厚度与支座底板相同，孔径稍大于锚栓直径，管桁架安装、就位并经调整正确后，将垫板与支座底板焊牢。

支座肋板焊于支座底板上，并将底板分隔为四个相同的两邻边支承的区格。

8.4　管桁架结构施工图识读

8.4.1　管桁架结构施工图的组成与识读要求

管桁架屋架施工图主要内容和基本要求如下：

(1) 绘制比例。管桁架屋架结构施工图通常采用两种比例绘制，屋架轴线一般采用 1∶30～1∶20的比例尺，杆件截面和节点尺寸采用 1∶15～1∶10 的比例尺，使节点图更为清楚。

(2) 施工图绘制要求。施工图上应注明屋架和各构件的主要几何尺寸，如轴线至肢背的距离，节点中心至腹杆等杆件近端的距离，节点中心至节点板上、下、左、右的距离。螺孔要符合型钢线距表和螺栓排列规定距离要求，焊缝应注明尺寸。

(3) 施工图应对各构件和零件进行详细编号，按主次、上下、左右顺序进行。

(4) 材料表。材料表中要把所有杆件和零件的编号、规格尺寸、数量、重量和整榀屋架的重量进行合计与汇总。

(5) 文字说明。施工图上还应加注必要的文字说明，包括所用钢材的钢号及保证项目，焊条型号、焊接方法和质量要求，图纸上未注明的焊缝和螺栓孔尺寸以及防腐、运输和加工要求。

8.4.2　管桁架结构施工图识读实例

管桁架结构施工图按着设计阶段划分可分为设计图和施工详图两个阶段，其中设计图主要包括结构设计说明、管桁架结构平面布置图、柱子及预埋锚栓平面布置图、支座平面布置图及详图、桁架结构详图及节点详图等。施工详图是对管桁架中各杆件的形状及尺寸、各节点的空间定位、支座节点详细构造尺寸等均以较大比例的图样绘制出来用以指导加工，包括桁架坐标定位图、桁架详图、杆件加工详图、材料表等。

(1) 管桁架结构设计说明

微课8.2

结构设计说明

管桁架结构设计说明主要包括工程概况、设计依据、设计荷载资料、材料选用、构件制作、安装、验收、表面处理等内容。因管桁架与网架都属于空间网格结构，故结构设计说明的基本内容与网架结构基本一致，只是因结构体系和构件的不同而存在一些细微的差别。本篇幅不再逐条赘述该结构设计说明了，读者可结合单元 7 介绍的网架结构设计说明的方法来识读本设计说明。

(2) 柱子及预埋锚栓平面布置图

该图样通常阐述支承管桁架屋盖的下部柱子的材料、平面位置及尺寸、控制标高、柱顶预埋锚栓布置及尺寸等信息。图中应绘制出纵横向定位轴线及编号、轴线尺寸、柱子编号、柱子的平面位置及尺寸，往往需要读者具备一定的混凝土框架结构识图基础。对于预埋锚栓的识读可以参考单元 5 中轻钢门式刚架结构柱脚锚栓平面布置图的相关内容。

(3) 支座平面布置图及详图

微课8.3

支座平面布置图及详图

一般情况,支座平面布置图根据工程的复杂程度来选取绘图比例,通常可选取1∶100、1∶150、1∶200、1∶300等。图中应绘制出纵横向定位轴线及编号、轴线尺寸、支座的编号、支座的平面位置及尺寸、支座与轴线的关系等。为方便读图,尽量将支座详图与支座平面布置图放在一张图纸上,支座详图中应阐述清楚支座底板的厚度、支座肋板的加工形状及尺寸、支座上螺孔的平面定位等详细信息。

为准确读图以及提高读图效率,在识读管桁架支座平面布置图之前需要先了解管桁架结构的组成、常见的支座类型及支座构造。识读顺序一般是先看支座的立面图,掌握组成支座的各零件相对位置关系,例如支座详图中,通过立面图可以知道主桁架弦杆、支座肋板和底板之间的相对位置关系;然后再结合支座各板件的加工详图进一步明确各零件在立面图上的位置关系;最后,仔细识读支座详图中的焊缝符号从而进一步了解支座的连接做法。另外,还要明确支座肋板上直接连接的管桁架弦杆与腹杆,结合后面桁架详图对应每根杆件的编号。

(4) 管桁架结构平面布置图

微课8.4

平面布置图

平面布置图对于管桁架结构来说是比较重要的一个图样,通过识读该图样不仅可以直观地查阅管桁架的结构组成及管桁架类型,还可以清晰地识读出管桁架的支座、主桁架、次桁架、系杆等各主要组成部分的平面位置。通常在结构平面布置图中应该绘制出定位轴线、编号及尺寸,各桁架、系杆与水平支撑的布置位置及相应的编号,通常以尺寸标注来注写它们与轴线的关系。在图中每一榀主桁架的端部节点,绘有涂黑的小方格,即代表支座的平面位置。

识读图纸时,首先明确管桁架屋盖的平面形状、结构组成;进一步弄清楚哪些桁架是主桁架,哪些桁架是次桁架,然后按排、列或者定位轴线逐一进行编号的识读及位置的确定。

(5) 屋面檩条布置图

管桁架结构的屋面檩条布置图可以参照单元5中轻钢门式刚架结构檩条布置图的相关内容。

(6) 管桁架结构桁架详图

微课8.5

桁架详图

每一榀管桁架中的上弦杆、下弦杆和腹杆的规格、几何尺寸及空间定位往往需要通过桁架详图来获取,图中杆件与节点较多,通常需结合节点坐标表和杆件材料表来详尽地把杆件和节点信息表达完整。在识读桁架详图时往往需要读图者具备一定的空间想象能力,并要熟练掌握常见钢构件的图示方法。

在图样中一般只注写出节点编号和杆件编号,而节点坐标和杆件的规格、长度、数量和重量等信息汇总在杆件材料表里,最后再附一个材料的汇总表来统计每种规格的杆件数量、长度以及重量。

（7）管桁架结构杆件详图

微课8.6

杆件详图

实际的管桁架结构通常做成空间曲线形状，因此其弦杆要被拉弯成圆滑的曲线，每一段弦杆的弯弧加工尺寸以及弦杆的拼接构造等信息往往展示在杆件详图中。识读这一类图样时要注意结合图纸中的文字说明，对于弦杆、腹杆之间的拼接和相贯连接焊缝的通用信息往往体现在文字说明中，只有认真理解文字信息才能更准确地识读杆件详图。此外，值得提醒读者的是：图中的尺寸标注除了直线标注外，还需要标注出弦杆的弯弧半径、弯弧长度以及矢高等。

附图8-1　徐州某管桁架结构设计。

习　题

8-1　钢管桁架结构的特点是什么？

8-2　简述单榀管桁架的组成。

8-3　阐述管桁架结构的组成。

8-4　管桁架结构选型应遵循什么原则？

8-5　按外形分类，管桁架有哪些常见的结构形式？

8-6　管桁架结构中，通常上弦杆与下弦杆各承受什么力？

单元9 空间异形钢结构建筑

异形钢结构也叫空间任意钢结构，结构的空间三维模型一般不能简单地用函数表达，其边界条件、所受荷载及工况组合都相比传统钢结构要复杂得多，且构件规格多样化，使得这种结构的施工图绘制、构件深化设计、构件的加工制作及现场安装都比较复杂。异形钢结构一般采用型钢结构、网架结构、膜结构、管桁架结构、悬索结构、薄壳结构、张拉结构等结构形式，围护结构面层材料一般采用铝板、铝塑板、不锈钢板等。异形钢结构一般用于商场、综合楼、体育场馆、城市雕塑、门楼造型、收费站等。

本章主要介绍膜结构、薄壳结构、悬索结构、张拉结构等，分析其结构形式、结构材料及其特点等。

9.1 膜结构

膜结构是20世纪中期发展起来的一种全新的建筑结构形式，它集建筑学、结构力学、精细化工与材料科学、计算机技术等为一体，具有很高的技术含量，其曲面可以随着建筑师的想象力而任意变化，其造型自由轻巧、阻燃、制作简易、安装快捷、使用安全。索膜结构是集建筑与结构完美结合的结构体系，它是用高强度柔性薄膜材料与支撑体系相结合形成具有一定刚度的稳定曲面，能承受一定外荷载的大跨度空间结构形式，给人以强大的艺术感染力和神秘感。20世纪70年代以后，高强、防水、透光且表面光洁、易清洗、抗老化的建筑膜材料的出现，加之当代电子、机械和化工技术的飞速发展，膜建筑结构已大量用于滨海旅游、博览会、体育场、收费站等公共建筑上(如图9-1所示)。

9.1.1 膜结构的特点

1. 与传统结构相比膜结构具有以下优点：

(1) 自重轻，跨度大。膜结构自重轻，例如充气式膜结构仅为其他屋盖结构重量的1/10，且单位面积的自重不会随着跨度的增加而明显增加，因而容易构成大跨度的结构。膜结构可以从根本克服传统结构在大跨度(无支撑)建筑上实现所遇到的困难，可创造巨大的无遮挡可视空间，有效增加空间使用面积。

(2) 建筑造型具有艺术性。膜结构具有造型活泼优美，富有时代气息，不仅可以用于大型公共建筑，也可以用于景观小品，可以为建筑师提供充分的创作空间，又体现结构构件清晰受力之美。

(3) 易于施工。膜材的裁剪、粘合等工作主要在工厂完成，现场主要是将膜成品张拉就位的过程，装配方便，可减少现场施工时间，避免出现施工交叉，相对传统建筑工程工期较短。

图9-1　膜结构建筑

(4) 透光性好。膜材具有一定的透光率，阳光透过薄面可在室内形成漫射光，白天大部分时间无需人工采光，能很好地节约能源，而晚上的室内灯光透过膜面给夜空增添了梦幻般的绚烂夜景也能达到很好的广告宣传效益。

(5) 安全性好。膜结构属于柔性结构，自重轻，具有优良的抗震性能，同时，膜材料通常是阻燃材料或不可燃材料，因此具有较高的安全度。

(6) 自洁性好。膜材表面涂层，特别是聚四氟乙烯(PTFE)涂层，具有良好的非粘着性，大气中灰尘不易附着渗透，而且其表面的灰尘会被雨水冲刷干净，可使建筑能自己保持洁净与美观，同时保证建筑的使用寿命。

但膜结构也存在如下缺点和问题：

(1) 耐久性差。一般的膜材使用寿命为15～25年，与传统的混凝土及钢材相比有较大的差距，与“百年大计”的设计理念存在出入。

(2) 隔热性差。如果强调透光性，只能用单层膜，隔热性就差，因而冬天冷、夏天热，需要空调。

(3) 隔声效果差。单层膜结构只能用于隔声要求不高的建筑。

(4) 抵抗局部荷载能力差。屋面会在局部荷载作用下形成局部凹陷，造成雨水和雪的淤积，这就使屋盖在这地方的荷载增加，可能导致屋盖的撕裂(帐篷结构)或反转(充气结构)。

(5) 充气膜结构还需要不停地送风，因此维护和管理就特别重要。另外，气承式充气结构必须是密闭的空间，不宜开窗。

9.1.2 膜结构的形式

膜结构的分类方式较多，从结构方式上简单地可概括为充气式、张拉式和骨架支承式三大类。在张拉式中采用钢索加强的膜结构又称为索膜结构。

1. 充气膜结构

充气式膜结构是利用薄膜内外空气压力差来稳定薄膜以承受外载的一种结构。通常将膜材固定于屋顶结构周边，利用送风系统让室内气压上升到一定压力(一般在10～30 mm汞柱)后，使屋顶内外产生压力差，且使屋盖膜布受到一定的向上浮力，构成较大的屋盖空间和跨度。因其利用气压来支撑，钢索作为辅材，无需任何梁、柱支撑，可得更大的空间，施工快捷，经济效益高。充气膜结构具体可分为单层、双层、气肋式三种形式。

(1) 单层薄膜充气结构(气承式膜充气结构)

如同肥皂泡，单层膜的内压大于外压，如图9-2(a)。此结构具有空间大，重量轻，建造简单的优点。但为了不易漏气，需用双道门，并且需要不断输入超压气体，人们生活在此室内犹如置身于高气压环境中，有不适之感，如图9-3所示。

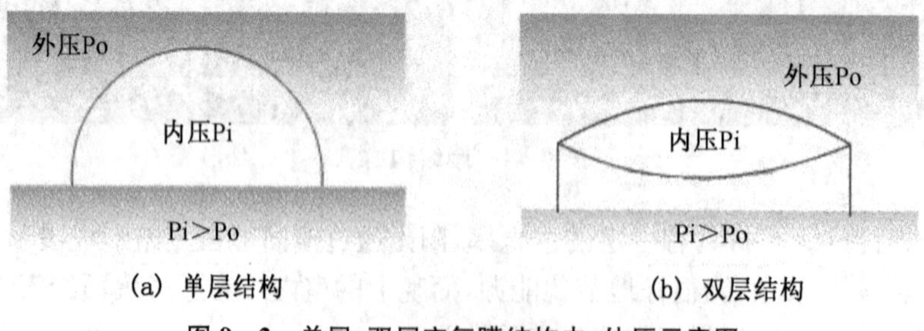

(a) 单层结构　(b) 双层结构

图9-2 单层、双层充气膜结构内、外压示意图

(a) 结构外观1

(b) 结构外观2

(c) 结构内部

图 9－3　单层充气膜结构

(2) 双层薄膜充气结构

这种结构是在两层薄膜间充气(正压体系)或抽气(负压体系)形成具有一定刚性的结构，其双层膜之间的内压大于外压，如图 9－2(b)所示。双层充气膜结构的门窗可以敞开较自由，也称为“气垫结构”。

(3) 气肋式结构

气肋式膜结构是在多个气肋中充入高压空气，形成具有一定刚性的结构，其气肋的内压大于外压，可以分为联体和独立两种，其中联体气肋式膜结构较为常用，如图 9－4 所示。

(a) (联体)气肋式膜结构

(b) (独立)气肋式膜结构

图 9－4　气肋式膜结构

充气式膜体系具有自重轻、安装快、造价低及便于拆卸等特点，在特定的条件下有其明显的优势。但因其在使用功能上有明显的局限性，如形象单一、空间要求气闭等，使其应用面较窄。20 世纪 80 年代后期至今，充气式膜建筑逐渐受到冷遇，其原因为充气膜结构需要不间断的能源供应，运行与维护费用高，室内的超压使人感到不适，空压机与新风机的自动控制系统和融雪热气系统的隐含事故率高。若目前进行的超压环境下人体的排汗、耗氧与舒适性研究得到较好解决，充气式膜建筑仍有广阔的前景。

2. 张拉膜结构

张拉膜结构(也称帐篷结构)又称为预应力薄膜结构，由膜材、钢索及支柱构成，因薄膜很轻，为了保证结构的稳定，利用钢索与支柱在膜材中导入预应力(如图 9－5 所示)。其边界可用刚性边缘构件，也可以是柔性钢索，这时由于拉力作用，边索曲线总是向薄膜内部弯曲的。

张拉膜结构中，薄膜材料既起到了结构的承载作用，又具有维护功能，充分发挥了膜材的结构功能。这种结构可实现创新且美观的造型，具有高度的结构灵活性和适应性，是索膜建筑结构的代表和精华。近年来，大型跨距空间也多采用以钢索与压缩材料构成钢索网来支撑上部膜材的形式。因施工精度要求高，结构性能强，且具丰富的表现力，所以造价略高。

图 9－5　张拉膜结构

3. 骨架支承膜结构

骨架支承膜结构是指以刚性结构(通常为钢结构)为承重骨架，并在骨架上敷设张紧膜材的结构形式(如图 9－6 所示)。常见的骨架结构包括桁架、网架、网壳、拱等，这种支承骨架体系自平衡，安全性高，膜体仅为辅助物，在结构计算分析时通常不考虑膜材对支承结构的影响。因此，骨架支承膜结构与常规结构比较接近，工程造价相对较低，便于被工程界采用。但这类结构中，膜材料的本身承载作用并没有得到发挥，跨度主要受到支承骨架的限制。

骨架式膜结构建筑表现含蓄，结构性能有一定的局限性，若与张拉式膜结构结合运用，常可取得更富于变化的建筑效果。

图 9－6　骨架支承膜结构

9.1.3　膜结构的预张力

膜结构是一种双向抵抗结构，其厚度相对于它的跨度极小，因此它不能产生明显的平板效应(弯应力和垂直于膜面的剪应力)。索膜结构之所以能满足大跨度自由空间的技术要求主要归功于其有效的空间预张力系统。空间预张力使索膜的索和膜在各种荷载下的内力始终大于零(永远处于拉伸状态)，从而使原本软体材料的索和膜成为空间整体工作的结构体系。预张力使索膜建筑富有迷人的张力曲线和变幻莫测的空间，使整体空间结构体系得以协同工作；预张力使体系得以覆盖大面积、大跨度的无柱自由空间；预张力使体系得以抵抗狂风、大雪等极不利的荷载状况并使膜体减少磨损，延长使用寿命，成为永久的建筑。

索膜结构的初始预张力值的选取与膜材种类、曲面形状等因素有关，设计中通常由工程师凭经验确定，对常用建筑膜材，初始预张力不低于 1 KN/m，预张力选取是否合适需要由荷载分析结果来衡量，往往在设计初始阶段需要反复调整才能得到合理的取值，并贯穿于设计与施工全过程。

9.1.4　膜结构的材料

在膜结构中薄膜既是结构材料，又是建筑材料。作为结构材料，薄膜必须具有足够的强度，以承受由于自重、内压或预应力、风、雪等作用产生的拉力；作为建筑材料，它又必须具有防水、防火、隔热、透光或阻光、阻燃和耐高温等建筑功能。此外，膜材在雨水冲刷下其表面得到自然清洗，经过特殊表面处理的膜材自洁性能更佳。膜材料作为膜结构的灵魂，它的发展也是与膜结构的技术密切相关、互相促进的。

膜的材料分为织物膜材和箔片两类。

1. 织物膜材

织物膜材是由纤维平织或曲织而成，织物膜材已有较长的应用历史。根据涂层情况，织物膜材可以分为涂层膜材和非涂层膜材两种；根据材料类型，织物膜材可以分为聚酯织物和玻璃织物两种。它分为三部分(如图 9－7 所示)，内部为基材织物，决定材料的抗拉强度、抗撕裂强度，决定膜材的力学性质；外层为涂层，体现材料的耐火、耐久性及防水、自洁性等膜材料的物理性质；面层起自洁和防紫外线辐射的作用。

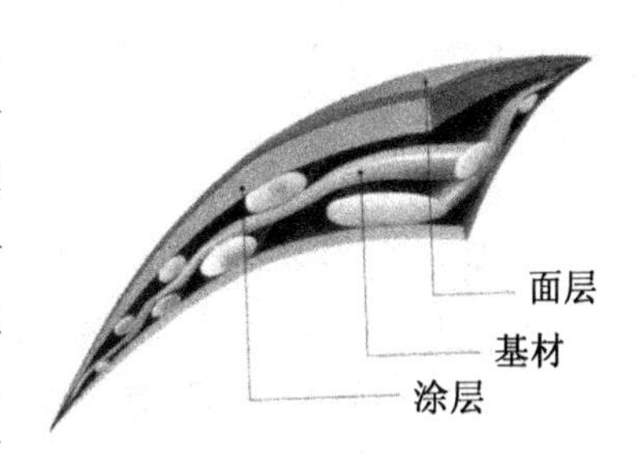

图 9－7　织物膜材构成示意图

织物膜材的基材力学性质根据其种类不同而异，膜材的弹性模量较低，这有利于膜材形成复杂的曲面造型。常用的建筑膜材基材材料有 PVC(聚酯类、聚酰胺类)、PTFE 膜材(玻璃纤维)。

(1) PVC 膜材

由聚氯乙烯(PVC)涂料和聚酯纤维基层复合而成，应用广泛，价格适中，强度高。中等强度的 PVC 膜厚度仅 0.6 mm，但其拉伸强度相当于钢材的一半，如图 9－8(a)所示。

PVC 膜材料的特点：

① PVC 膜材料的强度及防火性与 PTFE 相比具有一定差距，PVC 膜材料的使用年限一般在 7 到 15 年。为了解决 PVC 膜材料的自洁性问题，通常在 PVC 涂层上再涂上 PVDF(聚偏氟乙烯树脂)称为 PVDF 膜材料。

② 新型自洁膜材料——TiO_2 膜材料

另一种涂有 TiO_2(二氧化钛)的 PVC 膜材料，具有极高的自洁性和去污效果，如图 9-8(b)所示。

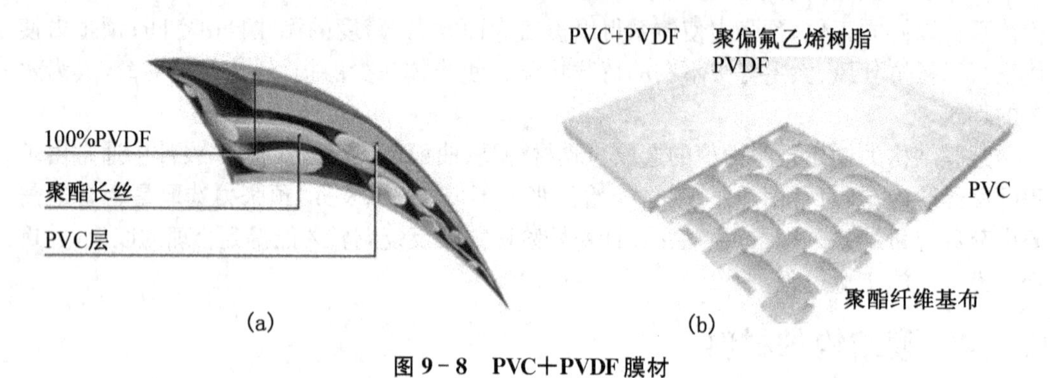

图 9-8 PVC+PVDF 膜材

③ 加面层的 PVC 膜材

在 PVC 聚酯织物的外层再加一面层聚氟乙烯(PVF，商品名 Tediar)或聚偏氟乙烯(PVDF)构成，不但能抵抗紫外线，自身不发粘，而且自洁性较好，使用年限长，其性能优于纯 PVC 膜材，如图 9-8 所示。

(2) 聚四氟乙烯膜材(PTFE)

聚四氟乙烯(PTFE，商品名称 Teflon)膜材料是指在极细的玻璃纤维(3 毫米)编织成的基布上涂上 PTFE(聚四氟乙烯)树脂而形成的复合材料，如图 9-9 所示。

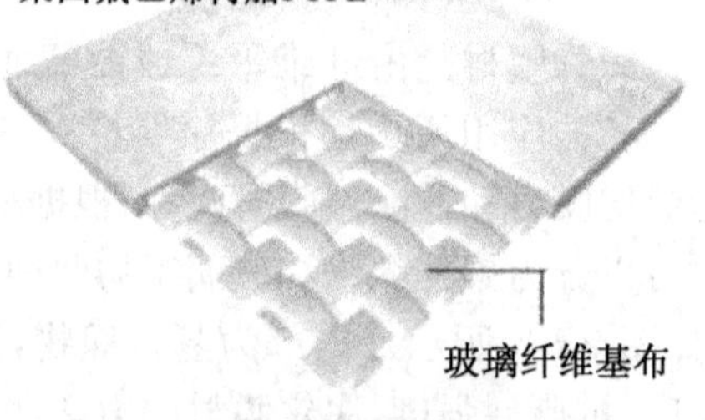

图 9-9 聚四氟乙烯膜材(PTFE)

PTFE 膜材料的特点：

① 强度高(中等强度的 PTFE 膜厚度仅 0.8 mm，但其拉伸强度接近钢材)、耐久性好、防火难燃、自洁性好，而且不受紫外光的影响，其使用寿命在 20 年以上。

② 具有高透光性，透光率为 13%，并且透过膜材料的光线是自然散漫光，不会产生阴影，也不会发生眩光。

③ 热工性能良好，对太阳能的反射率为 73%，所以热吸收量很少。即使在夏季炎热的日光的照射下室内也不会受太大影响。

④ 强耐久性，正是因为这种划时代性的膜材料的发明，才使膜结构建筑从人们想象中的帐篷或临时性建筑发展成现代化的永久性建筑。

2. 箔片

高强度箔片近几年才开始应用于结构工程中，是由氟塑料制造而成，它的优点在于有很高的透光性和出色的防老化性。单色的箔片可同膜材一样施加预拉力，但它常常做成夹层，内部充有永久空气压力以稳定箔面。跨度较大时，箔片常被压制成正交膜片。由于有较高的自洁性能，氟塑料不仅被制成箔片，还常常被直接用作涂层，如玻璃织物上的 PTFE 涂层；以及用于涂层织物的表面细化，如聚酯织物加 PVC 涂层外的 PVDF 面层。

3. 膜材的外涂层

选用较好的外层涂料可以使膜材料获得良好的光学、保温、防火及自洁性等物理性质。膜材料光学性能表现在可滤除大部分紫外线，防止内部物品褪色。其自然光的透射率可达 25%，透射光在结构内部产生均匀的漫射光，无阴影，无眩光，夜晚在周围环境光和内部照明的共同作用下，膜结构表面发出自然柔和的光辉，良好的显色性令人陶醉。

9.1.5 膜结构的设计

目前膜结构找形分析的方法主要有动力松弛法、力密度法以及有限单元法等。

膜结构设计与一般结构物设计不同之处在于：一是它的变形要比一般结构形式大；二是它的形状是施工过程中逐步形成的。从初步设计阶段开始，结构工程师就要和建筑工程师一起确定建筑物的形状并不断进行计算，设计对象的平面、立面、材料类型、结构支撑以及预张力的大小都成为互相制约的因素。同时，一个完美的设计也就是上述矛盾统一的结果。

用曲面有限单元建立的膜结构分析理论，膜结构的设计可分为三个步骤：

有限单元法

(1) 初始平衡形状分析；

(2) 各种荷载组合下的力学分析以保证安全；

(3) 裁剪分析。

现代索膜建筑的设计过程是把建筑功能、内外环境的协调、找形和结构传力体系分析、材料的选择与剪裁等集成一体，借助于计算机的图形和多媒体技术进行统筹规划与方案设计，再用结构找形、体系内力分析与剪裁的软件，完成索与膜的下料与零件的加工图纸。通常裁剪分析的方法有测地线法、无约束极值法、动态规划法、平面热应力法、增量杆单元有限元法、板单元有限元法等。

9.1.6 膜结构的连接构造

索膜结构的连接必须要满足结构受力要求和耐久要求，具体连接构造分为膜-膜连接、索-膜连接、膜-钢支承结构连接、膜端部连接等。

1. 膜-膜连接

(1) 缝合连接

缝合连接是一种传统的织物连接方式(如图 9 - 10 所示)，主要在工厂内制作完成，特点是比较经济，且质量容易控制。缝合连接的强度较低，一般用于不能采用其他连接方式，或膜内应力较小及非受力构造连接处。需要注意的是，在结构排水区应慎用缝合连接。

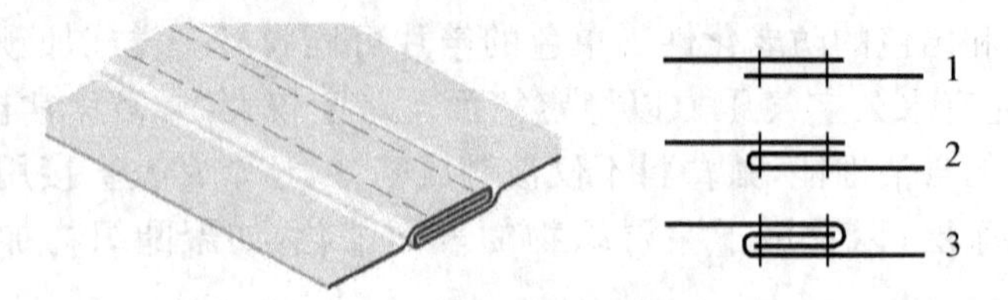

图 9-10 膜-膜缝合连接示意图

(2) 粘合或热合连接

粘合连接是通过粘合剂将膜片粘合在一起(如图 9-11 所示)。其耐久性较差，一般用于强度要求不高或现场临时修补的地方。

热合连接是将膜材迭合部分的涂层加热融合，并对其施加一定时间的压力，使两片膜材牢固地连接在一起。热合连接的搭接宽度通常为 40～60 mm，强度可达到母材强度的 80%以上。是一种较为安全有效的膜材连接方式。我国 2015 年颁布的《膜结构技术规程》(CECS 158-2015)规定：膜材之间的主要受力缝宜采用热合连接。

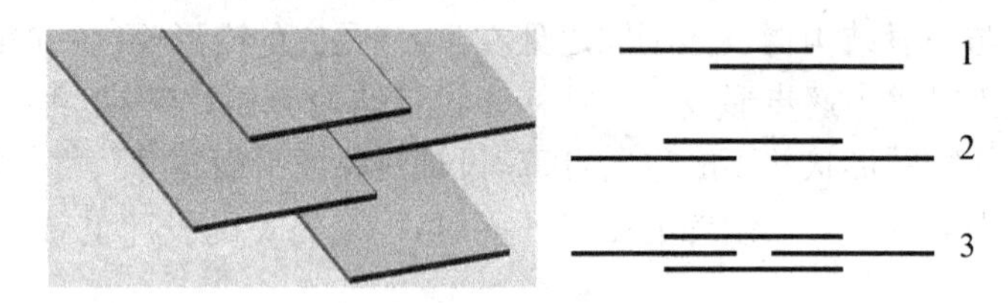

图 9-11 膜-膜粘合(热合)连接示意图

(3) 束带连接

束带连接利用束带穿过膜边的环圈从而将两片膜连在一起(如图 9-12 所示)，其优点是安装时便于调整形状、根据情况分步增减拉应力；缺点是消耗大量的人工。为保护束带节点免受气候影响，通常在其上面增加一层覆盖膜。

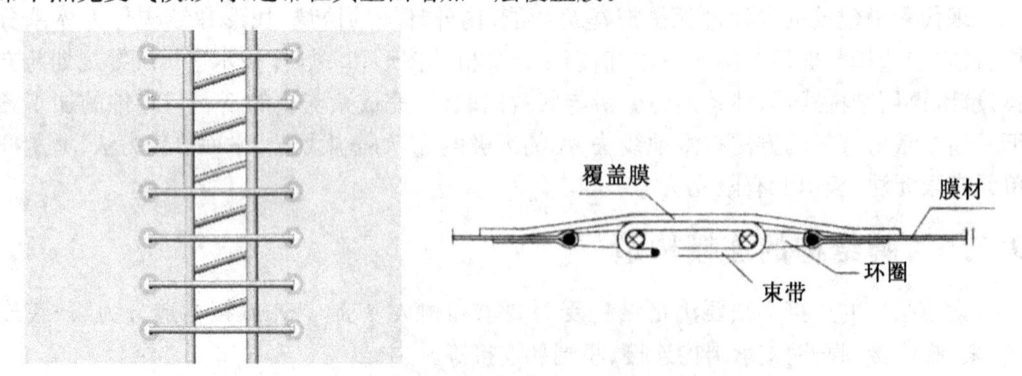

图 9-12 膜-膜束带连接示意图

(4) 螺栓连接

螺栓连接又称机械连接，即在两个膜片的边缘埋绳，并在其重叠位置用机械夹板将膜片连接在一起(如图9-13所示)。螺栓连接是一种现场连接方式，适用于结构规模较大，需将膜材分成几个部分在现场拼接的情况。而螺栓连接的缺点是膜材与金属连接件的变形不协调，易导致相连膜片处出现应力集中。此外，在螺栓连接中要处理好螺栓及金属件的防水、防腐问题。

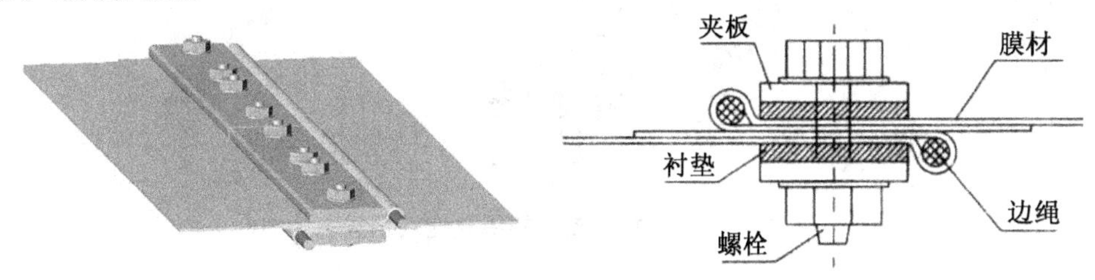

图9-13　膜-膜螺栓连接示意图

2. 索-膜连接

由于索与膜之间的材料差异，应使两者之间留有一定的空隙，以适应在荷载作用下膜与索之间可能产生的相对滑动。具体连接方式有索套连接[如图9-14(a)所示]、螺栓连接[如图9-14(b)所示]、束带连接[如图9-14(c)所示]等。

(a) 索套连接　(b) 螺栓连接　(c) 束带连接

图9-14　索-膜连接示意图

3. 膜-钢支承结构连接

(1) 夹板连接

夹板连接利用刚性夹板将膜边绳直接固定在刚性边界上(如图9-15所示)，做法较为简单，要求夹具与膜材之间设置衬垫；刚性边缘构件应先倒角，使膜材光滑过渡。

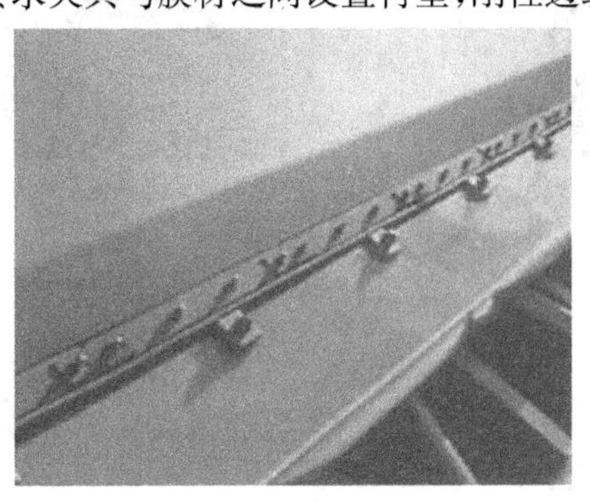
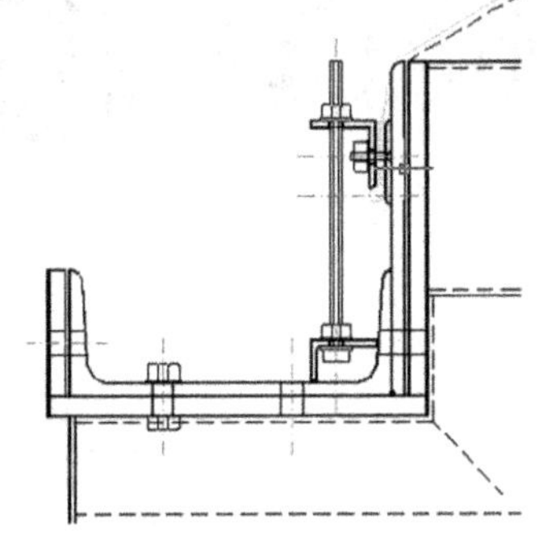

图9-15　膜-钢支承的夹板连接示意图

(2) 绳轨连接

绳轨连接是将膜边绳穿入铝合金制成的绳轨内,再通过拉力螺栓将绳轨与刚性边界相连(如图 9-16 所示)。

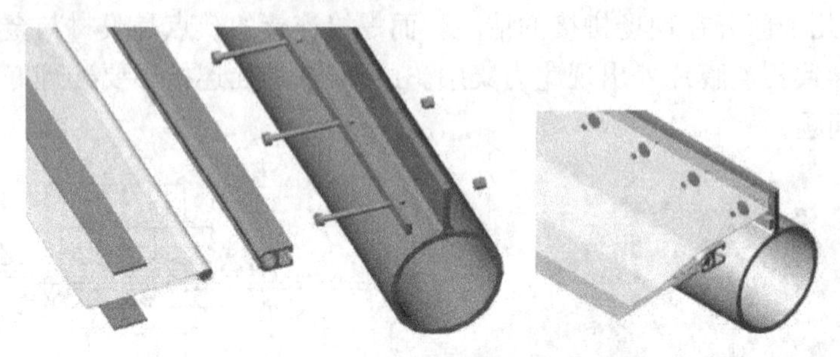

图 9-16　膜-钢支承的绳轨连接示意图

(3) 束带连接

束带连接利用束带穿过膜边的环圈缠绕在支承钢构件上实现连接(如图 9-17 所示)。

图 9-17　膜-钢支承的束带连接示意图

4. 膜端部连接构造

工程中常见的膜材端部连接构造见图 9-18 所示。

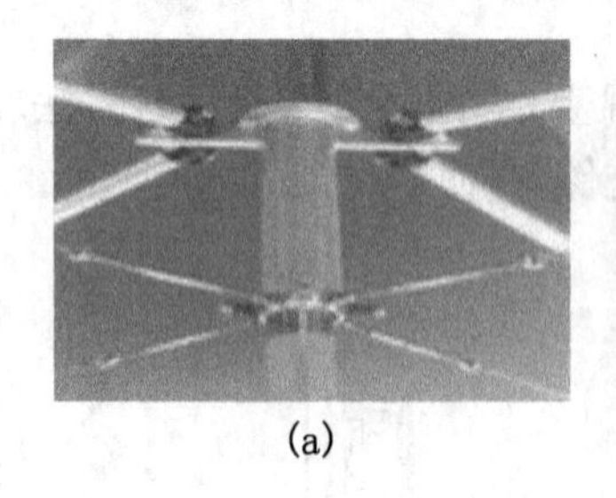

(a)

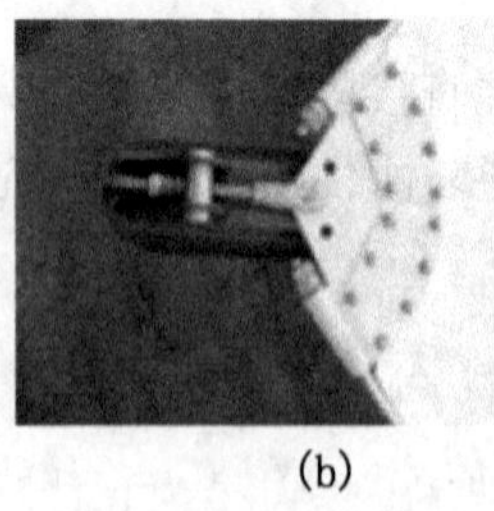

(b)

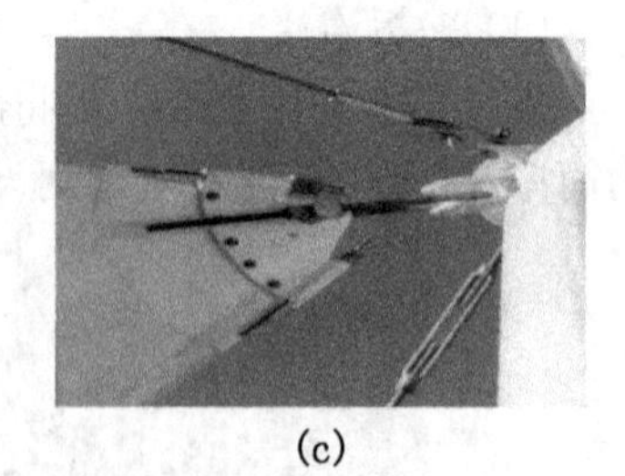

(c)

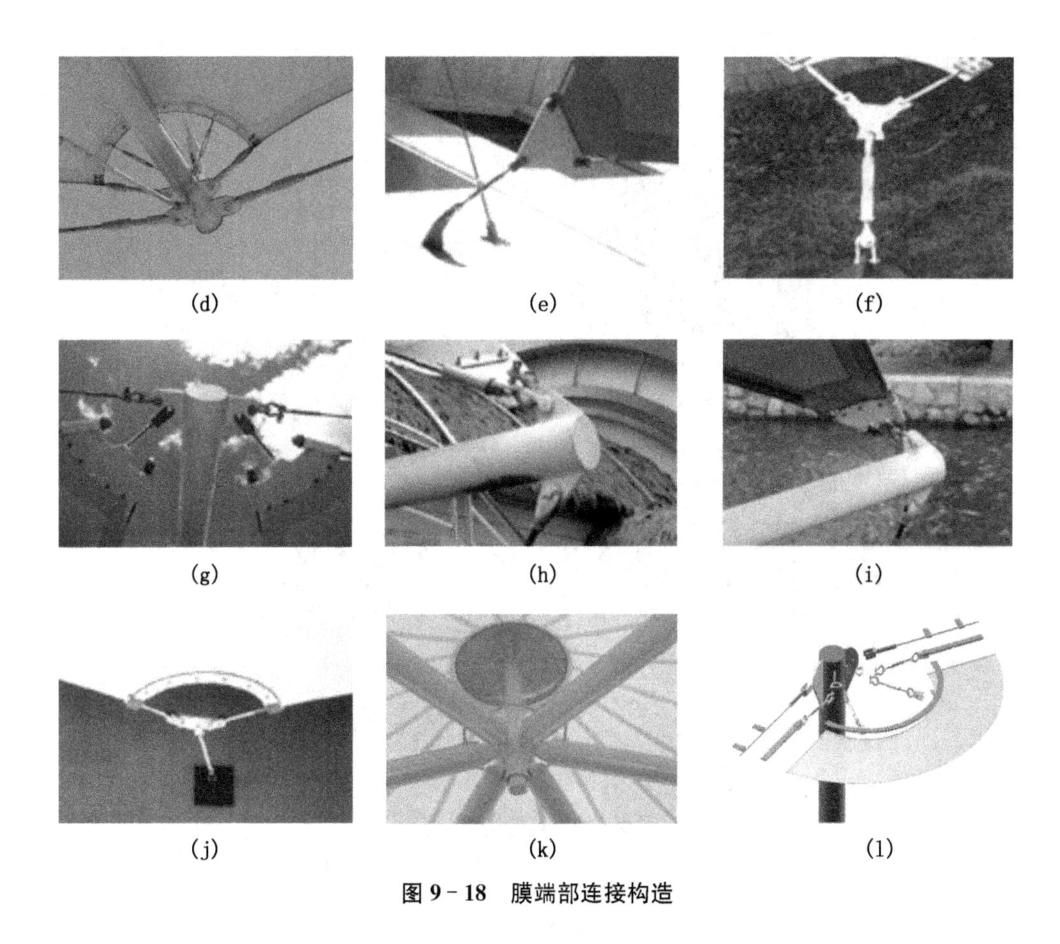

(d)　(e)　(f)

(g)　(h)　(i)

(j)　(k)　(l)

图 9－18　膜端部连接构造

5. 其他构造

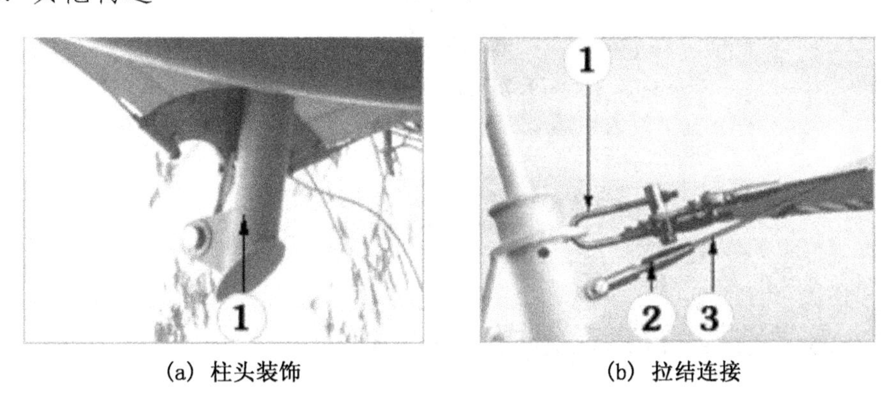

(a) 柱头装饰　(b) 拉结连接

图 9－19　其他构造

1—不锈钢拉杆　2—不锈钢锚头　3—钢索

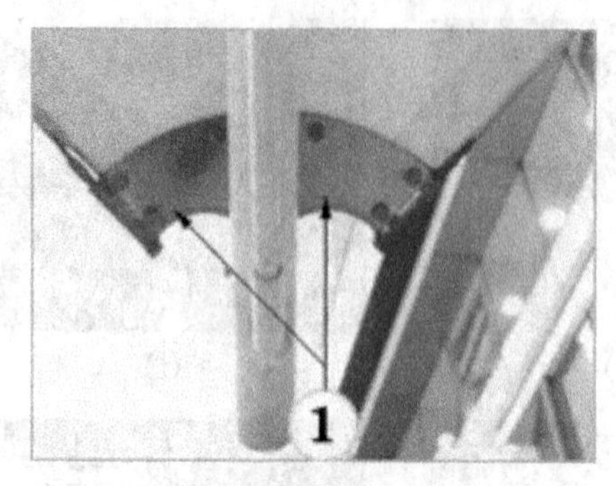

(c) 不锈钢膜夹板

(d) 梭形立柱

(e) 不锈钢索

(f) 收口装饰

图 9-19 其他构造(续)

1—不锈钢拉杆　2—不锈钢锚头　3—钢索

9.1.7 膜结构的裁减

9.2 悬索结构

9.2.1 悬索结构的特点、组成和受力状态

1. 悬索结构的特点

悬索结构是由一系列高强度钢索组成的一种张力结构，由于其自重轻，用钢量省，能跨越很大的跨度，悬索屋盖结构主要用于跨度在 60～100 m 的体育馆、展览馆、会议厅等大型公共建筑，目前悬索屋盖结构最大跨度已达 160 m，是一种比较理想的大跨度结构型式。

悬索在工程上的应用最早是桥梁，我国建造最早的铁链桥是云南的兰津桥（公元

57～75年间)。1 000 多年来我国建造的铁索桥，如云南元江铁索桥、澜沧江铁索桥、贵州盘江铁索桥、四川泸定桥等至今仍在使用。中国现代悬索结构之发展始于 50 年代后期和 80 年代，北京的工人体育馆和杭州的浙江人民体育馆是当时的两个代表作。北京工人体育馆(如图 9-20 所示)建成于 1961 年，其屋盖为圆形平面，直径 94 m，采用车辐式双层悬索体系，由截面为 2 m×2 m 的钢筋混凝土圈梁、中央钢环，以及辐射布置的两端分别锚定于圈梁和中央钢环的上索和下索组成。中央钢环直径 16 m，高 11 m，由钢板和型钢焊成，承受由于索力作用而产生的环向拉力，并在上、下索之间起撑杆的作用。浙江人民体育馆建成于 1967 年，其屋盖为椭圆平面，长径 80 m，短径 60 m。采用双曲抛物面正交索网结构；长径方向主索垂度 44 m，短径方向副索拱度 2.6 m。

图 9-20 北京工人体育馆

图 9-21 浙江人民体育馆

2. 悬索结构的组成

悬索结构一般由索网、边缘构件和下部支承结构组成(如图 9-22 所示)。索网是悬索结构的主要承重构件，是一个轴心受拉构件，既无弯矩也无剪力，完全柔性，其抗弯刚度可完全忽略不计。利用高强钢材去做“索”，就最能发挥钢材受拉性能好的特点。索网一般由每根直径为 2.5 mm、3 mm、4 mm、4.5 mm、5 mm 的高强碳素钢丝扭绞而成。

边缘构件是索网的边框，无边框则索网不能成型。边缘构件必须具有一定的刚度和合理的形式，以承受索端的巨大拉力。

下部支承构件一般是钢筋混凝土立柱或框架结构，为保持稳定，有时还要采取钢缆锚拉的设施。

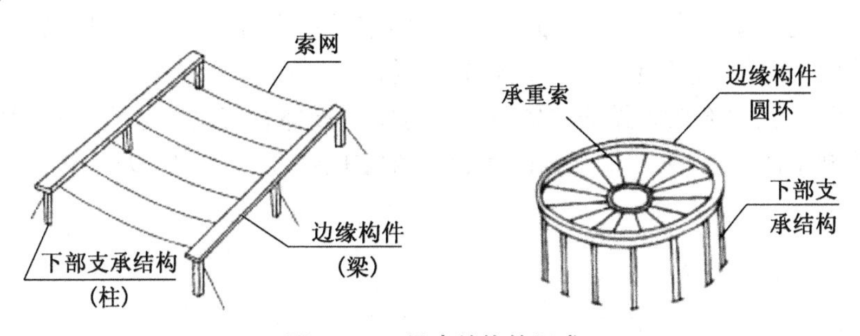

图 9-22 悬索结构的组成

单层悬索结构是平面结构体系。如果利用很多单悬索相互交叉组成“索网”(比如利用桁架交叉组成网架一样),就形成多向受力的悬索结构。

9.2.2 悬索结构的形式及实例分析

悬索结构的主要形式有:单曲面单层悬索结构、单曲面双层悬索结构、双曲面单层悬索结构、双曲面双层悬索结构和交叉索网悬索结构等。这些悬索结构的成型不同是边缘构件的形式不一样,同时引起屋盖建筑造型的不同。不论何种形式,都必须采取有效措施以保证屋盖结构在风荷载、地震作用下具有足够的刚度和稳定性。

1. 单曲面单层悬索结构

这种结构型式由许多平行的单根拉索构成,表面呈反向圆筒形凹面,可向外排水,如图 9-23 所示。

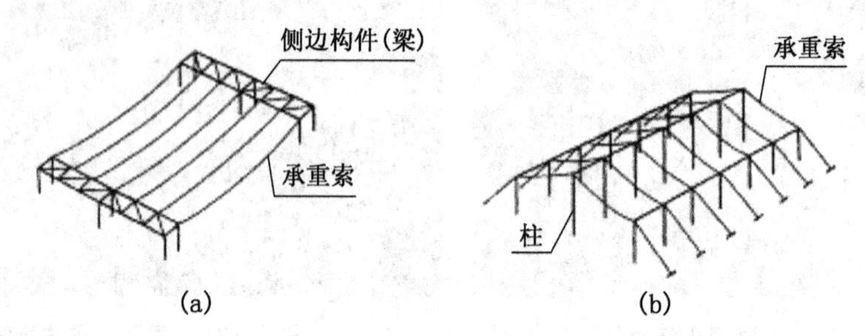

图 9-23 单曲单层拉索

单曲面单层拉索体系的优点是构造简单,传力明确,但屋面稳定性差,抗风能力小。为了克服这一不足,可采用重屋盖(一般为装配式钢筋混凝土屋面板)或在大跨度结构中,对屋面板施加预应力,使屋面最后形成悬挂薄壳等。

建筑实例有德国乌柏特市游泳馆(如图 9-24 所示),该建筑兴建于 1956 年,可容纳观众 2 000 人,比赛大厅面积为 65 m×40 m。根据两端看台形式,屋盖设计成纵向单曲单层悬索结构,跨度为 65 m。大厅看台建在斜梁上,斜梁间距 3.8 m,一直通到游泳池底部并托着游泳池。结构对称布置,屋盖索网的拉力经由边梁传给斜梁,传到游泳池底部。使得斜梁基底的水平推力得以相互抵消,成对地取得平衡,地基只承受压力[如图 9-24(c)所示]。该建筑屋盖采用浮石混凝土和普通混凝土屋面,以保证悬索的稳定性。这种屋盖形式不仅较好地适应了建筑内部平面布置,结构型式受力合理,而且结构的形体、总体布置与建筑的使用空间、外观形象完全结合起来,值得欣赏。

图 9-25(a)为丹东体育馆的主体结构示意图。该体育馆为两悬索结构,悬索一端锚固在中间的刚架横梁上,另一端即锚固在看台斜柱框架的柱顶。图 9-25(b)为体育馆实体图片。

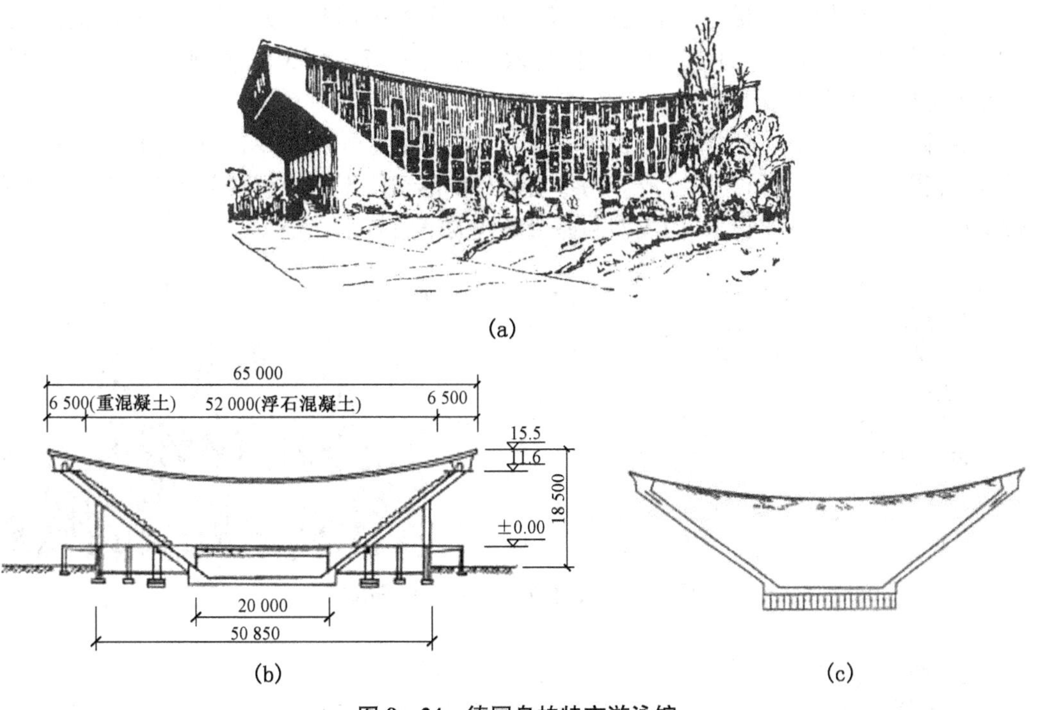

图 9－24　德国乌柏特市游泳馆

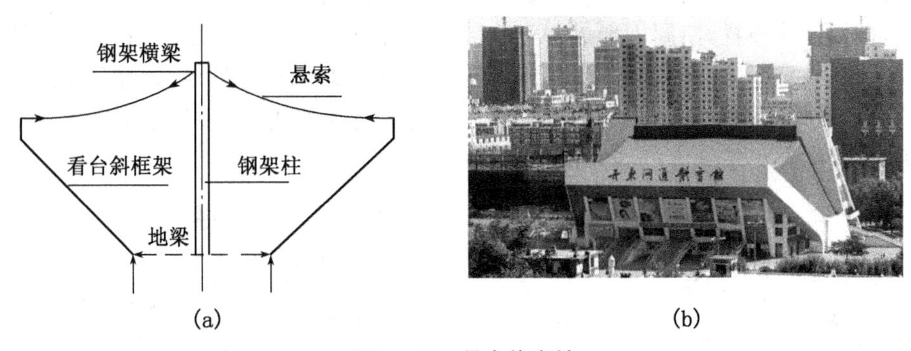

图 9－25　丹东体育馆

2. 单曲面双层悬索结构

为了增强拉索本身的刚度，可将单层拉索体系改为双层拉索体系。双层拉索体系是由许多片平行的索网组成，每片索网均为曲率相反的承重索和稳定索构成，如图 9－26 所示。承重索与稳定索之间用圆钢或拉索联系，形式如同屋架的斜腹杆。

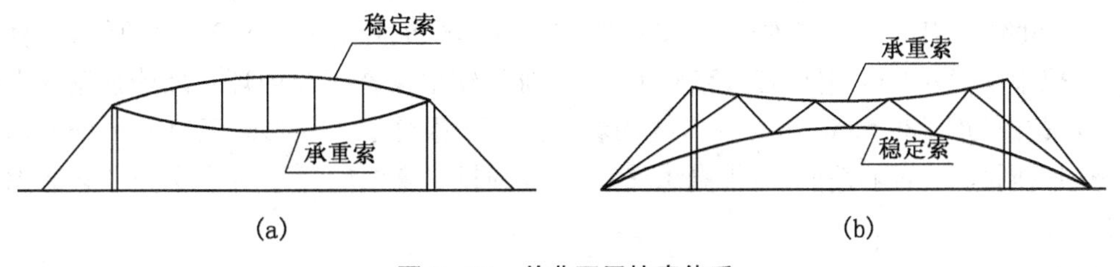

图 9－26　单曲双层拉索体系

这种悬索结构的主要特点是通过斜腹杆对上、下索施加预应力，提高了整个屋盖的刚度。上索拉索的垂度值（对下索称拱度）可取跨度的 1/17～1/20，下索则取 1/20～1/25。屋面板可以铺于上索或下索。

吉林冰上运动中心滑冰馆（如图 9－27 所示）的屋盖采用了单曲预应力双层拉索体系，具有很好的稳定性和刚性。成对的承重索和稳定索位于同一竖直平面内，二者之间通过受拉钢索或受压撑杆联系，构成如同屋架形式的平面体系。

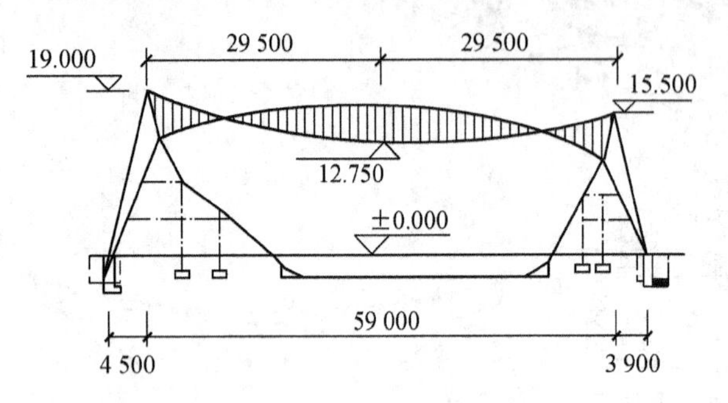

图 9－27　吉林冰上运动中心滑冰馆

3. 双曲面单层悬索结构

前述的单曲面结构体系仍是平面结构，为了更好地提高结构整体刚度，可采用双曲面悬索结构。双曲面悬索结构又有单、双层之分。双曲面单层索网体系，常用于圆形建筑平面，拉索按辐射状布置，使屋面形成一个旋转曲面，拉索的一端锚固在受压的外环梁上，另一端锚固在中心的受拉环上，形成碟形悬索结构[如图 9－28(a)所示]。锚固在中心柱上形成的伞形悬索结构[如图 9－28(b)所示]，在均布荷载作用下，圆形平面的全部拉索内力相等，内力的大小随垂度的减小而增大。

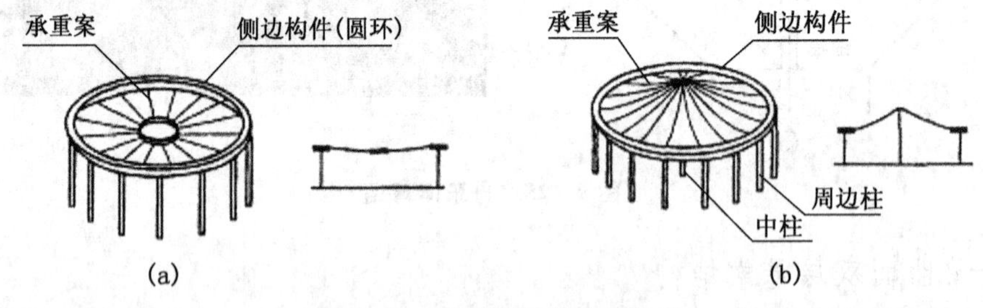

图 9－28　双曲面单层拉索体系

辐射状布置的单层悬索结构也可用于椭圆形建筑平面，但其缺点是在均布荷载作用下拉索内力都不相同，从而在受压圈梁中引起较大的弯矩，因此很少采用。

20 世纪 50 年代乌拉圭蒙特维多体育馆的碟形悬索屋盖（如图 9－29 所示），直径 94 m，拉索垂度 8.9 m，中央有个直径 19.5 m 锥形钢框架作天窗内环。外墙顶钢筋混凝土外环截面为 1 980 mm×450 mm，锚固着周围 256 根悬索。碟形悬索结构下凹的屋面使室内空间减小，音响性能好，无聚焦现象，但屋面排水难处理，室内空间处理不好会给人压抑感。

碟形悬索结构和单曲面单层拉索体系基本一样，所不同的是屋面不是圆筒形而是倒圆锥形。其刚度虽略有改善，但增强不多，刚度与稳定性仍然很差。

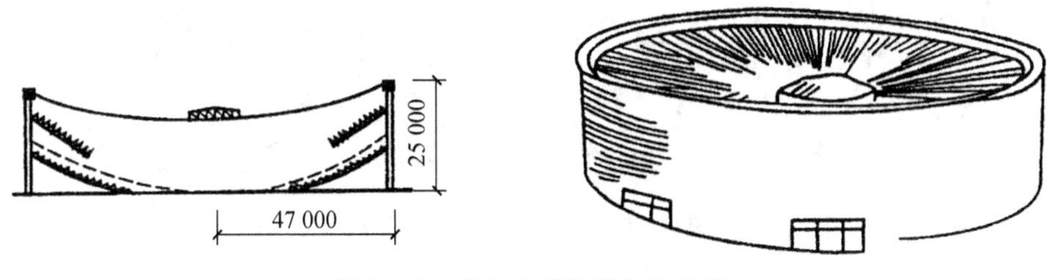

图 9-29 乌拉圭蒙特维多体育馆

山东淄博长途汽车站屋盖就是伞形悬索结构（如图 9-30 所示），圆形池的中心设置一个高出池壁顶的中心柱，悬索从柱顶拉向池壁顶圈梁上，形成圆锥状屋顶以利排水。

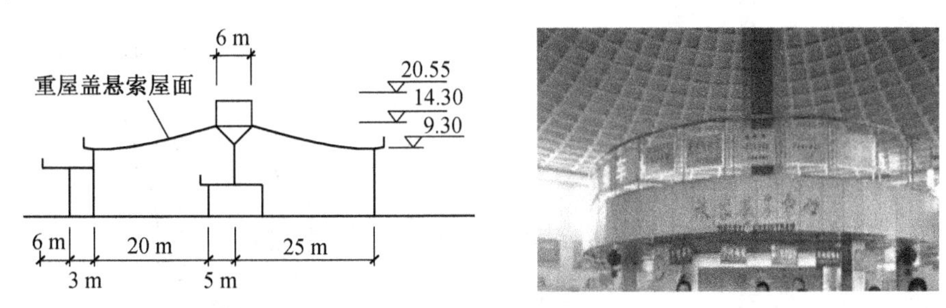

图 9-30 淄博长途汽车站

4. 双曲面双层悬索结构

这种悬索结构体系由承重索和稳定索构成，主要用于圆形建筑平面。拉索按辐射状布置，中心设置受拉环。屋面可为上凸、下凹或交叉形（如图 9-31 所示），其边缘构件可根据拉索的布置方式设置一道或两道受压环梁。

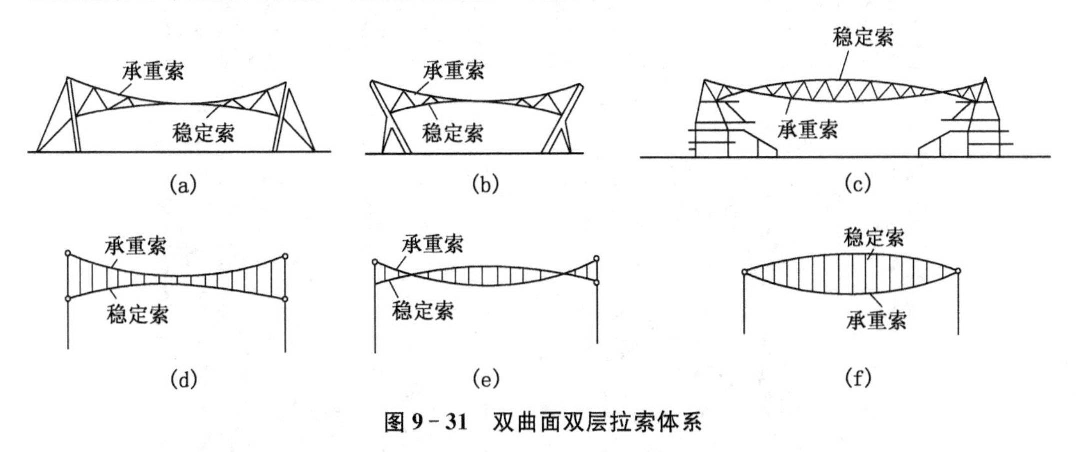

图 9-31 双曲面双层拉索体系

双曲面双层拉索体系由于增加了稳定索，因而屋面刚度大，抗风和抗震性能好。可采用轻屋面，节约材料，广泛应用于圆形建筑平面。当然，这种悬索结构体系也可采用椭圆形、正多边或扁多边形（如图 9-32 所示），外环形状也随之改变，可支承于墙或柱上。

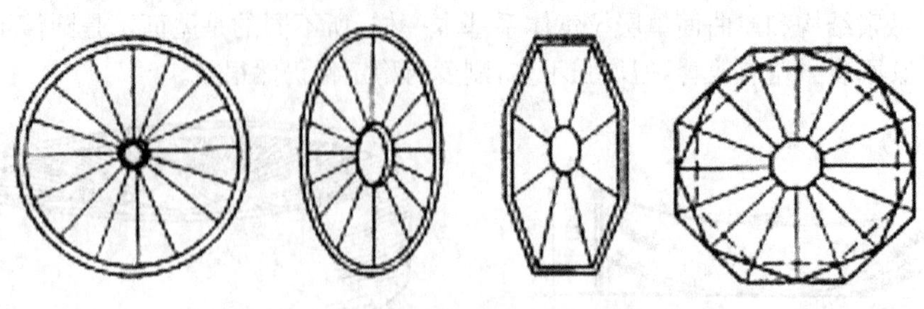

图 9-32　双曲面双层体系型式

工程实例有北京工人体育馆，建筑平面为圆形，能容纳 15 000 人。比赛大厅直径为 94 m，大厅屋盖采用圆形双层悬索结构，由钢悬索、边缘构件（外环）和内环三部分组成（如图 9-33 所示）。钢悬索由钢绞线制成，悬索沿径向辐射状布置，索网分上索与下索两

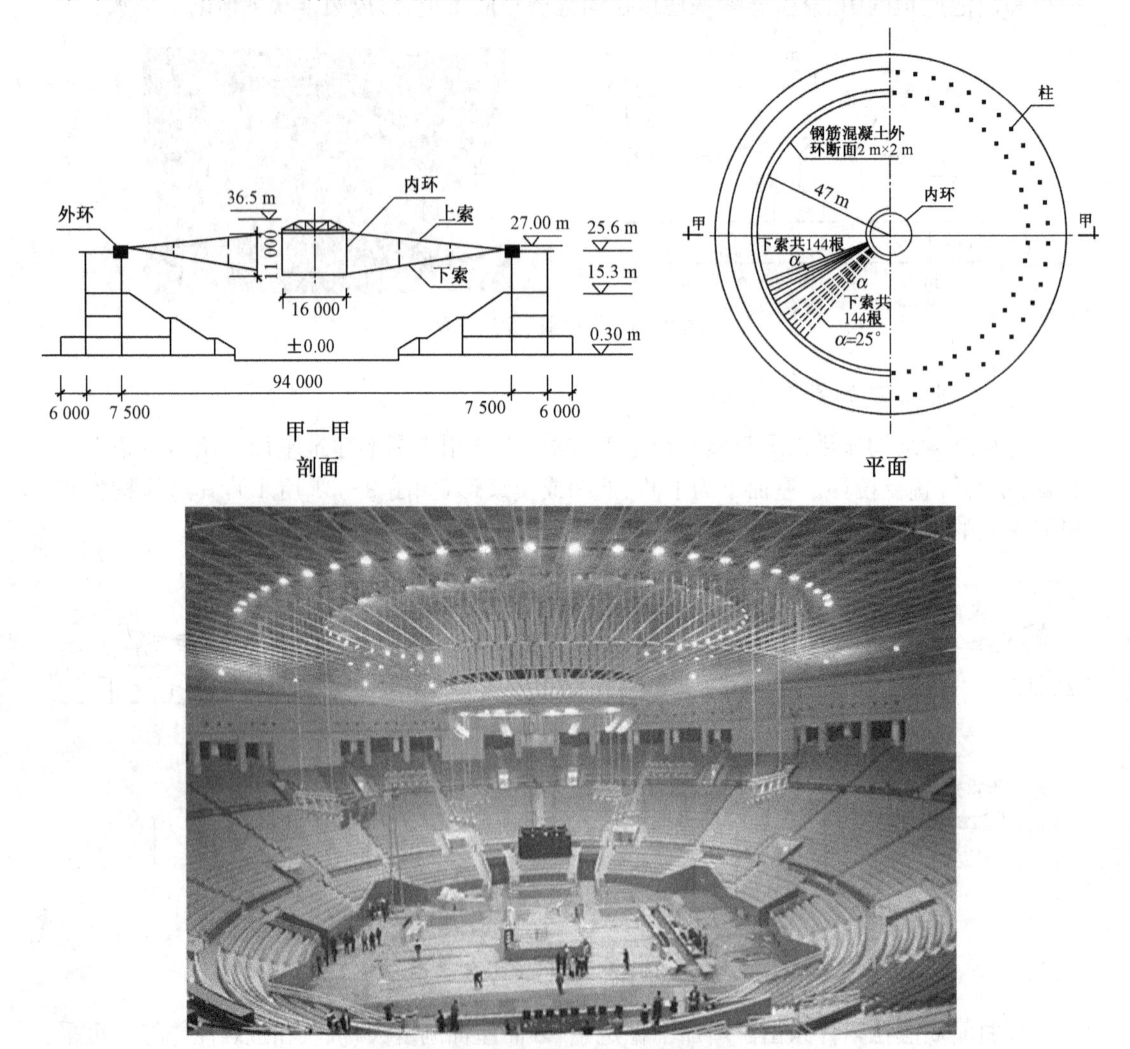

图 9-33　北京工人体育馆

层，各为 144 根，其截面大小由各自承受的拉力确定。上索作为稳定索直接承受屋面荷重，它通过中央系环（内环）将荷载传给下索，并使上下索同时张紧如图 9－34 所示。以增强屋盖刚度。下索为承重架，将整个屋盖悬挂起来。外环为截面尺寸 2 m×2 m 钢筋混凝土环梁，支承在外廊框架的内柱上。圆形外环梁承受悬索的拉力（如图 9－35 所示）。稳定索拉力为 N_z，承重索的拉力为 N，两力合成为一径向水平力 N 和作用于框架柱上的垂直力 P。

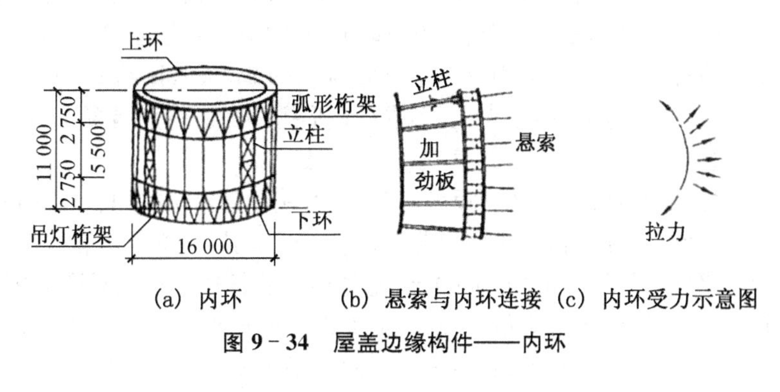

(a) 内环　　(b) 悬索与内环连接　(c) 内环受力示意图

图 9－34　屋盖边缘构件——内环

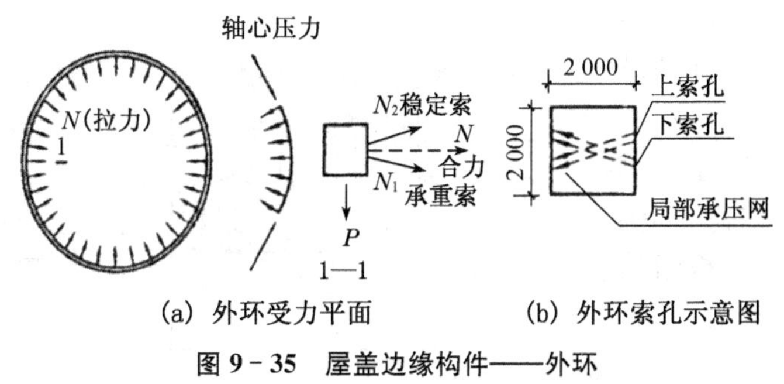

(a) 外环受力平面　　(b) 外环索孔示意图

图 9－35　屋盖边缘构件——外环

5. 双曲面交叉索网结构

双曲面交叉索网体系由两组曲率相反的拉索交叉组成，其曲面为双曲抛物面，一般称之为鞍形悬索（如图 9－36 所示），适用于各种形状的建筑平面，如圆形、椭圆形、菱形等。曲率下凹的索网为承重索，上凸的为稳定索。通常对稳定索施加预应力，使承重索张紧，达到增强屋面刚度的目的，悬索的边缘构件可以根据不同建筑造型的需要采用双曲环梁和斜向边拱等不同形式。由于其外形富于起伏变化，是一种颇为理想的结构型式，因而近年来在国内外应用广泛。

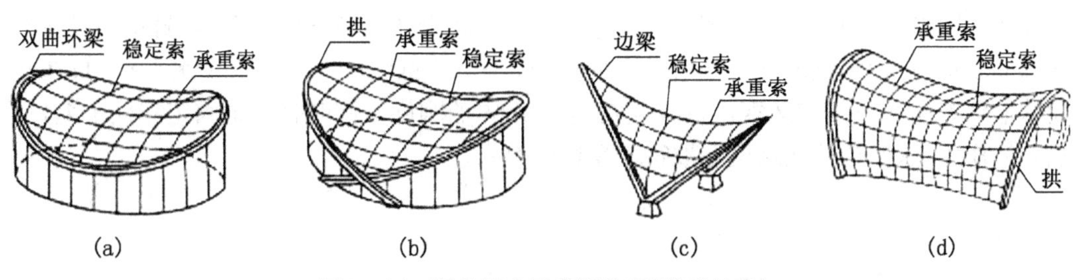

图 9－36　双曲面交叉索网体系（鞍形悬索）

工程实例有美国雷里竞技馆(如图 9 - 37 所示),位于美国北卡罗来纳州,1953 年建成,跨度 91.5 m,高 31.24 m,建筑面积 6 500 m²。雷里竞技馆被认为是世界上第一座优秀的大跨度索网结构屋盖建筑,开创了现代索结构的历史。雷利竞技馆的受力特点是:受力明确,形成自平衡体系,索、拱的材料强度充分发挥,基础很小。斜拱的周边以间距 2.4 m 的钢柱支承,立柱兼作门窗的竖框,形成了以竖向分隔为节奏感很强的建筑造型。比赛场:67.4 m×38.7 m 椭圆形屋盖:为双曲面,采用交叉索网结构体系。索网的平均网格尺寸 18.3 m×18.3 m,纵向承重索直径 19～22 mm,中央承重索垂度 10.3 m,垂跨比约 1/9;横向稳定索直径 12～19 mm,中央稳定索矢高 9.04 m,矢跨比约 1/10;承重索和稳定索均锚固在两个交叉的钢筋混凝土拱上,形成马鞍形抛物面。钢筋混凝土拱为槽形截面,尺寸为 4.2 0.75M 钢筋混凝土拱与地面夹角 28.1 度。

浙江省人民体育馆(如图 9 - 38 所示),其屋盖为鞍形悬索结构,其形态结构合理地利用建筑平面和建筑空间,充分体现了建筑艺术、使用功能与结构效益三者的完美结合。比赛大厅为椭圆形平面,长轴 80 m,短轴 60 m,比赛场地的长边平行于椭圆的短轴,短边平行于椭圆的长轴,坐在短轴上的座位数极少,绝大部分的座位处在观看效果好的长轴上。另外,马鞍形是双曲抛物面形状的,它在长轴方向是呈中间低而两端高的形状,可随座位标高的升高而升高(如图 9 - 38 所示)。屋面索网为马鞍形双曲交叉索体系(如图 9 - 39 所示),每根索用 6 股 7Φ12 高强度钢绞线组成。长轴方向为下凹的承重索,中间一根索的垂度为 4.4 m,高跨比为 1/18,索距 1 m。短轴方向为上凸的稳定索,中间一根索的拱度为 2.6 m,高跨比为 1/21,索间距 1.5 m。承重索与稳定索均施加预应力,使互相张紧构成双曲鞍形索网,刚度大,稳定性好。边缘构件是截面为 2 000 mm×8.0 mm 的钢筋混凝土空间曲线环梁,索网端部用锚具均锚固在环梁内。由于索网作用在环梁上的水平拉力很大,环梁本身又是椭圆形的,因此截面内产生很大弯矩。为了减少曲线环梁内的弯矩,阻止环梁在平面内的变形,在稳定索的支座处增设水平拉杆如图 9 - 40 所示,直接承受水平拉力;在平面的地角方向增设了交叉索,增强环梁在水平面内的刚度。同时将环梁固定在柱子上,加强整体作用,这些措施在结构上取得了良好的效果。

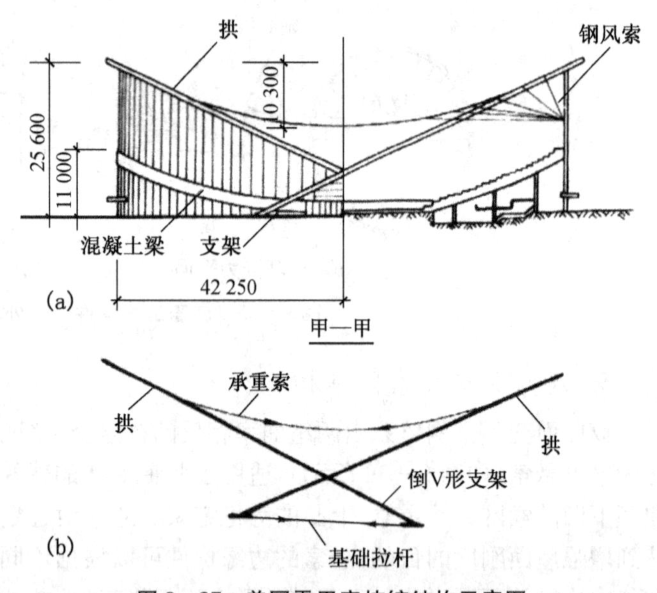

图 9 - 37　美国雷里竞技馆结构示意图

图9-38　浙江省人民体育馆

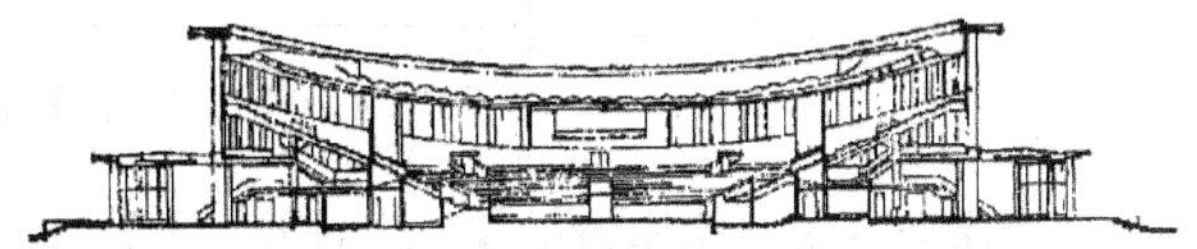

图9-39　浙江省人民体育馆剖面图

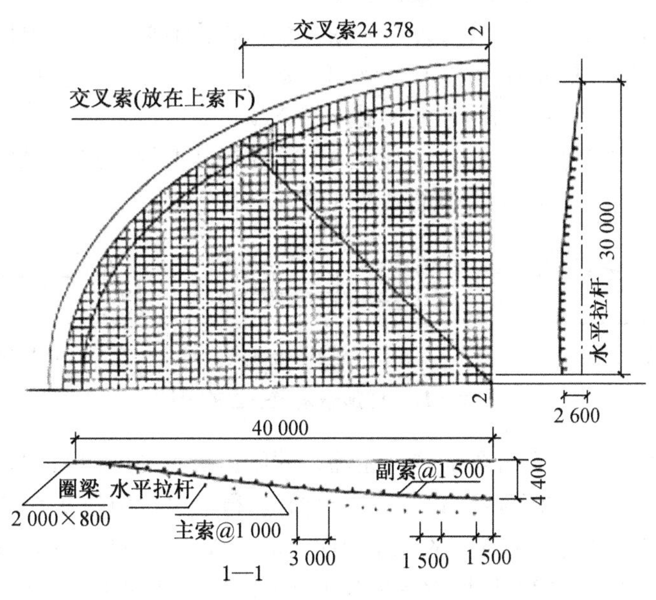

图9-40　浙江省人民体育馆索网布置图

9.2.3　悬索结构的柔性和屋面材料

1. 悬索结构的柔性

悬索结构是悬挂式的柔性索网体系，屋盖的刚度及稳定性较差。首先，风力对屋面的吸力是一个重要问题。图9-41为某游泳池屋盖的风压分布图，吸力主要分布在向风面的屋盖部分，局部风吸力可能达到风压的1.6～1.9倍，因而对比较柔软的悬索结构屋盖有被掀起的危险。屋面还可能在风力、动荷载或不对称荷载的作用下产生很大的变形和波动，以致屋面被撕裂而失去防水效能，或导致结构损坏。其次，在风力或地震力的动力作用下悬索屋盖很可能会产生共振现象。在其他的结构型式中，由于自重较大，在一般外荷载作用下，共振的可能性较小，但是，悬索结构却有由于共振而破坏的实例。例如1940年11月美国的塔考姆大桥，跨长840 m，在结构应力远远没有达到设计强度的情况下，由于弱风作用产生共振而破坏。因此，对悬索的共振问题必须予以重视。

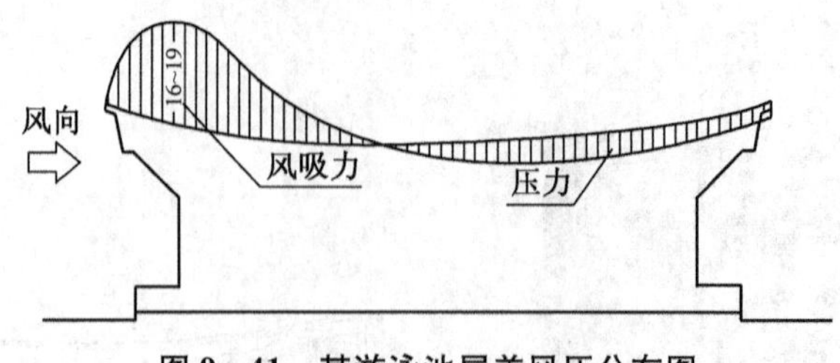

图 9-41　某游泳池屋盖风压分布图

为保证悬索结构屋盖的稳定和刚度，可采用的措施有：

(1) 采用双曲面形悬索结构。通过增设相反曲率的稳定索构成双曲面双层悬索屋盖，其刚度、抗风和抗震性都优于单曲面型屋盖。

(2) 对悬索施加预应力。因为柔性的张拉结构在没有施加预应力以前没有刚度，其形状是不确定的，通过施加适当预应力、利用钢索受预拉后的弹回缩来张紧索网或减少悬索的竖向变位，给予一定的形状，才能承受外部荷载。

(3) 增加悬索结构上的荷载。一般认为，当屋盖自重超过最大风吸力的 1.1～1.3 倍，即可认为是安全的，工程中具体的做法如图 9-42 所示。

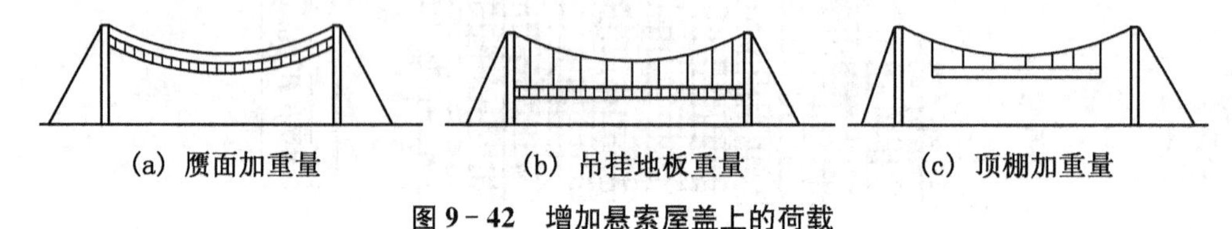

(a) 屦面加重量　(b) 吊挂地板重量　(c) 顶棚加重量

图 9-42　增加悬索屋盖上的荷载

(4) 形成预应力索—壳组合结构。在铺好的屋面板上加临时荷载，使承重索产生预应力。当屋面板之间缝隙增大时，用水泥砂浆灌缝，待砂浆达到强度后，卸去临时荷载，使屋面回弹，从而屋面受到一个挤紧的预压力而构成一个整体的弹性悬挂薄壳(如图 9-43 所示)，具有很大的刚性，能较好地承受风吸力和不对称荷载的作用。

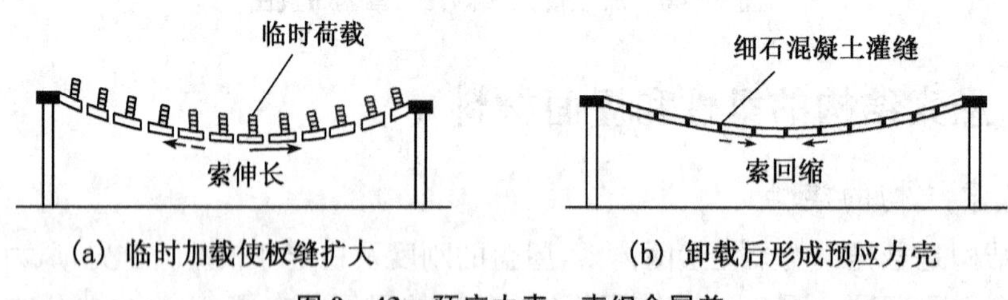

(a) 临时加载使板缝扩大　(b) 卸载后形成预应力壳

图 9-43　预应力索—壳组合屋盖

(5) 形成索—梁或索-桁架组合结构。对于单曲面单层拉索结构体系(单层平行索系)可在索上搁置横向加劲梁或加劲桁架形成索梁或索桁架，屋盖的稳定性可以得到显著的改善。图 9-44 所示为在垂直单层平行索系的方向上设置横向加劲桁架从而构成了索-桁架组合结构。

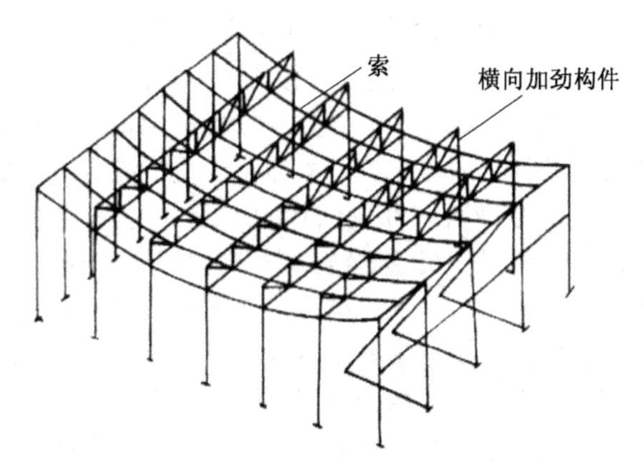

图9-44 索-桁架组合屋盖

2. 悬索结构的屋面材料

悬索结构的屋面材料一般采用轻质屋面材料，在满足结构要求的前提下，还要满足正常使用要求及方便施工的要求，即热工性能、耐久性及不透水等性能要求。常见的悬索结构的屋面材料有轻质混凝土板材和各种膜材料，具体见第九章第一节的膜结构。

9.3 张弦结构

张弦结构是一种刚柔结合的复合大跨度钢结构建筑，与传统的梁、网架、网壳相比，其受力更为合理；与索穹顶、索网结构、索膜结构相比，施工过程简单，并且在屋面结构选材方面张弦结构也较索穹顶结构更为容易。张弦结构根据上部刚性结构的不同主要分为：张弦网架、张弦桁架、张弦刚架、张弦筒壳、张弦混凝土楼板和张弦梁结构。其中张弦梁、张弦刚架和张弦桁架在结构体系中均为平面受力构件，属于平面型张弦结构；将平面型张弦结构组合形成一种空间弦支结构，此时结构的受力具有空间特性，可提高结构的承载能力，解决平面弦支结构的平面外稳定问题。

图9-45所示为几种张弦网架方案。张弦网架结构将拉索置于室内，如果拉紧弦索，则产生与屋面荷载方向相反的垂直内力以抵消屋面荷载向下的力，如果在设计上采取措施，不使网架自平衡掉这些水平分力，而由下部结构来平衡，则弦索拉力可增大至抵消掉大部分屋面荷载的程度，这时的张弦

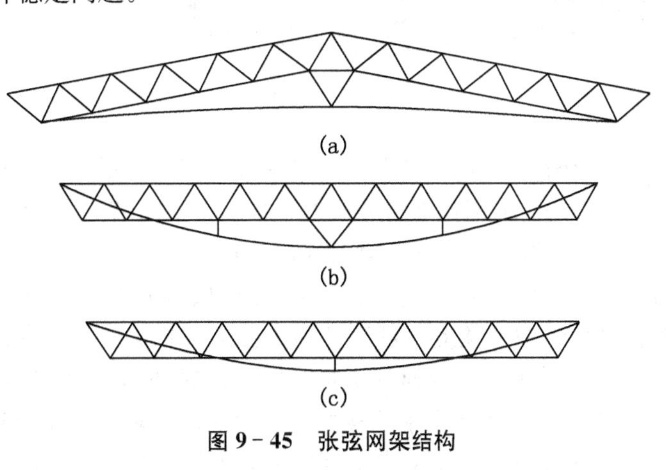

图9-45 张弦网架结构

网架将达到最经济的效果。显然,这样的张拉式组合空间结构要比单一的空间结构更经济。经分析表明,图 9－45(c)方案比普通网架相比可节省钢材 25%以上。

张弦梁在我国的工程应用开始于 20 世纪 90 年代后期,属于一种大跨预应力空间结构体系。张弦梁结构最早的得名来自于该结构体系的受力特点是“弦通过撑杆对梁进行张拉”(如图 9－46 所示),但是随着张弦梁结构的不断发展,其结构形式日趋多样化,20 世纪日本大学的 M. Saitoh 教授将张弦梁结构定义为“用撑杆连接抗弯受压构件和抗拉构件而形成的自平衡体系”。可见,张弦梁结构由三类基本构件组成,即可以承受弯矩和压力的上弦刚性构件(通常为梁、拱或桁架)、下弦的高强度拉索以及连接两者的撑杆。上海浦东国际机场航站楼是国内首次采用张弦梁结构的工程,而且其进厅、办票大厅、商场和登机廊 4 个单体建筑均采用张弦梁屋盖体系,其中以办票大厅屋盖跨度最大(如图 9－47 所示),水平投影跨度达 82.6 m,每榀张弦梁纵向间距为 9 m。该张弦梁结构上下弦均为圆弧形,上弦构件由 3 根方钢管组成(其中主弦以短钢管相连),腹杆为 Φ350 mm 圆钢管,下弦拉索采用 241Φ5 平行束。

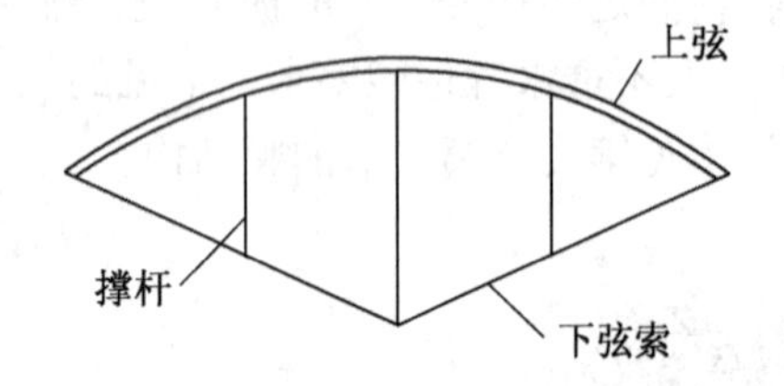

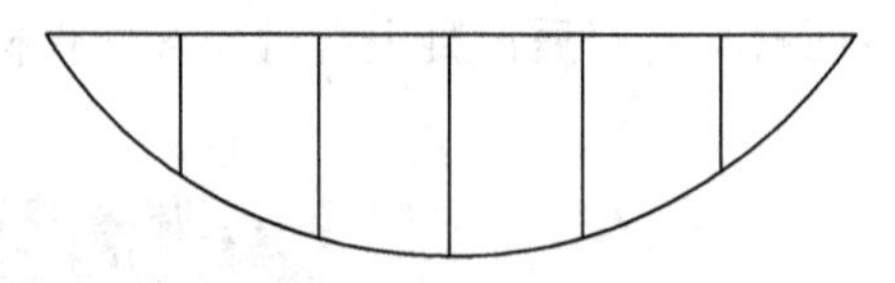

图 9－46　张弦梁示意图

图 9－47　上海浦东国际机场

张弦桁架也称弦支桁架,就是由撑杆连接上部作为抗弯受压构件的桁架和下部作为抗拉构件的高强钢拉索而形成的一种新型空间结构形式。张弦桁架结构的基本组成形式如图 9－48 所示。张弦桁架通过设置高强拉索并对拉索施加预应力来对撑杆产生向上的力,产生与上部荷载作用下相反的变形,从而大大减小结构的变形和桁架的内力。此外,下弦钢拉索中的预应力可以抵消上弦拱形桁架在上部荷载作用下对制作产生的水平推力,从而大大减小了支座的负担。所以,张弦桁架结构充分利用了上弦拱形桁架的受力优势,同时也发挥了高强钢拉索的抗拉性能。代表性的张弦桁架工程有广州国际会展中心(如图 9－49 所示),其展览大厅的屋盖钢结构采用的是预应力张弦桁架结构,展览大厅钢屋架跨度 126.6 m。整个展览大厅采用了 30 榀张弦桁架，每榀张弦桁架的中心间距为 15 m。上弦与竖腹杆均采用国产 Q345B 低合金钢，下弦采用单根拉索，为国产高强冷拔镀锌钢丝，强度级别为 1 570 MPa，外包黑色高密度聚乙烯，两端通过特殊的冷铸锚组件与铸钢节点连接。腹杆上端以销轴与桁架连接，下端通过索球与钢索连接。张弦桁架通过铸钢节点直接支承在钢筋混凝土柱上。

图 9-48　张弦桁架示意图

图 9-49　广州国际会展中心

9.3.1　张弦结构特点

张弦结构由于其结构形式简洁，赋予建筑表现力，因此是建筑师乐于采用的一种大跨度结构体系。从结构受力特点来看，由于张弦结构的下弦采用高强度拉索，不仅可以承受结构在荷载作用下的拉力，而且可以适当地对结构施加预应力以改善结构的受力性能，从而提高结构的跨越能力。此外，结构中的抗压弯构件和抗拉构件（弦）取长补短，协同工作，具有良好的应用价值和前景。若压弯构件取为拱时，由弦承受拱的水平推力，能明显减轻拱对支座产生的负担。归纳一下，张弦结构主要有以下特点：

(1) 结构自重较轻，弦的预应力使结构产生反挠度，故结构在荷载作用下的最终挠度减小，可以跨越很大空间。

(2) 结构体系简单，受力合理，撑杆对抗弯受压构件提供弹性支撑，能有效改善结构的受力性能；

(3) 刚柔结合，充分发挥了刚、柔两种材料的优势；

(4) 结构形式多样；

(5) 制造、运输、施工简捷方便。

9.3.2　张弦结构的形式和分类

1. 平面张弦梁结构

平面张弦梁结构是指其结构件位于同一平面内，且以平面内受力为主的张弦梁结构。

平面张弦梁结构根据上弦构件的形式可分为 3 种基本形式：直梁形张弦梁、拱形张弦梁和人字形张弦梁(如图 9-50 所示)。

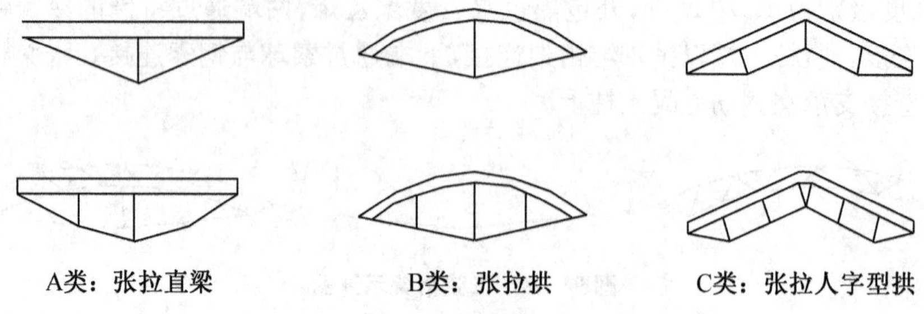

图 9-50　平面张弦梁结构的基本形式

直梁形张弦梁的上弦构件呈直线，通过拉索和撑杆提供弹性支撑，从而减小上弦构件的弯矩，主要适用于楼板结构和小坡度屋面结构；拱形张弦梁除了拉索和撑杆为上弦构件提供弹性支承，减小拱上弯矩的特点外，由于拉索张力可以与拱推力相抵消，一方面充分发挥了上弦拱的受力优势，同时也充分利用了拉索抗拉强度高的特点，适用于大跨度甚至超大跨度的屋盖结构；人字拱形张弦梁结构主要用下弦拉索来抵消两端推力，通常起拱较高，所以适用于跨度较小的双坡屋盖结构。

2. 空间张弦梁结构

空间张弦梁结构是以平面张弦梁结构为基本组成单元，通过不同形式的空间布置所形成的以空间受力为主的张弦梁结构。空间张弦梁结构可以分为以下几种形式：

(1) 单向张弦梁结构，将数榀平面张弦梁结构平行布置，用纵向支撑索将每相邻两榀平面张弦梁结构在纵向进行连接，即为单向张弦梁结构。如图 9-51 所示，由拱，撑杆，弦和纵向刚性杆组成，纵向刚性杆一方面可以提高整体结构的纵向稳定性，保证每榀平面张弦梁的平面外稳定，同时通过对纵向刚性杆进行张拉，为平面张弦梁提供侧向支承，因此此类张弦梁结构属于空间受力体系，适用于矩形平面的屋盖。纵向连接构件往往采用高强索，并要对其施加预应力。

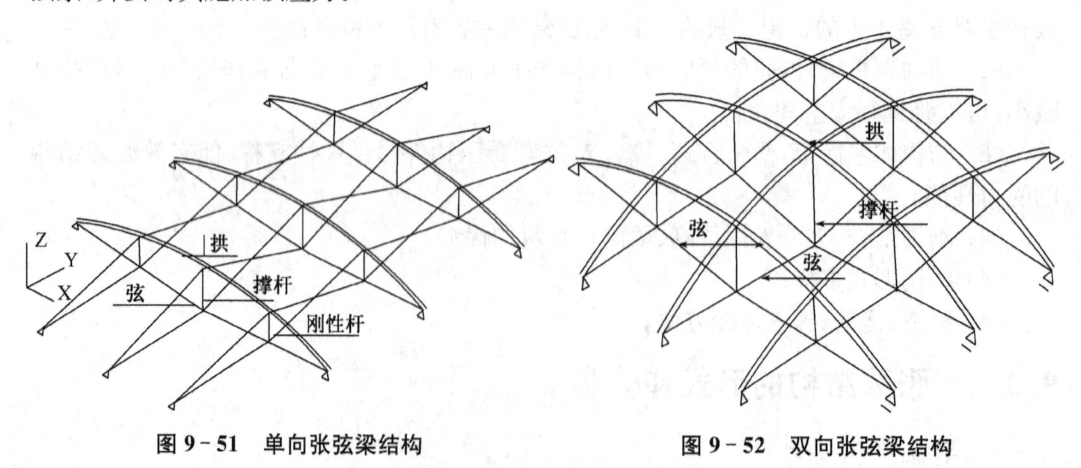

图 9-51　单向张弦梁结构

图 9-52　双向张弦梁结构

(2) 双向张弦梁结构，是指由单榀平面张弦梁结构沿着纵横向交叉布置而成(如图9－52所示)，由拱、撑杆和弦组合而成。由于撑杆对拱梁的作用力，拱梁竖向稳定性增强，又因拱梁交叉连接，侧向约束相比单向张弦梁结构明显加强，结构呈空间传力体系，但相比单向张弦梁结构节点处理变复杂。该结构形式适用于矩形、圆形及椭圆形等多种平面的屋盖。

(3) 多向张弦梁结构，是指将数榀平面张弦梁结构沿着多个方向交叉布置而成(如图9－53所示)，结构呈空间传力体系，受力合理。但相比单向、双向张弦梁结构，制作更为复杂。适用于圆形平面和多边形平面的屋盖。

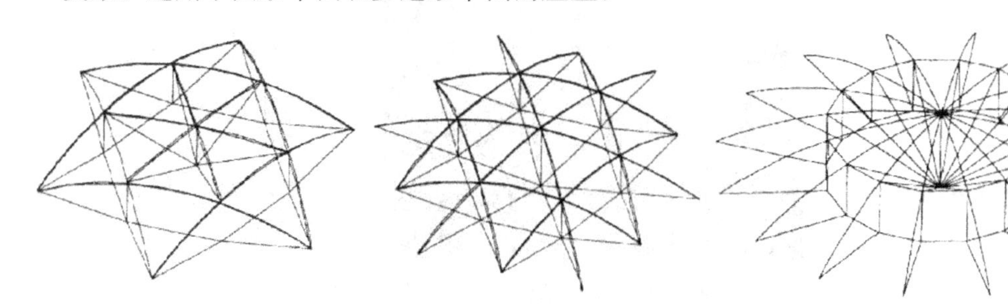

图9－53　多向张弦梁结构　　　　图9－54　辐射式张弦梁结构

(4) 辐射式张弦梁结构，辐射式张弦梁结构是由中央按辐射式放置上弦梁(拱)，拱下设置撑杆，撑杆用环向索或斜索连接(见图9－54)。辐射式张弦梁结构，具有力流直接，易于施工和刚度大的优点，比较适用于圆形平面或椭圆形平面的屋盖。

从目前已建工程来看，张弦梁结构的上弦构件通常采用实腹式构件(包括矩形钢管、UH型钢等)、格构式构件、平面桁架或立体桁架等。从构件材料上看，上弦构件基本采用钢构件，但也有采用混凝土构件的，撑杆通常采用圆钢管，下弦拉索以采用高强平行钢丝束居多，当然也可以采用钢绞线。从结构形式来看，已建和在建的张弦梁结构工程大多采用平面张弦梁结构。其主要原因是平面张弦梁结构的形式简洁，乐于为建筑师采用。同时平面张弦梁结构受力明确，制作加工、施工安装均较为方便。

9.3.3　张弦结构的节点构造

张弦结构的结构性能

张弦梁结构的主要节点包括：支座节点，撑杆与下弦拉索节点，撑杆与上弦构件节点。

(1) 支座节点。为了保证结构的预应力自平衡和释放部分温度应力，张弦梁结构的两端铰支座通常设计成一端固定、一端水平滑动的简支梁做法。通常张弦梁两端支座都支撑于周边构件上，但对于水平滑动支座也有通过下设人字形摇摆柱来实现的做法，如黑龙江国际会议展览体育中心主馆的张弦梁结构。

对于跨度较大的张弦梁结构支座节点，由于其受力大，杆件多，构造复杂，因此较多地采用铸钢节点以保证节点的空间角度和尺寸的精度。免去了相贯线切割和复杂的焊接工序，也避免了产生复杂的焊接温度应力，但是铸钢支座节点制作加工复杂且重量较大，图9－55所示为支座铸钢节点的构造示意图。

图 9-55　支座铸钢节点

(2) 撑杆与下弦拉索节点。撑杆与下弦拉索之间的节点构造必须严格按照计算分析简图进行设计。对于只准设竖向撑杆的张弦梁结构,其下弦拉索和撑杆之间必须固定,因此其节点构造应保证将拉索夹紧,不能滑动。目前大多工程是采用由两个实心球组成的索球节点来扣紧下弦拉索。

(3) 撑杆与上弦构件节点。下弦索平面外没有支撑,因此撑杆与上弦杆件的节点通常设计为平面内可以转动,平面外限制转动的节点构造形式。

9.4　薄壳结构

9.4.1　薄壳结构的特点

壳体结构一般是由上下两个几何曲面构成的空间薄壁结构,两个曲面之间的距离即为壳体的厚度(δ),当δ比壳体其他尺寸(如曲率半径R,跨度l等)小得多时,一般要求$\delta/R\leqslant 1/20$(鸡蛋壳的$\delta/R\approx 1/50$)称为薄壳结构。自然界中存在丰富多彩的壳体结构,如植物的果壳、种子、茎秆等等,以及动物界的蛋壳、蚌壳、蜗牛、脑壳等。它们的形态变化万千,曲线优美,且厚度之薄,用料之少,而结构之坚,着实让人惊叹。人类仿生于自然界,造出了各种各样的壳体结构为己所用,如锅、碗、杯、瓶、坛、罐,以及灯泡、安全帽、轮船、飞机等。

现代建筑工程中所采用的壳体一般为薄壳结构,薄壳结构用于建筑有着悠久的历史,最初仿效洞穴的穹顶,由于材料的限制(用砖石)以及对薄壳受力状况的不理解,常常建成的圆顶壳体的厚度达 1～3 m,并且大都开裂,因此在 20 世纪之前,壳体结构用于建筑发展较慢。直到 20 世纪初叶,随着工程界对薄壳结构的试验和理论研究的不断深入,相继建立了多种薄壳理论和近似计算方法，以及计算机电算技术迅速发展，使壳体结构摆脱了繁重的计算难关。20世纪30年代以后，薄壳结构走上了广泛应用的道路，这得益于结构优越的受力性能和丰富多变的造型。

(1) 薄壳结构的材料性能得到充分发挥。薄壳结构为双向受力的空间结构，在竖向均布荷载作用下，壳体主要承受曲面内的轴向力(双向法向力)和顺剪力作用，曲面轴力和顺剪力都作用在曲面内，又称为薄膜内力，如图9-56所示。由于壳体内主要承受以压力为主的薄膜内力，且薄膜内力沿壳体厚度方向均匀分布，所以材料强度能得到充分利用；

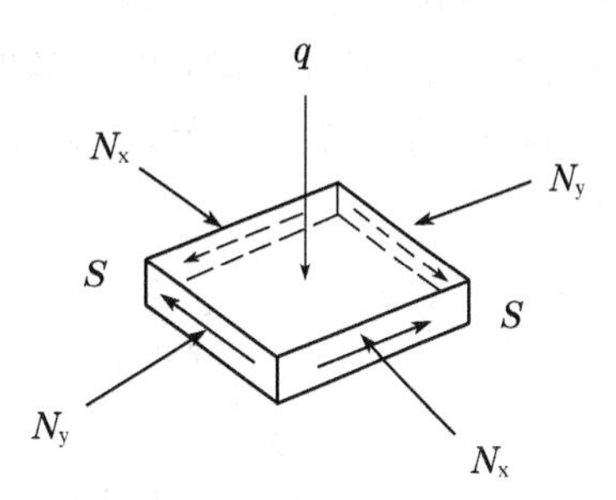

图9-56　薄壳的薄膜内力

(2) 薄壳结构用料省，自重轻。壳体为凸面，处于空间受力状态，各向刚度都较大，因而用薄壳结构能实现以最少之材料构成最坚之结构的理想。例如6 m×6 m的钢筋混凝土双向板，最小厚度需130 mm，而35 m×35 m的双向扁壳屋盖，壳板厚度仅需80 mm。

(3) 薄壳结构覆盖面积大，适于建造大跨度的建筑。由于壳体强度高、刚度大、用料省、自重轻，无需中柱，而且其造型多变，曲线优美，表现力强，因而深受建筑师们的青睐，故多用于大跨度的建筑物，如展览厅、食堂、剧院、天文馆、厂房、飞机库等。

(4) 薄壳结构施工复杂。由于壳体多为曲线，复杂多变，采用现浇结构时，模板制作难度大，费模费工，施工难度较大。

(5) 一般壳体既作承重结构又作屋面，由于壳壁太薄，隔热保温效果不好。

(6) 薄壳结构(如球壳、扁壳)易产生回声现象，对音响效果要求高的大会堂、体育馆、影剧院等建筑不适宜。

9.4.2　薄壳结构型式与曲面的关系

工程中薄壳的型式丰富多彩，千变万化，其基本曲面形式按其形成的几何特点可以分为以下几类：

1. 旋转曲面

由一平面曲线作母线绕其平面内的轴旋转而成的曲面，称为旋转曲面。该平面曲线可有不同形状，因而可得到用于薄壳结构中的多种旋转曲面，如球形曲面、旋转抛物面和旋转双曲面等，如图9-57所示。圆顶结构就是旋转曲面的一种。

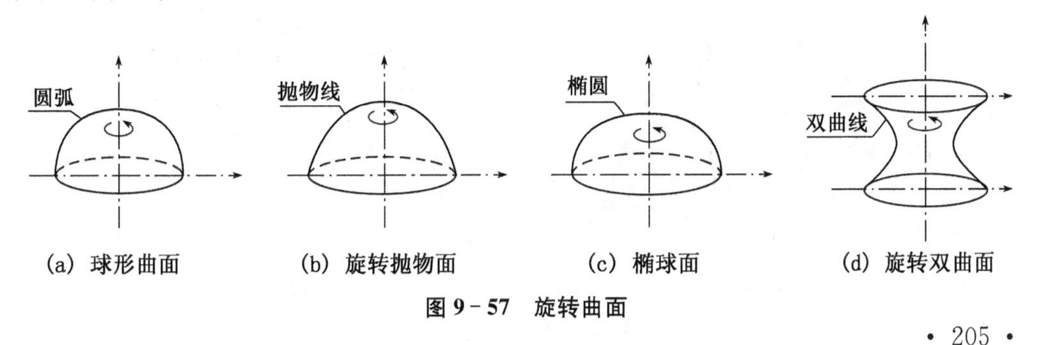

图9-57　旋转曲面

2. 平移曲面

一竖向曲母线沿另一竖向曲导线平移而成的曲面称为平移曲面。在工程中常见的平移曲面有椭圆抛物面和双曲抛物面，前者是以一竖向抛物线作母线沿另一凸向相同的抛物线作导线平移而成的曲面，如图 9-58(a)所示；后者是以一竖向抛物线作母线沿另一凸向相反的抛物线作导线平移而成的曲面，如图 9-58(b)所示。

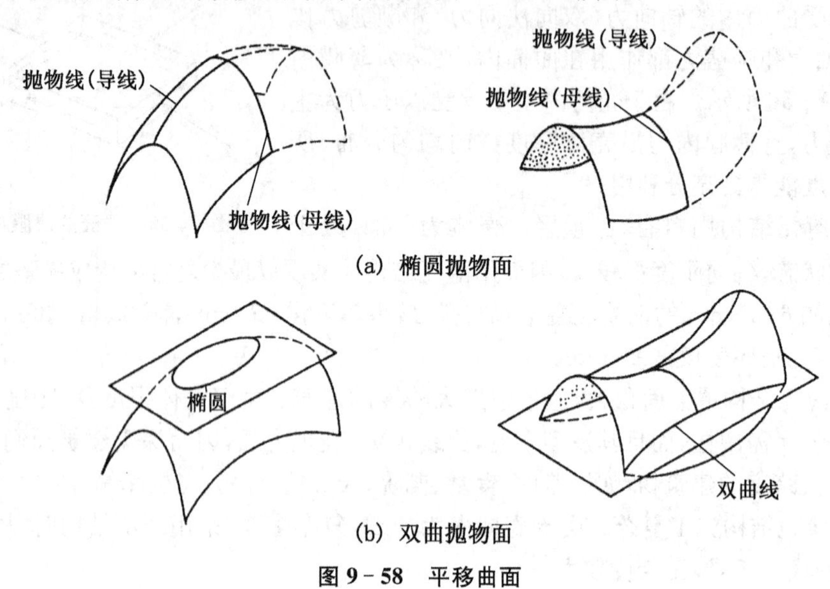

(a) 椭圆抛物面

(b) 双曲抛物面

图 9-58 平移曲面

3. 直纹曲面

一根直线的两端沿两固定曲线移动而成的曲面称为直纹曲面。工程中常见的直纹曲面有以下几种：

(1) 鞍壳、扭壳

如图 9-58(b)所示的双曲抛物面，也可按直纹曲面的方式形成，如图 9-59(a)所示。工程中的鞍壳就是由双曲抛物面构成的。

扭曲面则是用一根直母线沿两根相互倾斜且不相交的直导线平行移动而成的曲面，如图 9-59(b)所示。扭曲面也可以是从双曲抛物面中沿直纹方向截取的一部分，如图 9-59(a)所示。工程中扭壳就是由扭曲面构成的。

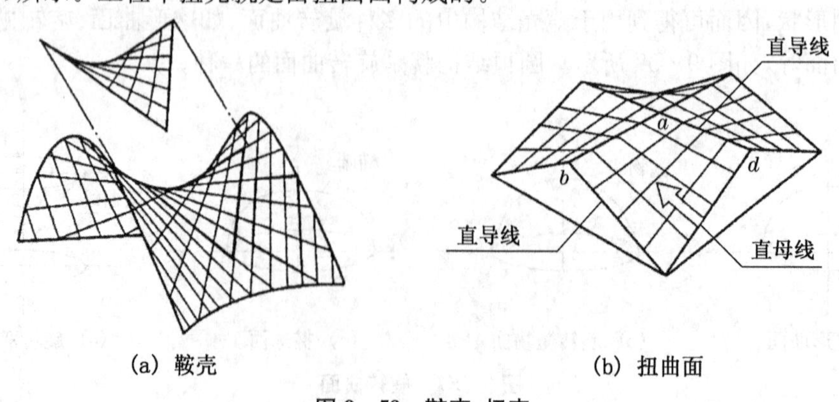

(a) 鞍壳　　(b) 扭曲面

图 9-59 鞍壳、扭壳

(2) 柱面与柱状面

柱面是由直母线沿一竖向曲导线移动而成的曲面,如图 9-60(a)所示。工程中的圆柱形薄壳就是由柱面构成的。

柱状面是由一直母线沿着两根曲率不同的竖向曲导线移动,并始终平行于一导平面而成,如图 9-60(b)所示。工程中的柱状面壳就是由柱状面构成的。

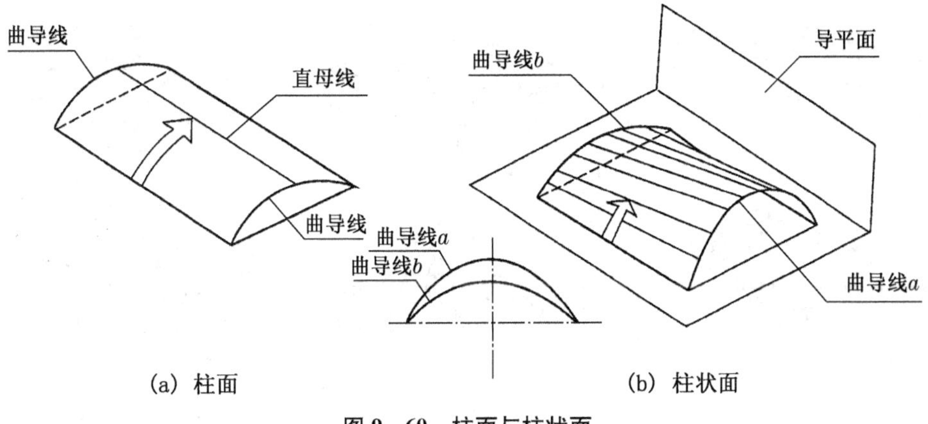

(a) 柱面　　(b) 柱状面

图 9-60　柱面与柱状面

(3) 锥面与锥状面

锥面是一直线沿一竖向曲导线移动,并始终通过一定点而成的曲面,如图 9-61(a)所示。工程中的锥面壳就由锥面构成的。锥状面是由一直线一端沿一根直线、另一端沿另一根曲线,与一指向平面平行移动而成的曲面,如图 9-61(b)所示。工程中的劈锥壳就是由锥状面构成的。

直纹曲面壳体的最大特点是建造时制模容易,脱模方便,工程中采用较多。

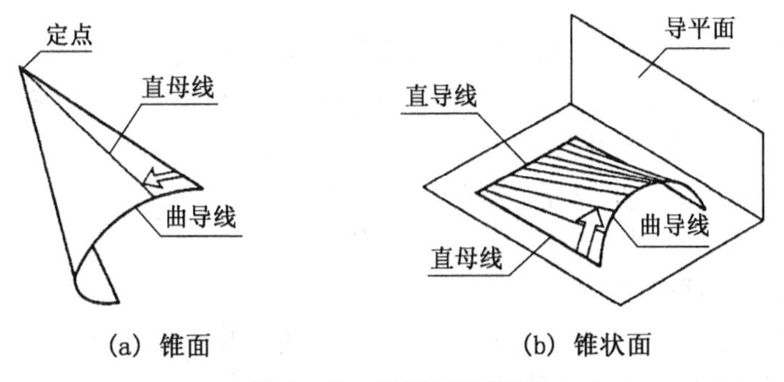

(a) 锥面　　(b) 锥状面

图 9-61　锥面与锥状面

4. 复杂曲面

在上述的基本几何曲面上任意切取一部分,或将曲面进行不同的组合,便可得到各种各样复杂的曲面,如图 9-62 所示。不过,如果曲面形式过于复杂,会造成极大的施工困难,甚至难以实现。

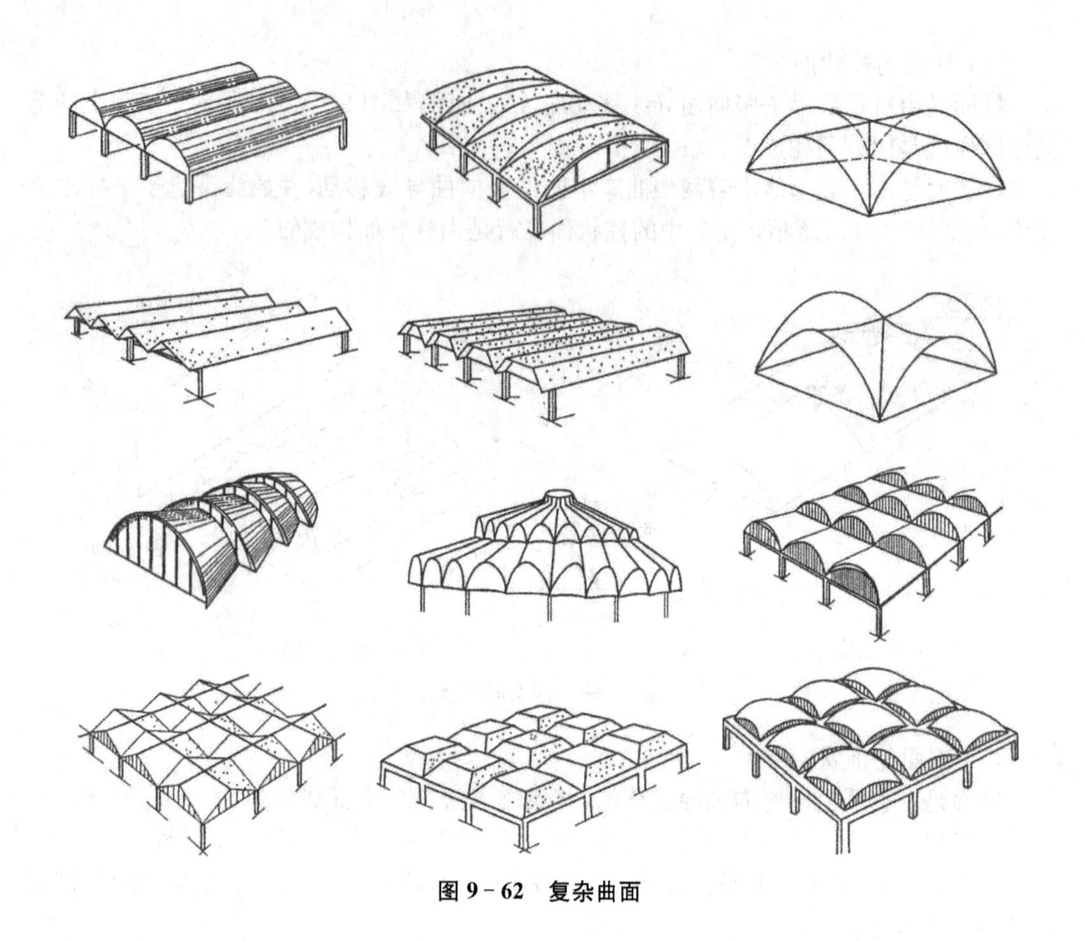

图 9-62　复杂曲面

9.4.3　圆顶薄壳

圆顶结构是极古老的建筑形式，古人仿效洞穴穹顶，建造了众多砖石圆顶，其中多为空间拱结构。直到近代，由于人们对圆顶结构的受力性能的了解，以及钢筋混凝土材料的应用，采用钢筋混凝土建造的圆顶结构仍然在大量的应用。

圆顶薄壳结构为旋转曲面壳。根据建筑设计的需要，圆顶薄壳可采用抛物线、圆弧线、椭圆线绕其对称竖轴旋转而成抛物面壳、球面壳、椭球面壳等，如图 9-63 所示。圆顶薄壳结构具有良好的空间工作性能，能以很薄的圆顶覆盖很大的跨度，因而可以用于大型公共建筑，如天文馆、展览馆、剧院等。目前已建成的大跨度钢筋混凝土圆顶薄壳结构，直径已达 200 多米。新中国成立后建成的第一座天文馆——北京天文馆，即是直径 25 m 的圆顶薄壳，壳厚仅为 60 mm。

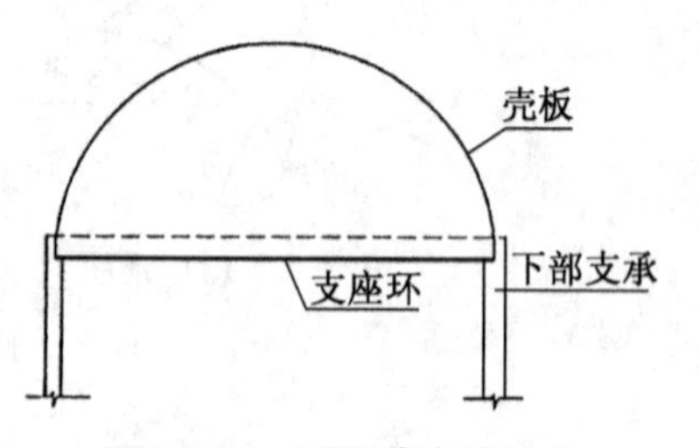

图 9-63　圆顶薄壳的组成

1. 圆顶薄壳的组成及结构型式

圆顶薄壳由壳板、支座环、下部支承结构三部分组成，如图 9-63 所示。

(1) 壳板

按壳板的构造不同,圆顶薄壳可分为平滑圆顶、肋形圆顶和多面圆顶三种,如图 9-64 所示。其中,平滑圆顶在工程中应用最为广泛,如图 9-64(a)所示。

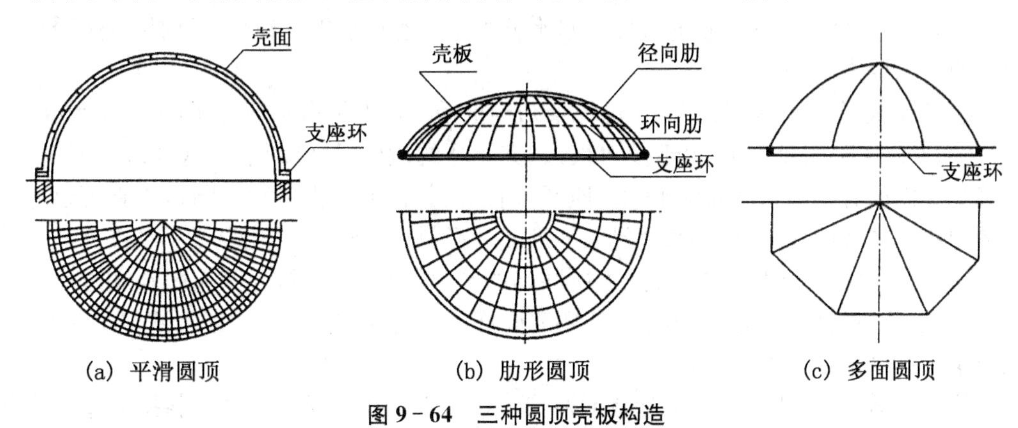

图 9-64　三种圆顶壳板构造

当建筑平面不完全是圆形以及其他需要将表面分成单独的区格时,可以把实心光板截面改变成带肋板,或波形截面、V 形截面等构造方案,使壳板底面构成绚丽图案,即采用肋形圆顶。肋形圆顶是由径向或环向肋系与壳板组成,肋与壳板整体相连,为了施工方便一般采用预制装配式结构,如图 9-64(b)所示。

当建筑平面为正多边形时,可采用多面圆顶结构。多面圆顶结构是由数个拱形薄壳相交而成,如图 9-64(c)所示。

当建筑需要时也可以把壳面切成三、四、五、六、八边形,形成割球壳,这样可改变圆顶薄壳原本呆板的造型,使壳体边缘具有丰富的表现力,造型变得活泼了。如图 9-92 所示,是德国法兰克福霍希斯特染料厂游艺大厅。

(2) 支座环

支座环是球壳的底座,它是圆顶薄壳结构保持几何不变性的保证,对圆顶起到箍的作用。它可能要承担很大的支座推力,由此环内会产生很大的环向拉力,因此支座环必须为闭合环形,且尺寸很大,其宽度在 0.5～2 m,建筑上常将其与挑檐、周圈廊或屋盖等结合起来加以处理,也可以单独自成环梁,隐藏于壳底边缘。

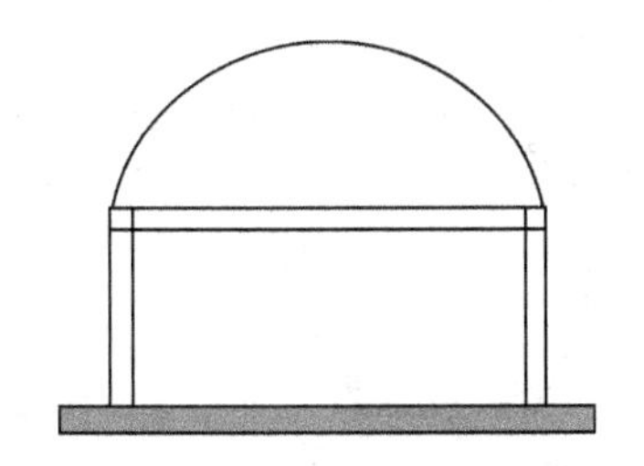

图 9-65　圆顶薄壳支承在竖向承重结构上

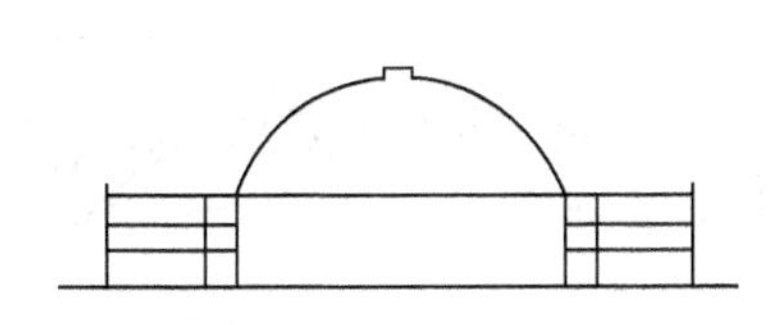

图 9-66　圆顶薄壳支承在框架结构上

(3) 下部支承结构

圆顶薄壳的下部支承结构一般有以下几种：

① 圆顶薄壳通过支座环直接支承在房屋的竖向承重结构上，如砖墙、钢筋混凝土柱等，如图 9－65 所示。这时径向推力的水平分力由支座环承担，竖向支承构件仅承受径向推力的竖向分力。

② 圆顶薄壳可支承于框架上，由框架结构把径向推力传给基础，如图 9－66 所示。

③ 当结构跨度较大时，由于推力很大，支座环的截面尺寸就很大，这样既不经济，也不美观。因而有的圆顶薄壳就不设支座环，而采用斜柱或斜拱支承。圆顶薄壳可以通过周围顺着壳体底缘切线方向的直线形、Y 形或叉形斜柱，把推力传给基础。如图 9－67 所示，是罗马奥林匹克小体育馆，它是人所共知的经典之作。有时，为了克服斜柱过密不利于出入，也可以将圆顶薄壳支承于周边顺着壳底边缘切线方向的单式或复式斜拱，把径向推力集中起来传给基础，如图 9－68 所示。

这种支承方式，往往会收到意想不到的建筑效果。在平面上，斜柱、斜拱可布置为多边形，给人以“天圆地方”的造型美。在立面上，斜柱、斜拱可以外露，既可表现结构的力量之美，又能与其他建筑构件互相配合，形成很好的装饰效果，给人清新、明朗之感。

图 9－67　罗马奥林匹克小体育馆

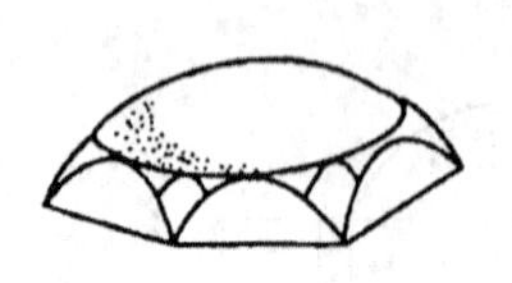
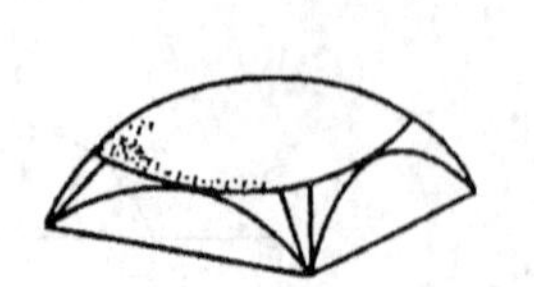
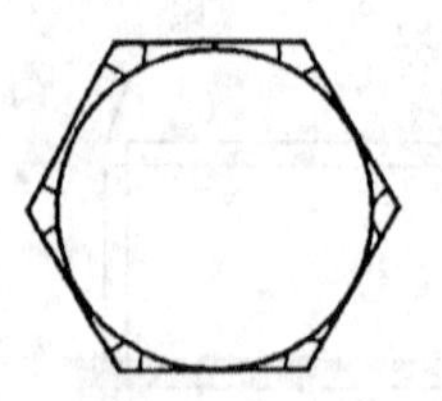
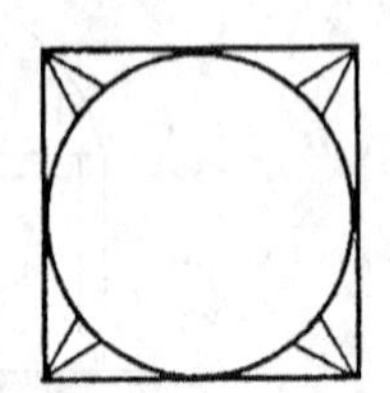

图 9－68　圆顶薄壳支承在斜拱上

④ 圆顶薄壳像落地拱直接落地并支承在基础上，如图 9-69 所示。

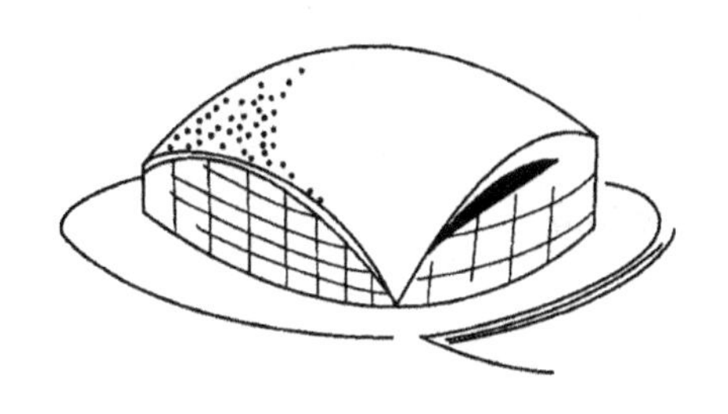

图 9-69　美国麻省理工学院大会堂

2. 受力特点

一般情况下壳板的径向和环向弯矩较小，可以忽略，壳板内力可按无弯矩理论计算。在轴向对称荷载作用下，圆顶径向受压，径向压力在壳顶小，在壳底大；圆顶环向受力，则与壳板支座边缘处径向法线与旋转轴的夹角 φ 大小有关，当 $\varphi \leqslant 51°49'$ 时，圆顶环向全部受压；当 $\varphi > 51°49'$ 时，圆顶环向上部受压，下部受拉力，如图 9-70 所示。

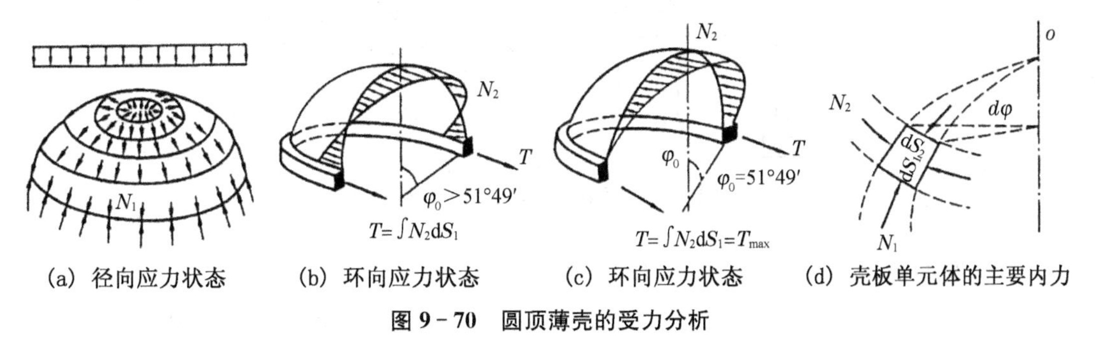

(a) 径向应力状态　(b) 环向应力状态　(c) 环向应力状态　(d) 壳板单元体的主要内力

图 9-70　圆顶薄壳的受力分析

支座环对圆顶壳板起箍的作用，承受壳身边缘传来的推力。一般情况下，该推力使支座环在水平面内受拉，如图 9-71 所示，在竖向平面内受弯矩、剪力。当 $\varphi_0 = 90°$ 时，支座环内不产生拉力，仅承受竖向平面的内力。

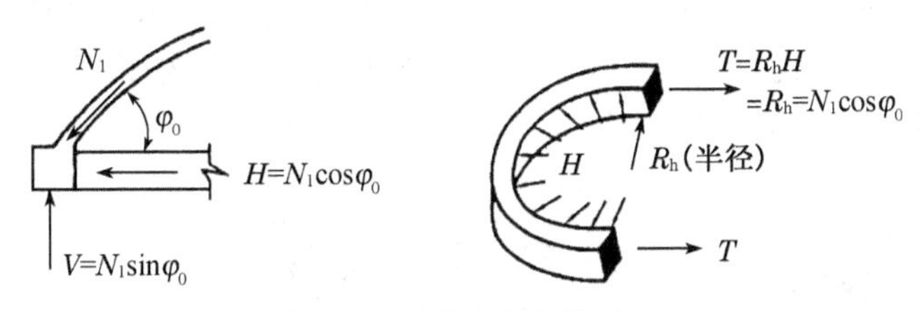

图 9-71　支座环的受力图

同时，由于支座环对壳板边缘变形的约束作用，壳板的边缘附近产生径向的局部弯矩，如图 9-72 所示。为此，壳板在支座环附近可以适当增厚，最好采用预应力混凝土支座环。

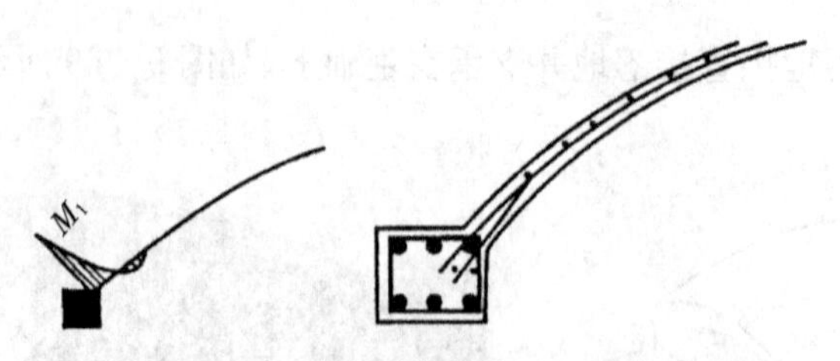

图 9-72　壳板边缘径向弯矩及构造

9.4.4　圆柱形薄壳

圆柱形薄壳的壳板为柱形曲面，由于外形既似圆筒，又似圆柱体，故既称为圆柱形薄壳，也称为柱面壳。由于壳板为单向曲面，其纵向为直线，可采用直模，因而施工方便，省工省料，故圆柱形薄壳在历史上出现最早，至今仍广泛应用于工业与民用建筑中。

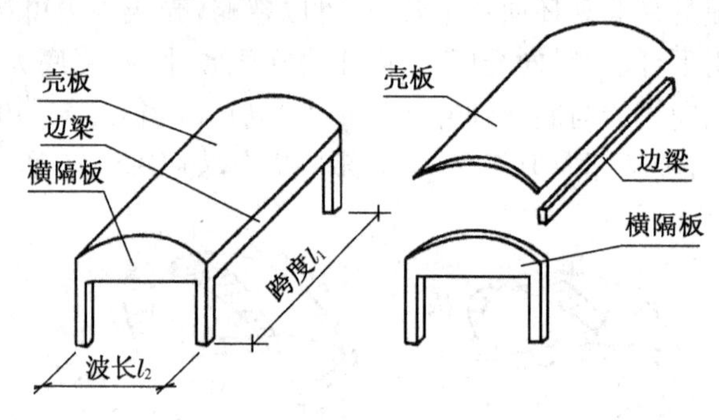

图 9-73　圆柱形薄壳的结构组成

1. 圆柱形薄壳的结构组成与型式

圆柱形薄壳由壳板、边梁及横隔三部分组成，如图 9-73 所示。两个边梁之间的距离 l_2。称为波长；两个横隔之间的距离 l_1 称为跨度。在实际工程中，根据需要，圆柱形薄壳的跨度 l_1 与波长 l_2 的比例常常是不同的。一般当 $l_1/l_2 \geqslant 1$ 时，称为长壳，一般为多波形，如图 9-74(a)所示；当 $l_1/l_2 < 1$ 时，称为短壳，大多为单波多跨，如图 9-74(b)所示。

圆柱形薄壳壳板的曲线线形可以是圆弧形、椭圆形、抛物线等，一般都采用圆弧形，可减少采用其他线形所造成的施工困难。并且壳板边缘处的边坡(即切线的水平倾角 φ)不宜过大，否则不利于混凝土浇筑，一般 φ 取 35°～40°，如图 9-74(c)所示。

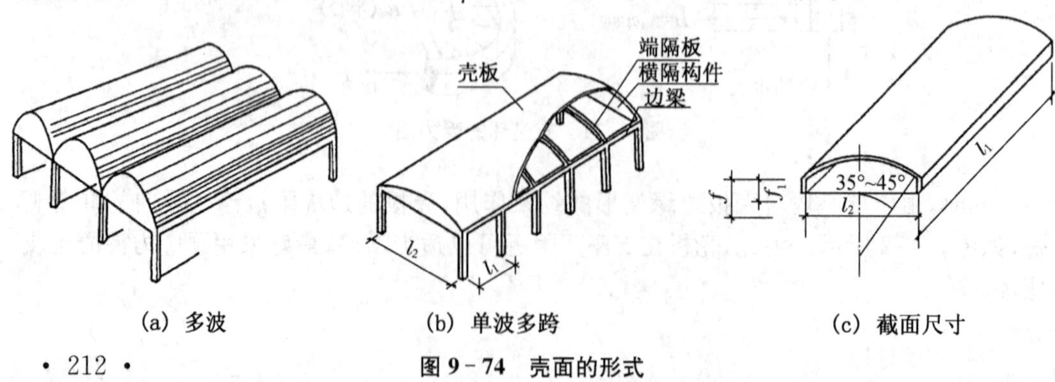

图 9-74　壳面的形式

壳体截面的总高度一般不应小于(1/10～1/15)l_1，矢高 f_1 不应小于 $l_2/8$。

壳板的厚度一般为50～80 mm，一般不宜小于35 mm。壳板与边梁连接处可局部加厚，以抵抗此处局部的横向弯矩。

边梁与壳板共同受力，截面形式对壳板内力分布有很大影响，并且也是屋面排水的关键之处。常见的边梁形式如图9-75所示。

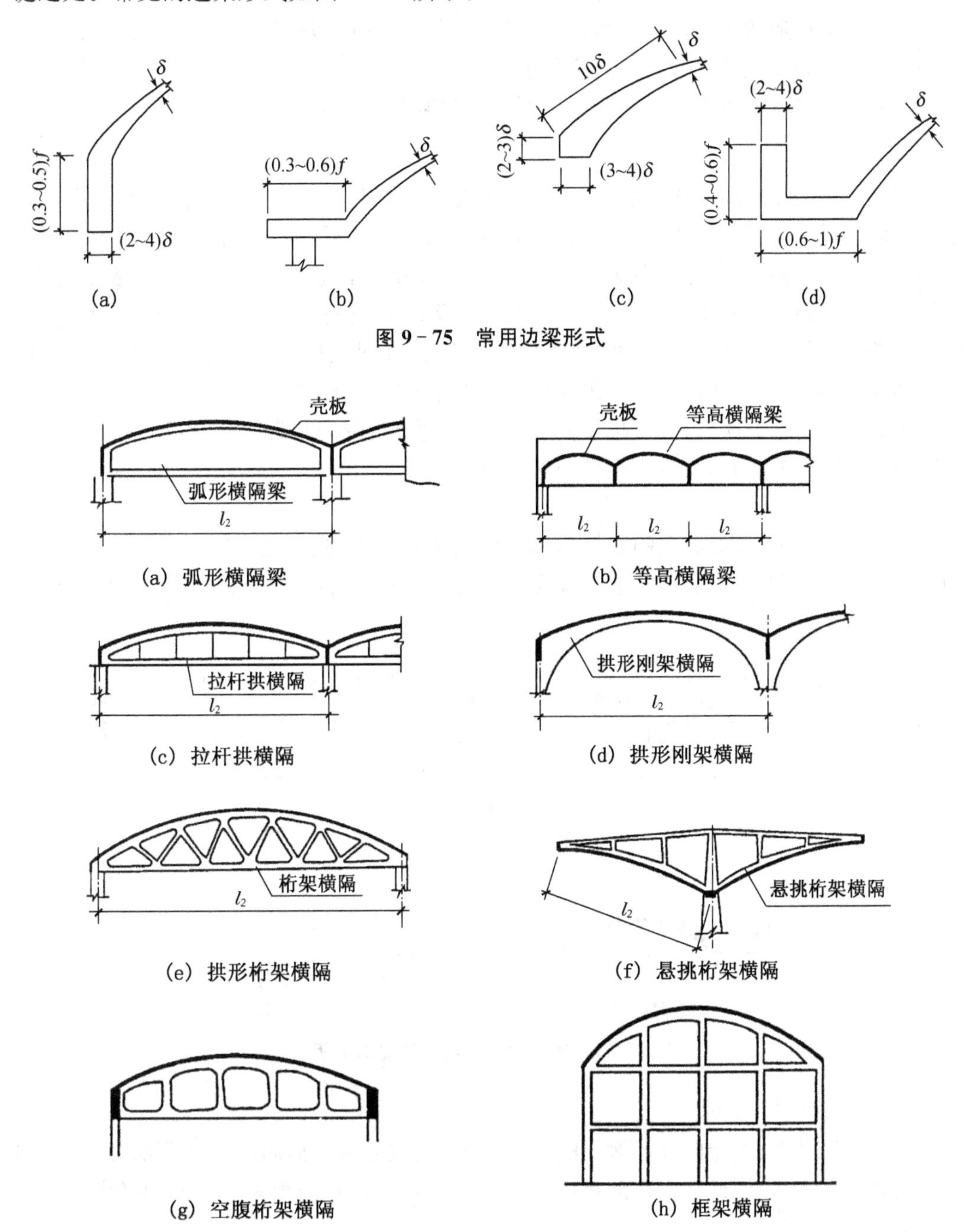

图9-75　常用边梁形式

图9-76　横隔形式

形式(a)的边梁竖放,增加了薄壳的高度,对薄壳受力有利,是最经济的一种。

形式(b)的边梁平放,水平刚度大,有利于减小壳板的水平位移,但竖向刚度小,适用于边梁下有墙或中间支承的建筑。

形式(c)的边梁适用于小型圆柱形薄壳。

形式(d)的边梁可兼做排水天沟。

横隔是圆柱形薄壳的横向支承,没有它,就不是圆柱形薄壳结构,而是筒拱结构。常见的圆柱形薄壳横隔形式如图 9-76 所示。

此外,如有横墙,可利用墙上的曲线圈梁作为横隔,比较经济。

2. 受力特点

圆柱形薄壳是空间结构,内力计算比普通结构要复杂得多。圆柱形薄壳与筒拱的外形都为筒形,极其相似,常为人混淆,但两者的受力本质是不同的。筒拱两端是无横隔支承的,而圆柱形薄壳两端是有横隔支承的。因而两者在承荷和传力上有着本质的区别。筒拱是横向以拱的形式单向承荷和传力的,纵向不传力,是平面结构。而圆柱形薄壳在横向以拱的形式承荷和传力,在曲面内产生横向压力,在纵向以纵梁的形式把荷载传给横隔。因此,圆柱形薄壳是横向拱与纵向梁共同作用的空间受力结构。

当圆柱形薄壳的跨波比 l_1/l_2 不同时,圆柱形薄壳的受力状态就存在很大的区别。一般,圆柱形薄壳的受力特点分下面这三种情况。

(1) 当 $l_1/l_2 \geqslant 3$ 时

由于圆柱形薄壳的跨度较长,横向拱的作用明显变小,横向压力较小,而纵向梁的传力作用显著,如图 9-77 所示。故圆柱形薄壳近似梁的作用,可按材料力学中梁的理论来计算。

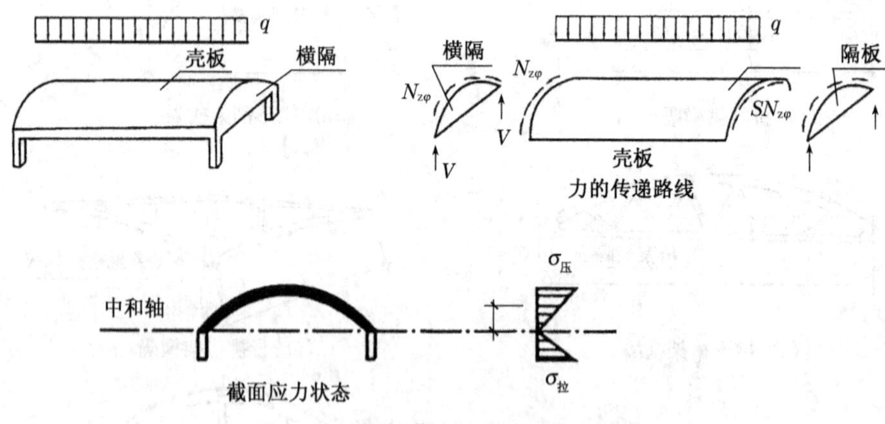

图 9-77 圆柱薄壳按梁理论受力分析

(2) 当 $l_1/l_2 \leqslant 1/2$ 时

试验研究证明,由于圆柱形薄壳的跨度较小,圆柱形薄壳横向的拱作用明显,而纵向梁的传力作用很小,因此近似拱的作用。而且壳体内力主要是薄膜内力,故可按薄膜理论来计算。

(3) 当 $1/2 < l_1/l_2 < 3$ 时,由于圆柱形薄壳的跨度既不太长,也不太短,其受力时拱和

梁的作用都明显，壳体既存在薄膜内力，又存在弯曲应力，可用弯矩理论或半弯矩理论来计算。梁是壳板的边框，与壳板共同工作，整体受力。一般边梁主要承受纵向拉力，因此需集中布置纵向受拉钢筋，同时，由于它的存在，壳板的纵向和水平位移可大大减小。

横隔作为圆柱形薄壳纵向支承，它主要承受壳板传来的顺剪力，如图 9－77 所示。

圆柱形薄壳的采光与洞口处理

9.4.5　双曲扁壳

圆柱形薄壳与球壳的结构空间非常大，对无需如此大的使用空间者，会造成较大的浪费，因此可以降低其结构空间。当薄壳的矢高与被其覆盖的底面最小边长之比 $f/b \leqslant 1/5$ 时，人们称此类壳体为扁壳。因为扁壳的矢高与底面尺寸和中面曲率半径相比要小得多，所以扁壳又称为微弯平板。实际上，有很多壳体都可作成扁壳，如属双曲扁壳的扁球壳就是球面壳的一部分，属单曲扁壳的扁圆柱形薄壳为柱面壳的一部分等。本节所讨论的双曲扁壳为采用抛物线平移而成的椭圆抛物面扁壳，如图 9－78 所示。

由于双曲扁壳矢高小，结构空间小，屋面面积相应减小，比较经济，同时双曲扁壳平面多变，适用于圆形、正多边形、矩形等建筑平面，因此，实际工程中得到广泛应用。

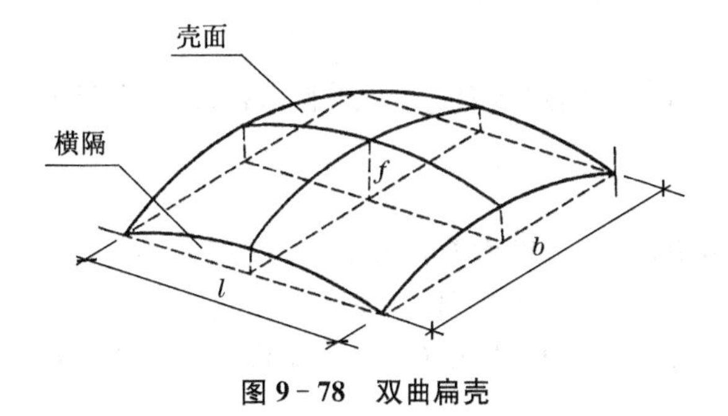

图 9－78　双曲扁壳

图 9－79　双曲扁壳的结构组成

1. 双曲扁壳的结构组成与型式

双曲扁壳由壳板和周边竖直的边缘构件组成，如图 9－79 所示。壳板是由一根上凸的抛物线作竖直母线，其两端沿两根也上凸的相同抛物线作导线平移而成的。双曲扁壳的跨度可达 3～40 m，最大可至 100 m，壳厚 δ 比圆柱形薄壳薄，一般为 60～80 mm。

由于扁壳较扁，其曲面外刚度较小，设置边缘构件可增加壳体刚度，保证壳体不变形，因此边缘构件应有较大的竖向刚度，且边缘构件在四角应有可靠连接，使之成为扁壳的箍，以约束壳板变形。边缘构件的形式多样，可以采用变截面或等截面的薄腹梁，拉杆拱或拱形桁架等，也可采用空腹桁架或拱形刚架。

双曲扁壳可以采用单波或多波。当双向曲率不等时，较大曲率与较小曲率之比以及底面长边与短边之比均不宜超过 2。

2. 受力特点

双曲扁壳在满跨均布竖向荷载作用下，壳板的受力以薄膜内力为主，在壳体边缘受一定横向弯矩,如图 9－80 所示。根据壳板中内力分布规律,一般把壳板分为三个受力区。

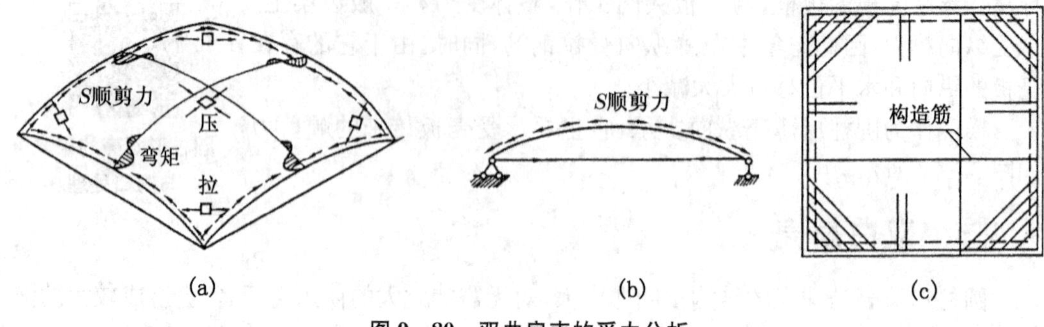

图 9－80　双曲扁壳的受力分析

(1) 中部区域:该区占整个壳板的大部分,约 80%,壳板主要承受双向轴压力,该区强度潜力很大,仅按构造配筋即可。一般洞口开设在此区域。

(2) 边缘区域:该区域主要承受正弯矩,使壳体下表面受拉,为了承受弯矩应相应布置钢筋。当壳体愈高愈薄,则弯矩愈小,弯矩作用区也小。

(3) 四角区:该区域主要承受顺剪力,且较大,因此产生很大的主应力。为承受主压应力,将混凝土局部加厚,为承受主拉应力,应配置 45°斜筋。

在边缘区域和四角区都不允许开洞。

双曲扁壳边缘构件上主要承受壳板边缘传来的顺剪力。其做法同圆柱形薄壳横隔。

9.4.6　鞍壳、扭壳

鞍壳是由一抛物线沿另一凸向相反的抛物线平移而成,而扭壳是从鞍壳面中沿直纹方向取出来的一块壳面,如图 9－59 所示。由此可见鞍壳、扭壳都为双曲抛物面壳,并且也是双向直纹曲面壳。由于鞍壳、扭壳受力合理,壳板的配筋和模板制作都很简单,造型多变,式样新颖,深受欢迎,发展很快。

1. 鞍壳、扭壳结构组成和型式

双曲抛物面的鞍壳、扭壳结构是由壳板和边缘结构组成。

当采用鞍壳作屋顶结构时,应用最为广泛的是预制预应力鞍壳板,如图 9－81、图 9－82 所示。鞍壳板宽 $l_x=1.2\sim3$ m,跨度 $l_y=6\sim27$ m,矢高 $f_x=(1/24\sim1/34)l_x$,$f_y=(1/35\sim1/75)l_y$。一般用于矩形平面建筑。由于鞍壳板结构简单,规格单一,采用胎模叠层生产,生产周期短,造价低,因此已被广泛用于食堂、礼堂、仓库、商场、车站站台等。

也可采用单块鞍壳作屋顶,但很少,如墨西哥城大学的宇宙射线馆,如图 9－83 所示。当采用多块鞍壳作瓣形组合做屋顶时,可形成优美的花瓣造型,如由墨西哥工程师坎迪拉设计的墨西哥霍奇米尔科市的餐厅(如图 9－84 所示),即是由八瓣鞍壳单元以“高点”为中心组成的八点支承的屋顶。

当采用鞍壳作为屋顶的壳板时,一般其边缘构件根据具体情况而定。如当采用预制鞍壳板时,其边缘构件,可采用抛物线变截面梁、等截面梁或带拉杆双铰拱等。

而墨西哥霍奇米尔科市的餐厅,由于每相邻两鞍壳相交形成刚度极大的折谷,而两两相对的折谷犹如三铰拱，从而又构成空间稳定性极好的八叉拱，因而鞍壳屋顶的边缘无需边缘构件。

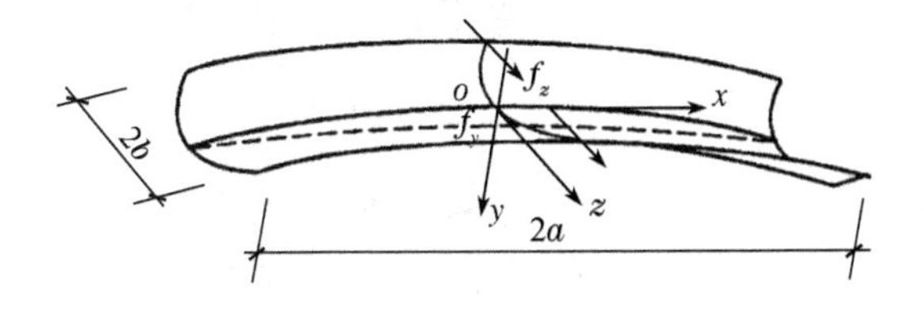

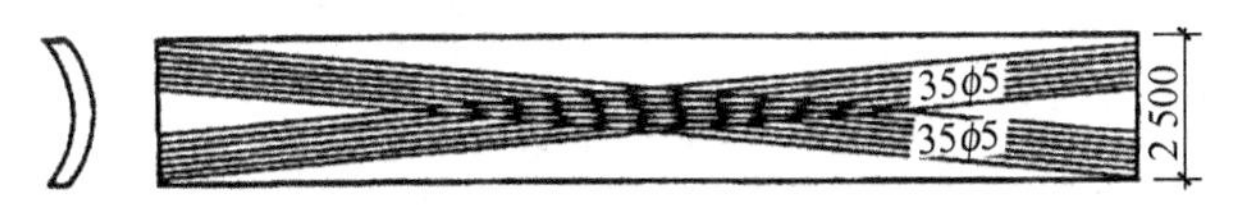

图 9－81　预制预应力鞍壳板

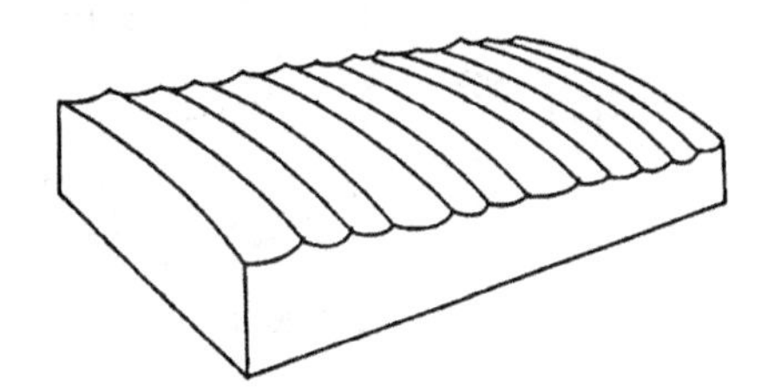

图 9－82　鞍壳板屋顶

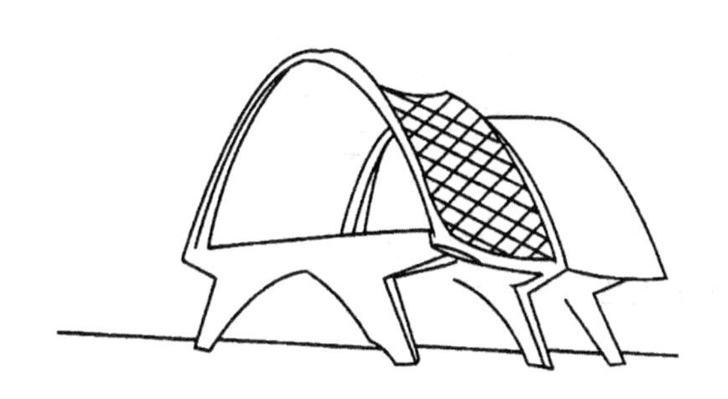

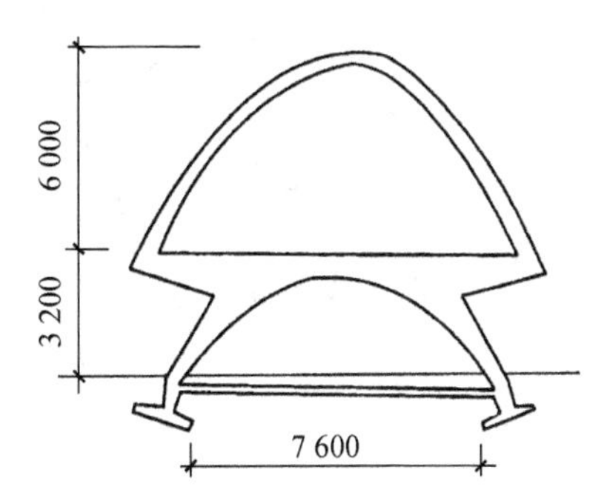

图 9－83　墨西哥城大学的宇宙射线馆

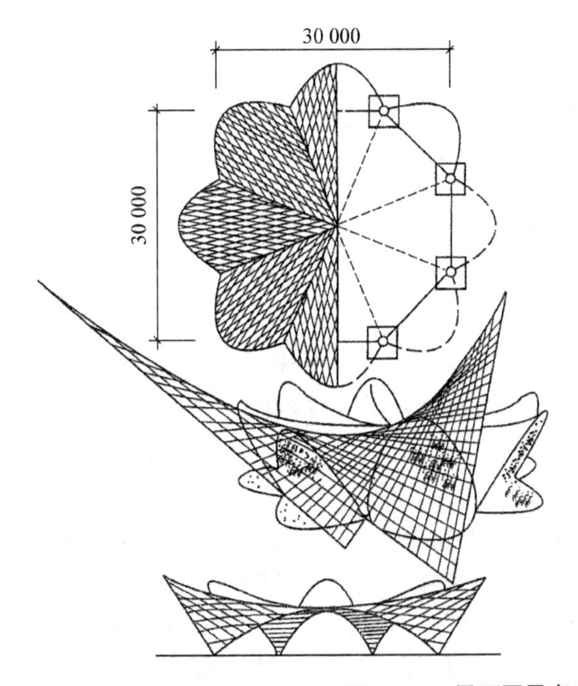

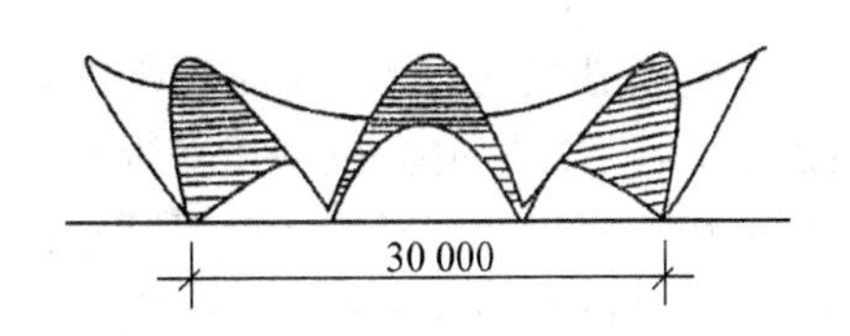

图 9－84　墨西哥霍奇米尔科市餐厅

当屋盖结构采用扭壳时，常用的扭壳形式有双倾单块扭壳、单倾单块扭壳、组合型扭壳，如图 9－85 所示，可以用单块作为屋盖，如图 9－86 所示，也可用多块组合成屋盖。当用多块扭壳组合时，其造型多变，形式新颖，往往可以获得意想不到的艺术效果，如图 9－87所展示的扭壳的瓣形组合。

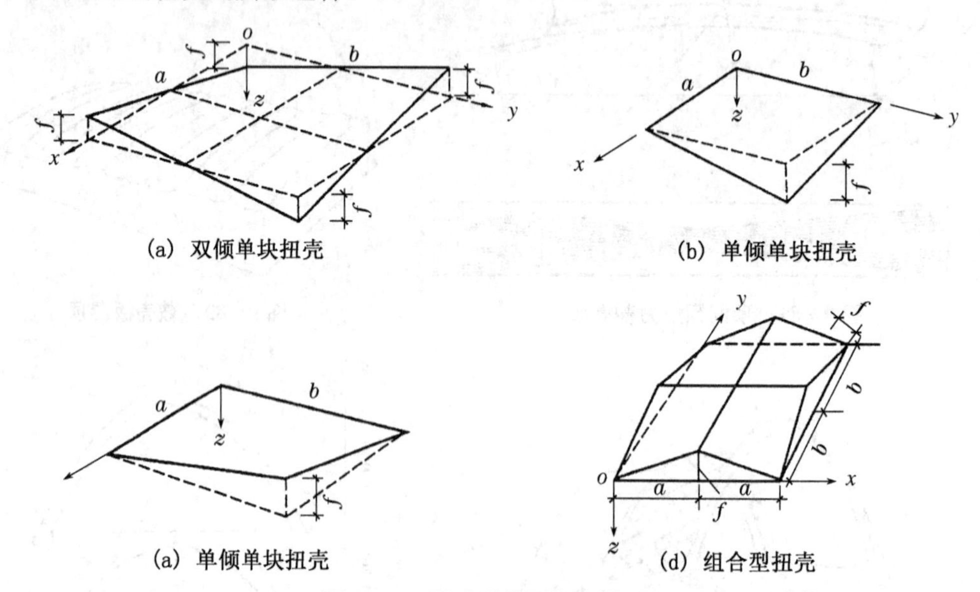

图 9－85　双曲抛物面扭壳的形式

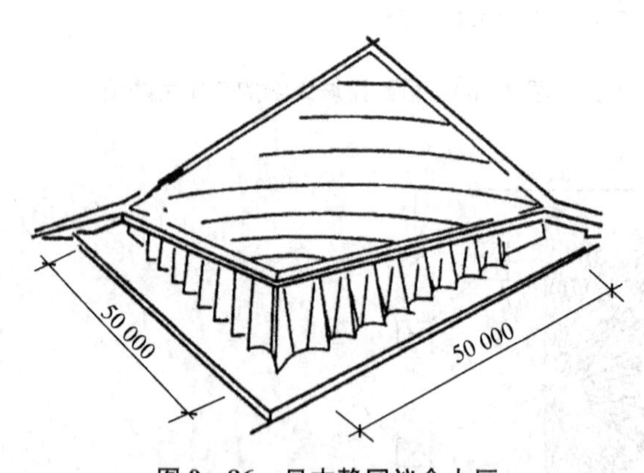

图 9－86　日本静冈议会大厅

扭壳结构的边缘构件布置较为简单，一般为直线，可采用直杆、三角形桁架、人字拱。为了改善扭壳边缘的表现力，也可把扭壳边缘做成曲线，其边缘构件不仅承受轴向力，还要承受一定的弯矩。

2. 受力特点

鞍壳、扭壳的受力是非常理想的，一般均按无弯矩理论计算。在竖向均布荷载作用下，曲面内不产生法向力，仅存在平行于直纹方向的顺剪力，且壳体内的顺剪力 S 都为常数，因而壳体内各处的配筋均一致。顺剪力 S 产生主拉应力和主压应力，作用在与剪力成 45°角的截面上，如图 9－88 所示。主拉应力沿壳面下凹的方向作用，为下凹抛物线索，主压应力沿

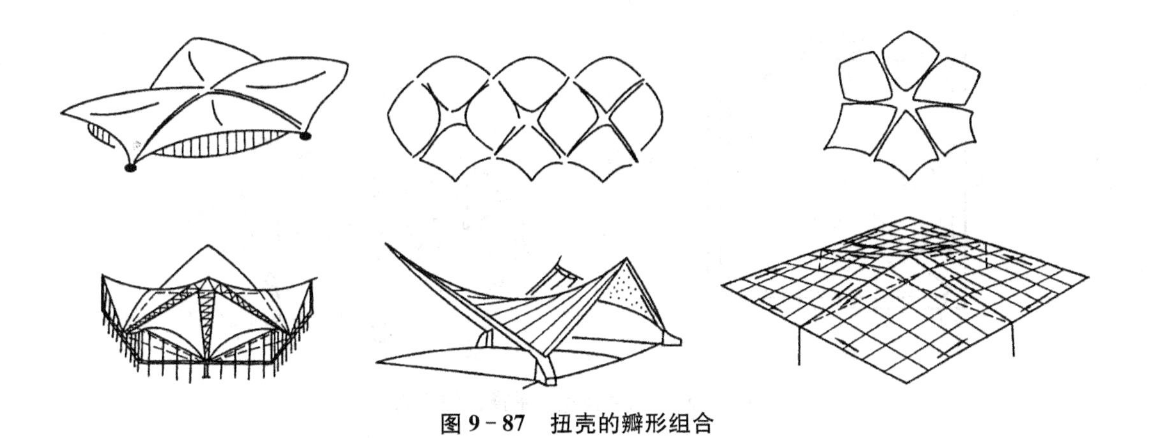

图 9－87　扭壳的瓣形组合

壳面上凸的方向作用，为上凸抛物线拱。因此，鞍壳、扭壳可看成由一系列拉索和一系列受压拱正交组成的曲面，受拉索把壳向上绷紧，从而减轻拱向负担，同时，受压拱把壳面向上顶住，减轻索向负担。这种双向承受并传递荷载，是受力最好最经济的方式。

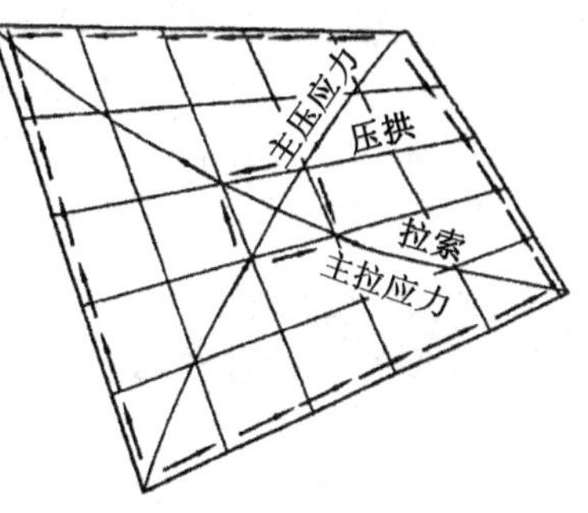

图 9－88　扭壳的受力分析

扭壳的边缘构件一般为直杆，它承受壳板传来的顺剪力 S，一般为轴心受拉或轴心受压构件。

对于屋盖为单块扭壳，并直接支承在 A 和 B 两个基础上，顺剪力 S 将通过边缘构件以合力 R 的方式传至基础上。这时，R 的水平分力 H 对基础有推移作用，当地基抗侧移能力不足时，应在两基础之间设置拉杆，以保证壳体不变形，如图 9－89所示。

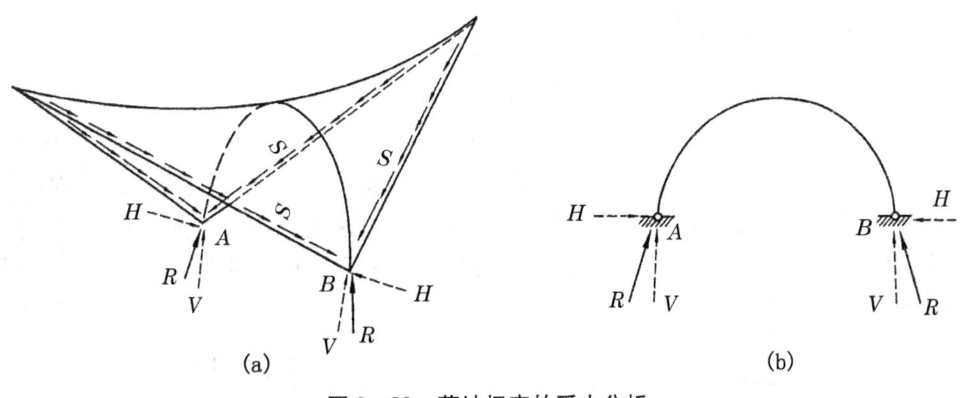

图 9－89　落地扭壳的受力分析

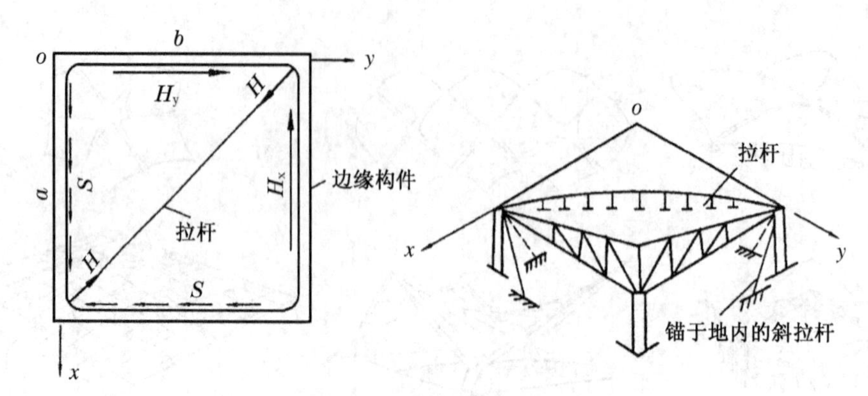

图 9-90 扭壳屋盖水平推力的平衡

对于屋盖为单块扭壳，并支承于边缘构件上，边缘构件承受壳边传来的顺剪力 S 作用，将在拱的方向的支座处产生对角线方向的推力 H，此推力 H 可由设置在对角线方向的水平拉杆承担，也可由设置在该支座附近的锚于地内的斜拉杆来承担，如图 9-90 所示。

当屋盖为四块扭壳组合的四坡顶时，扭壳的边缘构件一般采用三角形桁架，则桁架的上弦受压，下弦杆受拉，如图 9-91 所示。

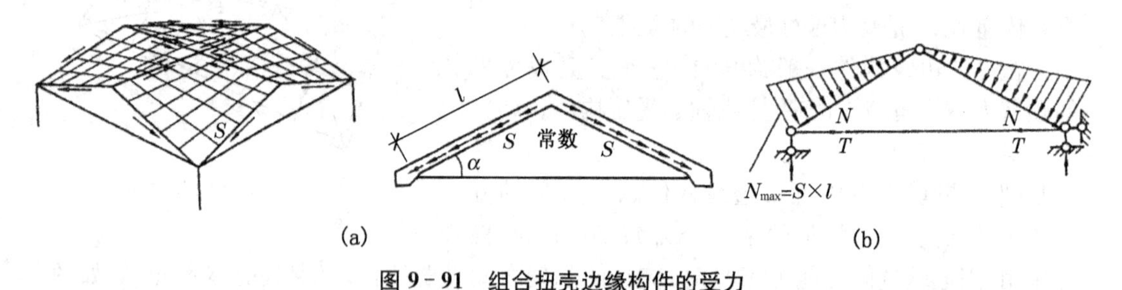

图 9-91 组合扭壳边缘构件的受力

9.4.7 薄壳工程实例

1. 圆顶薄壳工程实例——德国法兰克福市霍希斯特染料厂游艺大厅

工程采用正六边形割球壳屋顶，如图 9-92 所示，球壳的半径为 50 m，矢高为 25 m，壳体的厚度为 130 mm。该球壳结构直接支于六个支座上，相邻支座间为 43.3 m 跨的拱形桁架，支承点之间的球壳边缘作成拱券形，造型比较活泼。该大厅可供 1 000 至 1 400 名观众使用，可举行音乐会、体育表演、电影放映等各种活动。

扫码查看

其他实例

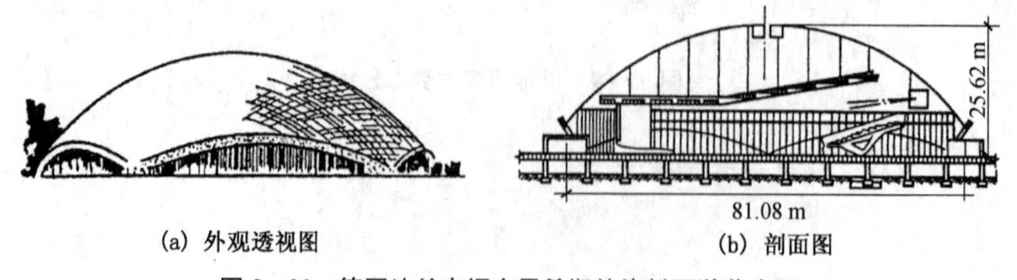

(a) 外观透视图　　(b) 剖面图

图 9-92 德国法兰克福市霍希斯特染料厂游艺大厅

2. 圆柱形薄壳工程实例

圆柱形薄壳由于适用跨度大，平面进深大，支承结构可以多样化，因而广泛应用于工业与民用建筑中。

根据建筑造型及建筑功能的不同要求，圆柱形薄壳可以做成单波单跨、单波多跨、多波单跨以及多波多跨各种形式，有时还可以做成悬挑的。当把圆柱形薄壳进行不同形式的组合时，可以得到丰富多彩、美观多变的建筑造型。

(1) 我国许多纺织厂采用锯齿形的长圆柱形薄壳，如图 9－93 所示。

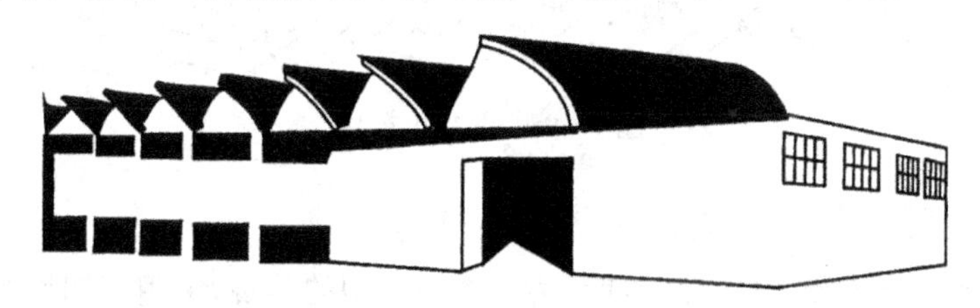

图 9－93 锯齿形的长圆柱形薄壳

(2) 几个典型圆柱形薄壳建筑实例如图 9－94 所示。

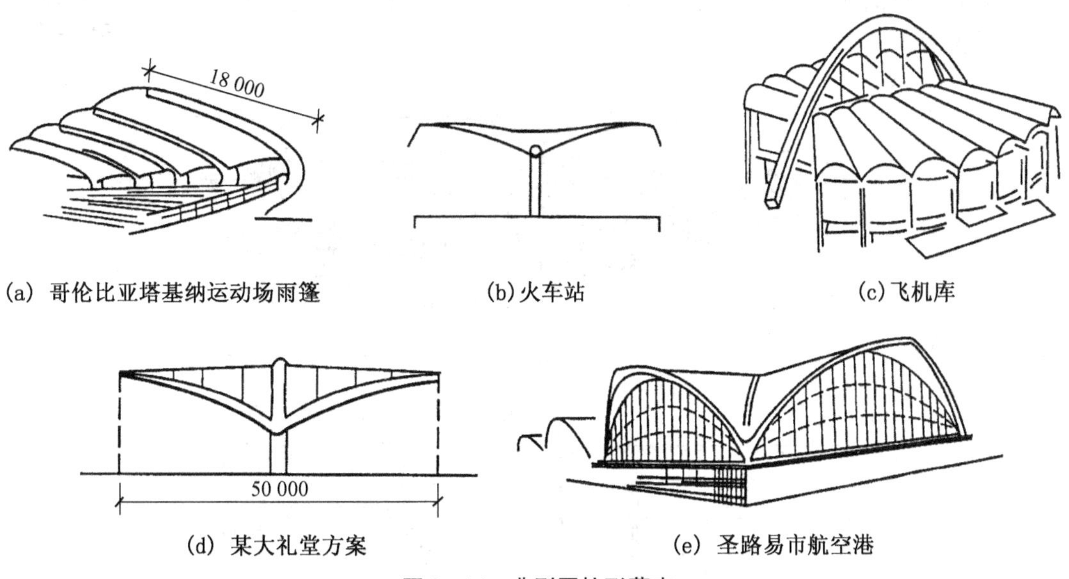

(a) 哥伦比亚塔基纳运动场雨篷 (b) 火车站 (c) 飞机库

(d) 某大礼堂方案 (e) 圣路易市航空港

图 9－94 典型圆柱形薄壳

3. 双曲扁壳工程实例——北京火车站

北京网球馆

北京火车站的中央大厅和检票口的通廊屋顶共用了六个扁壳，中央大厅屋顶采用方形双扁壳，平面尺寸为 35 m×35 m，矢高 7 m，壳板厚 80 mm；检票口通廊屋顶采用五个扁壳，中间的平面尺寸为 21.5 m×21.5 m，两侧的四个为 16.5 m×16.5 m，矢高 3.3 m，壳板厚60 mm。边缘构件为两铰拱。此建筑能把新结构和中国古典建筑形式很好地结合起来，获得了较好的效果，是一个成功的建筑实例。如图 9－95 所示。

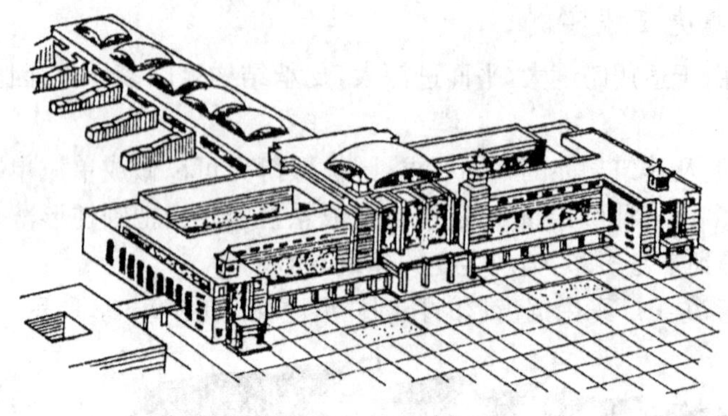

图 9－95　北京火车站

4. 扭壳工程实例——大连海港转运仓库

大连海港转运仓库于 1971 年建成。为了建筑造型的美观，采用了四块组合型双曲抛物面扭壳屋盖，如图 9－96 所示。仓库柱距为 23 m×23.5 m(24 m)，每个扭壳平面尺寸为 23 m×23 m，壳厚为 60 mm，共 16 块组合型扭壳组成。边缘构件为人字形拉杆拱，壳体及边拱均为现浇钢筋混凝土结构，采用 C30 的混凝土。

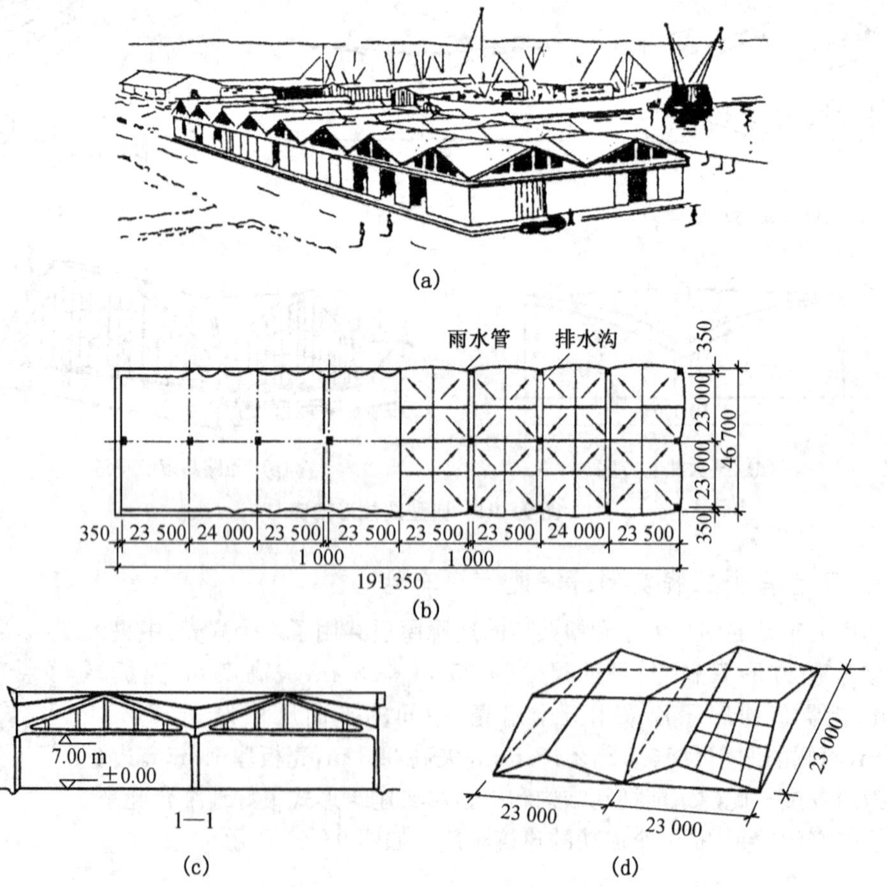

图 9－96　大连海港转运仓库

9.5 开合结构

开合屋盖也称移动屋顶，起源于西方现代艺术中的动态建筑，动态建筑与固定建筑最大的不同点是在三维空间中引入了运动，可以称其为“四维建筑”，这种动态建筑改变了传统建筑固定的空间形态，通过主体结构构件的运动，使建筑可以根据使用功能和使用要求的变化而提供变化的空间。

9.5.1 开合结构的概念

开合结构是利用了机械与自动化技术，使得屋盖可以打开和关闭的结构体系。开合结构的出现与人类体育事业的发展密切相关，是当代人类物质文化生活水平发展到相当程度，人们对体育比赛场馆功能要求日益完美的结果。体育场空间本来是个开放的空间，古代的奥运会就是在有天然草皮的大地上，在阳光的照射与微风的吹拂中召开的。而现代人通过装备一些设备，将室外体育设施室内化，把体育赛事作为一种观赏项目开展起来。这样做不仅能在比较恶劣的环境条件下保护观众和运动员，而且实现了能在预定的时间内，进行预定的体育比赛，这是体育现代化的必然要求。而开合式屋盖结构作为一种城市标志性建筑物的出现，实现了“晴天在室外，雨天在室内”的梦想，满足人类运动的同时享受着大自然的天空、大自然的阳光和大自然的和风。

9.5.2 开合结构的发展

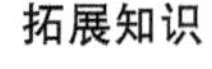

开合结构

从二十世纪中叶到目前为止，世界范围内已建造了200余座开合结构，但均属于中小型，其中游泳池居多数，大跨度的开合结构为数不多。1961年建造的美国匹得堡会堂(如图9－97所示)，整个体育场呈椭圆形，直径127 m，高度33 m，屋盖为回转式开合结构。会堂四周用34根钢筋混凝土柱支撑，所有预制构件安装在柱子上，固定在柱子上的悬臂长达100米，离地面最高处为54米，看台顶棚由悬臂支撑。

1976年加拿大蒙特利尔奥运会体育场设计的是上下折叠式开合膜结构(如图9－98所示)，体育场设有213米高的鹰嘴式高塔，塔顶悬挂覆盖整个体育场的顶棚，电钮一开，整个由钢索悬挂的顶棚便可使体育场变成前所未有的室内运动场。开启屋盖的开口长轴180 m，短轴120 m，悬挂折叠膜的主塔高168 m，6万观众席，由于经济原因到1987年才付诸实现。

1989年加拿大又在多伦多建盖了当时世界跨度最大的开合结构天空穹顶(如图9－99所示)，跨度205 m，覆盖面积32 374 m^2，屋盖高度44 m，室内高86 m，可容纳5.2～5.4万观众，最多可达7万人，为平行移动和回转重叠式的空间开合钢网壳结构。它是多伦多的地标建筑，现被改名为罗杰斯中心。

图 9-97　美国匹得堡会堂

图 9-98　加拿大蒙特利尔奥运会主体育场

图 9-99　加拿大罗杰斯中心(天空穹顶)

日本福冈穹顶体育馆(如图 9-100 所示)建成于 1993 年 3 月,是目前世界上规模及跨度最大的开合结构,跨度(直径)222 m,最高达 83.98 m,开合方式为鸟翼回转重叠式。它像一只巨蛋一样横卧在福冈市海边,无疑增添了福冈的知名度。

图 9-100　日本福冈穹顶

在日本1993年还建成一巨馆即日本宫崎海洋穹顶的开合结构，长300 m，跨度100 m，高38 m，开合方式为平行重叠式，如图9-101所示。

图9-101　日本宫崎海洋穹顶

9.5.3　开合结构的特点

1. 开合结构的使用特点

近年来，开合结构能迎来如此广泛的工程应用得益于它的多功能性，即根据气候或功能要求，可以将屋盖打开或关闭，这种结构呈现出独有的特点：

(1) 结构新颖、外形活泼。

(2) 具有多功能性、多目的性。

(3) 可在任何气候条件下举办体育活动、文艺活动、商业活动、大型集会及其他一些活动。如强烈风雪，下雨等恶劣天气进行比赛或演出时可以关闭屋盖使得赛事如期举行，而天气晴朗时则可以开启屋盖进行各种体育比赛。

(4) 复归自然，创造既不受自然界的不利影响，又能保持自然气息的使用空间，让阳光洒满场地和看台，使得室内外融为一体，人类尽可享受自然天气之美。

2. 开合结构的受力特点

与非开合结构相比，开合结构的受力特点主要表现在：

(1) 开合结构各屋顶单元的轮廓尺寸对开合结构的受力特性有很大影响。与非开合结构相比，开合结构的各片屋顶在一定程度上减弱了屋顶结构作为空间结构整体受力的性能，甚至有可能蜕变为单向受力。

(2) 各片屋顶在开启状态、闭合状态以及在开启或闭合的过程中，受载情况各不相同。在全封闭状态与全开启状态受力较明确，完全可以应用常规方法进行分析。但在开启或关闭的过程中，由于风向与风速变化、温度、雪载引起的偏心荷载，轨道摩擦以及行走速度、轨道接缝、缓冲装置、轨道安装误差引起的冲击力，甚至地震力的作用等，使其受力状态相当复杂，往往造成可动屋顶在运行过程中左右摇动、上浮。因此，有必要对机械体系有关构件进行受力分析并作相应的构造处理。如加拿大天空穹顶和日本福冈穹顶的行走小车的上下左右四面都分别设有车轮，以承受上部屋顶的反力，防止屋顶上浮和屋顶的左右摇晃。

(3) 风向与风速大小以及屋顶是否有积雪等因素对开合结构所处的状态（全开启、半开启、全封闭状态）起决定性作用。结合天空穹顶、福冈穹顶等开合结构的成功经验，对开合结构的设计应做相应的模型试验，以确保结构受力合理，使各可动屋顶运行安全可靠。

9.5.4 开合结构的组成

开合结构为满足全开启、半开启和全封闭三种状态的功能要求，由建筑体系、机械体系、电气体系、机械油压体系构成。

1. 建筑体系

主要是指结构受力体系，可分为上部结构、下部结构和基础。上部结构即屋顶，一般采用空间结构，这一结构形式以达到覆盖大空间为目的。下部结构一般采用钢筋混凝土结构，强大的钢筋混凝土结构一方面增强了结构的整体稳定性，又在一定程度上起到减震及消除噪音的作用；另一方面采用钢筋混凝土这一建筑材料，可将其加工成所需要的任一形状（如轨道梁）。

2. 机械体系

主要由轨道、行走小车、驱动装置、制动装置、缓冲装置构成。轨道固定在下部结构上，行走小车在轨道上运行，驱动装置和制动装置安装在行走小车上。行走小车有驱动小车和从动小车，通过销拴将行走小车和上部结构相连。

3. 电气体系

是控制开合结构正常运行、制动（正常制动与紧急制动）、安全性检测等方面的控制体系，由计算机进行数据处理，发出执行指令进行控制。一般电气体系分为三种控制方式：全自动方式、远距离手动控制及局部手动控制。

4. 机械油压体系

该体系是抵抗地震、强风作用的阻尼体系与锁定体系。

9.5.5 开合结构的形式和分类

开合屋盖结构的选型，尤其开合方式的选取将直接影响到建筑功能的实现、室内外建筑效果的表现、屋盖下部支承结构的选型及机械行走和电气控制系统的设计等诸方面因素。按不同的分类方式可对开合结构进行如下分类。

1. 按着屋盖的开合频率来分类

由于建筑功能的不同，开合屋盖结构可以根据可动屋面的开合频率进行分类，如表9-1所示。

表9-1　开合屋盖结构的开合频率及开合目的

开合频率	工程实例	开合的目的
每年两次，夏秋开启、冬季闭合	法国 Blvd. Carnot 游泳馆	这种类型的开合屋盖结构，可动屋面很少使用，而且很多时候可动屋面设计成易于安装和拆卸的，屋面材料常采用膜材
大部分时间处在闭合状态，小部分时间处在开启状态	美国匹兹堡市民体育场	这种类型的开合屋盖结构，主要使用功能是举行室内的活动。一些小型的该类结构在冬季会处在开启状态，消除雪荷载
大部分时间处在开启状态，小部分时间处在闭合状态	日本大分县穹顶	这种类型的开合屋盖结构，主要使用功能是举行室外的活动，在下雨时关闭可动屋面，继续举行活动。这类结构在遭受最大风荷载的同时，可动屋面是打开的，以减小风荷载
经常进行开合操作	日本海洋穹顶	根据天气情况和举行活动的性质决定可动屋面是开启还是闭合

2. 按着屋盖的结构体系来分类

根据采用的结构体系，开合结构分为：

(1) 柔性索膜和钢结构膜开合结构；(2)空间刚性单元开合结构；(3)可展开式开合结构；(4)充气膜开合结构

3. 按受力特性分类

对结构设计影响较大的是可动屋面的支承条件，一般可分为两类：一类是可动屋面支承在刚度很大的下部结构上，这里的下部支承一般由钢筋混凝土结构组成。另一类是可动屋面支承在刚度较小的下部结构上，其下部支承往往是由钢桁架提供。

4. 按着屋盖的开合方式来分类

开合结构按照开合方式可分为移动式、转动式、折叠式和组合方式。

(1) 移动式。通过屋盖单元沿水平或空间轨道移动或重叠搭接形成开合。具体移动方式有水平移动式[如图9-102(a)所示]、上下移动式[如图9-102(b)所示]、空间移动式等，荷兰阿姆斯特丹体育场的可动屋盖就是空间移动式，如图9-103所示。

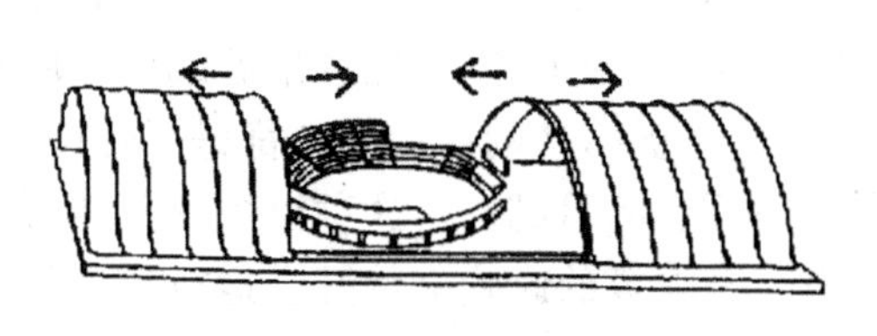

(a) 水平移动式

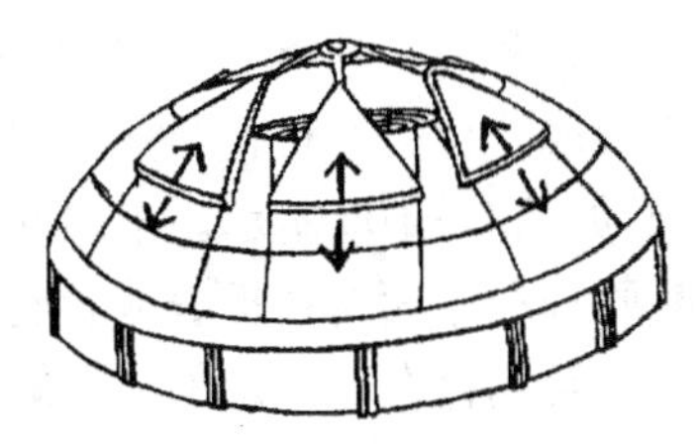

(b) 上下移动式

图9-102　移动式开合结构

(2) 转动式。通过数块屋盖单元绕某一轴转动重叠形成开合，具体转动方式有绕竖直轴转动和绕水平轴转动之分，美国米勒棒球场和日本福冈穹顶都属于水平旋转式屋盖，如图 9 - 100、9 - 104 所示。

图 9 - 103　荷兰阿姆斯特丹体育场(空间移动式屋盖)

图 9 - 104　美国米勒棒球场

(3) 折叠式。① 水平折叠，构件沿水平方向折叠形成开合；② 回转折叠，构件水平回转折叠形成开合；③ 上下折叠，一般采用膜屋面，类似于折叠伞，通过吊起或放下屋面形成开合，如图 9 - 105 所示。采用这种开合方式的屋盖结构的屋面材料都是柔性膜材，利用折叠原理把屋面材料折叠或卷起来，达到屋面开启的目的。但这种以膜材折叠形式的开合屋盖结构存在着一定的内在缺陷，在使用中风雨等的影响会使开合运行出现故障或膜材料被撕裂，每年的维修费用非常高。所以其进一步的发展受到了制约，目前只在小跨度建筑上采用。

(4) 混合式(以上各种方式的组合)，如 1991 年建成的日本球穹顶活动中心，如图 9 - 106 所示。

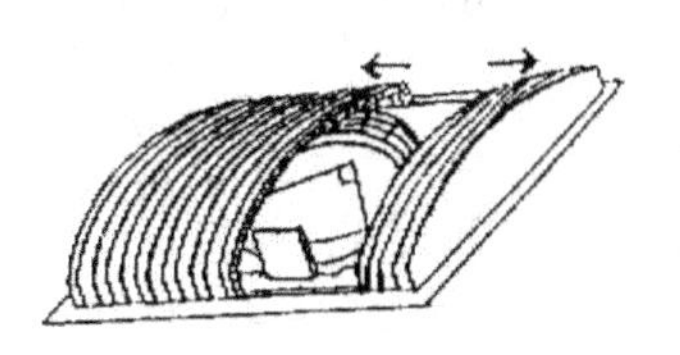

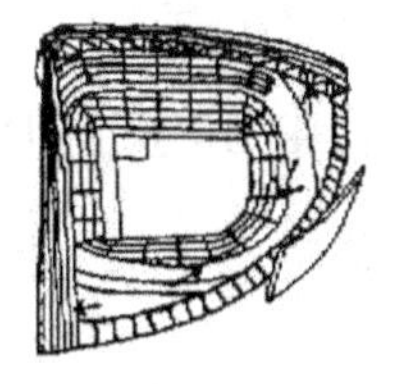

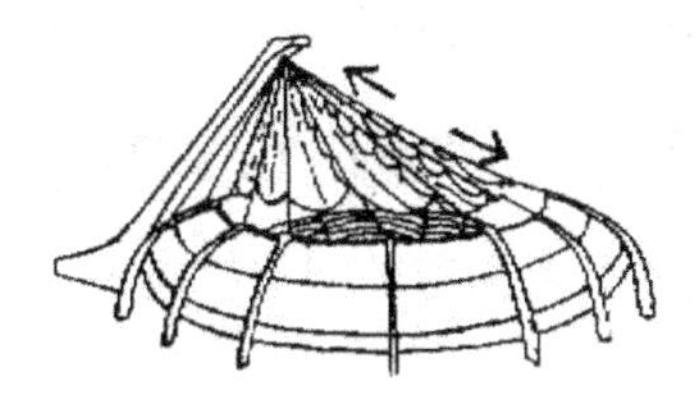

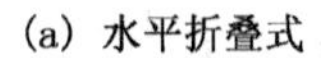

(a) 水平折叠式　　(b) 回转折叠式　　(c)上下折叠式

图9-105　折叠式开合结构

图9-106　日本球穹顶活动中心

另外，还有绕枢轴转动方式，即屋盖单元绕某一水平轴转动，以该形式打开屋面。

9.5.6 开合结构设计和施工中的关键问题

由于开合屋盖的特殊结构型式，这类工程的设计不同于常规结构，在设计中应注意以下问题：

(1) 开合结构在不同的状态(全开启、半开启、全封闭状态)以及在开启和闭合的过程中，其受载情况各不相同，特别是在开启或闭合的过程中，受载情况相当复杂，合理地进行各种状态受力分析是开合结构设计的关键。对于刚性、自承式开合结构，为防止在行走的过程中屋顶上浮以及蛇行运动，可在行走小车的上下左右四面分别安装车轮以及相应的轨道。

(2) 在构造方面，应确保开合结构具有同非开合结构同等的安全性。一般地，在强风作用时，开合结构应处于全封闭状态。无论是开启状态还是闭合状态，开合结构的构造设计应能确保机械体系、电气体系、机械油压体系的安全与可靠。

(3) 就已建成的开合结构来看，机械体系可动部件常有故障发生。如日本某一开合式游泳馆，使用一年后因可动部件生锈而需要经常维修。因此，开合结构机械体系各构造应尽可能简单，这样即使有了故障也能确保安全，同时也便于维修管理。

(4) 为适应多功能、多目的要求，采光、通风、音响、空调、防灾等的综合设计也是开合结构需要特殊处理的技术问题。如何解决以上问题是成功进行开合屋盖设计的关键问题。

开合屋盖设计原则

9.5.7 典型的开合屋盖结构

1. 日本宫崎市海洋穹顶(如图 9-106 所示)

海洋穹顶(Ocean Dome)于 1993 年建于日本的宫崎市，是日本南海滨名胜的中心工程，为世界上比较著名的室内水上世界乐园。它采用了膜结构的开合屋盖，屋盖开合采用了水平重叠的方式，整个屋盖分为四块。屋盖移动使用了 10 套钢台车，采用电子驱动，滑行速度为 9 m/min，滑行时间约为 10 min，最大行程 81.8 m。乐园屋顶采用膜结构解决了自然光线问题，为了解决隔热、噪音及凝结水的问题，采用了双层薄膜，一层作为屋面，一层作为天花板。整个屋盖尺寸长 300 m、宽 100 m，高 29 m～38 m。中间由四个长 51.5 m、厚 3 m 的独立筒壳组成，每块筒壳的矢跨比为 0.21，每两个平行向两端移动并与两端 50 m 长的四分之一球网壳叠接在一起形成闭合。屋顶大面积的开合，气势甚为壮观。馆内设有巨大人工波浪池，滑水区及其他游乐设施，进入馆中颇有进入大自然之感，心旷神怡，耐人寻味。

2. 北京 2008 奥运主体育场——巨型温馨鸟巢(如图 9-107 所示)

中国国家体育场的设计方案由瑞士赫尔佐格和德梅隆设计公司与中国建筑设计研究院联合设计，这个被称为“鸟巢”的方案，展现了一个新颖、独特、庞大的异型钢结构建筑物，该方案预计消耗 8 万吨各类钢材，最长的一条钢梁达 300 m，平均钢梁长度在 50～180 m之间，巨型体育场的形象完美纯真，外观即结构，犹如树枝织成的鸟巢，其灰色矿质般的钢网以透明的膜材料覆盖，其中包含着一个土红色的碗状体育场看台。碗形看台可拆可调，看台是一个完整的没有任何遮挡的碗形，共分三层，通过体育场顶部座位调整，来实现两万个临时座席的设置，南区和北区的第三层看台的座位可以拆除。体育场外立面基本上不需封闭的外墙，这使得体育场能自然通风。屋面开启方式采用平面平移式，投资较低，开启屋顶合上时，体育场将成为一个室内的赛场。国家体育场在奥运会比赛时能容纳 10 万名观众，成为世界上最大的可开启屋顶的体育场。

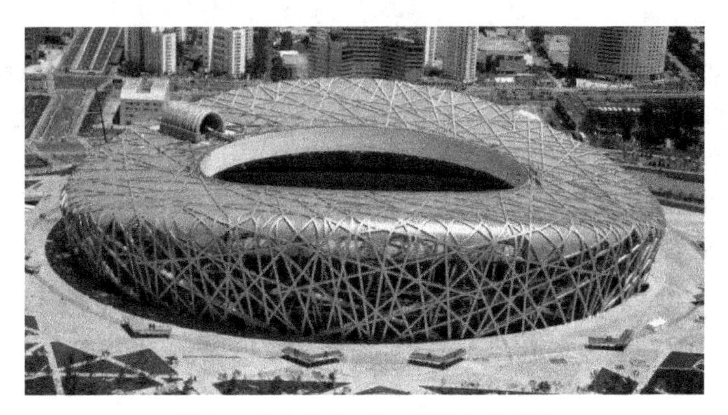

图 9-107　北京 2008 奥运主体育场

多伦多天空穹顶体育场

习　题

9-1　试简述膜结构的应用范围及其特点。

9-2　膜结构的形式简要地可分为几类？各有何特点？

9-3　工程中膜结构的膜-膜连接主要有哪几种连接方式？各有何特点？

9-4　试述悬索结构的特点。

9-5　试述悬索结构的组成。

9-6　悬索结构有哪几种形式？

9-7　空间张弦梁可分为哪几种形式？

9-8　何为薄壳结构？简述薄壳结构的特点。

9-9　圆顶薄壳的下部支承结构常用的有哪几种？

9-10　简述圆顶薄壳结构的壳板和支座环的受力特点。

9-11　简述开合结构的组成。

9-12　按着屋盖的开合方式来分类，开合结构可分为哪几类？

单元10 装配式钢结构建筑

装配式钢结构也被称为集成钢结构，是一种由多个模块组成并集绿色规划设计、绿色建筑材料、绿色现场施工等于一体的新型结构体系。其施工过程是先在工厂中对不同模块构件进行标准化加工制作，然后将各个制作完成的模块统一运送到施工现场，最后利用高强螺栓将不同的模块进行快速拼接装配，形成一个整体结构。装配式钢结构将钢结构系统、外围护系统、设备与管线系统和内装系统集成，实现建筑功能完整、性能优良。

10.1 装配式钢结构的概念及特点

钢结构是天然的装配式结构，但并非所有的钢结构建筑均是装配式建筑。国家标准《装配式钢结构建筑技术标准》(GB/T 51232—2016)关于装配式钢结构的定义：装配式钢结构建筑是“建筑的结构系统由钢部(构)件构成的装配式建筑”。该类钢结构建筑与具有装配式自然特征的普通钢结构建筑相比主要有两点差别：一、更加强调预制部品部件的集成；二、不仅钢结构系统，其他系统像外围护系统、设备与管线系统、内装系统的主要部分也要求装配式。按照这个定义，钢结构建筑如果外围护墙体采用砌块，或者没有考虑内装系统集成，就很难算作装配式建筑。图 10-1 给出了装配式钢结构建筑图解。具体来说，装配式钢结构建筑与普通钢结构建筑相比，更突出以下特点：

(1) 更强调钢结构构件集成化和优化设计；

(2) 各个系统的集成化，尽可能采用预制部品部件；

(3) 标准化设计；

(4) 连接节点、接口的通用性与便利性；

(5) 部品部件制作的精益化；

(6) 现场施工以装配和干法作业为主；

(7) 基于 BIM 的全链条信息化管理。

10.1.1 装配式钢结构建筑的特点

钢结构建筑具有安全、高效、绿色、节能减排和可循环利用等优势，是建设“资源节约型、环境友好型、循环经济、可持续发展社会的有效载体，优良的装配式钢结构建筑是“绿色建筑”的代表。

1. 装配式钢结构相比于装配式混凝土结构，具有以下优势：

(1) 无现场现浇节点，更能保障施工质量；

(2) 钢材是延性材料，自重较轻，抗震性能更好；

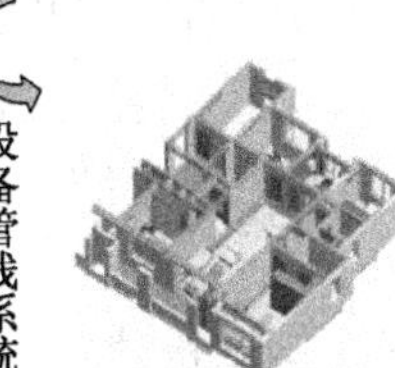

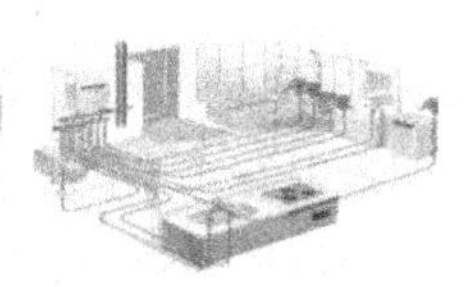

图10-1　装配式钢结构建筑图解

(3) 钢结构质量比混凝土轻、能有效减轻自重；

(4) 钢材可被回收，可重复利用；

(5) 在装配式钢结构住宅的设计和施工方案得到保证的前提下，相较于装配式混凝土更经济；

(6) 装配式钢结构梁柱截面小，空间利用率高。

2. 装配式钢结构相对于传统的钢结构，具有以下优势：

(1) 绿色施工，无建筑垃圾。钢梁和钢柱等结构件在工厂加工完成，运输到施工场地进行组装，这种标准化统一生产方式可以减少现场焊接，由此减少焊接作业对环境造成的污染，以及焊接对钢构件防锈层的破坏，也大大提高了工程建设的工业化程度。

(2) 装配迅速，建设周期短，节省成本。外围护系统的集成化可以有效提高施工效率，有效缩减建设施工的材料，避免出现资源浪费的现象，同时简化了施工流程，并在保证施工周期的同时，提升工程整体质量，经济效益显著。

(3) 设备管线系统和内装系统的集成化以及集成化预制部品部件的采用，可以更好地提升功能，提高质量和降低成本。

(4) 梁柱节点刚度控制灵活，延性好。装配式钢结构梁柱节点连接时一般全部采用高强度螺栓连接，避免焊接，减少焊接应力和焊接变形，改善连接节点受力性能。

(5) 安全耐用。装配式钢结构具有较高的刚度和抗压性能，显著提升工程的质量。

其墙体使用模塑钢骨架墙板，不使用焊接技术，有效保护锌膜完好性，因此抗腐蚀能力极佳。再加上所有结构件全部封闭在不透水气的复合墙体内，不会腐蚀、不会霉变、不怕虫蛀，建筑物使用寿命可达到100年以上。

（6）标准化设计、生产、装修和管理更加科学和高效。标准化的设计实际上是优化设计过程，有利于保证结构安全性，更好地实现建筑功能和降低成本。而标准化的施工模式能够加强施工进度，提升施工质量，促进行业内部与行业之间的合作往来，实现信息快速传递，从而在节约资源的基础上，创造更好的经济效益。

3. 装配式钢结构建筑的缺点和局限性：

钢结构材料特点决定了装配式钢结构建筑防火性能差、易腐蚀等，除此之外，还有以下局限性：

（1）对建设规模依赖度较高。建设规模小，工厂开工不足，很难维持生存。而没有构件工厂，装配式就是空话。日本装配式钢结构别墅非常成功，但日本企业在沈阳建设了同样的生产线，却举步维艰。因为中国土地政策对建造别墅有严格限制，多数地区农村住宅又用不起装配式。有工厂，没有市场也等于零。

（2）局限于中、高端建筑。装配式钢结构建筑集成化程度高，性价比高，相对成本是降低了，但较传统现浇钢筋混凝土结构绝对成本是高的，因此，目前看比较适于高端建筑，至少是中等水平的建筑。

（3）要求高。装配式钢结构建筑对设计、制造、施工的技术水平及管理水平有更高的要求。

（4）高层钢结构住宅舒适度问题。高层钢结构属于柔性建筑，自振周期较长，易与风荷载波动中的短周期产生共振，因而风荷载对高层建筑有一定的振动作用。日本早期有钢结构高层住宅，后来因为有住户反映在大风时有晕船的不舒适感，愿意住钢结构住宅的人减少，现在日本用混凝土高层住宅取代了大多钢结构高层住宅。美国仍有高层钢结构住宅，但多与混凝土结合。

10.2 装配式钢结构的发展历程和现状

10.2.1 装配式钢结构建筑的发展历程

装配式钢结构建筑的第一座里程碑，也是装配式建筑和现代建筑的第一座里程碑是建于1851年的英国水晶宫（如图10－2所示）。水晶宫长564 m，宽124 m，所有铁柱和铁架都在工厂预先制作好，到现场进行组装。整个建筑所用玻璃都是一个尺寸，124 cm×25 cm（当时所能生产的最大玻璃尺寸），铸铁构件以124 cm为模数制作，达到高度的标准化和模数化，装配起来非常方便，只用了4个月时间就完成了展馆建设，堪称奇迹，具有划时代的意义。

图 10－2　英国水晶宫

装配式钢结构另一座里程碑是埃菲尔铁塔(如图 10－3 所示)，作为世界著名建筑、法国文化象征之一、巴黎城市地标之一的埃菲尔铁塔，是为纪念法国大革命 100 周年和 1889 年巴黎世博会召开而兴建的纪念性建筑。塔高 300 米，天线高 24 米，相当于 100 层楼高。钢铁构件有 18 038 个，重达 10 000 吨，施工时共钻孔 700 万个，使用铆钉 250 万个。和当时其他的大型建筑工程不同，埃菲尔预先在车间里制造好所有的部件，再将部件送往工地快速地完成安装，除了基座建造花了一年半时间，铁塔安装仅花了 8 个月左右的时间。

1890 年，由芝加哥建筑学派先行者詹尼设计的芝加哥曼哈顿大厦(如图 10－4 所示)建成。这座 16 层的住宅是世界上第一栋高层装配式钢结构建筑，保留至今，是高层建筑的里程碑。

19 世纪后半叶，钢铁结构建筑的材质从生铁到熟铁再到钢材，进入快节奏发展期。到 20 世纪后，钢铁结构建筑更是进入高速发展时代。现代装配式钢铁结构技术发源与应用起始于欧洲，而在美国得以发扬光大。1913 年建成的纽约吾尔沃斯大厦(如图 10－5 所示)高 241m，铆接钢结构，石材外墙，这个建筑高度在当时是惊天之举。

图 10－3　铁结构构筑物—巴黎埃菲尔铁塔

图 10－4　芝加哥曼哈顿大厦—铁结构

自吾尔沃斯大厦建成之后，摩天大厦越来越多，高度不断被刷新，现在世界上最高的建筑是迪拜的哈利法塔(如图 10－6 所示)，高度已经达到 828 m。摩天大厦大都是装配式钢结构建筑。

图 10－5　吾尔沃斯大厦

图 10－6　迪拜哈利法塔

1967 年加拿大蒙特利尔世界博览会美国馆是个被称作生物圈的球形构造物(如图 10－7 所示)，这座"几何球"直径 76 m，高 41.5 m，没有任何支撑柱，完全靠金属球形网架自身的结构张力维持稳定。1977 年建成的巴黎蓬皮杜艺术中心(如图 10－8 所示)是世界另一著名建筑，也是装配式理念贯彻得非常彻底的钢结构建筑。从装配式的角度看，蓬皮杜艺术中心的主要特点是：

(1) 它的结构构件装配连接非常简单，既不是焊接，也不是栓接，更不是铆接，而是插入加上销接。连接节点是一个筒，结构构件插入筒里，筒与构件有销孔，插入销子即可。

(2) 它的设备管线系统也是集成化装配式的。

(3) 它把结构、设备与管线系统视为建筑美学元素，将他们彻底裸露，甚至于电动扶梯运行时缆索的移动都是可见的。

图 10－7　蒙特利尔生物圈—装配式网架结构

图 10－8　蓬皮杜艺术中心

东京国际会议中心(如图 10－9 所示)是一座非常精彩的装配式钢结构建筑,建筑师巧妙地将结构逻辑与美学结合,将装配式的精制与建筑艺术的精湛融为一体,给人以结构就是艺术,装配式就是艺术的深刻印象。

美国科罗拉多州空军学院小教堂那个(如图 10－10 所示)被誉为“建筑艺术的极品”,1962 年建成。教堂高 46 m,用 17 个尖塔构成。每个尖塔是“人”字形结构,由 100 个不规则四面体组成,四面体由表面铝板加上钢管装配而成。

图 10－9　东京国际会议中心

图 10－10　科罗拉多州空军学院小教堂

10.2.2　中国装配式钢结构建筑的发展历程

我国装配式钢结构相较于欧洲起步较晚,但在国家政策的支持下得到了迅速的发展。目前,装配式钢结构在我国建筑中已经占据了重要位置。

中国最早的钢结构高层建筑是建于 1934 年的上海国际饭店(如图 10－11 所示),由匈牙利建筑师斯洛·邬达克设计,地上 24 层,高 83.8 m,当时是远东最高建筑,在上海保持最高建筑达半个世纪之久。

图 10－11　上海国际饭店

图 10－12　深圳发展中心大厦

图10－13　上海东方明珠电视塔

20 世纪 80 年代改革开放后，由于钢产量增加、大规模建筑的需求和对国外钢结构技术与设备的引进，中国钢结构建筑才真正发展起来。进入 90 年代，中国装配式钢结构建筑获得了突飞猛进的发展，1990 年建成的深圳发展中心大厦（如图 10－12 所示）是我国第一栋超高层钢结构的建筑，主体结构高 146 m；1991—1995 年建成的上海东方明珠电视塔（如图 10－13 所示），塔高 468 m，是当时中国最高的构筑物，为后来更高的钢结构建筑积累了经验。

90 年代后，各种钢结构建筑，如网架结构、网壳结构、空间结构、拱和刚架组成的混合结构体系、钢和混凝土混合结构、悬索结构以及轻钢结构等的广泛应用，中国钢结构建筑技术逐步走向成熟。

21 世纪，中国建造了许多世界著名的钢结构建筑，包括国家大剧院、首都机场 T3 航站楼、上海中心和北京奥运会主会场（如图 10－14 所示）等。2008 年北京奥运会主体育场主体建筑呈空间马鞍椭圆形，是目前世界上跨度最大的单体钢结构工程。其他新结构形式和技术如钢板剪力墙结构、张悬梁、张悬桁架预应力钢结构、钢结构住宅等相继出现并得到快速发展。

图 10－14　北京奥运会主会场

如今，中国钢结构企业的规模、工艺和设备先进化程度已经进入了国际先进行列，技术与管理水平也在大幅度提高。我国装配式钢结构住宅体系也发展了近 30 年，目前装配式钢结构住宅体系在我国的主要发展方向分为三方面，一是薄板钢骨住宅体系；二是新型分层装配式支撑钢结构体系；三是多高层轻装配式住宅体系。

1. 薄板钢骨住宅体系（如图 10－15 所示）

薄板钢骨住宅体系的结构采用的是冷弯薄壁型钢结构的特殊形式，将 1～1.3 mm厚的热镀锌钢板辊轧成 C 形和 U 形轻钢龙骨，墙板、楼板、屋架结构都是用工业化规模进行生产，在建筑施工现场不需要进行焊接和涂板，因此薄板钢骨住宅体系是一种墙板承重、快速组装的装配式轻钢结构住宅体系。由于在薄板钢骨住宅体系中使用了多项现代技术，因此该住宅体系与传统住宅结构相比具有如下优势：较少的用钢量；较好的抗震性能；丰富的外墙装饰面；良好的保温性能；能源自给等。

图10－15　薄板钢骨住宅体系的结构

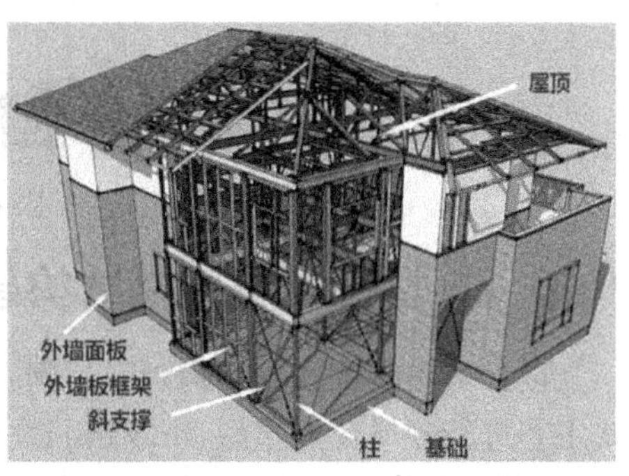

图10－16　新型分层装配式支撑钢结构体系

2. 新型分层装配式支撑钢结构体系(如图10－16所示)

新型分层装配式支撑钢结构体系属于集成工业化住宅结构体系。其结构采用冷弯薄壁型钢结构,使用厚度为1.2 mm左右的热镀锌钢板辊轧成C形和U形轻钢龙骨,在建筑施工现场也不需要进行焊接和涂板。与传统住宅结构相比具有如下优势:密柱;贯通梁;柱梁铰接;模数化集成设计;标准化生产等。

3. 多、高层轻装配式住宅体系(如图10－17所示)

为进一步加快装配式钢结构住宅体系的发展,提出了新的建筑理念——像造汽车一样造房子,同时创造了节点斜撑加强型钢框架结构体系,它是由主板、立柱和斜支撑等部分组成。主板是将压型钢板混凝土组合楼板支撑到钢梁上形成的,利用主板支撑立柱,然后将斜支撑设置在梁、柱间,利用斜支撑使节点连接加强,使其与梁、柱框架共同分担水平和竖直方向的载荷。在这种住宅结构体系中,承重构件全部都是用高强螺栓进行连接。其次,该住宅体系是采用搭积木的方式进行施工,使施工速度得到有效提高。

图10－17　多、高层轻装配式住宅体系

10.3 装配式钢结构的工程应用分析

10.3.1 国外装配式钢结构建筑的建造案例分析

以日本的装配式钢结构别墅为例，自从钢结构别墅采用集成化工业化程度高的装配式工艺进行规模化制作后，市场格局发生了根本性变化，装配式钢结构别墅（如图 10－18 所示）逐渐取代以往的木结构成了主角，每年新建住宅中大约有十几万套别墅，市场份额高达 90％左右。

装配式钢结构住宅属于标准化工业化产品，但是房型和风格却可以实现多样化，用户可以根据自身的喜好选择不同的颜色与装修风格。虽然别墅的形体、平面、层数、立面可能各不相同，但结构的基本架构是一样的，节点是标准化的，便于建筑部品规格统一化设计、生产与制造。

图 10－18　日本装配式钢结构别墅结构

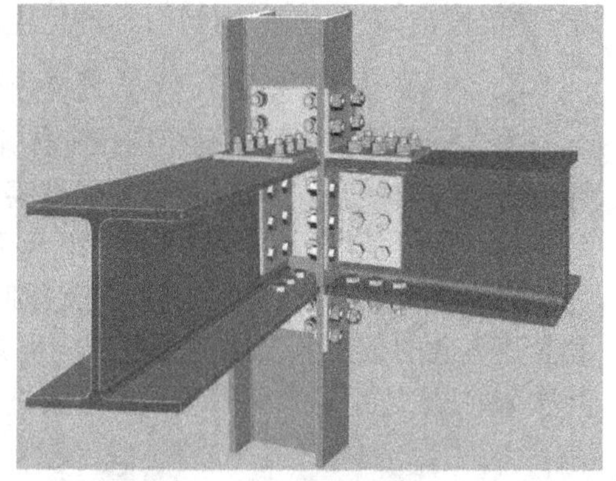

图 10－19　日本装配式钢结构别墅螺栓连接节点

装配式钢结构采用集成化螺栓连接，使安装现场无焊接作用。一方面避免了现场焊接对构件接头部位防锈层的破坏，有利于建筑的耐久性；另一方面使安装更简便，效率大幅度提高。钢结构部件焊接在工厂自动化生产线上采用焊接机器人自动焊接，焊接质量及稳定性非常高（如图 10－20 所示）；钢结构部件表面有三层防锈镀层，采用自动化电镀工艺，耐久性可达到 75 年（如图 10－21 所示）。

外围护结构采用集成化设计，各种功能考虑得很细，水蒸气在外墙系统中凝结成水的构造确保了保温效果的耐久性（如图 10－22 所示），自动化流水线生产的高压蒸养水泥基墙板更是提供了丰富的质感和颜色（如图 10－23 所示）。

图 10－20　装配式钢结构部件“机器人”焊接

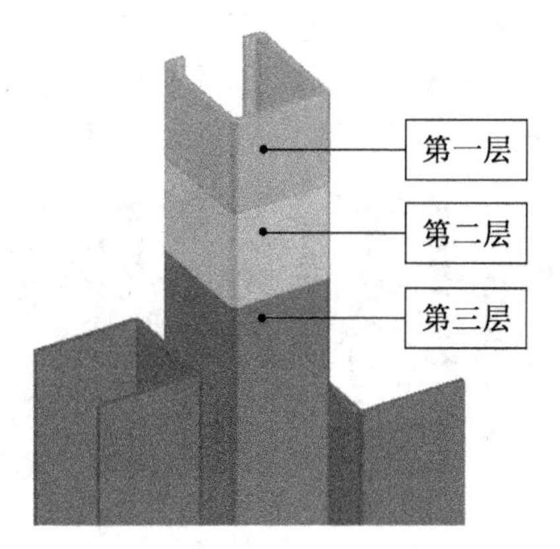

图 10－21　装配式钢结构 3 层防锈蚀镀层

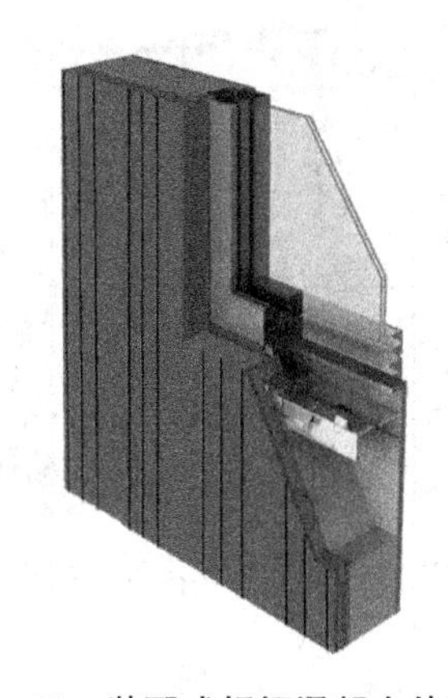

图10－22　装配式轻钢混凝土外墙系统

图10－23　自动化生产线生产高压蒸养水泥基墙板

图 10－24　集成式卫浴

图 10－25　集成式厨房

集成式卫生间(如图 10－24 所示)、集成式厨房(如图 10－25 所示)和整体收纳家具(如图 10－26 所示)设计得非常实用、精细。集成化家居系统提高了住宅舒适度，给用户以很大的方便，也大大降低了成本。

设备与管线系统的集成式布置合理、适用、节约(如图 10－27 所示)。

从吊顶到地板到墙体的全装修(如图 10－28 所示),甚至连地毯都铺好了,给用户带来了极大的便利,除了床、沙发和桌椅,基本不用买其他家具,省时省钱。

图 10－26　集成化收纳家具

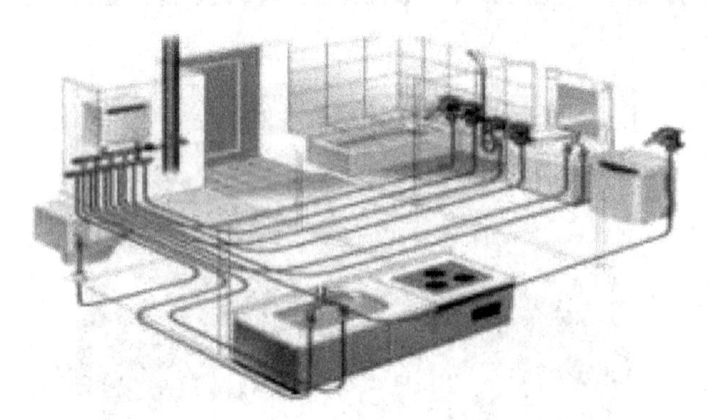

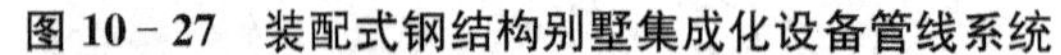

图 10－27　装配式钢结构别墅集成化设备管线系统

图 10－28　带保温层的集成化内墙装修

装配式钢结构别墅大都是一家一户的散户订货,应购房者的不同需求,在“标准化设计”的同时,实现“户型、装修、风格多样化”,并提供实体样板间。购房者根据自己的场地环境条件、需求和喜好选定别墅类型,装配式钢结构别墅企业向购房者提供基础要求和图样,等购房者请当地施工企业做完基础时,装配式别墅整套部品部件和零件也运到现场,只用半个月到一个月的时间装配完毕,即可入住,施工周期非常短。

总而言之,日本的装配式钢结构别墅提高了结构安全性,更好地实现了建筑功能,提高了质量,降低了成本和大幅度缩短了工期。

10.3.2　国内装配式钢结构建筑的建造案例分析

钱江世纪城人才专项用房(如图 10－29 所示)位于杭州市萧山区,采用装配式钢结构住宅集成体系,总规划建设用地 133 763.6 m^2,总建筑面积 661 935.4 m^2,(地上约 44 万 m^2,地下约 22 万 m^2),建筑密度 20.6%,容积率为 3.11,由 15 幢高层(地上 26～32 层,地下 2 层)和 1 幢超高层(地上 40 层,高 140 m)组成,是目前我国最大的钢结构保障性住房群,也是住宅产业化成套技术应用于保障性住房的典范。结构形式有三种,超高层采用钢框架—钢筋混凝土核心筒混合结构体系(如图 10－30 所示),11＃楼采用钢管束混凝土组合剪力墙结构(如图 10－31 所示),其他均采用钢框架—支撑结构体系(如图 1－32 所示)。柱为方形钢管,内部浇筑混凝土,形成组合柱,梁为焊接 H 型钢,楼板为钢筋桁架楼承板，外墙采用纤维水泥板轻质节能灌浆墙体，拥有墙体自保温体系，内墙采用预制纤维水泥板轻质复合墙体，屋面采用泡沫玻璃保温隔热，门窗采用新铝合金型窗框中空玻璃，具有较好的保温隔热效果。

值得一提的是，11＃楼采用杭萧钢构自主研发的装配式钢管束组合结构住宅体系（如图10－33所示），其结构组成如图10－34所示。楼板和屋面均采用可拆卸式或焊接式预制装配式钢筋桁架楼承板（如图10－35所示），将楼板中钢筋在工厂全自动生产加工成钢筋桁架，再将钢筋桁架与镀锌钢板现场用连接件装配成一体，上浇筑混凝土形成钢筋桁架混凝土楼板，实现将钢筋绑扎作业由高空转到工厂，减少施工现场的危险源；可拆卸式底模可以重复利用，现场无需模板和脚手架支撑系统，工艺科学，实现了自动化生产装配式绿色施工，并可多层同时或交叉施工，有效减少建筑垃圾和扬尘污染，缩短建造工期，提升工程质量，降低工程费用。

图10－29　钱江世纪城人才专项用房

图10－30　钢框架—钢筋混凝土核心筒

图10－31　钢管束混凝土组合剪力墙结构

图10－32　钢框架—支撑体系

图 10－33　钢管束混凝土组合剪力墙吊装及灌浆示意图

图 10－34　装配式钢管束剪力墙结构住宅体系

图 10 - 35 装配式钢筋桁架楼承板

图 10 - 36 包头市万郡·大都城

万郡·大都城(如图 10 - 36 所示)项目位于内蒙古包头市鹿城区,是迄今为止最大的商业开发钢结构住宅项目。总用地面积 415.13 亩,建筑面积近百万 m^2,规划总居住户数为 5 536 户,由 26 栋 26～32 层的高层住宅群组成。柱为方形钢管混凝土组合柱,内部浇筑 C50 高强度混凝土,梁为焊接 H 型钢,楼板为自承式钢筋桁架楼承板,一、二号楼体的墙体采用CCA板轻质灌浆墙体系，支撑形式采用的是偏心支撑结构体系。三期采用的钢管束组合剪力墙结构体系（如图10－33所示），由墙体提供竖向以及侧向抗力，外墙辅以轻质防火保温板、轻质防火板、防火保温隔热层、CCA板装饰面等处理，与钢管束墙体形成匹配。

装配式钢结构住宅在内装修方面也力求设计阶段各专业密切配合，特别是在卫生间、厨房等挂件较多的区域，优化墙体合理布置（如图10－37所示），力求使住户拎包即住，必要时可提前焊接挂件。钢管束混凝土组合剪力墙作为第三代装配式钢结构住宅墙体，若不可避免地要在钢管束墙体上挂件时，因钢管束剪力墙壁钢板较薄，一般设计在5毫米左右，一般采用刚性较大的钻头打孔即可，给住户提供了便利的改造空间。

图10－37　装配式钢结构住宅厨房、卫生间处理内景

拓展知识

装配式建筑

10.4　装配式钢结构建筑的设计要点

10.4.1　一般规定

装配式钢结构建筑的设计除应符合功能要求外，还应符合建筑防火、安全、保温、隔热、隔声、防水、采光等建筑物理性能要求。

目前的建筑设计，尤其是住宅建筑设计，一般将设备管线埋在楼板或墙体中，使得使用年限不同的主体结构和管线设备难以分离。若干年后，虽然建筑主体结构性能尚可，但设备管线老化却无法进行改造更新，导致建筑物不得不拆除重建，缩短了建筑的使用寿命。此外，还存在水、电等装修管线难以更新和维护的问题。

提倡采用主体结构构件、内装修部品和管线设备的三部分装配化集成技术系统，实现室内装修、管道设备与主体结构的分离，从而使住宅兼具结构耐久性、使用空间灵活性以及良好的可维护性等特点，同时兼备低能耗、高品质和长寿命的优势。

10.4.2 装配式钢结构建筑设计要点

相较于传统钢结构，装配式钢结构更强调集成化，主要是指结构系统、外围护系统、内装系统、设备与管线系统的集成。在设计时主要应着重强调以下设计要点：

1. 装配式钢结构建筑集成化设计

国家标准强调装配式钢结构建筑的集成化。所谓集成化就是一体化的意思，集成化设计就是一体化设计。在实际设计时，往往通过多方案比选，做出集成化安排，确定预制部品部件的范围，进行设计或选型。其实，集成化是很宽泛的概念，或者说是一种设计思维方法，集成有着不同的类型。

（1）多系统统筹设计

多系统统筹设计，并不是非要设计出集成化的部品部件，而是指在设计中对各个专业进行协同，对相关因素进行综合考虑，统筹设计。例如，在水电暖通各个专业的管线设计时，进行集中布置，综合考虑建筑功能、结构拆分、内装修等因素。图10－38是多系统统筹设计的图例，各专业管线集中布置，减少了穿过楼板的部位。

（2）多系统部品部件设计

多系统部品部件设计是将不同系统单元集合成一个部品部件。例如，表面带装饰层的夹心保温剪力墙板就是结构、门窗、保温、防水、装饰一体化部件，集成了建筑、结构和装饰系统（如图10－39所示）。集成式厨房包含了建筑、内装、给水、排水、暖气、通风、燃气、电气各专业内容（如图10－25所示）。

图10－38 各专业管线集中布置

图10－39 带装饰剪力墙夹心保温板

(3) 支持型部品部件设计

所谓支持型部品部件，是指单一型的部品部件，如柱子、梁等，虽然没有与其他构件集成，但包含了对其他系统或环节的支持性元素，需要在设计时予以考虑。例如，预制 H 型钢梁腹板上预留管线穿过的孔洞(如图 10-40 所示)。

图 10-40　H 型钢梁腹板预留管线穿过的孔洞

图 10-41　装配整体式卫生间同层排水

集成设计应遵循以下原则：

① 实用原则。集成化必须带来好处。集成的目的是保证和丰富功能、提高质量、减少浪费、降低成本、减少人工和缩短工期等，既不要为了应付规范要求或预制率指标勉强搞集成化，也不能为了作秀搞集成化。集成化设计应进行多方案技术经济分析比较。

② 统筹原则。不应当简单地把集成化看成仅仅是设计一些多功能部品部件，集成化设计中最重要的是多因素综合考虑，统筹设计，找到最优方案。

③ 信息化原则。集成设计是多专业多环节协同设计的过程，必须建立信息共享渠道和平台，包括各专业信息共享与交流、设计人员与部品部件制作厂家、施工企业的信息共享与交流。信息共享与交流是搞好集成设计的前提，其中，BIM 就是集成化设计的重要帮手。

④ 效果跟踪原则。集成设计并不会必然带来效益和其他好处，设计人员应当跟踪集成设计的实现过程和使用过程，找出问题，避免重复犯错误。

2. 装配式钢结构建筑协同设计

协同设计是指各个专业(建筑、结构、装修、设备与管线系统各个专业)、各个环节(设计、工厂、施工环节)进行一体化设计。装配式钢结构建筑的各个专业和各个环节的一些预埋件埋设在预制钢构件里，一旦构件设计图中遗漏或者设计位置不准，等构件到了现场就很难补救，会造成很大的损失。此外，按着国家标准的要求，装配式建筑应进行全装修，而许多装修预埋件要设计到构件图中，因此，装修设计必须提前。同时，国家标准要求装配式建筑宜管线分离、同层排水(如图 10-41 所示)，也需要各个相关专业密切协同设计。

协同设计的要点是各专业、各环节、各要素的统筹考虑，具体实施时一般组建以建筑师和结构工程师为主导的设计团队负责协同，明确协同责任。为加强各专业、各环节之间的信息交流和讨论，通常可采用会议交流、微信群交流等方式进行及时的沟通协同。通常采用“叠合绘图”的方式，把各专业相关设计汇集在一张图上，以便检查“碰撞”与“遗漏。此外，装修设计须与建筑结构设计同期展开，并在设计初期就与钢结构加工厂和施工企业进行互动交流。

(1) 协同设计内容清单

协同设计内容繁多，在这里概略出部分清单。

① 外围护系统设计需要建筑、结构、电气(防雷)、给水(太阳能一体化)等专业协同。

② 设备与管线的空间布置及其穿过楼板、梁或墙体，需要设备各专业之间(避免碰撞)并与建筑、结构和装修设计协同。通常，管线、阀门与表箱集中布置。

③ 设备与管线系统各个专业埋设或敷设管线、安装设备等，需预先设置预埋件或预留孔洞在预制钢构件中，需设备管线各个专业之间并与建筑、结构和装修设计协同。

④ 进行集成式卫生间(如图10-24所示)、集成式厨房(如图10-25所示)设计或选用时，需要建筑、结构、装修、设备与管线系统各个专业与部品制作厂家进行协同。包括室内布置关系，在预制钢构件里埋置安装部品的预埋件，设计管线接口和检修孔等。

⑤ 进行内装和整体收纳设计时，建筑、结构、装修、设备与管线系统各个专业进行协同。所有装修有关的预埋件、预埋物、预留孔洞等都必须落到预制构件制作图上，不能遗漏，包括：吊顶、墙体固定、整体收纳柜固定等预埋件布置。

⑥ 管线分离、同层排水、地热系统等，建筑、结构、装修、设备与管线系统各个专业需要协同。

(2) 设计、加工制作、安装的协同

装配式钢结构更强调集约化，通过设计、制作、安装的协同可以保证建筑质量、降低成本及缩短工期。

① 装配式钢结构建筑设计前设计单位一定要邀请钢结构加工厂和集成部品部件制作单位、施工企业进行交流，方便他们提出便于制作和安装的建议及一些专业性的要求，并收集集成部品部件样本或图集等资料。

② 请钢结构加工厂和施工企业提交制作与施工环节所有需要的预埋件、吊点、预留孔洞等，设计到构件制作详图中。

③ 设计过程中，尤其是在设计各专业协同过程中发现问题，也需要征求加工厂和施工企业的意见。

④ 设计完成后要组织向钢结构加工厂家和施工单位进行图样审查和技术交底。

⑤ 预制钢构件和集成部品部件制作单位在产品制作阶段，要严格按照设计图样等资料进行加工制作，如果发现设计图样有误或者难于实现制作和安装的设计问题，必须与设计单位进行沟通、反馈，由设计单位进行图样修改，或者下达技术变更，严禁私自进行调整或变更。加工制作阶段在设计允许的范围内要尽可能考虑到安装的便利性。

⑥ 施工企业要严格按照设计图样进行施工，要与预制构件和集成部品部件制作单位协同安装施工事宜，尤其是对一些复杂预制构件的安装过程中，当发现设计、加工制作存在问题时，譬如预埋件、预留孔洞遗漏等，必须与设计和加工制作单位协同沟通，请设计单位给出变更或返工等意见，严禁私自进行“埋设”作业，也不能砸墙凿洞和随意打膨胀螺栓。

3. 装配式钢结构建筑模数协调

所谓模数,就是选定的尺寸单位,作为尺度协调中的增值单位。基本模数是模数的基本尺寸单位,用M表示,1 M=100 mm。通常,建筑物层高的变化是以100 mm为单位的,而跨度是以300 mm为单位变化的,这里的100 mm就是层高变化的模数,300 mm就是跨度变化的模数。扩大模数是基本模数的整数倍,分模数是基本模数的整数分数。

模数协调就是按照确定的模数设计建筑物和部品部件的尺寸。模数协调是建筑部品部件制造实现工业化、机械化、自动化和智能化的前提,是正确和精确装配的技术保障,也是降低成本的重要手段。模数协调的具体目标包括:

(1) 实现设计、加工制造、施工各个环节和各个专业的互相协调。

(2) 对建筑各部位尺寸进行分割,确定集成化部件、预制钢构件的尺寸和边界条件。

(3) 尽可能实现部品部件和配件的标准化,特别是用量大的构件,优选进行标准化设计。

(4) 有利于部件、构件的互换性,模具的共用性和可改用性。

(5) 有利于建筑部件、构件的定位和安装,协调建筑部件与功能空间之间的尺寸关系。

《装配式钢结构建筑技术标准》(GB/T 51232—2016)中规定:装配式钢结构建筑的几何尺寸应根据建筑类型、使用功能、部品部件生产与装配要求等综合确定,其中开间与柱距、进深与跨度、门窗洞口宽度等宜采用水平扩大模数数列2nM、3nM(n为自然数),而层高和门窗洞口高度以及梁、柱、墙、板等部件的截面尺寸等宜采用竖向扩大模数数列nM,而构造节点和部品部件的接口尺寸宜采用分模数数列nM/2、nM/5、nM/10。此外,部品部件尺寸及安装位置的公差协调应根据生产装配要求、主体结构层间变形、密封材料变形能力、材料干缩、温差变形、施工误差等确定。

4. 装配式钢结构建筑标准化设计

装配式钢结构建筑的部品部件及其连接应采用标准化、系列化的设计方法,主要包括:尺寸的标准化;规格系列的标准化;构造、连接节点和接口的标准化。

标准化不一定非要强求大统一,配件、安装节点和接口可以要求大范围实现标准化,但受运输、地方材料、气候、民俗限制和影响的部品部件,实行小范围标准化即可。关于标准化设计需要提醒的是:

(1) 标准化不能牺牲建筑的艺术性。建筑不仅要满足人的居住和工作功能,还要实现艺术性,艺术是建筑的固有属性,不能将建筑都设计成千篇一律的样子。装配式钢结构建筑既要实现标准化又要实现艺术性和个性化。

(2) 标准化不等于照搬标准图。建筑功能、风格和结构千变万化,标准图不可能包罗万象,所以,一定要根据具体项目的具体情况进行标准化设计,而不能千篇一律照搬标准图。

(3) 实现标准化的主导环节是标准的制定者,国外一般是行业协会,或者是一个大型企业。例如日本积水公司及大和公司,各自每年装配式钢结构别墅销量达5万套以上,他们的企业标准应用范围就很广。国内标准化的主导者是国家行业主管部门、地方政府、行业协会和大型企业。每个具体工程项目的设计师，关于标准化设计所能做的工作仅限于：按照标准图设计；选用已有的标准化部品部件；设计符合模数协调的原则。

装配式钢结构建筑的部品部件及其接口宜采用模块化设计，例如，集成式厨房就是由若干个模块组成的，包括灶台模块、洗涤池模块、厨房收纳模块等。模块化设计需要建筑师具有比较强的装配式意识、标准化意识和组合意识（“乐高”意识）。图 10－42 和图 10－43 是模块化整体预制飘窗和凸窗，可以用在不同的户型上。

图 10－42　模块化整体预制飘窗

图 10－43　模块化整体预制凸窗

5．外围护系统设计

外围护系统设计是装配式钢结构建筑设计的重要环节，设计时应综合考虑装配式钢结构建筑的构成条件、装饰颜色与材料质感等要求，还应符合模数协调和标准化要求，并应满足建筑立面效果、制作工艺、运输及施工安装的条件。

外围护系统选型应根据不同的建筑类型及结构形式来选用，常用的有预制外墙（如图 10－44 所示）、现场组装骨架外墙（如图 10－45 所示）、建筑幕墙（如图 10－46 所示）等类型。外墙系统与结构系统的连接形式可采用内嵌式（如图 10－45 所示）、外挂式（如图 10－47 所示）以及嵌挂结合式，并宜分层悬挂或承托。

图 10－44　预制带窗户外墙板

图 10－45　钢骨架轻型外墙板

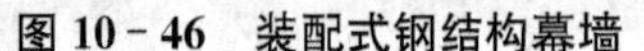

图 10-46 装配式钢结构幕墙

图 10-47 外墙板与主结构外挂式连接

此外，外墙板与主体结构的连接、外墙板接缝以及外围护系统中的门窗应分别符合《装配式钢结构建筑技术标准》(GB/T 51232—2016)中 5.3.8、5.3.9 和 5.3.10 的规定。

装配式钢结构建筑屋面应根据现行国家标准《屋面工程技术规范》(GB 50345—2012)中规定的屋面防水等级进行防水设防，并应具有良好的排水功能，宜设置有组织排水系统。太阳能系统应与屋面进行一体化设计，电气性能应满足国家现行标准《民用建筑太阳能热水系统应用技术规范》(GB 50364—2018)和《建筑光伏系统应用技术标准》(GB/T 51369—2019)的规定。采光顶与金属屋面的设计应符合现行行业标准《采光顶与金属屋面技术规程》(JGJ255—2012)的规定。

6. 其他建筑构造设计

装配式钢结构建筑特别是住宅的建筑与装修构造设计对使用功能、舒适度、美观度、施工效率和成本影响较大，一些住户对个别钢结构住宅的不满也往往是由于一些细部构造不当造成的。比如钢结构隔声问题：柱、梁构件的空腔需通过填充、包裹与装修等措施阻断声桥；隔墙开裂问题：隔墙与主体结构宜采用脱开(柔性)的连接方法等。因此，在装配式钢结构建筑特别是住宅的建筑设计与内装设计，需要认真考虑上述问题。

10.4.3 装配式钢结构建筑结构设计要点

装配式钢结构建筑的结构设计与普通钢结构结构设计，所依据的国家标准与行业标准、基本设计原则、计算方法、结构体系选用、构造设计、结构材料选用等都一样。区别在于所有装配式钢结构建筑的构件需在工厂提前进行深度预制，细致到每一个连接位和螺栓布置。国家标准《装配式钢结构建筑技术标准》(GB/T 51232—2016)关于结构设计主要是强调集成和连接节点等要求。其结构设计要点如下：

1. 钢材选用

装配式钢结构建筑钢材选用与普通钢结构建筑一样，可参照本书前面章节内容。

(1) 多层和高层建筑梁、柱、支撑宜选用能高效利用截面刚度、代替焊接截面的各类高效率结构型钢(冷弯或热轧各类型钢)，如冷弯矩形钢管、热轧 H 型钢等。

(2) 装配式低层型钢建筑可借鉴美国、日本等国经验采用冷弯薄壁型钢或冷弯型钢等。

2. 结构体系

装配式钢结构建筑可根据建筑功能、建筑高度、抗震设防烈度等选择钢框架、钢框架—支撑结构、钢框架—延性墙板结构、筒体结构、巨型结构、交错桁架结构、门式刚架结构、低层冷弯薄壁型钢结构等结构体系，且应符合国家标准《装配式钢结构建筑技术标准》(GB/T 51232—2016)相应的下列规定：

(1) 应具有明确的计算简图和合理的传力路径。

(2) 应具有适宜的承载能力、刚度及耗能能力。

(3) 应避免因部分结构或构件的破坏而导致整体结构丧失承受重力荷载、风荷载及地震作用的能力。

(4) 对薄弱部位应采取有效的加强措施。

3. 结构布置

装配式钢结构建筑的结构布置应符合下列规定：

(1) 结构平面布置宜规则、对称。

(2) 结构竖向布置宜保持刚度、质量变化均匀。

(3) 结构布置应考虑温度作用、地震作用或不均匀沉降等效应的不利影响，当设置伸缩缝、防震缝或沉降缝时，应满足相应的功能要求。

4. 适用的最大高度

《装配式钢结构建筑技术标准》(GB/T 51232—2016)给出的装配式钢结构建筑适用的最大高度见表10-1。此表与《建筑抗震设计规范》和《高层民用建筑钢结构技术规程》的规定比较，多出了交错桁架结构适用的最大高度，其他结构体系适用的最大高度都一样。

5. 高宽比

装配式钢结构建筑的高宽比与普通钢结构建筑完全一样，见表10-2。

6. 层间位移角

《装配式钢结构建筑技术标准》(GB/T 51232—2016)规定：在风荷载或多遇地震标准值作用下，弹性层间位移角不宜大于1/250，这一点与《高层民用建筑钢结构技术规程》的规定一样。采用钢管混凝土柱时不宜大于1/300。

装配式钢结构住宅在风荷载标准值作用下的弹性层间位移角尚不应大于1/300，屋顶水平位移与建筑高度之比不宜大于1/450。

表10-1 多高层装配式钢结构适用的最大高度

结构体系	6度 (0.05 g)	7度		8度		9度 (0.40 g)
		(0.10 g)	(0.15 g)	(0.20 g)	(0.30 g)	
钢框架结构	110	110	90	90	70	50
钢框架—中心支撑结构	220	220	200	180	150	120

(续表)

结构体系	6 度 (0.05 g)	7 度		8 度		9 度 (0.40 g)
		(0.10 g)	(0.15 g)	(0.20 g)	(0.30 g)	
钢框架—偏心支撑结构 钢框架—屈曲约束支承结构 钢框架—延性墙板结构	240	240	220	200	180	160
筒体(框筒、筒中筒、桁架筒、束筒)结构、巨型结构	300	300	280	260	240	180
交错桁架结构	90	60	60	40	40	—

(摘自《装配式钢结构建筑技术标准》GB/T 51232—2016 表 5.2.6)

注:1. 房屋高度指室外地面到主要屋面板板顶的高度(不包括局部凸出屋顶部分)。

2. 超过表内高度的房屋,应进行专门研究和论证,采取有效的加强措施。

3. 交错桁架结构不得用于 9 度抗震设防烈度区。

4. 柱子可采用钢柱或钢管混凝土柱。

5. 特殊设防类,6、7、8 度时宜按本地区抗震设防烈度提高一度后符合本表要求,9 度时应做专门研究。

表 10-2　多、高层装配式钢结构适用的最大高宽比

6 度	7 度	8 度	9 度
6.5	6.5	6.0	5.5

(摘自《装配式钢结构建筑技术标准》GB/T 51232—2016 表 5.2.7)

注:1. 计算高宽比的高度从室外地面算起。

2. 当塔形建筑底部由大底盘时,计算高宽比的高度从大底盘顶部算起。

7. 风振舒适度验算

关于风振舒适度验算,《装配式钢结构建筑技术标准》(GB/T 51232—2016)规定:高度不小于 80 m 的装配式钢结构住宅以及高度不小于 150 m 的其他装配式钢结构建筑应进行风振舒适度验算。而《高层民用建筑钢结构技术规程》只规定对高度不小于 150 m 的钢结构建筑应进行风振舒适度验算。具体计算方法和风振加速度取值两个规范的规定一样。《装配式钢结构建筑技术标准》(GB/T 51232—2016)关于计算舒适度时的结构阻尼比取值的规定:

对房屋高度为 80～100 m 的钢结构阻尼比取 0.015;对房屋高度大于 100 m 的钢结构阻尼比取 0.01。

10.5 装配式钢结构建筑的构造

《装配式钢结构建筑技术标准》(GB/T 51232—2016)中对于结构设计还强调了节点连接构造：

10.5.1 主构件连接、拼接

1. 梁柱连接

(1) 梁柱连接可采用带悬臂梁段、翼缘焊接腹板栓接或全焊接连接形式(如图10-48a～d 所示)。

(2) 抗震等级为一、二级时，梁与柱的连接宜采用加强型连接(如图 10-48c～d 所示)。

(3) 当有可靠依据时，也可采用端板螺栓连接的形式(如图 10-48e 所示)。

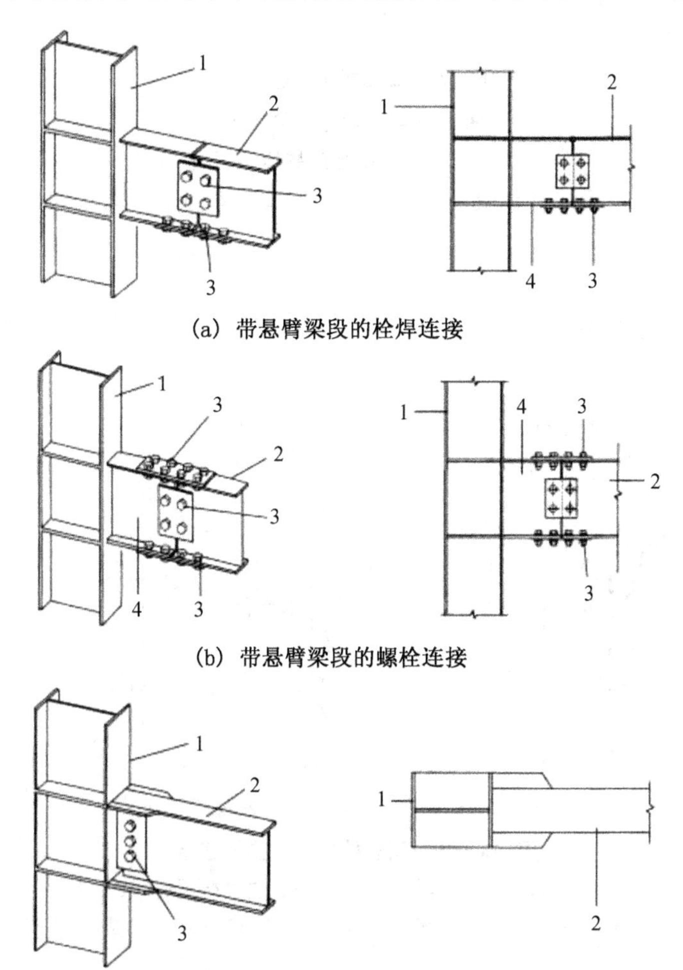

(a) 带悬臂梁段的栓焊连接

(b) 带悬臂梁段的螺栓连接

(c) 梁翼缘局部加宽式连接

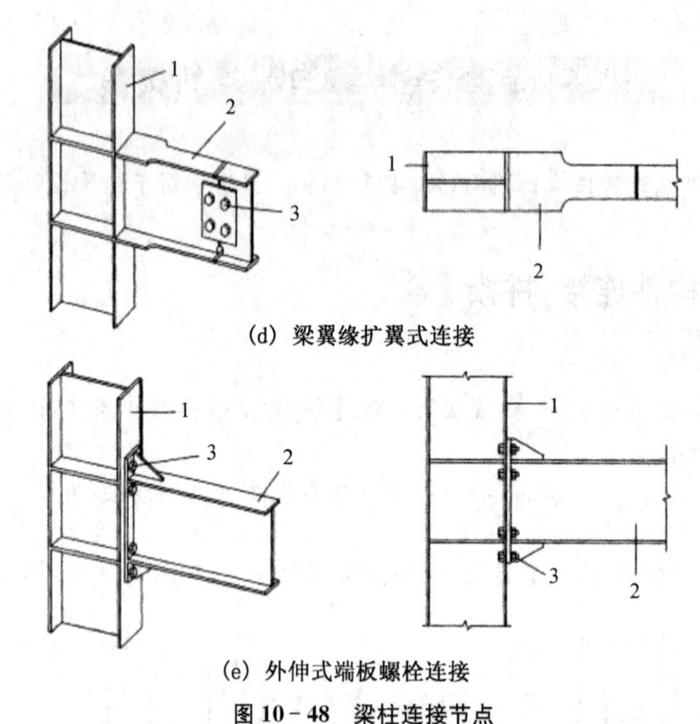

(d) 梁翼缘扩翼式连接

(e) 外伸式端板螺栓连接

图 10-48　梁柱连接节点

1—柱　2—梁　3—高强度螺栓　4—悬臂段

（摘自《装配式钢结构建筑技术标准》GB/T 51232—2016 图 5.2.13-1）

2. 钢柱拼接

钢柱拼接可以采用焊接方式（如图 10-49 所示）；也可以采用螺栓连接方式（如图 10-50所示）。

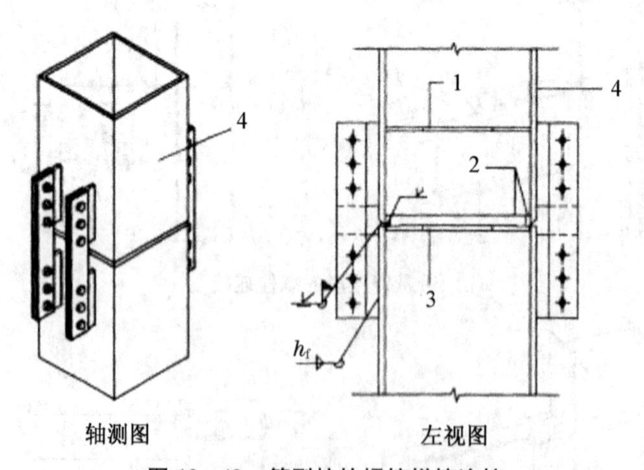

轴测图　　左视图

图 10-49　箱型柱的焊接拼接连接

1—上柱隔板　2—焊接衬板　3—下柱顶端隔板　4—柱

（摘自《装配式钢结构建筑技术标准》GB/T 51232—2016 图 5.2.13-2）

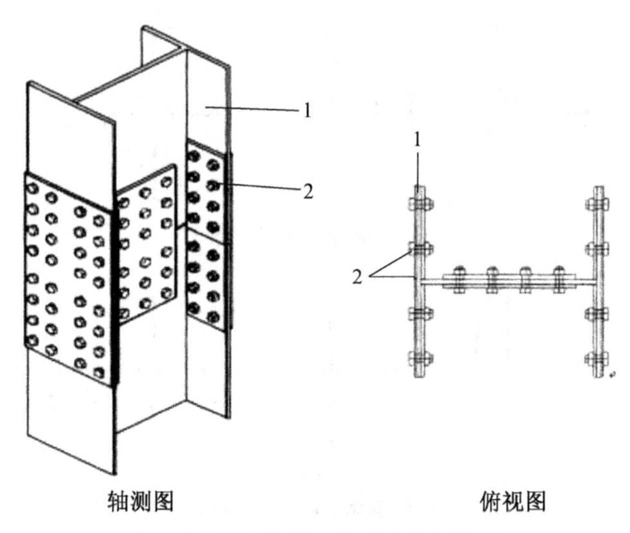

图 10 - 50　H 型柱的螺栓拼接链接

1—柱　2—高强度螺栓

（摘自《装配式钢结构建筑技术标准》GB/T 51232—2016 图 5.2.13 - 3）

3. 梁翼缘侧向支撑

在有可能出现塑性铰处，梁的上下翼缘均应设置侧向支撑（如图 10 - 51 所示），当钢梁上铺设装配整体式或整体式楼板且进行可靠连接时，上翼缘可不设侧向支撑。

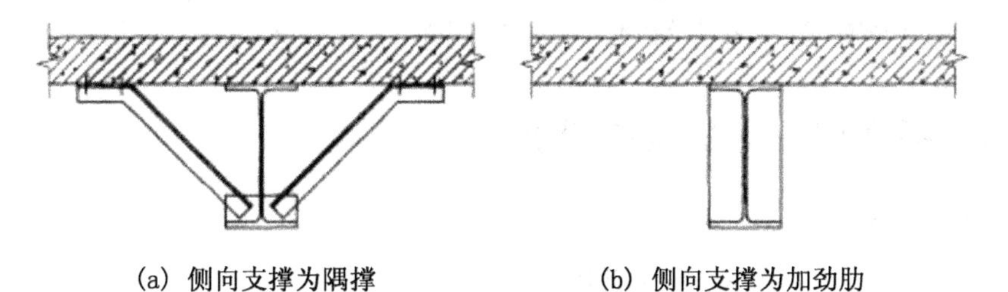

(a) 侧向支撑为隅撑　　(b) 侧向支撑为加劲肋

图 10 - 51　梁下翼缘侧向支撑

（摘自《装配式钢结构建筑技术标准》GB/T 51232—2016 图 5.2.13 - 4）

4. 异形组合截面

框架柱截面可采用异形组合截面，常见的组合截面见图 10 - 52 所示。

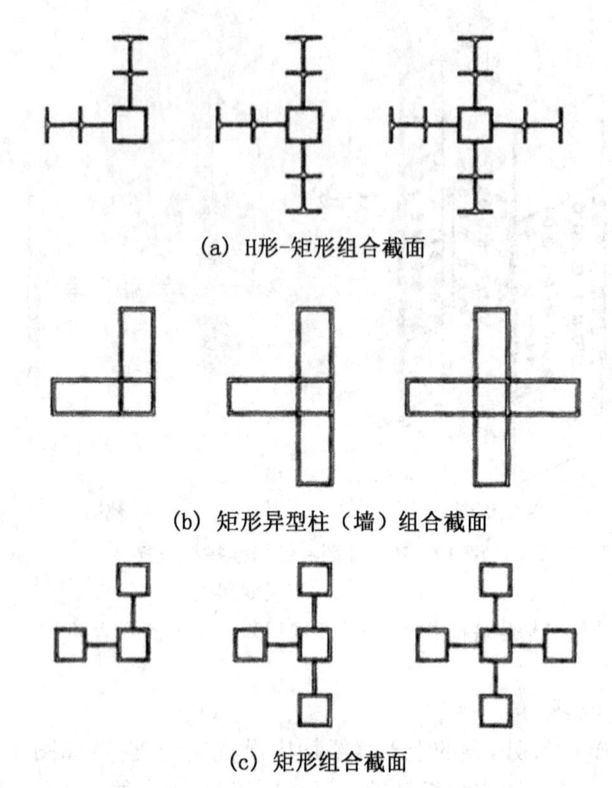

(a) H形-矩形组合截面

(b) 矩形异型柱（墙）组合截面

(c) 矩形组合截面

图 10－52　常见异形组合截面

（摘自《装配式钢结构建筑技术标准》GB/T 51232—2016 条文说明 5.2.13 图 2）

10.5.2　钢框架—支撑结构设计

1. 中心支撑

高层民用钢结构的中心支撑宜采用：

(1) 十字交叉斜杆支撑(如图 10－53a 所示)。

(2) 单斜杆支撑(如图 10－53b 所示)。

(3) 人字形斜杆支撑(如图 10－53c 所示)或 V 形斜杆支撑。

(4) 不得采用 K 形斜杆体系(如图 10－53d 所示)。

中心支撑斜杆的轴线应汇交于框架梁柱的轴线上。

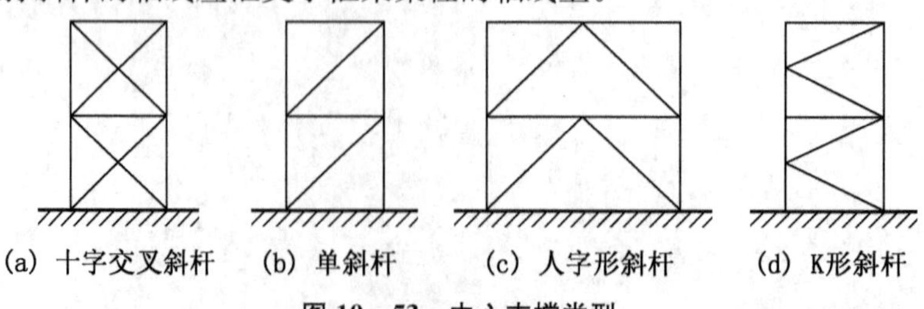

(a) 十字交叉斜杆　(b) 单斜杆　(c) 人字形斜杆　(d) K形斜杆

图 10－53　中心支撑类型

（摘自《装配式钢结构建筑技术标准》GB/T 51232—2016 图 5.2.14－1）

2. 偏心支撑

偏心支撑框架中的支撑斜杆，应至少有一端与梁连接，并在支撑与梁交点和柱之间，或支撑同一跨内的另一支撑与梁交点之间形成消能梁段（如图10－54所示）。

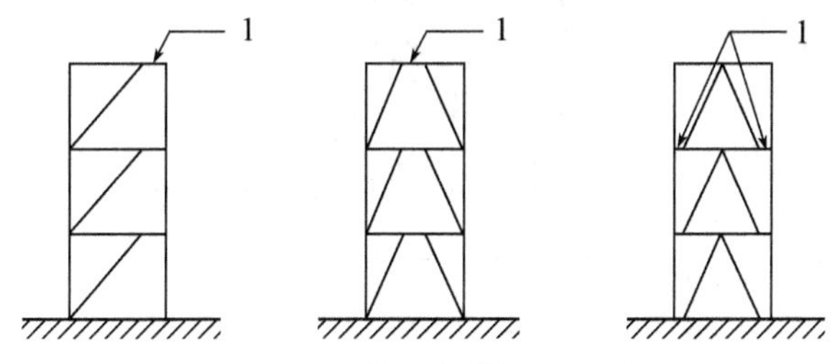

图10－54 偏心支撑框架立面图

1—消能梁段

（摘自《装配式钢结构建筑技术标准》GB/T 51232—2016 图5.2.14－2）

3. 拉杆设计

抗震等级为四级时，支撑可采用拉杆设计，其长细比不应大于180；拉杆设计的支撑同时设不同倾斜方向的两组单斜杆，且每层不同倾斜方向单斜杆的截面面积在水平方向的投影面积之差不得大于10％。

4. 支撑与框架的连接

当支撑翼缘朝向框架平面外，且采取支托式连接时（如图10－55a、b所示），其平面外计算长度可取轴线长度的0.7倍；当支撑腹杆位于框架平面内时（如图10－55c、d所示），其平面外计算长度可取轴线长度的0.9倍。

5. 节点板连接

当支撑采用节点板连接（如图10－56所示）时，在支撑端部与节点板约束点连线之间应留有2倍节点板厚的间隙，节点板约束点连线应与支撑杆轴线垂直，且应进行支撑与节点板间的连接强度验算、节点板自身的强度和稳定性验算、连接板与梁柱间焊缝的强度验算。

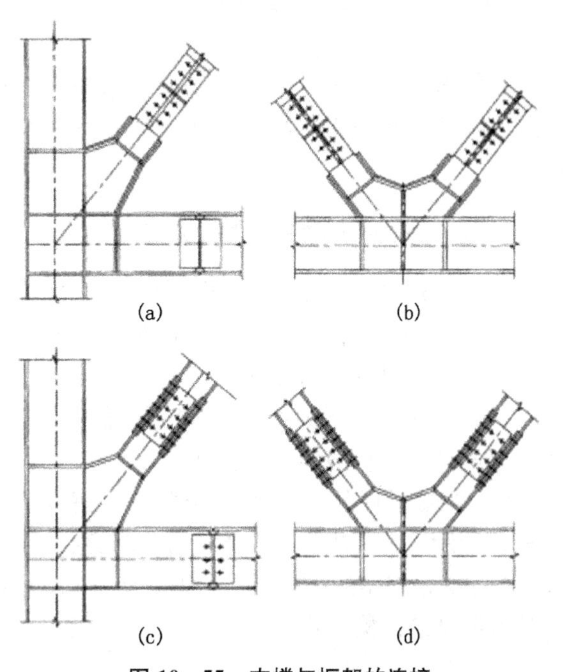

图10－55 支撑与框架的连接

（摘自《装配式钢结构建筑技术标准》GB/T 51232—2016 图5.2.14－3）

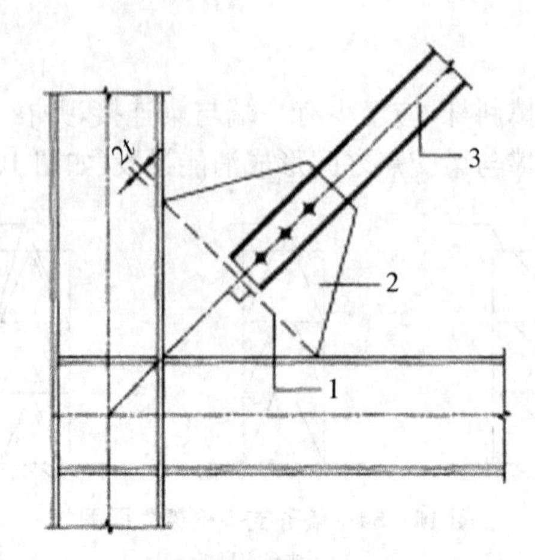

图 10-56 组合支撑杆件端部与单壁节点板的连接

1—约束点链接　2—单壁节点板　3—支撑杆　t—节点板的厚度

(摘自《装配式钢结构建筑技术标准》GB/T 51232—2016 图 5.2.14-4)

10.5.3 钢框架—延性墙板结构设计

钢板剪力墙的种类包含非加劲钢板剪力墙(如图 10-57a 所示)、加劲钢板剪力墙(如图 10-57b 所示)、防屈曲钢板剪力墙(如图 10-57c 所示)、带竖缝钢板剪力墙(如图 10-57d)、开洞钢板剪力墙(如图 10-57e 所示)、钢板组合剪力墙(如图 10-57f 所示)等类型。

当采用钢板剪力墙时,应计入竖向荷载对钢板剪力墙性能的不利影响;当采用竖缝钢板剪力墙且房屋层数不超过 18 层时,可不计入竖向荷载对竖缝钢板剪力墙性能的不利影响。

10.5.4 交错桁架结构设计

交错桁架钢结构设计应符合下列规定:

(1) 当横向框架为奇数榀时,应控制层间刚度比;当横向框架设置为偶数榀时,应控制水平荷载作用下的偏心影响。

(2) 交错桁架可采用混合桁架(如图 10-58a 所示)和空腹桁架(如图 10-58b 所示)两种形式,设置走廊处可不设斜杆。

(3) 当底层局部无落地桁架时,应在底层对应轴线及相邻两侧设置横向支撑(如图 10-59 所示),横向支撑不宜承受竖向荷载。

(4) 交错桁架的纵向可采用钢框架结构、钢框架—支承结构、钢框架—延性墙板结构或其他可靠的结构形式。

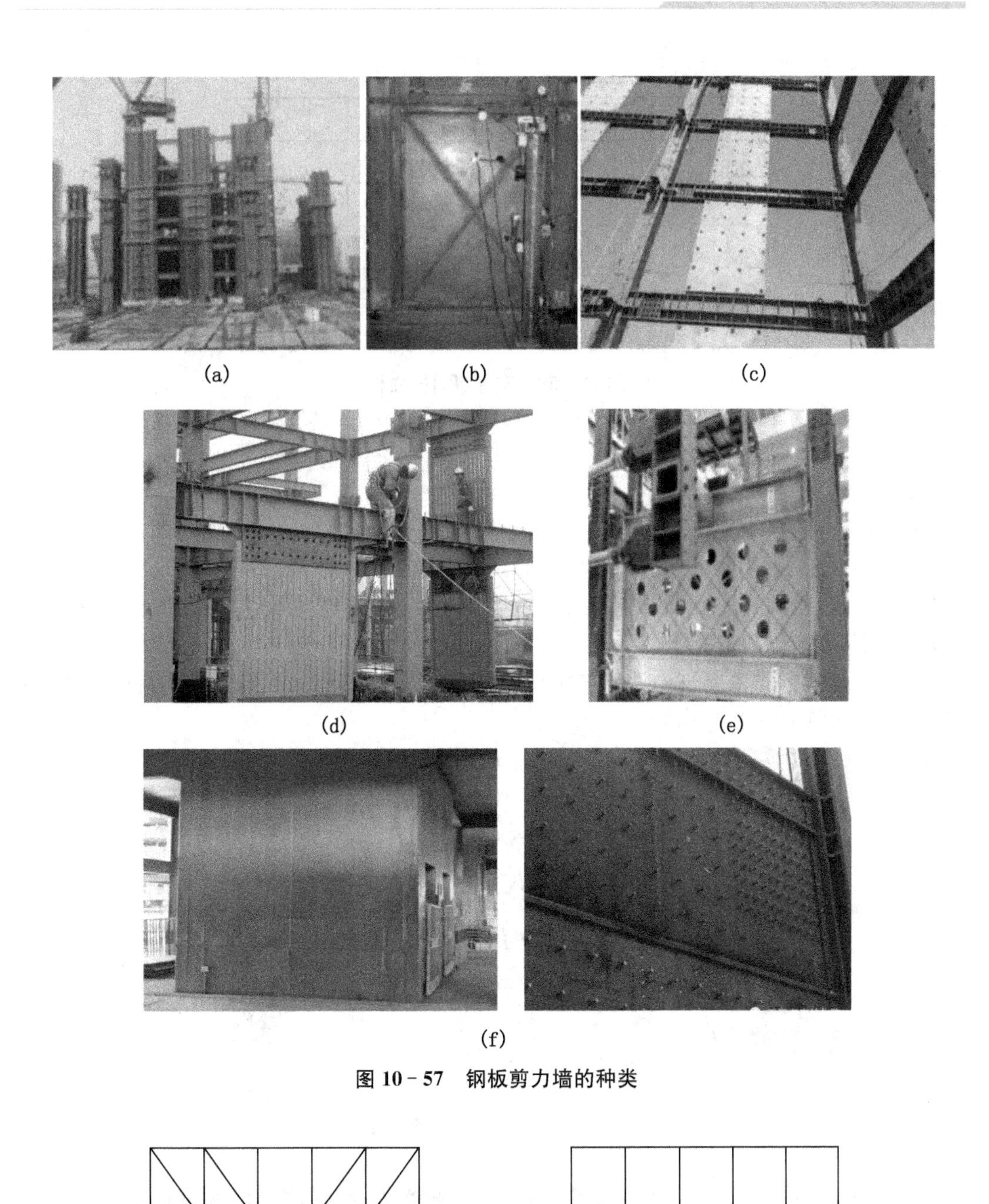

图 10 - 57　钢板剪力墙的种类

(a) 混合桁架　　(b) 空腹桁架

图 10 - 58　桁架形式

（摘自《装配式钢结构建筑技术标准》GB/T 51232—2016 图 5.2.16 - 1）

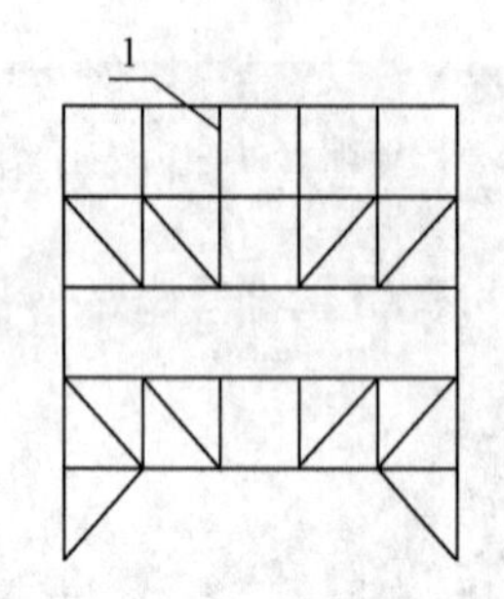

(a) 第二层设桁架时支撑做法

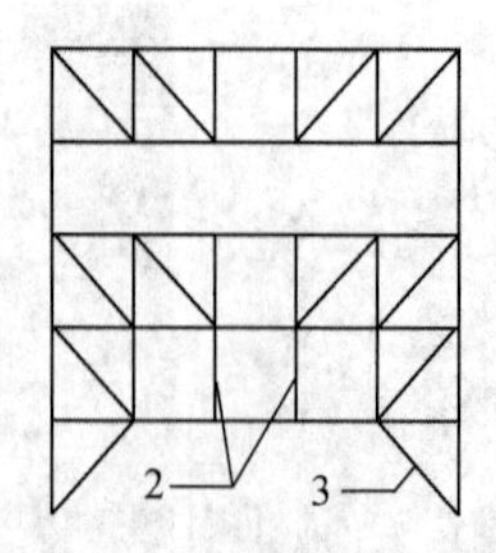

(b) 第三层设桁架时支撑做法

图 10-59 支撑、吊杆、立柱

(摘自《装配式钢结构建筑技术标准》GB/T 51232—2016 图 5.2.16-2)

1—顶层立柱 2—二层立杆 3—横向支撑

10.5.5 构件连接设计

装配式钢结构建筑构件之间连接应符合下列规定:

(1) 抗震设计时,连接设计应符合构造要求,并应按弹塑性设计,连接的极限承载力应大于构件的全塑性承载力。

(2) 装配式钢结构建筑构件的连接宜采用螺栓连接(如图 10-60 所示),也可采用焊接(如图 10-61 所示)。

图 10-60 全螺栓刚性连接

图 10-61 翼缘焊接腹板栓接

(3) 有可靠依据时，梁柱可采用全螺栓的半刚性连接(如图 10 - 62 所示)，此时结构计算应计入节点转动对刚度的影响。

图 10 - 62　全螺栓半刚性连接

10.5.6　楼板设计

(1) 装配式钢结构建筑的楼板可选用工业化程度高的压型钢板组合楼板(如图 10 - 63 所示)、钢筋桁架组合楼板(如图 10 - 64 所示)、预制钢筋混凝土叠合楼板(如图 10 - 65 所示)、预制预应力空心楼板(如图 10 - 66 所示)等。

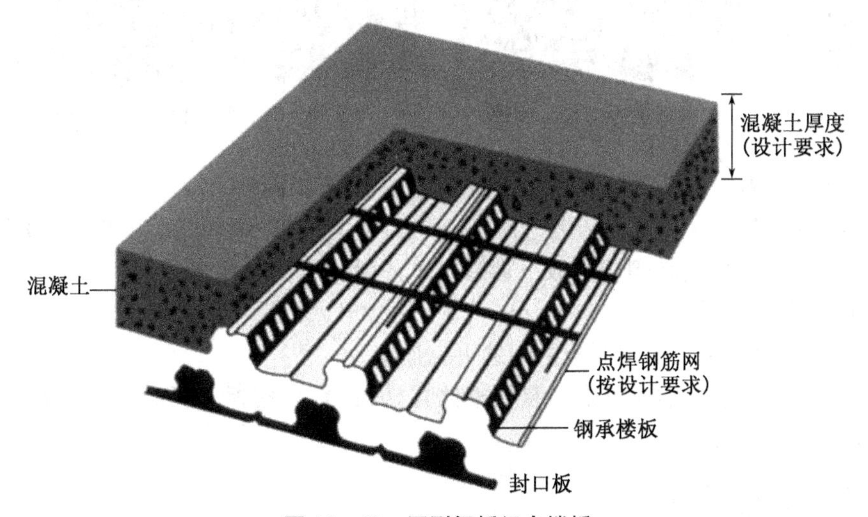

图 10 - 63　压型钢板组合楼板

图 10－64　钢筋桁架组合楼板

图 10－65　预制钢筋混凝土叠合楼板

图 10－66　预制预应力空心楼板

(2) 楼板应与主体结构可靠连接，保证楼盖的整体牢固性。

(3) 抗震设防烈度为 6 度、7 度且房屋高度不超过 50m 时，可采用装配式楼板(全预制楼板)或其他轻型楼盖，但应采取下列措施之一保证楼板的整体性：

① 设置水平支撑。

② 采取有效措施保证预制板之间的可靠连接。

(4) 装配式钢结构建筑可采用装配整体式楼板(叠合楼板)，但应适当降低建筑的最大适用高度。

10.5.7　楼梯设计

装配式钢结构建筑的楼梯宜采用装配式预制钢筋混凝土楼梯(如图 10－67 所示)或钢楼梯(如图 10－68 所示)。楼梯与主体结构宜采用不传递水平作用的连接形式。

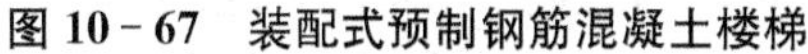

图 10-67　装配式预制钢筋混凝土楼梯

图 10-68　装配式钢楼梯

10.5.8　地下室与基础设计

装配式钢结构建筑地下室和基础设计应符合如下规定：

（1）当建筑高度超过 50 m 时，宜设置地下室；当采用天然地基时，其基础埋置深度不宜小于房屋总高度的 1/15；当采用桩基时，桩承台埋深不宜小于房屋总高度的 1/20。

（2）设置地下室时，竖向连续布置的支撑、延性墙板等抗侧力构件应延伸至基础。

（3）当地下室不少于两层，且嵌固端在地下室顶板时，延伸至地下室底板的钢柱脚可采用铰接或刚接。

10.5.9　结构防火设计

钢结构构件防火主要有两种方式：涂刷防火涂料和用防火材料干法被覆。目前国内钢结构建筑应用最多的是涂刷防火涂料（如图 10-69 所示）。装配式钢结构建筑提倡干法施工，干法被覆方式或是发展方向。日本目前钢结构建筑约有 30%采用干法被覆防火，其中硅酸钙板约占 40%。硅酸钙板防火被覆可以做成装饰一体化板（如图 10-70 所示）。钢结构防火也可从钢材本身解决，即研发并应用耐火钢。

图 10-69　钢结构防火涂料

图 10-70　钢结构防火硅酸钙板被覆

10.6 装配式钢结构工程实例

10.6.1 深圳市库马克大厦

1. 工程概况

深圳库马克大厦项目是深圳金鑫绿建股份有限公司代建打造的深圳市第一栋装配式钢结构轻板建筑体系的高层结构建筑,深圳市第一栋以 EPC 模式承建的装配式钢结构项目,深圳市第一栋绿建三星装配式钢结构项目。项目按照国家绿色建筑三星标准设计,应用深圳金鑫绿建股份有限公司与中国建筑科学研究院、清华大学、重庆大学合作研发的装配式钢结构轻板建筑体系。项目位于深圳市光明新区技术产业园,占地面积 7 654 m^2,总建筑面积约 4 万平方米,地下 2 层,地上 17 层,建筑高度 69.9 m;地上采用全钢结构,用钢量约 2 800 吨;外墙板及内墙板采用蒸压轻质混凝土(简称 ALC)高性能混凝土板,楼承板采用钢筋桁架楼承板,幕墙体系采用中空 LOWE 节能系统。如图 10-71 所示。

图 10-71 深圳市库马克大厦

库马克大厦项目采用"标准化设计、工厂化生产、装配化施工、信息化管理"现代工业化建造模式,将绿色建筑融入装配式建筑的设计、施工、运营各个环节,项目使用 BIM 技术避免或减少后期施工的修改,真正达到降低建造及运营成本,减少资源浪费。

2. 工程设计

库马克大厦地下室为两层的钢筋混凝土结构;地上 17 层,采用钢结构主体+钢筋桁架组合楼板+蒸压轻质加气混凝土墙板的建筑体系。结构体系采用钢框架+钢支撑的组合结构,梁、柱、楼梯等全部由工厂制作成成品构件部件,现场安装,全螺栓或螺栓+焊接的栓焊连接方案。围护体系采用蒸压轻质加气砼墙板+铝合金窗+幕墙系统。

(1) 主体结构

本工程地上主体结构由钢管混凝土柱、箱形截面柱、钢支撑、钢楼梯、钢筋桁架组合砼楼板几部分组成，各部分均通过BIM模型分解成不同的装配部件，工厂制作成成品部件后运现场安装。主体结构用的梁、柱均选用低合金的Q345B钢材，钢柱截面宽度350～1 000 mm，板厚6～20mm，柱内浇筑C40～50自密实混凝土。梁、柱连接螺栓均采用10.9S扭剪型高强螺栓，钢支撑体系由钢管柱、H型钢梁及H型钢支撑组成，分布在塔楼电梯及楼梯区域；组合钢柱由钢管柱及柱间钢板组成，分布在塔楼角部。楼板采用钢筋桁架楼承板＋现浇混凝土的组合楼板。如图10－72所示。

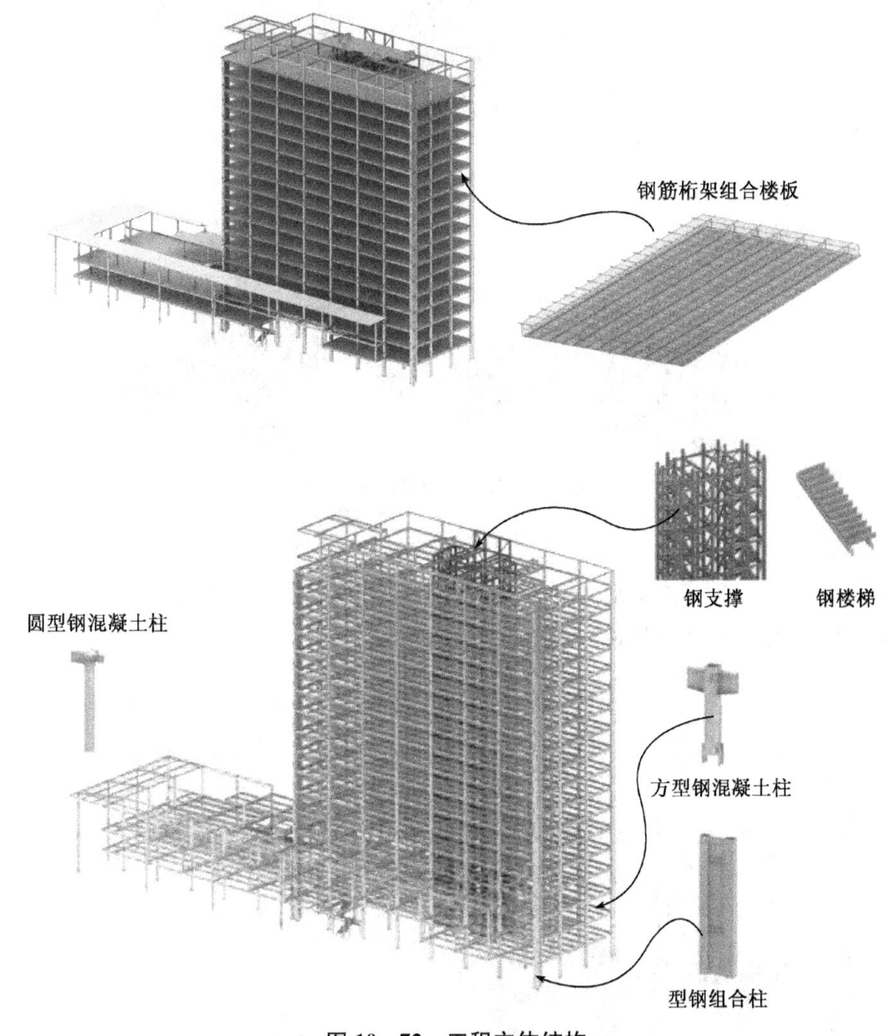

图10－72　工程主体结构

框架梁均采取节点区加强措施，可以充分利用钢材的强度，减小钢梁的截面高度，节约材料，增加室内净高度。节点区加强措施有梁翼板两侧增加加劲板、钢梁腹、翼板节点区加宽等。框架梁与柱的连接均为栓焊连接，次梁采用螺栓连接，10.9级扭剪型高强螺栓，节点板材质同钢梁材质。如图10－73所示。

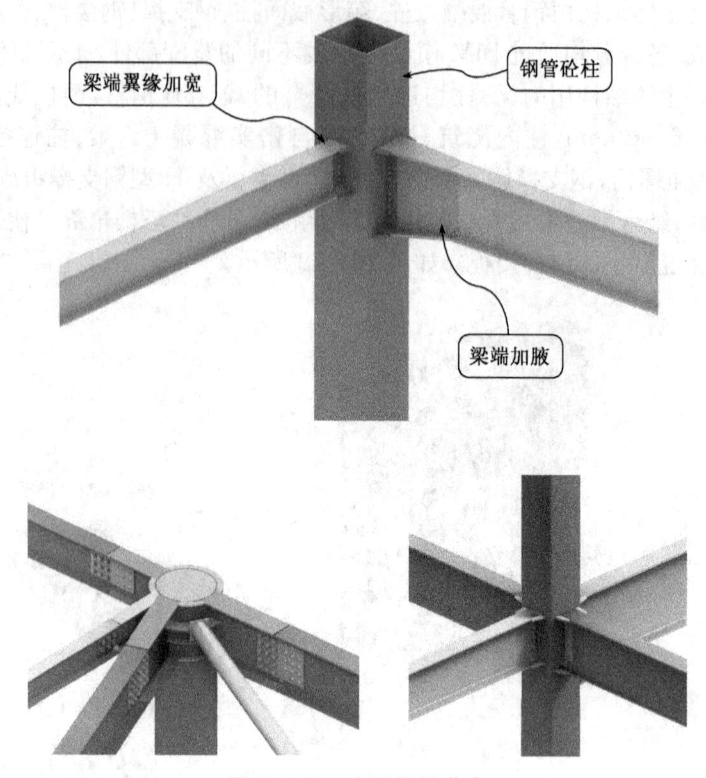

图 10－73　主要梁柱节点

(2) 钢楼梯

钢结构楼梯由梯梁,踏步板、平台等组成,工厂制作成完整的成品部件;现场与结构梁用螺栓固定。如图 10－74 所示。

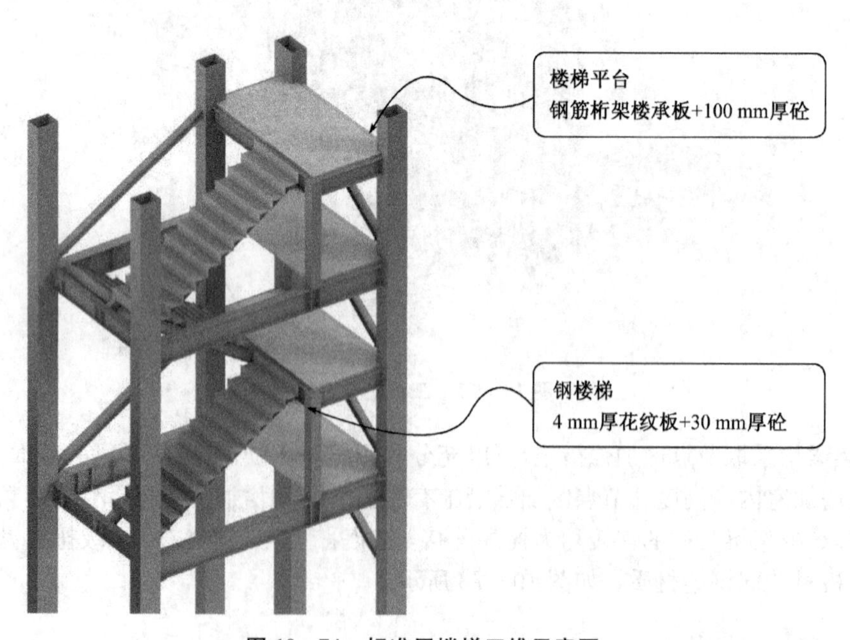

图 10－74　标准层楼梯三维示意图

（3）楼承板

楼板全部采用钢筋桁架楼承板＋现浇混凝土组合楼板，楼板板厚分为 100 mm 和 120 mm。如图 10－75 所示。

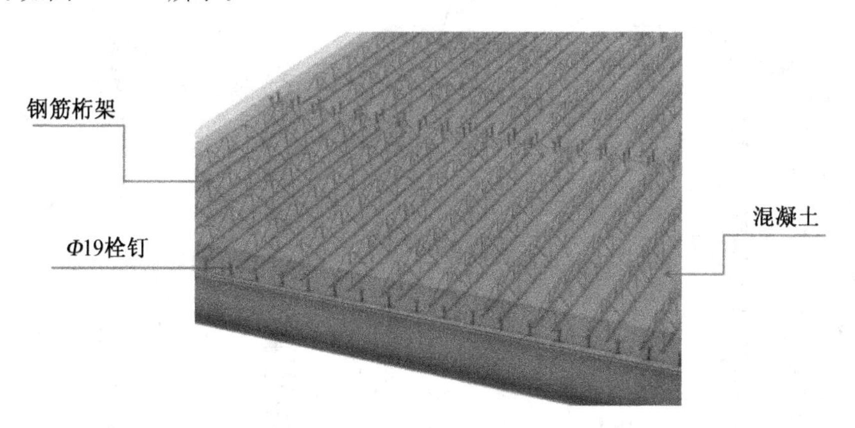

图 10－75　钢筋桁架组合楼板示意图

（4）墙板体系

外墙和内墙均采用蒸压加气混凝土板（简称 ALC 板），板材密度级别为 B05（干密度小于 525 kg/m^3），强度级别为 A3.5（立方体抗压强度大于 3.5 MPa）。ALC 外墙板采用竖向外挂式安装工艺，固定方式为钩头螺栓固定；外墙板的外表面采用 ALC 板材专用的改性硅烷胶填缝，缝隙内部填充岩棉、PE 棒等封堵材料，整体墙板的室外墙面喷涂弹性外墙防水涂料及洁面漆。如图 10－76 所示。

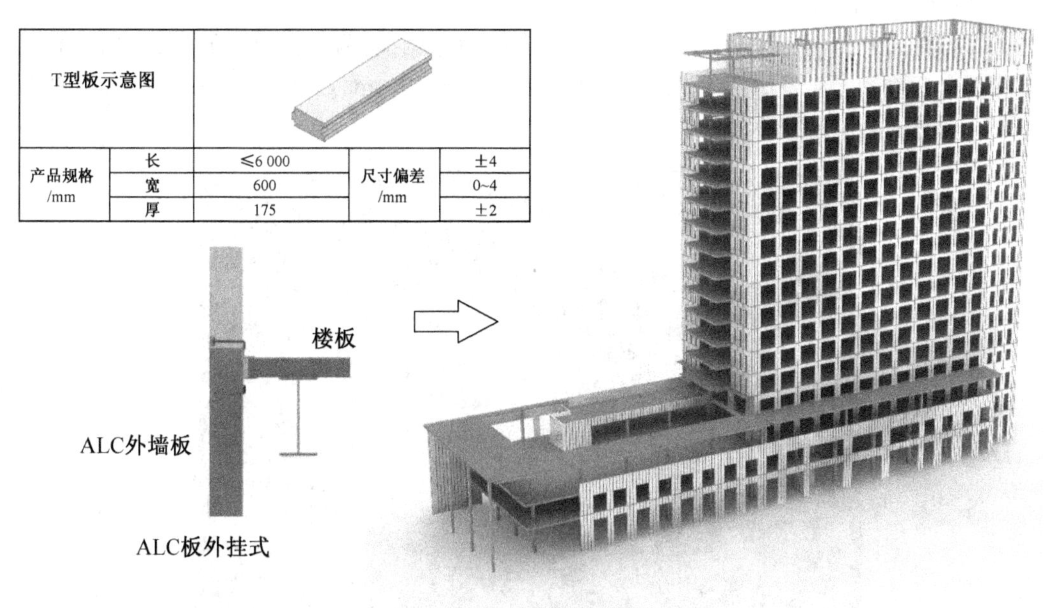

T型板示意图				
产品规格/mm	长	≤6 000	尺寸偏差/mm	±4
	宽	600		0~4
	厚	175		±2

（a）外墙板安装示意图

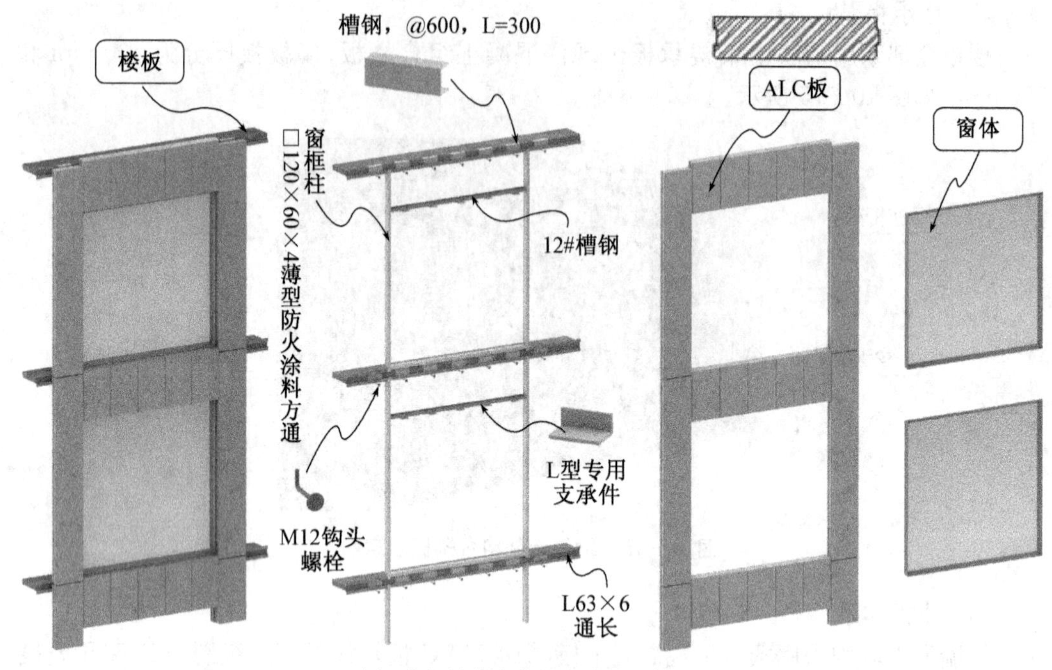

(b) 窗间墙体安装节点设计分解图

图 10-76　墙板体系安装示意图

3. 施工方案

(1) 施工平面部署

库马克大厦现场施工分主体结构安装及围护系统安装两部分，现场设两台塔吊作为构件垂直运输工具，塔吊型号分别为 TC6015(臂长 60 m)、2＃塔吊为 TC6013(臂长 50 m)。如图 10-77 所示。

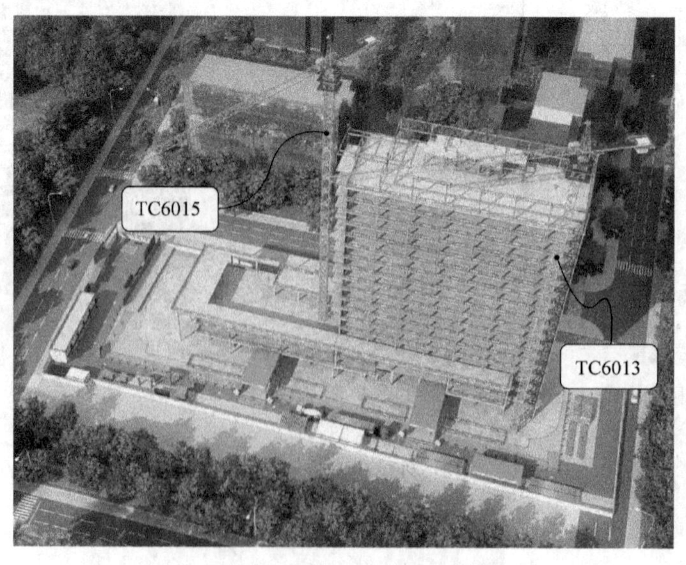

图 10-77　施工平面布置示意图

(2) 主体结构安装

钢柱分 2～3 层一节吊装，分段重量控制在塔吊有效吊重覆盖范围之内；钢梁重量较轻，按自然的制作长度吊装；先安装抗侧力区域的柱、梁及钢楼梯，再安装其他区域的柱、梁构件；抗侧力区的构件安装要快于其他区 1～2 个楼层，安装完成的楼梯利于施工人员通行。按钢柱分段区完成楼层的柱、梁安装，检验合格后铺设楼层的钢筋桁架楼承板。

① 预埋柱安装

本工程预埋钢柱设置在地下一层，钢柱定位的锚栓安装在地下二层砼柱顶部。安装工艺如图 10-78 所示。

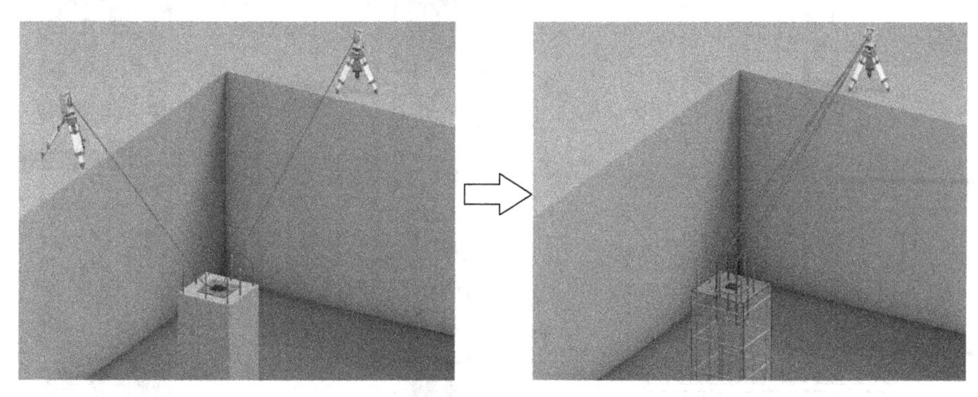

(a) 绑扎地下二层砼柱钢筋，安装钢柱定位锚栓

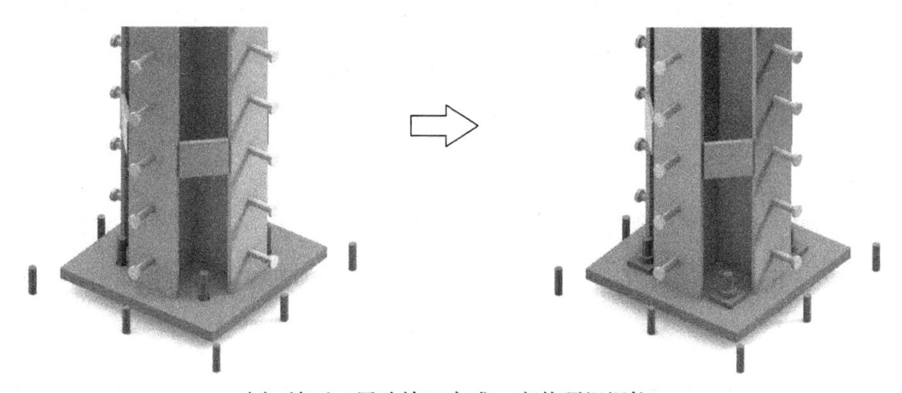

(b) 地下二层砼施工完成，安装预埋钢柱

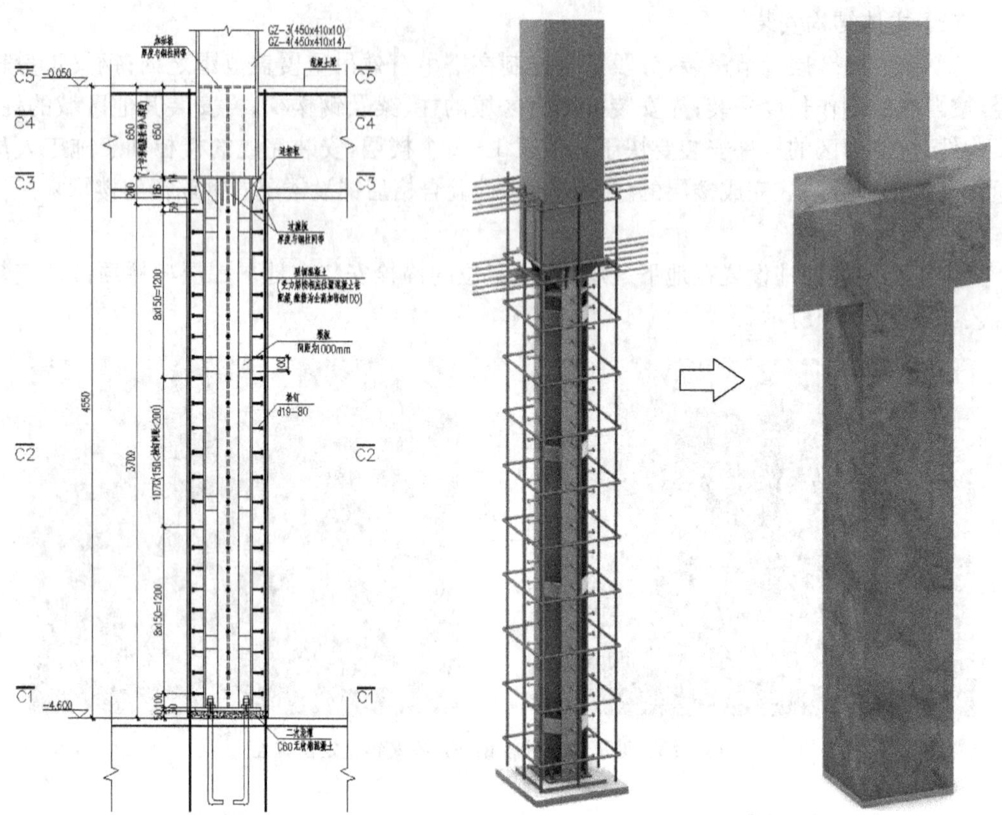

(c) 钢柱矫正无误后预留区采用C60厚高强无收缩细石混凝土灌浆填实，绑扎柱外钢筋，支模浇筑混凝土

图 10－78　预埋柱安装工艺

② 钢柱安装

地上结构的钢柱有箱形钢管柱及圆管柱，钢柱按 2～3 层一节分段吊装，节间钢柱均采用全熔透焊接；安装时，钢柱上、下两端均设连接耳板临时固定。钢柱安装工艺见表10－1。

表 10－1　钢柱安装工艺

安装工艺	安装工艺说明	工艺图
钢柱吊装的临措施	1. 钢柱采用两点吊装。 2. 在钢柱连接区安装操作平台，沿柱身纵向设通长的垂直爬梯。	

（续表）

安装工艺	安装工艺说明	工艺图
钢柱临时固定	钢柱四面均设连接耳板，吊装就位后用螺栓临时固定。	
钢柱校正	1. 钢柱吊装就位后，利用连接板进行钢柱临时固定。 2. 钢柱错位、标高及垂直度校正，利用千斤顶进行顶推校正。	
钢柱焊接	钢柱采用全熔透焊接，双人对称焊接，减小焊接变形。	

③ 组合钢柱安装

本工程的组合钢柱由方管柱、H 型钢梁及钢板组成，按 1～2 层一节分段制作，节间钢柱及钢板均采用全熔透焊接；安装时，钢柱上、下两端均设连接耳板临时固定。组合钢柱安装工艺见表 10－2。

表 10－2　组合钢柱安装工艺

安装工艺	安装工艺说明	工艺图
组合钢柱吊装的临措施	1. 组合柱采用两点吊装。 2. 在钢柱连接区安装操作平台，沿柱身纵向设通长的垂直爬梯。	

(续表)

安装工艺	安装工艺说明	工艺图
组合钢柱临时固定	每个钢柱的三面均设连接耳板，吊装就位后用螺栓临时固定。	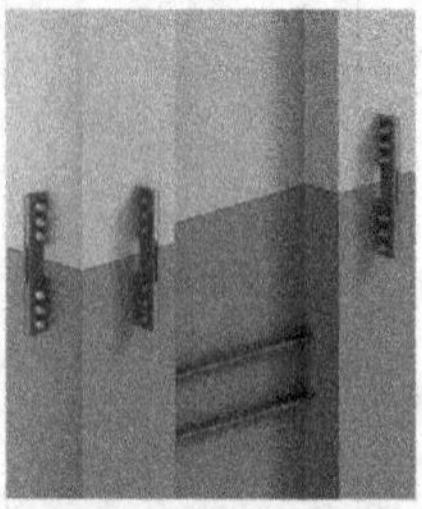
组合钢柱校正	1. 钢柱吊装就位后，利用连接板进行钢柱临时固定。 2. 钢柱错位、标高及垂直度校正，利用千斤顶进行顶推校正。	
组合钢柱焊接	钢柱及板均采用全熔透焊接，两人对称焊接，减小焊接变形。	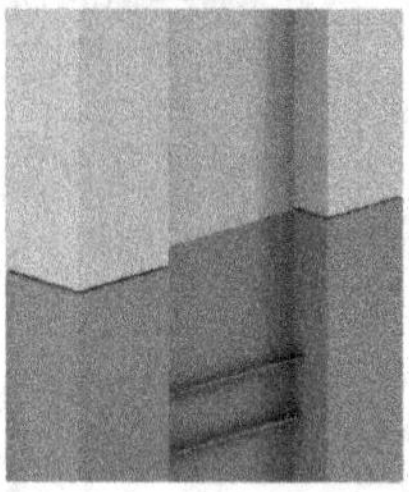

④ 钢梁安装

本工程的梁柱连接及主次梁连接采用全螺栓或栓焊连接方式，为了安装方便，可在钢梁采用上翼缘开孔吊装或焊接耳板吊装两种方式。钢梁安装工艺见表10－3。

表10－3　钢梁安装工艺

安装工艺	安装工艺说明	工艺图
钢梁吊装	1. 在钢梁采用上翼缘开孔吊装。 2. 在钢梁上翼缘焊接吊装耳板吊装。	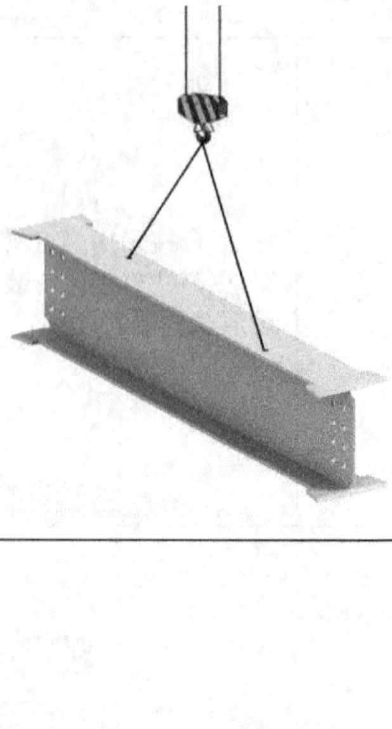

（续表）

安装工艺	安装工艺说明	工艺图
螺栓安装	1. 钢梁采用临时安装螺栓固定，校正后再安装高强螺栓。 2. 高强螺栓应自由穿进孔内，不得强行敲打。扭剪型高强螺栓的垫圈安在螺母一侧，垫圈孔有倒角的一侧应和螺母接触。	

⑤ 钢楼梯安装

塔楼的钢楼梯位于建筑的抗侧力结构区域，每个楼段均在工厂制作成单个部件，现场采用螺栓与结构梁、柱固定。钢楼梯安装工艺见表10-4。

表10-4　钢楼梯安装工艺

安装工艺	安装工艺说明	工艺图
梯段制作	1. 每个楼层分两个梯段，工厂制作成吊装单元。 2. 楼梯平台随结构同步安装。	
梯段安装	钢梯段与结构之间采用螺栓固定。	

⑥ 钢筋桁架楼承板安装

本工程的钢筋桁架楼承板有四种型号，板厚100～120 mm，C30砼，钢筋桁架的上、下弦钢筋采用热轧钢筋HRB400级，腹杆采用冷轧光圆钢筋，底模采用0.8 mm厚镀锌钢板。钢梁支撑面的上翼板上设置抗剪栓钉，楼板四周设收边板，钢筋桁架楼承板通过模拟放样排版，生成加工尺寸，工厂制作，现场安装，板材以多跨布置为主。钢筋桁架楼承板安装工艺见表10-5。

表 10-5　钢筋桁架楼承板安装工艺

安装工艺	说明	工艺图
楼承板制作	1. 按模拟放样排版 2. 工厂定尺加工 3. 打包运输到施工现场	
楼承板铺设	1. 利用吊机将板材吊运致铺设区； 2. 人工铺设	 
栓钉安装	1. 栓钉放线，安放栓钉瓷环； 2. 用栓钉枪焊接栓钉； 3. 清理瓷环	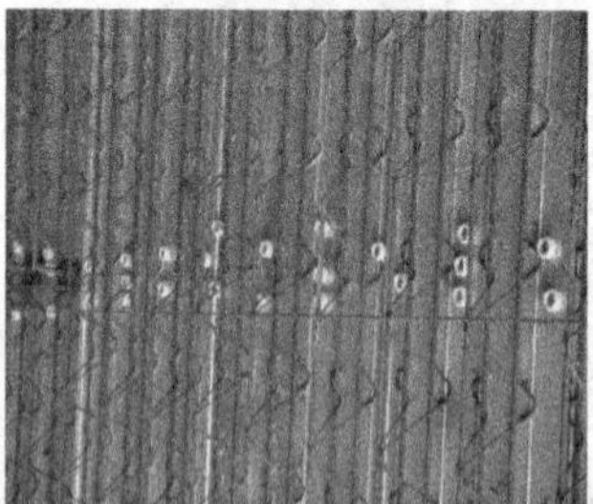 

（续表）

安装工艺	说明	工艺图
安装边模板	1. 边模采用 2.0 mm 镀锌钢板； 2. 边模悬挑长度 180 mm 以内的不加支撑（参图集 01SG519） 3. 边模悬挑长度大于 180 mm 的设角钢支撑	a 50 t 25/300 t厚钢板包边 ① 板助与梁平行且悬挑较短时（不同悬挑长度与板厚的要求详见表53） ② 板助与梁垂直且悬挑较短时（不同悬挑长度与板厚的要求详见表53） 表53　节点①②用表 悬挑长度a(mm)：0~75／75~125／125~180／180~250 包边板厚t(mm)：1.2／1.5／2.0／2.6
绑扎附加钢筋、安装楼面管线	1. 按设计图纸绑扎附加钢筋； 2. 安装楼面管线	

(3) 高温蒸压加气砼外墙板安装

库马克大厦外围护采用高温蒸压轻板加气砼板（简称 ALC 板）、铝合金门窗及局部幕墙体系。ALC 板宽 600 mm，板厚主要有 175 mm、100 mm、150 mm 三种；板长同楼层高度，主要有 6 m、4.2 m、3.9 m 三种，窗间墙长度以 0.9m 为主，板材强度等级 B06 A5.0。塔楼的 ALC 板采用外挂式安装，裙楼石材幕墙区采用板材内嵌式安装。外墙板排版通过 TEKLA 建立实体模型，完成各围护部件的模拟装配及安装节点的深化设计，生成板材下料图纸，工厂按部件的设计尺寸加工成品送至现场后分单元安装。

外墙板安装的预埋件采用 10＃、12＃槽钢，长度 300 mm，间距 600 mm，与砼楼板同步施工。外挂板的通长条板上下两端通过螺栓及角钢等固定在楼板端部的埋件上，；窗洞口墙板固定在钢龙骨上，钢龙骨由 120×60×4 钢方通及 12＃槽钢等组成。安装步骤如下：

① 在主体结构上安装整体墙板固定用的 L 型钢连接件。如图 10－79 所示。

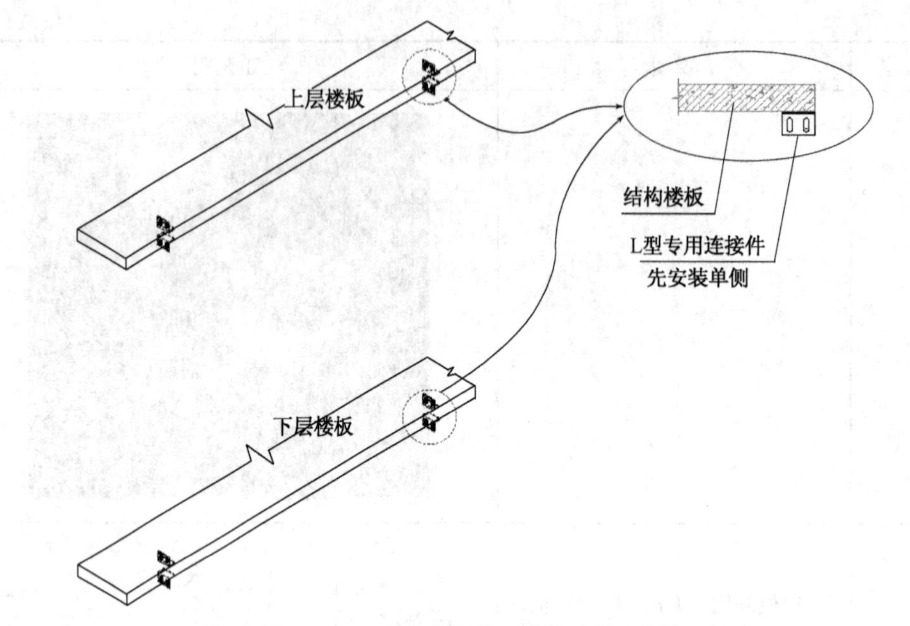

图 10－79　整体墙板单元连接安装示意图

② 用起重设备吊装整体墙板单元,先与结构上的连接件临时固定,标高及轴线调整完成后拧紧螺栓固定。如图 10－80 和图 10－81 所示。

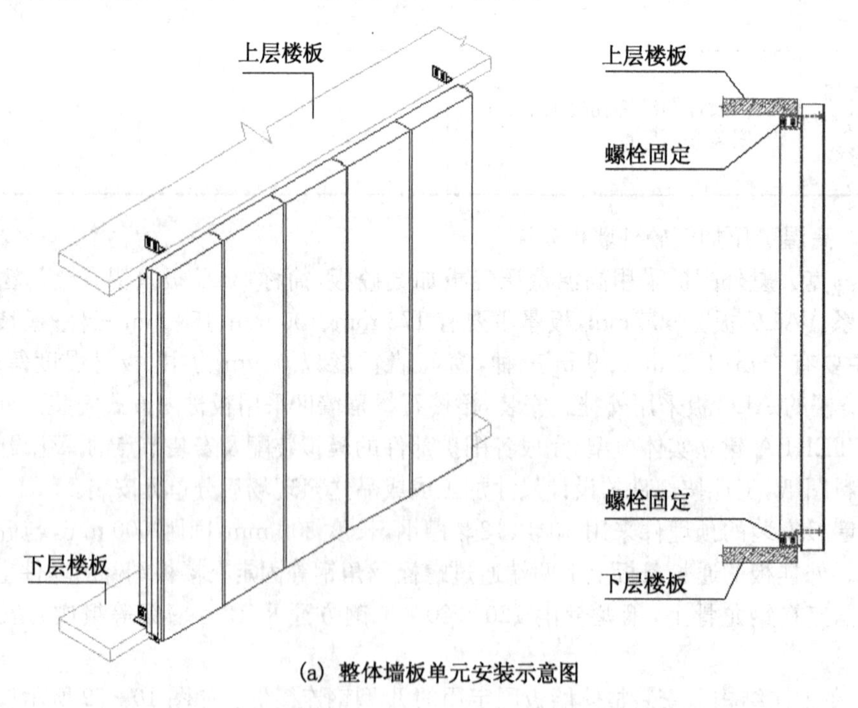

(a) 整体墙板单元安装示意图

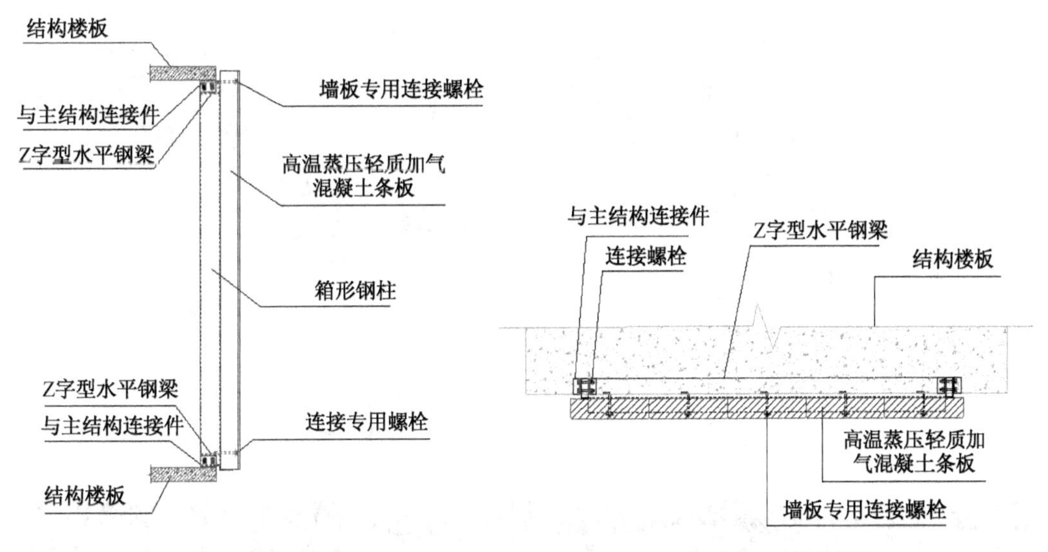

(b) 墙板单元安装剖面图　　(c) 墙板单元水平投影图

图 10-80　整体墙板安装示意图

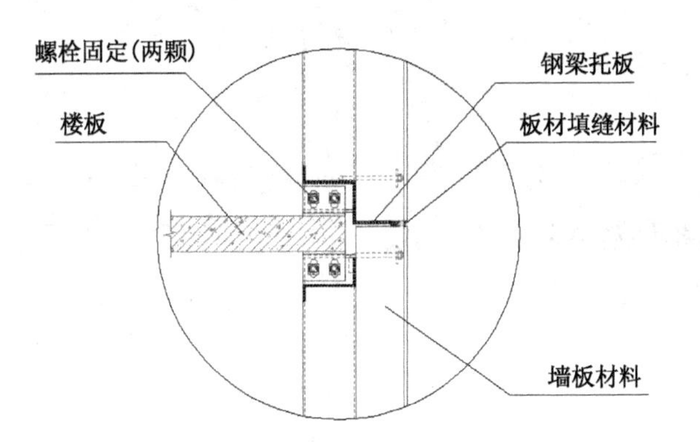

图 10-81　整体墙板单元安装节点

③ 墙板安装完成后，上下板端之间的横向缝填充防火材料、PE 棒及防水密封胶，板材纵向缝隙填充防水密封胶，板材基面处理完成后喷涂外墙防水涂料。

4. 整体安装流程

第一步：地下室结构施工完成

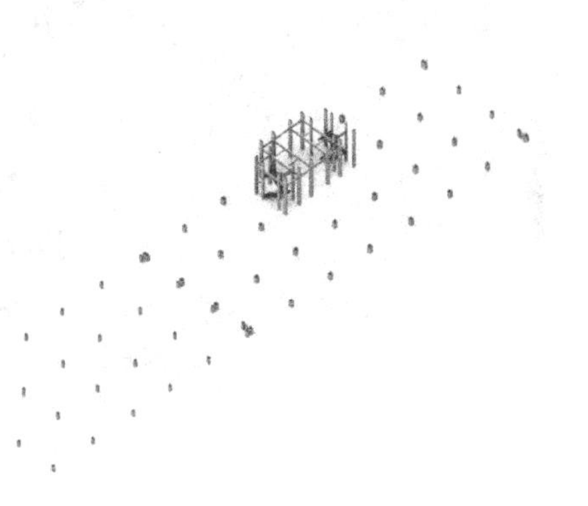

第二步：安装钢楼梯区的抗侧力结构杆件及钢楼梯

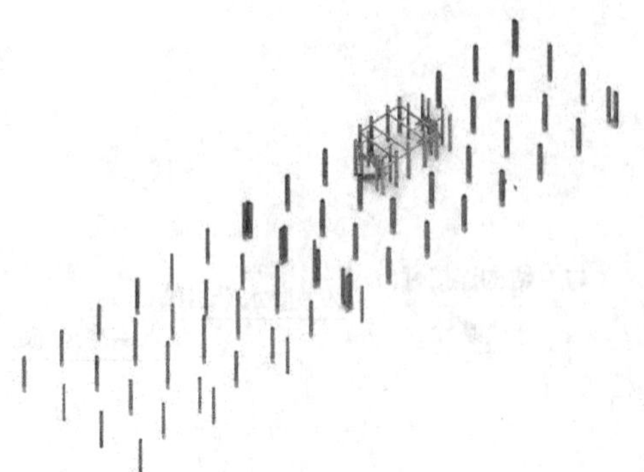

第三步：吊装钢柱

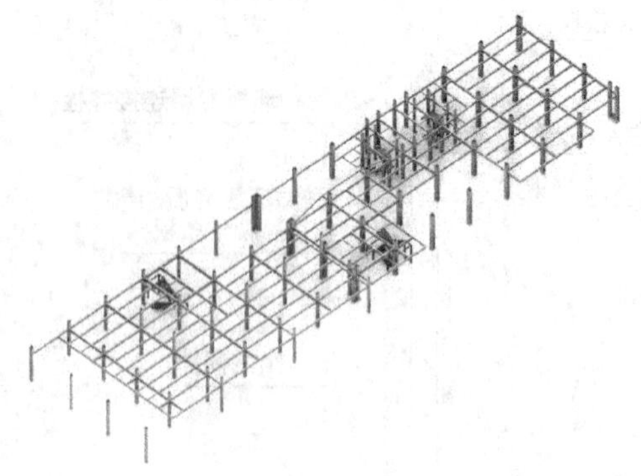

第四步：安装二层钢梁，
浇注钢管柱内的砼。

第五步：按照以上施工工艺依次
完成钢结构安装。

第六步：梁柱安装、焊接完成后铺设
钢筋桁架楼承板

第七步：依上述工艺依次完成钢结构、钢筋
桁架楼承板及砼结构施工。

第八步：主体结构施工完成。

第九步:测放墙板安装控制线,安装外墙板

第十步:由下至上依次安装外墙板,同步插入窗体安装。

第十一步:墙板安装完成后喷涂专用的外墙弹性防水涂料及洁面漆

习　题

10-1　装配式钢结构相比于普通钢结构建筑的主要区别是什么?

10-2　简述装配式钢结构的主要缺点。

10-3　目前装配式钢结构应用于住宅中通常采取哪几种体系形式?

参考文献

[1] 肖荣胜. 装配式钢结构住宅体系的应用[J]. 中国建筑金属结构,2020 年 08 期.

[2] 叶蛟龙,范瑞凯. 我国装配式钢结构应用现状分析[J]. 工程建设与设计,2020 年 17 期.

[3] 彭文蔚. 探讨钢结构装配式梁柱的连接节点性能[J]. 建材与装饰,2017 年 05 期.

[4] 郭学明. 装配式建筑概论[M]. 北京:机械工业出版社,2020.

[5] 陈群,蔡彬清,林平. 装配式建筑概论[M]. 北京:中国建筑工业出版社,2018.

[6] 马瑞强,郭猛,何林生. 钢结构构造与识图[M]. 北京:人民交通出版社,2016.

[7] 任媛,王青沙. 钢结构构造与识图[M]. 武汉:武汉大学出版社,2016.

[8] 戚豹. 建筑结构选型[M]. 北京:中国建筑工业出版社,2016.

[9] 尹道林,李芬红,杨海平. 钢结构选型与辅助设计[M]. 北京:中国建筑工业出版社,2015.

[10] 孙韬,李继才. 轻钢及维护结构工程施工[M]. 北京:中国建筑工业出版社,2012.

[11] 中华人民共和国住房和城乡建设部. 空间网格结构结构技术规程:JGJ 7—2010[S]. 北京:中国建筑工业出版社,2010.

[12] 中华人民共和国住房和城乡建设部. 高层民用建筑钢结构技术规程:JGJ 99—2015[S]. 北京:中国建筑工业出版社,2015.

[13] 中华人民共和国住房和城乡建设部,中华人民共和国国家质量监督检验检疫总局. 装配式钢结构建筑技术标准:GB/T 51232—2016[S]. 北京:中国建筑工业出版社,2017.